Paris

1801

Lancelin, Pierre Francois

Introduction à l'analyse des sciences, ou de la Génération, des fondements, et des instruments de nos connaissances

Tome 1

ROBERT 1964

INTRODUCTION
A L'ANALYSE
DES SCIENCES.

VÉRITÉ FONDAMENTALE.

Le plus puissant levier de l'esprit humain, et le plus sûr moyen de remonter aux premiers élémens de la raison et de la vérité, résident dans l'exacte analyse de nos idées par le moyen de leurs signes représentatifs : c'est surtout de leur étroite liaison avec elles, de leur simplicité, de leur détermination rigoureuse ; enfin, de l'art avec lequel on sait les choisir et les employer, que dépendent, 1°. la formation régulière, l'accroissement, et le perfectionnement des Sciences ; 2°. la destruction de la plûpart des erreurs et des préjugés ; 3°. les progrès et le *maximum* de l'intelligence humaine. L'AUTEUR.

INTRODUCTION
A L'ANALYSE
DES SCIENCES,

Ou de la Génération, des Fondemens, et des Instrumens de nos connoissances.

Par P. F. LANCELIN,

Ingénieur-Constructeur de la Marine Française, et Membre de plusieurs Sociétés savantes.

Au perfectionnement de la raison humaine.

PREMIÈRE PARTIE.

A PARIS,

De l'Imprimerie de Bossange, Masson et Besson.

Et se vend

Chez { Firmin Didot et Bleuet, Libraires, rue de Thionville.
Fuschs, Libraire, rue des Mathurins.
Treuttel et Wurtz, Libraires, Quai de Voltaire.
Debray et Desenne, Libraires, Palais-Égalité.

An IX. (1801.)

A BONAPARTE.

GÉNÉRAL-CONSUL,

En employant la force de votre tête et de votre bras à préparer le règne de la raison et de la justice, en joignant constamment la vraie et solide gloire du philosophe et de l'homme d'État, à la célébrité du héros, en montrant aux savans les plus distingués la prédilection la plus flatteuse, vous êtes devenu l'objet de la reconnoissance, ainsi que des éloges de tous les hommes pensans, et le désir de mériter votre estime en a multiplié le nombre; car tel est l'heureux privilége et l'ascendant des génies supérieurs et des grandes ames; comme ces grands corps (premiers élémens du système du monde), ils exercent au loin leur influence sur le tourbillon général des esprits et des cœurs, et la noble émulation qu'ils inspirent, mère du courage, des vertus et des talens, est peut-être un de leurs plus grands bienfaits.

Dans un moment, GÉNÉRAL-CONSUL, *où votre nom, votre génie remplissoient l'Europe, où vos succès sans nombre électrisoient tous les cœurs français, je n'ai pu rester insensible à tant de gloire, et sur-tout aux preuves multipliées de votre amour pour les sciences; dans le dessein de remonter jusqu'aux premiers élémens de la raison et de la vérité, ces deux bases éternelles de tout ce qu'il y a de bon et de beau chez les hommes, j'ai consacré tous mes loisirs à la composition d'un ouvrage qui, par l'importance de son objet, bien plus sans doute que par le succès de l'exécution, fût digne de vous être offert, ainsi qu'à l'Institut national, fier de compter parmi ses membres le premier magistrat et le bienfaiteur de la république.*

Je sens combien je suis loin d'avoir rempli complètement une tâche si supérieure aux forces d'un seul homme; je sens mieux encore combien les efforts de l'homme assez heureux pour en venir à bout, demeureroient stériles sans le secours de ces esprits sublimes, qui, maîtres de l'opinion publique, savent (par une habile direction des forces matérielles et morales d'un État, et par l'heureux accord de la puissance, de la probité et des lumières), fonder d'une main hardie un gouvernement solide et durable, parce qu'il est basé sur la raison et l'équité, autant que sur l'attachement des citoyens à de justes lois.

C'est donc à vous, GÉNÉRAL-CONSUL, *qu'il appartient de réaliser les conceptions de la philosophie et les espérances des philosophes, en donnant à notre patrie tout le bonheur et l'éclat qui sont les fruits naturels du génie, d'une sage constitution et d'un bon gouvernement. Qu'il est doux pour un grand cœur d'avoir à remplir le rôle auguste que vous devez au suffrage unanime des Français, et com-*

bien je suis heureux moi-même, en offrant au savant, à l'homme d'État, ami et protecteur des sciences, un ouvrage destiné à les propager, de pouvoir lui faire agréer ce gage de mon admiration et de mon profond respect pour le héros qui a sauvé mon pays, dont le courage l'a su défendre, et dont la sagesse vient de le pacifier.

En parlant ainsi, GÉNÉRAL-CONSUL, *je ne suis que l'organe de l'opinion publique et l'interprète d'un sentiment national; je sais que la vérité seule a le droit de vous louer, et si la France possédoit un plus grand homme ou un meilleur citoyen, c'est à lui que je dédierois mon ouvrage : j'ose donc espérer que vous ne refuserez point l'hommage d'un homme qui ne vous connoît que par votre génie et vos vertus.*

Vivez long-tems, GÉNÉRAL-CONSUL, *pour votre gloire et pour le bonheur des Français.*

P. F. LANCELIN.

PRÉFACE.

PRÉFACE.

Je soumets à l'examen de l'Institut National, des Sociétés savantes de l'Europe, des amis de la vraie philosophie, de la raison et de la vérité, un ouvrage composé durant quelques mois, et en grande partie parmi les occupations péniblesd'un service qui s'étendoit à vingt départemens, et qui exigeoit de ma part, outre une correspondance fort active, un déplacement presque continuel.

Je dois au hasard et à ma position ambulante, la première idée de cette production. Mes fonctions m'ayant appelé à Paris dans le courant de l'an 5, le programme des prix de l'Institut National tomba entre mes mains, et je fus frappé de la question suivante : *Déterminer l'influence des signes sur la formation des idées*. Elle me parut susceptible d'un grand et beau développement : je jetai sur-le-champ un assez grand nombre d'idées sur le papier, et profitant, pour les mettre en ordre, de quelques momens de loisir, j'en formai à la hâte un mémoire d'environ 250 pages in-8°. ayant pour épigraphe : *Felix qui potuit rerum cognoscere causas*, et présenté au concours dans le mois de messidor, an 5, sous le n°. 9.

J'ai jugé, par le rapport qui a eu lieu dans la séance publique de l'Institut, du 15 nivôse an 6, et par la mention honorable du mémoire précité, qu'il avoit obtenu, sinon pour la forme, au moins pour le fonds, les suffrages de mes juges, dont quelques-uns vouloient même lui décerner le prix : au surplus, l'on peut voir sur cet objet l'opinion de la commission chargée de juger les mémoires, dans le rapport fait en son nom, par le citoyen Garat. Les encouragemens, les éloges qu'il renferme, étoient sans doute la récompense la plus flatteuse que l'Institut pût m'offrir ; mais, loin de m'éblouir, elle n'a fait que m'inspirer une sage défiance de mes forces ; elle m'a tout au plus fait éprouver plus vivement le besoin de mériter l'estime des vrais savans et du public pensant; et en leur offrant un ouvrage résultant de nouveaux efforts de ma part, les mettre à même de juger si, et jusqu'à quel point le mémoire précité dont il est le développement, étoit digne des éloges du rapporteur et de ses collègues. Au reste, je dois déjà beaucoup de reconnoissance à l'Institut, puisqu'en m'offrant l'occasion de résoudre plusieurs problèmes de la plus haute importance, en tournant mon penchant et mes facultés vers l'honorable et paisible carrière des sciences, et m'imposant, en quelque sorte, l'obligation de lui offrir un ouvrage qui ne fût point indigne de fixer l'attention de la première société savante de l'Europe, il a déterminé le meilleur emploi de mes loisirs et le principal bonheur de ma vie.

Mais, quoique j'aie mis dans la composition de cet écrit, tout le zèle, l'attention, les efforts, et sur-tout cet amour de la vérité qu'impose le respect que se doit à lui-même, et que doit à des juges aussi intègres que distingués, l'homme qui leur soumet ses idées, je sens néanmoins combien il est loin du degré de perfection qu'il pourra recevoir un jour. C'est un premier jet de l'intelligence et de l'imagination qui a besoin encore d'être retouché, parce que c'est le début d'un jeune homme : je l'ai composé rapidement et presqu'en entier sans avoir près de moi les livres qui auroient pu m'aider ou me servir de guide, (je n'avois pas même le dictionnaire de ma langue); mais quoique pour l'instant je n'aie ni le loisir, ni le courage de rien faire de mieux, je me détermine à le publier, persuadé qu'il peut faire naître quelques idées heureuses dans un moment où l'on songe à organiser et à mettre en vigueur l'instruction publique, et qu'il ne sera point inutile à quiconque veut conduire sûrement et promptement son esprit dans l'étude des sciences, ainsi qu'aux hommes chargés par état de les enseigner; d'un autre côté, à mesure que je m'occuperai des traités partiels dont l'ensemble doit composer la suite de cet ouvrage, ou *mon Cours d'études analytique et élémentaire*, je sentirai mieux les changemens, les améliorations dont il est susceptible, et je les ferai.

Quant au style, je me suis écarté le moins que j'ai pu de cette devise : *Simplicité, clarté, laconisme*, sans néanmoins négliger de joindre, autant qu'il m'a été possible, à la justesse et à la profondeur des pensées, une certaine noblesse d'images, quand le sujet m'en a paru susceptible, afin de prévenir le dégoût qui naît de la sécheresse et de la monotonie, presqu'inséparables des matières philosophiques; et si par fois j'ai paru m'éloigner du but en me livrant à quelques digressions passagères, j'ai cru qu'elles étoient pardonnables dans un sujet qui, quoique fécond et très-étendu, ne laisse pas d'être fatigant et rebutant par l'extrême difficulté d'analyser avec précision nos idées et leurs signes, les opérations de l'esprit et les facultés intellectuelles.

Voilà tout ce que je me permettrai de dire ici de mon ouvrage, parce que cela est vrai, et que d'ailleurs il me paroît juste que l'on n'exige d'un fonctionnaire public, que ce que sa position et ses occupations lui permettent de faire : mais un auteur ne peut et ne doit jamais se juger lui-même; il doit laisser au public peu nombreux, qui sait et qui juge, le soin de comparer son travail à celui des autres, car lui seul peut équitablement fixer la place et l'étendue réelle qu'occupent les idées de chaque écrivain dans le tableau général des conceptions humaines. Pour prononcer sur un livre, il faudroit avoir lu tout ce qui s'est fait dans le même genre; et bien loin d'avoir pu acquérir le talent très-estimable d'un érudit, j'ai à peine eu le tems de devenir homme observateur et pensant, ce qui, au reste, suppose bien moins de lecture que d'attention et de réflexion, parce qu'un très-petit nombre d'idées est susceptible d'un nombre très-grand de combinaisons.

Cet ouvrage, qui n'est guère que le produit des observations que j'ai faites sur moi-même, en me promenant, en voyageant, en lisant ou calculant, en cherchant enfin à me créer une méthode prompte et sûre d'instruction qui pût m'aider à réparer le temps perdu dans l'éducation vicieuse des colléges, aura donc du moins le mérite de l'originalité, et peut-être aussi celui de la hardiesse; car il en faut pour entreprendre de soumettre à une analyse rigoureuse, la faculté pensante et la volonté, ainsi que toutes les branches de la science humaine qui en découlent. L'homme, par son organisation compliquée, autant que par l'étendue et la diversité des facultés morales qui en résultent, est une sorte de petit monde : l'univers entier semble se réfléchir et se concentrer dans la tête de ce brillant insecte, à-peu-près comme les images des objets dans une glace, et les rayons de lumière au foyer d'un miroir ardent : rien donc de plus important que son étude, qui doit être le principal fondement de presque toutes nos connoissances; car pour tirer tout le parti possible d'un instrument fort composé, il faut commencer par l'étudier et savoir à quoi l'on peut l'appliquer, comme avant de vouloir calculer les effets d'une machine quelconque, il faut en bien connoître les détails, les ressorts, ainsi que le jeu, la liaison et le mutuel engrenage de toutes les parties.

C'est à l'Institut National, c'est au public pensant à me dire jusqu'à quel point j'ai réussi à répandre la lumière sur une des matières les plus intéressantes, mais en même-tems les plus obscures et les plus arides : convaincu que lui seul peut dispenser avec une noble impartialité, l'éloge et la censure, je me présente devant son tribunal avec cette confiance modeste et cet espoir d'indulgence qui siéent si bien à un jeune homme qui débute dans un sujet difficile (1).

---

(1) Mes occupations, mon absence forcée de la capitale et une longue maladie, ont retardé jusqu'à ce jour la ré-

Nota. La solution du problème de l'Institut étant susceptible d'une immense latitude, et la question ayant été posée d'une manière un peu vague, je crois devoir présenter ici le programme, afin de mettre le lecteur à même de juger si le point de vue sous lequel je l'ai envisagé, étoit à la fois le plus étendu, le plus naturel et le plus utile.

---

daction définitive et la publication de cet ouvrage, qui devoit paroître à la fin de l'an 6 ou au commencement de l'an 7. L'impression commencée au mois de floréal an 8, n'a pu avancer qu'avec une extrême lenteur, parce qu'il est très-difficile à un homme malade, occupé d'objets étrangers, et éloigné de 150 lieues de Paris, de la bien surveiller. J'ajouterai que deux de mes manuscrits, (formant la deuxième Section et une partie de la première), ont été égarés ou interceptés en route. Il m'a donc fallu, pour réparer cette perte, refaire les manuscrits perdus ; et ce travail, joint à ma mauvaise santé, a retardé de plusieurs mois l'impression de cette première partie, la seule que je puisse encore mettre sous les yeux du public. L'impression du tome second se continue, et doit être terminée dans les premiers mois de l'an 10.

Il n'est pas étonnant, comme l'on voit, que plusieurs fautes typographiques se soient glissées dans cet ouvrage, et je prie mes Lecteurs de commencer par prendre la peine de les corriger au moyen de l'*errata* placé à la fin de ce volume.

PROGRAMME.

Déterminer l'influence des signes sur la formation des idées.

Parmi le grand nombre d'auteurs qui, dans tous les tems, se sont exercés sur l'entendement humain, à peine en compte-t-on quelques-uns qui se soient occupés des moyens qui peuvent augmenter ou diriger ses forces. Tour-à-tour enfoncés dans la recherche de ses causes, ou appliqués à décrire ses effets, ils n'ont été pour la plupart que peintres habiles ou métaphysiciens obscurs.

Cependant, à la voix de quelques hommes de génie, on a senti, depuis quelques années, qu'il falloit abandonner la recherche des premières causes, et porter enfin l'attention sur les moyens de perfectionner l'entendement.

Or, on a cru voir dans les *signes* le moyen le plus puissant des progrès de l'esprit humain.

Les premiers philosophes qui tournèrent leurs réflexions sur les caractères de l'écriture, sur les accens et les articulations de la voix, sur les mouvemens du visage, sur les gestes et les diverses attitudes du corps, ne virent dans tous ces signes que des moyens, ou établis par la nature, ou inventés par les hommes pour la communication de leurs pensées.

Un examen plus approfondi fit voir que les signes n'étoient pas uniquement destinés à servir de communication entre les esprits. Malgré l'autorité de quelques grands hommes qui les avoient regardés comme des entraves à la justesse et à la rapidité de nos conceptions, on osa avancer qu'un homme séparé du commerce de ses semblables auroit encore besoin de signes pour combiner ses idées.

Enfin, dans ces derniers temps, on a cru apercevoir dans l'emploi des signes un service bien plus étonnant rendu à la raison; c'est que l'existence des idées elles-mêmes, des premières idées, des idées les plus sensibles, supposoit l'existence des signes, et que les hommes seroient privés de toute idée, s'ils étoient privés de tout signe.

En sorte qu'on a jugé les signes nécessaires, non-seulement pour la communication des idées, non-seulement pour combiner des idées acquises et former de nouvelles idées, mais encore pour avoir les premières idées, les idées qui sortent le plus immédiatement des sensations.

Si une certaine influence des signes sur la formation des idées est une chose incontestable et avouée de tout le monde, il n'en est pas de même du degré de cette influence. Ici les esprits se divisent, et ce que les uns regardent comme des démonstrations évidentes, les autres le traitent de paradoxes absurdes.

L'Institut s'attend à recevoir des mémoires qui, par de nouvelles recherches et de nouveaux éclaircissemens, feront disparoître les incertitudes qui peuvent rester dans cette importante matière, et seront propres à rallier tous les esprits.

Il pense que parmi les questions nombreuses que fera naître la fécondité du sujet du prix, les auteurs ne doivent pas oublier de répondre aux suivantes :

1°. *Est-il bien vrai que les sensations ne puissent se transformer en idées que par le moyen des signes?* ou, ce qui revient au même, *nos premières idées supposent-elles essentiellement le secours des signes?*

2°. *L'art de penser seroit-il parfait, si l'art des signes étoit porté à sa perfection?*

3°. *Dans les sciences où la vérité est reçue sans contestation, n'est-ce pas à la perfection des signes qu'on en est redevable?*

4°. *Dans celles qui fournissent un aliment éternel aux disputes, le partage des opinions n'est-il pas un effet nécessaire de l'inexactitude des signes.*

5°. *Y a-t-il quelque moyen de corriger les signes mal faits, et de rendre toutes les sciences également susceptibles de démonstration?*

DISCOURS PRÉLIMINAIRE.

But et plan de cet ouvrage.

Je ne vois rien de plus naturel et de plus simple pour l'homme qui voudroit enseigner son art, ou son métier aux autres, que de leur montrer d'abord les matériaux qu'il y emploie, et les instrumens dont il se sert pour les mettre en œuvre, puis de leur en faire connoître l'usage par une suite d'opérations et de procédés mécaniques, dont il puisse résulter un ouvrage servant de modèle à ceux qu'il veut instruire.

Cela posé, voyons si cette marche si conforme au bon sens et indiquée par la nature même à l'artiste, à l'artisan le plus commun, ne seroit point aussi applicable à l'art de penser et au système général de nos connoissances. Les sciences qui le composent sont, en grande partie, des ouvrages humains; elles forment ensemble un immense édifice, auquel tous les hommes de génie sont appelés à travailler : régulier dans certaines parties, informe et irrégulier dans beaucoup d'autres, nul encore à certains égards, il s'élève et s'accroît lentement à la suite des ans et des siècles, par l'action combinée des individus, des générations et des peuples, et résulte de l'ensemble de leurs observations, de leurs opérations et de leurs découvertes. Ses matériaux primitifs sont les sensations et les idées que la

Nature offre libéralement à tous les hommes, auxquels elle a donné des sens pour l'observer, avec le pouvoir d'ajouter à ces premiers moyens de connoissances, le secours des machines et instrumens (tels que le microscope, le télescope, etc.), espèces de sens artificiels qui, en augmentant la force et la portée des premiers, et rendant sensibles les objets naturellement trop éloignés ou trop petits pour être saisis par la vue et le tact, reculent pour nous les bornes de l'univers, et créent en quelque sorte de nouveaux mondes.

Le cerveau est l'organe central qui reçoit, conserve ou renouvelle, et combine de toutes manières ces premiers élémens qui lui sont transmis par les objets et les organes extérieurs; il fait sur les idées les mêmes opérations que la main fait sur les corps; il les rapproche, les compare, les ajoute et les sépare, les étend et les diminue, en un mot, les compose et decompose, et par-là donne naissance à toutes les productions de l'esprit, comme la main à tous les ouvrages matériels. Mais quel moyen l'homme emploiera-t-il pour se retracer sans confusion et mettre régulièrement en œuvre cette grande quantité d'idées, pour la plupart si fugitives? Le voici.

1°. Il a dans ses mains et ses yeux un moyen toujours subsistant de fixer la forme des objets, en exprimant leurs contours et ceux de leurs parties détaillées par des signes et figures semblables, que l'habitude lui apprend à tracer régulièrement. 2°. Au moyen d'un certain nombre d'élémens naturels ou de convention (*sons*, *figures* et *mouvemens*), il forme à volonté une collection d'étiquettes ou magasin de signes de sa façon, tous différens entre eux; il en attache un à chacune de ses idées ou aux objets qu'elles représentent: cette liaison une fois bien établie, il contracte l'habitude de juger de la différence existante entre toutes les idées, par celle de leurs signes représentatifs; et à force d'examiner ensemble l'objet ou l'idée, et l'étiquette ou signe avec lequel il les a joints, il acquiert le pouvoir de se les rappeler toujours en même temps, ou de réveiller l'un par l'autre.

C'est ainsi que l'on peut venir à bout de se rendre maître de ses idées, et d'en tenir registre, en enregistrant leurs signes représentatifs, dont la collection reste ensuite en notre puissance: non-seulement ces étiquettes ou signes de notre invention, expriment et retracent chacune de nos idées; mais leurs combinaisons deux à deux, trois à trois, quatre à quatre, etc. servent à merveille, par une heureuse conséquence de la première convention, à exprimer et retracer les combinaisons analogues des idées correspondantes. C'est ainsi qu'avec les 24 caractères de l'alphabet, combinés entre eux de toutes façons, l'on a formé tous les termes dont se composent *les langues écrites*, comme *les langues parlées* l'ont été par un très-petit nombre de sons élémentaires liés avec eux.

Nos idées, leurs signes, et l'art de les employer, sont donc pour le cerveau ce que les matériaux, les outils, les leviers sont pour la main et les bras dans la construction des machines, des bâtimens, et dans tous les grands travaux mécaniques des hommes; et l'on peut dire avec assez d'exactitude, que l'édifice de chaque science se construit avec des idées et des signes naturels ou de convention (le dessin, l'écriture, la parole, etc.) liés avec elles, comme un bâtiment d'architecture civile ou navale, une maison, un navire, résultent de l'assemblage et de l'arrangement d'un certain nombre de morceaux de pierre, de bois, de fer, etc.

De quelle importance n'est donc pas l'étude philosophique des langues (considérées comme méthodes analytiques); de ces vastes recueils de signes consacrés à l'expression générale des idées, et avec lesquels on a, pour ainsi dire, créé les sciences : et, pour suivre toujours ma comparaison, la bonne construction de celles-là, leur laconisme, la simplicité de leur formation et la facilité de leur analyse, ne doivent-ils pas avoir sur l'étendue, les progrès et la perfection de celles-ci, la même influence qu'ont dans les arts et métiers, le choix, la qualité, le nombre et la fabrique plus ou moins simple, plus ou moins ingénieuse et parfaite

parfaite, ainsi que le maniement plus ou moins facile et prompt des outils et instrumens qu'on y emploie? et de même que sur plusieurs points du globe, dans beaucoup d'îles découvertes par les navigateurs Européens, on trouve des Sauvages qui n'ont aucune connoissance de nos arts d'Europe, parce que ces instrumens leur manquent ou qu'ils ne savent point s'en servir, ne pourroit-on pas dire que l'ignorance de certains peuples dans les sciences, et le peu de progrès que d'autres y ont faits, proviennent en grande partie de ce qu'ils ignoroient l'usage des signes de convention, et l'art de les choisir et de les employer, ou de ce que leur langue étoit grossière et mal faite? Je ne sais ce que les autres pensent sur ce sujet; pour moi je n'ai pas cru pouvoir mieux en faire sentir l'importance, et toute la fécondité de cette mine (qui ne me semble encore exploitée qu'à demi) que par l'énoncé de la proposition suivante.

Vérité fondamentale.

Le plus puissant levier de l'esprit humain, et le plus sûr moyen de remonter aux premiers élémens de la raison et de la vérité, résident dans l'exacte analyse de nos idées par le moyen de leurs signes représentatifs; c'est surtout de leur étroite liaison avec elles, de leur simplicité, de leur détermination rigoureuse, en un mot, de l'art avec lequel on sait les choisir et les employer, que dépendent, 1°. *la for-*

mation régulière, l'accroissement et le perfectionnement des sciences; 2°. *la destruction de la plupart des erreurs et des préjugés;* 3°. *les progrès et le* maximum *de l'intelligence humaine.*

Pour donner à cette grande et importante vérité tout le développement dont elle est susceptible, je veux, remontant jusqu'à l'origine de nos sens, de nos sensations, de nos facultés intellectuelles et morales, suivre pas à pas la génération et les progrès de nos connoissances et de nos habitudes, tâcher de démêler dans ce système compliqué la portion d'idées naissantes du seul exercice de nos sens, d'avec celle qui est due à la réflexion et au travail de l'esprit; enfin, m'efforcer de montrer comment un assez petit nombre de sensations, joint à celui des opérations élémentaires qu'il fait sur elles à l'aide des signes naturels ou artificiels, produit cette étonnante variété de combinaisons d'où résulte, avec le système de nos facultés, le corps entier de la science humaine.

Oubliant donc pour un moment qu'il existe des livres, je vais descendre en moi-même, chercher ce qui s'y passe, dresser un tableau de mes idées et de mes sentimens, en un mot, faire mes efforts pour décomposer ma tête et mon cœur (cette portion de notre être qu'on appelle l'âme ou le moral de l'homme) en parties très-distinctes, qui étant presqu'aussi-bien connues que celles d'une machine quelconque, pourront en quelque sorte s'analyser aussi-bien qu'elles, et dont la nomenclature une fois régulièrement et invariablement déterminée, doit former un jour les élémens d'une science exacte, et d'un traité que l'on pourroit alors intituler *les lois de la faculté pensante et de la volonté*, ou *théorie de l'âme* (1).

---

(1) Je désigne par ce mot *âme*, la réunion de nos sensations, de nos habitudes et de nos facultés, dont le système varie dans tous les animaux, en raison composée de l'organisation et de l'éducation. Ainsi donc, puisque l'âme ne résulte que de l'ensemble des sensations et des facultés, qui sont le produit nécessaire du mécanisme de nos sens, on ne peut la bien connoître que par l'analyse exacte des *corps sensibles*, (j'appelle ainsi tous les êtres vivans et doués de mouvement spontané).

Cette analyse a deux parties bien distinctes ; la première est l'*anatomie* ou la description complète de toutes leurs parties matérielles ; la seconde est, si j'ose ainsi parler, leur dissection morale : c'est cette décomposition de l'entendement et de la volonté, ou de l'esprit et du cœur, que l'on pourroit nommer avec d'Alembert, *la physique expérimentale de l'âme*. Le premier objet n'entre point dans mon plan, quoique je n'en aie pas négligé l'étude, afin d'être plus en état de traiter avec quelque succès le second, auquel je me borne. (*Voyez* au surplus le chapitre 3 de la seconde section, qui donne avec la génération de nos facultés intellectuelles, une notion plus développée de l'âme.)

C'est une remarque digne d'attention, qu'à peine on veut entrer dans le détail d'une science, l'on se voit forcé d'employer nombre de mots, d'une signification si abstraite et si étendue, que l'analyse des idées qu'ils embrassent exigeroit des volumes ; tels sont les suivans : *âme*, *raison*, *vérité*, *esprit*, *cœur*, *lois*, *intelligence*, *volonté*, *vertu*, etc. Peu de gens savent saisir d'un coup-d'œil vaste et perçant tous les élémens générateurs de ces notions sublimes : de là l'ex-

Les vrais fondemens de l'intelligence étant une fois posés d'une manière aussi stable, il ne restera plus d'asile aux erreurs et aux préjugés coupés dans leur racine : on fera de la métaphysique comme on fait de la géométrie, et l'instruction et l'éducation, (ou l'art de former, j'ai presque, dit de *construire* la tête et le cœur de l'homme, en donnant à l'un et à l'autre le meilleur développement possible) pourront être assujetties à des règles simples et intelligibles pour tout le monde, excepté pour les cerveaux vieux et mal faits, que l'on sait par expérience être très-difficiles à refaire; alors le problème de l'Institut national sera complètement résolu, ainsi que beaucoup d'autres, relatifs à l'esprit et au cœur humain; et d'après les principes établis, il restera, je pense, en ce genre, peu de questions insolubles : mais avant d'entrer en matière, je crois devoir fixer ici le sens et la latitude que je donne au mot *métaphysique*, et offrir l'aperçu de la marche que j'ai suivie dans cet ouvrage, et des moyens employés pour arriver à mon but.

De la vraie Métaphysique, ou analyse universelle.

La vraie métaphysique, si étrangement défigurée par les rêves ou les prétentions exagérées

---

trême difficulté de faire de bons élémens de philosophie, de morale et de politique, et le petit nombre de lecteurs capables de lire et d'apprécier ces sortes d'ouvrages.

des anciens philosophes, les folles disputes des sectes, les nombreuses absurdités des théologiens et des scholastiques, et le dangereux talent d'abuser des mots, en les employant à disputer sur des choses dont on n'a point d'idées, dont on ne sauroit vérifier, à l'aide des sens et de la réflexion, les élémens primitifs, ou qui ne renferment d'autres élémens que ceux dont une imagination délirante les a composées; la métaphysique, méprisée des uns, bafouée par les autres; regardée comme le partage des fous, des cerveaux creux, des pédans et des esprits faux, par beaucoup de gens censés et estimables qui ne la jugeoient que par l'abus, par l'usage indécent ou ridicule qu'ils en voyoient faire; la métaphysique, méconnue de presque tout le monde, n'est pas non plus ce que presque tout le monde pense.

Définie comme elle doit l'être, la métaphysique n'est que la méthode analytique, ou l'analyse envisagée sous le point de vue le plus étendu, le plus vrai, et appliquée au système général de nos connoissances, dont elle embrasse indistinctement toutes les parties : la belle et vaste science des *mathématiques* n'est elle-même que la solution d'un grand problème de méthaphysique ou d'analyse (*le calcul de la portion mesurable de nos idées*).

C'est le précieux talent de cette analyse qui forme la base et la substance de la vraie philosophie, sœur et compagne de la vraie métaphysique, dont elle ne diffère qu'en ce que celle-ci se borne à éclairer l'entendement, tandis que celle-là se propose en outre de former et de diriger la volonté, en déterminant la conduite et les mœurs des individus, des peuples, et de ceux qui les gouvernent. Cette dernière, toujours occupée du bonheur des hommes, cherche à mettre en pratique les lumières et les principes que l'autre lui fournit; et pénétrant à la lueur de son flambeau jusque dans les derniers détails de l'administration publique et de l'économie politique, elle aspire à établir dans les sociétés le règne de la justice, qui n'est que l'exercice habituel de la raison et de la vérité; et elle en vient à bout chez les peuples assez heureux pour être gouvernés par des philosophes, ou des hommes joignant à beaucoup de génie une âme assez belle, assez grande, pour n'éprouver dans la glorieuse et pénible fonction du gouvernement que le noble besoin de faire des heureux, ou du moins, celui de produire le plus de bien et d'empêcher le plus de mal qu'il est possible; car, (tel est le malheur de la nature humaine), c'est à cela qu'aboutit presque toujours la meilleure volonté jointe aux plus grands talents : en un mot, comme la vraie métaphysique, la vraie philosophie, s'étend à tout : c'est *un aigle planant sur le globe entier des connoissances humaines* (1).

(1) On peut dire que la vraie métaphysique (ou la partie théorique de la vraie philosophie) est *l'art de bien voir en*

Sa nature ; étendue de son domaine.

Cette précieuse méthode, qui consiste à remonter à la génération de tout, est destinée à nous montrer nettement et en détail, les parties qui composent les objets de nos con-

---

toutes choses : ainsi, être bon métaphysicien, c'est être bon géomètre, bon mécanicien, bon joueur d'échecs, bon chymiste, bon astronome, bon ingénieur, bon administrateur, bon général, bon ministre, ou grand homme d'état, etc. en un mot, penseur exact ou bon analyste en quelque genre que ce soit : ainsi Newton, Francklin, Smith, Washington, Locke, Condillac, Bailly, Lavoisier, Condorcet, etc. étoient tous, chacun dans leur genre, de grands métaphysiciens. Bonaparte, Lagrange, la Place, Monge, Fourcroy, Cabanis, etc. enfin, tant de savans qui honorent l'Europe et dont les noms se lient naturellement à ceux de ces illustres morts, sont comme eux des métaphysiciens et des philosophes très-distingués, c'est-à-dire, *d'excellens esprits qui savent réunir la précision, l'étendue et la profondeur des vues.*

Chaque homme, suivant son état, sa profession, la place qu'il occupe dans la société, a un fond de connoissances, un horizon d'idées plus ou moins étendu; mais l'art de les mettre en valeur et en œuvre (en les combinant et les analysant bien), est toujours le même; la chaîne et la trame, ainsi que le tissu des idées varie, suivant les élémens ou fils qu'on emploie; mais l'art du tisserand ne change point : tout mon livre offre le développement de cette vérité.

J'aurois pu substituer une autre expression ce mot si décrié de *métaphysique*, mais j'ai cru qu'il valo mieux le rappeler à sa vraie et naturelle signification, que de faire un mot nouveau : je sais bien qu'on a inventé depuis peu celui d'*idéologie ;* mais il me paroît beaucoup trop borné, car l'analyse des idées ne forme qu'un élément de l'*anatomie*

noissances et nos connoissances elles-mêmes : considérée, non comme l'analyse des êtres impossibles ou imaginaires, mais comme celle du monde réel, elle embrasse à-la-fois *l'homme, les arts, les sciences, l'univers et la nature :* elle est, pour le corps entier des langues et des idées humaines, ce que l'anatomie est

---

morale de l'homme, dont les deux autres sont la théorie des sensations, et celle des sentimens moraux.

L'analyse du grand corps de l'univers et de celui des sciences qui en dérive, peut, comme celle du corps humain, se diviser en deux parties : *La physique* qui montre les élémens, les propriétés et les lois de la matière, et comprend *la théorie complète des corps considérés comme inanimés ou insensibles ;* et la *métaphysique* qui développe la génération et les lois de l'intelligence et de la volonté, et embrasse l'*analyse générale des corps animés ou sensibles.* Alors tout ce qui ne seroit pas du ressort de la physique, appartiendroit à la métaphysique et réciproquement ; mais en considérant la ressemblance frappante de l'analyse matérielle avec celle des sensations et des idées, on sent qu'il n'existe au fond qu'une seule méthode analytique, premier et unique fondement de toutes les sciences.

Nota. Observons en passant qu'il existe la plus grande analogie et la plus étroite alliance entre les idées exprimées par ces mots : *vérité, raison, philosophie, science, justice, vertu, sagesse.* La VÉRITÉ consiste dans le tableau précis des faits, et les rapports exacts des objets et des idées. La RAISON est chez les hommes la vue nette de ces faits, et l'expression rigoureuse ainsi que la combinaison exacte des idées et des rapports en question ; c'est la vérité apperçue et manifestée par les signes. La PHILOSOPHIE, basée sur l'ensemble des faits exacts et des jugemens vrais en tout genre,

pour le corps humain, et la physique et la chymie, pour tous les corps naturels : elle analyse et décompose tout, afin de montrer clairement ce que chaque idée, chaque objet renferment. En examinant ainsi attentivement la construction primitive de chaque chose, elle apprend à la recomposer telle qu'elle étoit, et souvent mieux qu'elle ne l'étoit ; elle montre

---

est une raison universelle. La SCIENCE est l'universalité de nos vraies connoissances. La JUSTICE est la conformité des actions humaines à la raison, ou, si l'on veut, c'est la pratique de la raison. La VERTU n'est que le courage et l'habitude d'être constamment juste ou raisonnable. Et la SAGESSE, (trésor et substance du vrai philosophe), est l'heureux résultat de toutes ces grandes qualités morales, qui, sous des expressions multiples, ont, comme l'on voit, nombre d'élémens communs ou fort ressemblans, et souvent une même signification.

Ainsi donc un sage, un philosophe, un ami de la vérité, un homme raisonnable, juste ou vertueux, ne sont au fond et jusqu'à un certain point que le même homme ; et c'est dans ce sens que j'emploierai toujours ces mots-là. Je sais que ce sont là des titres que bien des gens usurpent, et dont ils se servent pour masquer leur ignorance, leur méchanceté ou leur vices ; c'est à eux que l'on pourroit appliquer ce passage : *Video meliora proboque, deteriora sequor.* En général, il en est des philosophes comme des amis, dont parloit Socrate :

> Rien n'est plus commun que le nom,
> Rien n'est plus rare que la chose. LAFONT.

mais l'honnête homme et le vrai philosophe sont les seuls qui, conformant leur conduite à leurs principes, réunissent et méritent ces noms glorieux.

d'abord ce que l'on a fait, et dit ensuite comment on peut mieux faire; développant les diverses manières de faire une chose, les différens moyens d'obtenir un résultat, d'arriver à un but, elle démêle et saisit les plus simples, les plus prompts, les meilleurs; parmi cette foule de combinaisons dont est susceptible en tout genre un nombre déterminé d'élémens, elle assigne les plus avantageuses : elle montre l'art de lire, d'écrire, de parler, de penser, de s'instruire, de composer, de découvrir la vérité, et de l'enseigner aux autres; elle ne se borne pas à remonter à l'origine des vérités, elle développe encore les sources, par malheur trop nombreuses, de nos préjugés et de nos erreurs : en un mot, elle donne la règle et la théorie de tout.

C'est elle qui préside à la création, à la réforme ou au perfectionnement des méthodes scientifiques; qui, reprenant nos idées jusque dans leur naissance, nous en fait voir l'origine, la liaison, les progrès, et montre comment, en isolant, en réunissant, comparant et combinant ces matériaux primitifs, on donne naissance à toutes sortes d'idées abstraites, de notions complexes; enfin, à toutes les opérations, productions, habitudes et facultés intellectuelles et morales, comme à toutes les branches des sciences, dont on peut dire qu'elle est et la mère et la reine.

En remontant à la génération des habitudes

du corps, de l'esprit et du cœur, elle fait voir comment le caractère, le moral ou l'âme de chaque individu est en grande partie le résultat nécessaire de leur formation; et donnant des règles pour les former avec précision, elle pose ainsi les fondemens de l'instruction publique, de l'éducation, de la morale et de la législation; sciences qui ne peuvent reposer que sur une analyse exacte des facultés de l'homme.

Non-seulement elle offre l'histoire philosophique des arts mécaniques; elle cherche encore dans les arts libéraux (la musique, la peinture, la sculpture, la poésie, etc.) ce qui constitue le beau, et fixe les règles du bon goût, en faisant voir pourquoi et comment une chose nous plaît ou doit nous plaire dans chacun d'eux : comme dans les sciences elle analyse la raison et la vérité, en analysant les sensations, les idées, le jugement et le raisonnement qui leur donnent naissance; en montrant pourquoi et comment l'on juge, l'on raisonne, l'on parle, l'on écrit, l'on s'exprime avec précision; comment enfin, en maniant toujours avec exactitude une langue exacte ou bien faite, l'on ne quitte jamais la ligne de l'évidence, de la certitude et du vrai.

Ses limites.

Après nous avoir montré la génération et les élémens de toutes nos connoissances, ceux de nos facultés et leur développement général, tant dans les individus que dans les sociétés résultantes de leur réunion, elle nous en montre aussi les bornes; elle nous dit: voilà d'où vous êtes parti, voilà ce que vous avez fait, voilà ce qui vous reste à faire, et voici le terme dont vous pourrez de plus en plus vous approcher, mais que vous ne dépasserez jamais; vous cesserez d'inventer, de faire des découvertes, dès l'instant où vous n'aurez plus de nouvelles observations à faire ou à vérifier, de nouvelles combinaisons d'idées simples à former, comme vous cesserez de raisonner dès l'instant où vous voudrez faire autre chose que ce que peut faire l'esprit humain, c'est-à-dire, recevoir, conserver et combiner des idées sensibles, ou analyser des idées abstraites et composées, épier la nature par l'observation, mesurer ses forces par le calcul, et les plier à votre usage par les arts.

Tel est le point de vue aussi vaste qu'intéressant, sous lequel on doit, ce me semble, envisager la *vraie métaphysique* ou l'*analyse universelle* (car pour moi ces deux expressions sont synonymes); tel est aussi celui sous lequel je l'envisage ici, en me bornant, toutefois, à développer les lois de l'intelligence et de la volonté dans l'homme, et l'art d'exprimer avec précision le système général de nos idées par un système correspondant de signes élémentaires et de convention combinés entr'eux d'une manière analogue aux combinaisons de l'esprit, ce qui fait qu'en analysant des mots on analyse des idées, et réciproquement.

Pour cela j'ai divisé, comme l'on voit ici, mon travail en cinq sections ou en trois parties principales (car les trois premières sections relatives au développement de la force ou faculté pensante, peuvent être regardées comme la première partie de l'ouvrage, dont la quatrième et la cinquième section forment les deux autres.)

PREMIÈRE SECTION.

DANS la première, je jette un coup-d'œil général sur les corps sensibles ; je fais l'énumération de nos sens, j'examine la génération des sensations transmises à nous par l'action des objets environnans sur nos organes ; par-là je connois les idées naissantes sans le secours des opérations de l'esprit et l'intermède d'aucun signe artificiel ; je m'assure de ce que l'homme doit à la nature et à ses sens, dans l'acquisition de ses premières connoissances, dont je donne le tableau en raccourci.

Après avoir analysé les sensations provenantes des organes extérieurs, je passe à celles naissantes des deux principaux organes intérieurs ; le *cerveau*, considéré comme le sens des idées, et le *cœur*, envisagé comme celui des sentimens moraux : je passe ensuite de l'être organisé et recevant des sensations, à l'être matériel qui les produit ; je fixe les idées qu'il faut attacher à ce mot, *la matière*, en montrant les deux grands points de vue sous lesquels on peut l'envisager, et séparant par une ligne de démarcation précise les propriétés des corps sensibles, d'avec celles des corps bruts et insensibles (au moins de ce qu'on est convenu d'appeler ainsi) : par-là je donne un moyen de tarir une des principales sources de disputes et d'erreurs. Enfin, je divise le système de nos idées primitives (celles qui nous sont données par la nature et forment les premiers élémens de nos connoissances) en deux grandes classes, formées l'une de parties *immesurables* (1), telles que les odeurs, les saveurs, les

(1) L'analogie m'oblige d'employer ce mot, parce qu'il n'en existe point dans notre langue qui pût rendre mon idée : celui qui en approche le plus est le terme *incommensurable*; mais il s'en faut bien qu'il ait la même signification : la diagonale et le côté d'un carré, la circonférence et le rayon d'un cercle, sont incommensurables, c'est-à-dire, que l'on ne peut assigner deux nombres exprimant exactement leur rapport géométrique : mais chacune de ces quantités formée par la répétition d'élémens homogènes, est mesurable : de même les surfaces et les solides sont en géométrie des quantités mesurables, mais incommensurables, parce que formées d'élémens hétérogènes, elles ne sauroient avoir de mesure commune; mais on ne peut pas dire qu'un son soit engendré par la réunion d'autres sons de même qualité, qu'un plaisir résulte d'un assemblage de plaisirs de même nature, comme un nombre résulte d'un assemblage d'unités; on ne connoît point les élémens du rouge, du jaune, du bleu, du doux, de l'amer; on ne peut pas dire que deux tons de la gamme se contiennent un certain nombre de fois :

sons, les couleurs, les sentimens, les plaisirs et les douleurs du corps, de l'esprit et du cœur, etc.; l'autre de parties *mesurables*, au nombre desquelles sont les idées d'*étendue*, de *durée*, et de *mouvement*; celles de *volume*, de *surface*, de *distance*; celles de *vîtesse*, de *poids*, de *masse*, de *densité*, de *force*, de *nombre*. et en général de *quantité*: je laisse ainsi entrevoir l'objet et les premiers fondemens des sciences de calcul, appelées *sciences exactes*, qui, comme toutes les autres, ont leur racine dans nos sensations.

IIe. SECTION.

Je commence la deuxième section par cette conséquence, tirée de la première, et donnant la solution de la première question, contenue dans le programme de l'Institut : *Il est faux que nos sensations ne puissent se transformer en idées que par le moyen des signes où nos premières idées ne supposent point essentiellement le secours des signes.*

Je m'occupe ensuite des idées abstraites et notions complexes naissantes des opérations de

on distingue dans toutes ces idées divers degrés, mais point d'élémens communs, ni par conséquent de rapport exact; c'est pourquoi je les appelle *immesurables* ou *non-mesurables*.

On peut faire des mots nouveaux quand le besoin l'exige; les Langues ne se sont formées que par l'assemblage de ces petites innovations, introduites successivement par tous les bons écrivains créateurs du Langage.

l'esprit; j'indique, par des exemples pris dans l'Histoire naturelle et la morale, la marche qu'il a suivie dans leur formation, et je démontre la nécessité des signes de convention pour fixer ces notions dans l'esprit, en déterminant avec rigueur le nombre et la qualité des élémens dont on est convenu de les composer; j'insiste sur la classification de nos idées dans l'ordre de leur plus grande ressemblance ou analogie; j'indique une méthode générale pour classer toutes sortes d'objets et d'idées dans l'ordre le plus naturel, et ne faire ni trop, ni trop peu de classes; je montre comment le cerveau analyse les idées d'une manière analogue à celle dont l'œil et la main analysent les objets : enfin, traçant rapidement la génération de nos facultés intellectuelles, j'essaie de fixer, avec plus de précision qu'on ne l'a fait jusqu'ici, le sens des mots *raison*, *vérité*, *intelligence*, *mémoire*, *imagination*, *bon sens*, *sens commun*, *esprit*, *talent*, *génie*, *goût*, etc. relatifs à la faculté pensante, et à l'entendement qui les comprend tous. Je termine cette section par un coup-d'œil général sur les causes de l'imperfection des langues vulgaires.

IIe. SECTION.

Dans la suivante, j'essaie de remonter à leur génération, en cherchant quelle seroit la marche naturelle de l'homme qui voudroit se créer à lui-même un langage, et quelle a dû être celle des

des diverses sociétés civilisées, que je prends à leur origine pour mieux suivre les progrès de leur civilisation et de leur connoissances, liés avec ceux de leur langue : j'offre ensuite une analyse rapide des élémens du langage, et les fondemens d'une grammaire philosophique. Après avoir fait sentir l'importance de l'exacte formation des idées complexes, j'indique une méthode pour les former sûrement; pour remédier aux défauts et à l'insuffisance des dictionnaires actuels, j'essaie de présenter les bases et la forme d'un dictionnaire analytique universel pouvant montrer à la fois les idées et les langues de tous les peuples : je m'occupe de l'élément fondamental du langage, *la proposition;* j'examine si, et jusqu'à quel point il est vrai, comme l'a avancé *Condillac*, sans le démontrer, que *propositions, jugemens, équations, soient au fond la même chose* (1); et je trouve que dans un grand nombre de cas une proposition n'est que *la double expression d'une même idée*, et par conséquent une sorte d'équation, exprimant la formation des notions complexes, la réunion dans un objet d'un certain nombre de propriétés constantes ou variables, de qualités durables ou passagères, ou l'assemblage dans l'esprit des idées qui les représentent : d'où il suit que les langues vulgaires peuvent, en prenant toutes une forme

(1) *Logique*, pag. 182.

commune, se traduire en algèbre jusqu'à un certain point; comme l'algèbre peut, en se déguisant sous des mots, se transformer en langues vulgaires, ce qui est évident, puisqu'on peut exprimer en anglais, en français, etc. toutes les vérités mathématiques contenues dans des formules algébriques, et réciproquement.

Cette troisième partie de mon ouvrage, féconde en corollaires, est sur-tout consacrée à démontrer l'influence des signes sur la formation des idées, et par conséquent peut donner la solution du problême de l'Institut : j'aurois pu en quelque sorte m'y borner, mais j'ai cru, qu'il étoit bon, pour arriver plus sûrement au but, de reprendre les choses d'un peu haut, et de démêler exactement dans la masse de nos connoissances ce que nous devions, 1°. à la nature, 2°. à la réflexion, 3°. à l'expression de nos idées par des signes quelconques. D'ailleurs, quoique mon livre offre, ce me semble, une solution assez complète, quoiqu'indirecte, du problème précité, le lecteur verra aisément que cette solution n'est qu'une petite partie du plan que je me suis tracé.

Les principes établis me conduisent tout naturellement à une nombreuse série de conséquences, parmi lesquelles viennent se placer, comme d'elles mêmes, les suivantes, où l'on trouve la solution des quatre dernières questions contenues dans le programme de l'Institut.

1°. L'*art de penser seroit parfait* (autant du

moins que le comportent la nature de l'esprit humain et celle de nos sensations), *si l'art des signes étoit porté à sa perfection ;* ce que je prouve en faisant voir que l'artifice de la formation et de l'analyse exacte des idées, suit pas à pas celui de la composition et de l'analyse rigoureuse de leur signes représentatifs.

2°. *Dans les sciences où la vérité est reçue sans contestation, cet avantage est dû en partie à la qualité des idées mesurables dont on s'occupe, mais sur-tout à l'art des signes, dont l'analyse bien faite conduit toujours sûrement à celle des idées préalablement bien liées avec eux.*

3°. *Dans celles qui fournissent un éternel aliment aux disputes, le partage des opinions est une effet nécessaire,* 1°. *de la qualité des idées immesurables ou irréductibles à des élémens uniformes ;* 2°. *de la formation inexacte des idées complexes ne renfermant pour la plupart que des élémens indéterminés ;* 3°. *de l'inexactitude correspondante des signes, dont la mauvaise construction et le mauvais emploi expriment mal des notions mal analysées.*

4°. *Il n'y a que deux moyens pour raisonner juste, c'est de se créer à soi-même une langue analytique, ou de vérifier, reconstruire et perfectionner celle que nos pères nous ont transmise.*

5°. *C'est là l'unique moyen de corriger les signes mal faits, et de rendre toutes les sciences susceptibles de démonstration.*

6°. *L'art de penser, de raisonner se trouvent, en dernière analyse, réduits à savoir écrire ou parler, en un mot, analyser avec précision une langue exacte ou bien faite* (1).

Après être remonté à la génération de la force pensante et aux premiers élémens de l'esprit, je termine cette troisième section, en essayant de soumettre la force pensante et l'esprit humain eux-mêmes à une formule analytique mesurant par approximation l'énergie et les produits des quatre principaux élémens qui les composent, (la faculté de recevoir des idées, celle de les conserver ou de les retracer, celle de les combiner, et celle de les exprimer). Je traite dans autant de chapitres séparés, des moyens de former, de perfectionner et d'accroître chacune des quatre forces élémentaires précitées, dont le développement complet doit produire à la longue celui de l'intelligence et de l'esprit humain.

Je montre dans les voyages, dans les livres, dans les sociétés savantes, dans les choix des lieux que nous habitons ou parcourons, dans le séjour des grandes villes, dans la conversa-

---

(1) C'est bien à cela que tient le dernier perfectionnement des méthodes, mais il ne faut pas oublier qu'elles ne peuvent que seconder, et non pas donner le génie, qui ne peut se convertir en art.

Nota. Par langue bien faite j'entends une langue basée sur de bonnes observations, des idées justes et des faits exacts.

tion des hommes éclairés, même dans le commerce ordinaire de la vie, mais sur-tout dans les associations particulières ayant pour but les arts et les sciences, dans les établissemens, les écoles et les institutions publiques, les sources générales de toutes nos idées, le premier germe de la différence des esprits, des passions et des caractères; en un mot, les principes producteurs ou fécondateurs de toutes nos habitudes et facultés intellectuelles et morales. Par-là j'ai occasion de présenter, sous une forme nouvelle et sous un nouveau jour, plusieurs vérités qui n'avoient pas été suffisamment développées dans les sections précédentes, et je m'efforce, en terminant celle-ci, de démontrer l'excellence et les heureux effets de la méthode analytique que j'ai développée, et qui seule peut et doit être la base de tout bon plan d'instruction, comme elle est le fil précieux destiné à nous conduire dans l'étude, l'invention et la composition.

En parlant des avantages incalculables d'une langue scientifique parfaitement exacte et applicable au système général de nos connoissances, je laisse aussi entrevoir ceux qu'on ne peut manquer de retirer de l'analyse bien faite des langues actuelles, qui mène directement à celle de l'esprit humain. Mais pour compléter ce que j'avois à dire sur l'importante théorie des signes, et ne pas me perdre dans des généralités vagues, j'ai senti, en me rapelant ce vieil adage (*Fit fabricando faber*), qu'il étoit indispensable de familiariser mon lecteur par la solution d'un assez grand nombre de problèmes particuliers, avec les plus simples, et pourtant les principales opérations de l'intelligence : j'avois donc résolu d'abord de m'arrêter un certain temps à composer, pour ainsi-dire, avec lui quelques échantillons des plus belles productions de l'esprit humain, en lui dévoilant sa marche par la formation exacte des langues mathématiques.

Mais comme cette analyse, susceptible d'un assez grand développement, auroit trop coupé le fil de l'ouvrage et pu paroître à bien des lecteurs, sinon déplacée, au moins trop étendue, trop approfondie, j'ai pris le parti d'en faire un troisième volume détaché, faisant suite aux deux premiers, ou si l'on veut, destiné à leur servir d'introduction; car avant d'entamer des matières plus générales, des questions plus compliquées, plus difficiles, plus obscures, rien de plus naturel, ce me semble, que de commencer par s'exercer au raisonnement sur des sujets simples et susceptibles de cette exacte analyse, dont le flambeau est si propre à répandre la lumière sur toute espèce de discussion : les hautes spéculations de la philosophie, pour n'être pas inintelligibles ou trop inaccessibles aux esprits médiocres, ont souvent besoin d'être éclairées par des exemples, et la meilleure base sur laquelle on pût s'appuyer pour découvrir aisément les lois de l'entendement humain, seroit sans contredit un tableau général et bien fait des élémens de toutes les sciences : la découverte de ces lois ne seroit plus alors que le résultat des réflexions et l'ensemble des conséquences auxquelles l'étude de ce tableau donneroit lieu.

Cette analyse des langues mathématiques étant à mes yeux le premier pivot de la raison et de la vérité, la base de la plus belle et de la plus satisfaisante portion de nos connoissances (les sciences de calcul, nommées *sciences exactes*), j'ai cru devoir lui donner une certaine étendue pour en mieux faire sentir l'importance ; j'ose croire qu'elle aura quelqu'avantage sur les élémens ordinaires de mathématiques, et qu'elle pourra mettre à même de lire et d'entendre rapidement tout ce qui s'est fait de bon en ce genre. Je me suis moins occupé à démontrer beaucoup de choses, à faire un grand nombre d'applications, qu'à développer doucement et sans le rompre le fil caché qui lie toutes les vérités mathématiques entre elles et avec les autres branches des sciences ; j'ai cherché à les faire naître les unes des autres, et oubliant pour un moment que j'ai lu des ouvrages de géométrie, j'ai voulu, autant que possible, paroître inventer la science ; bien convaincu que dans une langue qui étoit toute entière le résultat nécessaire de quelques conventions primitives, il ne devoit exister aucune obscurité pour quiconque saura remonter à sa génération et en suivre les détails ; et que le plus sûr moyen d'en présenter les élémens dans toute leur simplicité, étoit de la recréer, en quelque sorte, en essayant de suivre la marche des premiers inventeurs.

Mon but étant de familiariser le lecteur par nombre d'exemples avec ce qu'il y a de plus simple, de plus net, dans l'art de penser et de raisonner, j'ai cru que le meilleur moyen d'exposer au grand jour les règles de ce bel art, qui se trouvent noyées dans l'échafaudage des langues vulgaires, étoit de recourir à la langue éminemment analytique, l'*algèbre*. Par malheur, peu de personnes sont en état de la bien lire, quoiqu'elle soit la plus claire de toutes; quelque soin qu'on mette à la bien écrire, son laconisme exige une attention un peu fatigante, et dont peu de lecteurs sont capables. Beaucoup de gens, faussement persuadés d'avance que l'algèbre n'est point une langue, pourront être choqués de voir un ouvrage de métaphysique et de morale, semé de temps en temps de phrases et d'expressions algébriques; mais j'observe, 1°. qu'il n'y a pas d'autre moyen de traiter avec clarté et précision un sujet quelconque, que de commencer par parler la seule langue claire et précise; 2°. que mon ouvrage ressemble peu à tous ceux de ce genre; 3°. que j'ai voulu élever la *ci-devant métaphysique* à la dignité de science exacte, en fixant les esprits sur sa vraie nature, ses attributions, sa puissance et ses limites: et pour cela je lui ai fait parler la langue de la vérité et du bon sens, ou celle des sciences mathématiques, voulant par-là la reconcilier et la marier, pour ainsi dire, avec elles. Comment d'ailleurs bien juger et apprécier les langues vulgaires, considérées comme méthodes analytiques plus ou moins imparfaites et vicieuses, sinon en les rapprochant de la seule méthode analytique parfaite, prise pour unité ou terme de comparaison.

IIe. PARTIE, ou IVe. SECTION.

Mon dessein étoit d'abord de m'arrêter là, mais j'ai réfléchi que s'il étoit utile à l'homme de connoître les lois de sa pensée et de son intelligence, il ne l'étoit pas moins de s'assurer de celles que suit sa volonté.

Pour mieux connoître les premières, j'avois séparé par abstraction de nos sensations, le plaisir et la peine qui les accompagnent, et qui sont le premier principe de notre attention, de nos désirs, de nos passions, de nos mouvemens; il m'a donc fallu, pour voir et analyser l'homme tel qu'il est, joindre ensemble les deux grandes facultés qui complètent le système de son existence morale, et le considérer tout-à-la-fois comme être *pensant* et *voulant*. J'ai, en conséquence, remonté à la génération de ses désirs, de ses besoins, de ses passions et de ses habitudes morales, comme je l'avois fait pour les sensations, les idées et les facultés intellectuelles, et j'ai présenté le développement de la volonté, ou *force motrice des corps sensibles*, à côté et à la suite de celui de la *force pensante*, pour mieux faire sentir leur liaison et leur dépendance réciproque.

En montrant ainsi les vrais élémens dont se composent ou doivent se composer la tête et le cœur de chaque individu, j'ai jeté les vrais fondemens de l'instruction, de l'éducation et de la morale, et par suite, ceux de la législation; car cette dernière science, qui a pour but de tirer tout le parti possible des facultés bien formées d'une certaine masse d'individus, suppose le talent préalable de les former dans chacun d'eux. Combattant une grande erreur d'un homme célèbre, je fais voir, en passant, l'influence générale des lumières bien dirigées, bien appliquées, sur la force, la richesse des nations, la bonne administration et l'heureuse harmonie des sociétés policées, comme celle de l'éducation, sur le bonheur des individus dont la réunion leur donne naissance, et je dis, par occasion, quelque chose de l'influence des religions.

Après avoir exposé quelques idées fondamentales sur l'éducation, je recherche le principe ou la source des différences morales des individus et des peuples, et je trouve l'origine de l'inégalité des esprits et des caractères dans l'organisation, le climat natal, les lieux où l'on vit (causes qui déterminent les alimens, les sensations, les idées et les sentimens primitifs dont se composent le corps, l'esprit et le cœur), mais sur-tout dans l'ensemble des habitudes naissantes des divers systèmes d'éducation, de morale, de législation et de gouvernement; je montre, dans un tableau abrégé de ses nombreux effets, la toute-puissance de l'habitude; enfin, passant au résultat naturel de la formation des bonnes habitudes, de l'existence des bonnes lois, des bonnes institutions, je traite de la liberté et du bonheur.

IIIe. PARTIE ou V^{e}. SECTION.

Après être remonté jusqu'à la génération de l'homme, de ses sens, de ses sensations, de ses idées, de ses sentimens, de ses facultés intellectuelles et morales, dont le développement, considéré dans l'espèce humaine, engendre le corps entier de nos connoissances, j'ai cru devoir terminer mon ouvrage en offrant au lecteur le tableau analytique de leurs diverses branches, naissant d'une analyse plus exacte de l'esprit humain, et d'une nouvelle division de toutes ses productions en deux grandes classes; 1°. celle des *produits réguliers de la force pensante;* 2°. celle de ses *produits irréguliers.* Alors, m'efforçant de m'élever à une hauteur telle que je pusse embrasser d'un coup-d'œil tout l'horizon de nos idées, je fais voir comment, des principales forces agissantes sur la nature (la pesanteur, le calorique etc., l'intelligence et la volonté, etc.) découlent tous les effets du monde physique et moral, les sciences, les arts mécaniques et les beaux-arts; en un mot, la totalité des pensées humaines offrant, d'un côté, la somme des productions régulières de la force pensante, dont se compose *la raison humaine;* et de l'autre, la somme de ses productions irrégulières ou ses écarts, contenant le recueil de nos erreurs, de nos préjugés, la fable, la mythologie, la théologie, l'astrologie, etc.; en un mot, la *déraison humaine.*

Dans les quatre derniers chapitres, je cherche à détruire cet orgueilleux préjugé qui a fait regarder jusqu'ici comme invariable l'ordre actuel du système du monde, ou le résultat présent des forces de la nature; je démontre *a priori*, que, par une suite nécessaire de l'universalité de cette grande force (*la pesanteur*) agissante, en tout temps et à toutes distances, dans l'espace, il doit varier insensiblement, et qu'à la longue les effets de ces variations, que je nomme *séculaires*, doivent devenir sensibles.

Outre la combinaison exacte et générale des idées et des faits connus, qui est, pour l'esprit humain, une source inépuisable d'agrandissement, le temps doit donc encore lui présenter, avec de nouveaux faits, un nouveau champ de découvertes toujours croissantes par l'exactitude non-interrompue de ses observations et de ses calculs, et qui n'auront point d'autres bornes que celles de la durée même de l'espèce humaine, et du pouvoir qu'elle a d'observer l'univers.

Le corps des sciences et de la raison tend donc sans cesse, par sa nature, à se perfectionner et à s'étendre; mais cela suppose qu'elles puissent vaincre tous les obstacles qui s'opposent à leur développement: j'en fais la douloureuse énumération, et après avoir montré à l'homme ses richesses réelles et les vrais titres de sa gloire, je lui fais envisager dans la *nécessité*, cette force supérieure résultante des forces générales de la nature (dont la principale le retient enchaîné à la surface de ce globe qui l'a fait naître et le nourrit), les bornes de sa puissance et celles de l'esprit humain. Je finis par l'énoncé de trois grands problèmes, auxquels je me propose d'appliquer la méthode et les principes établis dans cet ouvrage , et dont la solution doit faire l'occupation et le plus doux amusement de ma vie (1).

---

(1) Le premier a pour but de présenter avec un *maximum* de liaison, de simplicité et de laconisme, les élémens des sciences devant servir de base à l'instruction et à l'éducation, et dont l'ensemble doit former le meilleur cours d'études analytique et élémentaire.

Le second est relatif à la génération des corps célestes et à l'organisation actuelle du système solaire; il a pour but de trouver une hypothèse dont toutes les conséquences ne soient que la somme des faits astronomiques donnés par l'observation , et qui par conséquent explique deux choses , regardées jusqu'ici comme inexplicables : 1°. la cause du mouvement général des planètes d'occident en orient, ou de droite à gauche; 2°. l'origine jusqu'ici inconnue de la force tangentielle qui, combinée avec l'action centrale de la pesanteur, leur fait décrire une ellipse autour du soleil.

Le troisième, relatif à la construction des vaisseaux (les plus belles et les plus utiles machines qu'ait enfantées l'esprit humain), consiste à déterminer si et jusqu'à quel point dans l'état actuel de nos connoissances mathématiques, hydrauliques et mécaniques, l'architecture navale est encore susceptible de perfection, et à poser les limites que dans l'état présent des choses elle ne sauroit outrepasser.

Nota. On trouve à la fin de l'ouvrage un plus ample développement de ces importantes questions.

En m'efforçant de donner sur les objets principaux et fondamentaux de nos connoissances des idées plus nettes ce me semble, qu'on ne l'ait encore fait, j'ai eu sur-tout en vue d'écarter les ronces et les épines qui environnent l'entrée du palais des sciences, et d'en rendre l'étude plus facile, plus prompte, plus générale, pour tous les hommes qui, par état ou par goût, sont faits pour les cultiver. Car je me suis bien convaincu (et tout le monde je pense doit l'être), que l'ignorance et l'obscurité des notions primitives sont à-la-fois le plus grand obstacle à l'acquisition ainsi qu'à la propagation des vraies connoissances, et la source la plus féconde de nos erreurs, de nos préjugés et de nos folles disputes. Enfin, j'ai fait mes efforts pour que mon Livre ne fût point indigne du titre que je lui ai donné, et qui doit en être l'analyse extrêmement sommaire ; c'est une idée centrale et une sorte de foyer d'où il doit jaillir tout entier. Je ne m'estimerai pas malheureux, si en multipliant le nombre des têtes justes et pensantes, il peut aussi contribuer à la production d'un grand nombre d'écrits plus détaillés ou plus parfaits.

En terminant ici l'apperçu de la marche que j'ai suivie et des principales questions qui ont fixé mon attention, je demanderai une grâce à mes lecteurs, c'est de ne me juger qu'après m'avoir lu en entier au moins une fois, car toutes les parties d'un ouvrage philosophique doivent, comme les diverses pièces d'un bon édifice, s'étayer mutuellement : en écrivant je me suis toujours efforcé de bien m'entendre moi-même, afin de pouvoir être bien compris par les autres ; mais, comme dans un écrit entièrement consacré à la vérité, je ne puis avoir d'autre but que d'être utile aux hommes, je recevrai avec autant de plaisir que de reconnoissance les observations qui, en m'éclairant sur les fautes ou les erreurs dont il peut n'être point exempt, me fourniront les moyens de le perfectionner.

Au reste, c'est folie pour un écrivain de se flatter que ses ouvrages puissent être lus, goûtés et entendus par tout le monde ; chacun dans un livre ne saisit, ne goûte, ne digère que la portion d'idées et de vérités à sa portée, (tout le reste est pour lui comme s'il n'existoit point, c'est tout au plus un recueil de mots) ; or, cette portion varie suivant la nature des élémens dont l'esprit est formé, et l'étendue des facultés intellectuelles, suivant le degré d'attention, d'instruction et de raison dont on est susceptible ; enfin, selon le caractère, les passions, les besoins, l'opinion et les préjugés du lecteur, car tout cela influe sur les jugemens qu'il porte. Un auteur ne doit donc guère compter que sur l'approbation et l'estime sentie des personnes dont l'esprit est à-peu-près de niveau avec le sien et formé des mêmes élémens. Dans le grand concert social, les esprits et les cœurs ressemblent à des instrumens de musique plus ou moins discordans ou bien accordés ; il n'y a que les âmes à l'unisson qui frémissent et résonnent ensemble ; on ne sent, on n'estime que soi dans les autres, or, le *moi* est différent chez tous les hommes ; de là la grande diversité de leurs jugemens.

On peut comparer un esprit supérieur à un spectateur placé sur une haute montagne, ou dans un lieu fort élevé au-dessus du globe, et d'où il découvre un horizon immense : tous ceux qui viennent après lui approchent d'autant plus de découvrir l'étendue ou portion du globe sur laquelle planent ses regards, qu'il sont plus élevés, et au contraire, en voient une partie d'autant plus petite qu'ils le sont moins, de sorte que ceux qui se trouvent placés au fond du vallon voient à peine à quelques pas autour d'eux ; ils n'ont aucune idée des objets apperçus par les spectateurs plus élevés, et ce n'est qu'en s'élevant comme eux, qu'ils viennent à bout de voir les mêmes choses et de la même manière. Il en est de même du monde idéal ; chaque esprit suivant la portée de sa vue, le genre et le degré actuel d'instruction, etc. ; en un mot, suivant l'échelon intellectuel où il est placé, apperçoit une portion différente de la sphère de nos connoissances : ainsi, les petits esprits n'apprécient que les petits génies ; la médiocrité plaît à l'homme médiocre, et les génies sublimes ne sont bien jugés que par leurs égaux.

TABLEAU
DES
PRINCIPALES DIVISIONS
DE L'OUVRAGE.

PREMIÈRE PARTIE.
Analyse de la faculté pensante.

PREMIÈRE SECTION.
Développement général de la sensibilité.

SECONDE SECTION.

Des diverses opérations de l'Esprit et des idées naissantes de ces opérations.

TROISIÈME SECTION.

De l'expression analytique des idées et des opérations de l'esprit, ou fondemens d'une grammaire philosophique et d'une langue exacte. Nouveaux développemens de la force pensante, et moyens de former, de perfectionner ou d'accroître les quatre élémens fondamentaux qui la composent.

IIe. PARTIE ou IVe. SECTION,

Offrant le développement de la volonté (ou force motrice des corps sensibles), et les fondemens des sciences morales et politiques.

CHAP. X. *Puissance de l'habitude.*

CHAP. XI. *Résultat naturel des bonnes habitudes, d'un bon plan d'éducation, de législation, et de gouvernement; ou de la liberté et du bonheur.*

IIIe. PARTIE ou Ve. SECTION.

De la division de nos connoissances, des progrès et des bornes de l'esprit humain.

CHAP. I. *Notion précise de la Nature. Des principales forces agissantes sur le monde physique et moral, et tableau analytique de leurs effets, d'où naît une nouvelle division de nos connoissances, fondée sur la distinction des produits réguliers et irréguliers de la Nature, et sur celle des produits réguliers et irréguliers de la force pensante.*

CHAP. II. *Double tableau qui en résulte, offrant d'un côté (les arts mécaniques, les beaux-arts et les sciences, ou l'analyse des êtres réels, la raison, la vérité, la certitude et le calcul des probabilités); de l'autre, le recueil des écarts de la force pensante, (les cosmogonies, les théogonies, la mythologie; les contes fabuleux de toute espèce, les propositions fausses en tout genre, les erreurs et les préjugés, etc. en un mot, la somme des êtres imaginaires, la déraison, la fausseté ou l'invraisemblance, et l'obscurité).*

CHAP. III. *Variations séculaires qui doivent, à la longue, naître dans le système de nos connoissances, par suite des changemens insensibles des forces de la nature, et progrès possibles ou futurs de l'esprit humain.*

INTRODUCTION

INTRODUCTION
À
L'ANALYSE DES SCIENCES.

PREMIÈRE PARTIE.
Analyse de la faculté pensante.

Ire. SECTION.
Développement général de la sensibilité.

CHAPITRE PREMIER.
Nos sens extérieurs et intérieurs premiers instrumens de nos connoissances ; sens général (le toucher) *qui les renferme tous.*

En portant la main sur notre corps, nous disons (ou nous portons ce jugement) *c'est moi ;* en la posant sur un corps étranger, nous disons, *ce n'est plus moi ;* et la même chose a lieu lorsqu'un corps étranger vient frapper un point quelconque du nôtre.

Ce pouvoir de distinguer notre existence de celle des objets extérieurs, et qui est continuel, tandis que nous veillons, est aussi la première, la plus simple de nos facultés, et celle dont l'exercice est le plus constant et le plus souvent répété : il est commun à l'homme et aux autres animaux, quoique ceux-ci ne l'expriment pas par des mots. Nous sentons donc (et ce sentiment est la première base de toute évidence) qu'il existe quelque chose hors de nous, dont le contact avec notre corps produit un effet interne que j'appelle *sensation :* il n'existe donc, à proprement parler, qu'un sens unique ou *toucher général* répandu sur toute la surface du corps sensible, mais qui se décompose comme il suit.

La lumière touche nos yeux, les traverse et agit sur la retine et les nerfs optiques; de là *les couleurs* et *la vue :* l'air touche l'intérieur de nos oreilles et frappe le tympan; de là *les sons* et *l'ouïe.* Ce même air, mêlé avec certains corps très-déliés, frappe l'intérieur de notre nez et agit sur les nerfs olfactoires; de là *les odeurs* et l'*odorat.* Les alimens touchent les lèvres, la langue, le palais et les parties intérieures de notre corps (où ils se décomposent par une opération chymique répétée tous les jours, et se filtrant par une foule de petits canaux, donnent naissance à tous ces solides réguliers et vivans, nommés *animaux*); de là *les saveurs* et *le goût.* La main, en parcourant les corps, reçoit les sensations de solidité, de chaleur, de froid, de dureté, de mollesse, de liquidité, de fluidité, de poids, de forme et d'étendue; (la même chose a lieu jusqu'à un certain point, pour les bras, les cuisses, les jambes, les pieds et tous les points superficiels de notre corps, plus ou moins sensibles à l'attouchement des objets environnans, et plus ou moins propres à juger de leurs qualités); de là *le tact.*

L'action de tous les objets sur ces organes, se transmet régulièrement au cerveau, point central de leur réunion et principal organe, dont ils paroissent n'être que des ramifications, des dépendances, et, à force de se répéter, lui communiquent insensiblement le pouvoir de se retracer et de combiner toutes les sensations élémentaires qu'il en reçoit; de là *le système général de nos idées.* Le mouvement et l'impression des objets passe rapidement des organes extérieurs au cerveau, et du cerveau au cœur et autres organes de la sensibilité intérieure; de là *les sentimens moraux* (le plaisir, la douleur, l'amour, la haine, la crainte, l'espérance, etc.)

En un mot, toutes ou presque toutes les parties de notre corps, tant intérieurement qu'extérieurement, sont autant de parties sensibles, qui, recevant, ou de leur action réciproque, ou de la part des corps étrangers, différens chocs et mouvemens, nous donnent un nombre presqu'infini de sensations différentes, par la qualité et l'intensité que nous rapportons, comme par des fils (aboutissant tous au cerveau), aux divers points de contact (*toucher général*); et l'on peut dire que les corps organisés sont composés d'un système de parties sensibles étroitement liées les unes aux autres par la force de l'organisation, comme tous les corps ou portions de matière, sont formés de parties pesantes liées entr'elles par cette force ou attraction réciproque d'où naît leur aggrégation : ainsi donc, outre le centre de gravité qui est commun à tous les corps, ceux connus sous le nom d'*animaux* ou *corps sensibles*, ont de plus un centre de sensibilité par où passe la résultante de toutes leurs sensations.

Chacun se sent naturellement porté à placer ce point dans la tête, où réside l'organe central (*le cerveau*), d'où émanent les principales paires ou faisceaux de nerfs (regardés comme principe ou conducteurs de la sensibilité animale), et où vont se réunir les différentes classes de sensations (les couleurs, les sons, les odeurs, les saveurs, etc.), mais laissant aux médecins, aux anatomistes le soin de disputer sur le vrai siége de l'âme, ou de le déterminer, je me contente d'observer, 1°. que cette âme, produit de nos sensations, est répandue dans toutes les parties du corps sensible; 2°. qu'il existe en nous plusieurs centres particuliers de sensibilité (tels que le cerveau, le cœur, les organes de la génération, etc.); 3°. qu'il y a un centre général et commun, où toutes nos sensations aboutissant et se liant ensemble, sans se confondre, forment ce que j'appelle *le moi.*

Comment s'est engendrée cette résultante de la sensibilité animale ? comment s'est formée peu-à-peu cette force motrice de notre corps, *la volonté?* comment expliquer ce *nisus* interne qui, combiné avec la force générale de la matière. (*la pesanteur*), produit tous les mouvemens des machines animales ? On l'ignore, et, probablement, on l'ignorera longtems encore : on manque de données pour résoudre ce problème. Tout ce que l'on voit évidemment, c'est que cette force n'existe (au moins d'une manière bien apparente) que dans les corps organisés formés de deux parties égales et semblables par une réunion de molécules, dont le rapprochement donne lieu à des êtres vivans, et que, par cette raison, l'on peut appeler *molécules vivantes.*

A mesure que ces molécules se réunissent en vertu de leur attraction chimique, elles forment un composé qui, d'abord, n'est qu'une masse informe, mais qui bientôt se régularise et forme un petit fœtus animal, doué d'une forme symmétrique; c'est alors que le premier germe de cette force, dont je viens de parler, commence à paroître : elle naît avec le corps organisé. Il prend des accroissemens; elle en reçoit elle-même ; déjà l'embryon commence à remuer, et bientôt, brisant ou écartant, par le volume de son corps, les parois de l'enveloppe où il étoit retenu, l'animal naissant sort du lieu nécessaire pour le développement de son germe (1) : c'est alors que, plongé dans des flots d'air, de lumière et de calorique, et en contact avec tous les corps environnans, il prend une existence toute nouvelle. Sans doute, il se passe alors un grand changement en lui, mais les données manquent pour le déterminer, comme pour fixer le degré de sensibilité dont il jouissoit dans le sein maternel.

Bientôt ses yeux s'ouvrent, et la lumière, à force de les traverser et de multiplier ses impressions sur la rétine, lui apprend, en quelque sorte, à voir :

---

(1) Ce lieu se nomme en général, *matrice* : ainsi la terre est la matrice de tous les végétaux, puisque c'est dans son sein que leurs germes se développent ; mais les animaux sont, pour ainsi dire, des êtres doubles, dont une partie (la femelle) est destinée à recevoir la semence, que l'autre (le mâle) est destiné à fournir. Ces deux parties, poussées l'une vers l'autre, à une certaine époque de leur durée, par une force de rapprochement qu'on nomme *amour*, et qui n'est, en quelque sorte, qu'un cas particulier de la force générale de la nature, *l'attraction universelle*, donnent naissance (soit immédiatement, comme les vivipares, ou médiatement, comme les ovipares) à un être semblable à eux, dont la femelle, ou l'œuf (soumis à l'incubation ou à une chaleur artificielle constante) restent dépositaires jusqu'à une certaine époque différente, suivant les différentes classes d'animaux.

le brillant organe de la vue se forme insensiblement par son action puissante et répétée, et au bout d'un tems assez court, il est en état de distinguer les couleurs. L'air en fait autant pour l'ouïe, à force de frapper le tympan; peu-à-peu l'oreille se forme et acquiert la faculté de distinguer les sons. Il en est de même de l'odorat et du goût : en un mot, tous les corps environnans, à force d'agir en tous sens sur cette tendre et frêle créature, façonnent peu-à-peu ses organes, et lui donnent tous des leçons de douleur et de plaisir; et c'est ici que commence pour moi (faute peut-être d'avoir de meilleurs yeux) le premier développement des facultés intellectuelles et morales de l'enfant. Il distingue d'abord sa mère, sa nourrice, et, en général, tous les corps qui l'approchent le plus souvent et de plus près : ses connoissances augmentent avec le nombre des objets qu'il sait distinguer, et il en distingue plus à mesure qu'il avance en âge. Son œil, à force de voir, voit plus et mieux; son oreille, à force d'entendre, entend plus et mieux; sa main, en touchant et remuant les corps, apprend à juger de leur solidité, de leur poids, de leur dureté, de leur liquidité et fluidité, de leur degré d'échauffement, etc.; enfin, du concours de tous les sens, de leur exercice journellement répété, résulte la connoissance de toutes leurs qualités sensibles ou apercevables par ses seuls organes.

L'animal, dès l'instant où il commence à marcher seul, peut se transporter par-tout lui-même, et agrandit ainsi rapidement le cercle de ses expériences et de ses connoissances : il a, dans sa tête, le tableau des localités, et, pour ainsi dire, la carte du pays qu'il a parcouru ; de tout ce qu'il a vu, touché, entendu, en un mot, senti, il se forme dans son cerveau, d'une façon plus ou moins prompte, suivant l'organisation, un premier fonds d'idées et une règle de conduite (nommés *instinct* chez les bêtes, et *bon sens* ou *raison* chez l'homme, mais qui, sous des noms différens, ne varie d'abord chez l'un et l'autre que par la qualité, la quantité des sensations et l'étendue des facultés propres à les conserver et à les multiplier par des combinaisons); il sait, d'après son expérience ou ses sensations, et ce qu'il a appris de ses parens par l'imitation (car tous les animaux donnent une certaine éducation à leurs petits, qui font naturellement ce qu'ils leur ont vu faire), éviter tous les corps qui peuvent le blesser ou lui nuire, et chercher et trouver tous ceux qui peuvent le nourrir et flatter ses sens : il obéit à la force mécanique qui lui fait reproduire son espèce ; il se construit une habitation, y élève ses petits, et tous les ans, il répète à-peu-près les mêmes choses jusqu'à sa mort.

Tel est, en général, le degré de sensibilité et de facultés instinctives où parviennent naturellement les animaux sauvages, sans en excepter l'homme ; mais parmi ces nombreuses familles d'êtres vivans, qui couvrent la surface du globe, il en est une qui a su fixer ses sensations par des signes, et en tenir registre : nous verrons bientôt jusqu'à quelle hauteur elle s'est élevée par cette heureuse invention.

L'on ne sauroit dire quand et comment cette invention est née : qu'il nous suffise donc de savoir qu'elle a commencé à une certaine époque de l'âge du globe et du genre humain, que, sans doute, l'état de nos connoissances ne nous permettra jamais d'assigner.

L'expérience nous apprend que l'on oublie aisément ce que l'on a vu ou entendu qu'une seule fois ou un petit nombre de fois, et que la mémoire ne se forme que par la répétition et la fréquence des mêmes sensations ; mais comme on n'est pas le maître de retracer à volonté des sensations passées ou lointaines, on les reproduit et on les conserve comme en dépôt, en saisissant et fixant les images fugitives des objets, par un croquis ou dessin qui sert à nous les rappeler : comme d'ailleurs l'idée de couleur est liée avec celle de la forme, l'une ne manque guère de réveiller l'autre. Il semble donc que la première idée qui a dû se présenter, est de dessiner les corps, pour en conserver le souvenir (ce moyen est même le meilleur et presque le seul bon pour les connoître promptement et parfaitement), et que tous les hommes aient été naturellement peintres et imitateurs.

Si, par les contours tracés, on conserve la forme des corps, on peut aussi conserver les sons qu'ils rendent, par des sons similaires et imitatifs (*articulés*), de là la naissance du langage pittoresque (par exemple, des mots *coucou*, *siffler*, *claquer*, *crier*, *hurler*, *mugir*, *fracas*, *tonnerre*, *bombe*, etc.)

Les premiers hommes n'ont eu d'abord que quelques-uns de ces sons, pour exprimer les phénomènes de la nature, ceux des arts naissans, le cri des animaux pour eux à craindre ou à rechercher, etc. et dont ils se servoient comme d'un signal pour les fuir ou les attaquer : des mouvemens expressifs, joints à ces premiers sons, leur suffisoient pour peindre les divers mouvemens des corps utiles ou nuisibles, et sans doute leur langage a long-tems été borné là. Mais enfin, l'homme constamment poussé par un ressort interne vers la perfectibilité, et profitant de quelque hasard heureux (car, dans presque toutes leurs premières découvertes, les hommes ont eu la nature pour maître), s'est aperçu que les idées des objets étoient liées entr'elles, comme les objets qui les avoient fait naître l'étoient entr'eux, et que souvent une idée en réveilloit beaucoup d'autres, même fort éloignées, comme un objet réveilloit le souvenir d'un autre, même très-différent; qu'il suffisoit que deux objets se trouvassent côte à côte, ou dans les même lieux, et fussent vus ou entendus en même-tems, pour devenir signes l'un de l'autre; qu'en un mot, il y avoit entre toutes les sensations successives formant la chaîne de la vie, comme entre toutes les substances semées çà et là sur le globe, une liaison naturelle plus ou moins forte: alors, instruit par les leçons de la nature ou ses propres sensations, il a donc employé peu-à-peu, pour les réveiller à son gré, des signes commodes, mais qui n'avoient avec elles que très-peu de rapports, et insensiblement il est parvenu au point d'en employer qui ne ressembloient en rien aux objets représentés: et après s'être servi d'abord d'un dessin grossier, ensuite d'une sorte d'hiéroglyphes, signes en partie naturels et en partie artificiels, il a fini par inventer le discours et l'écriture, et exprimer ses idées avec des sons, des figures et des mouvemens factices, après les avoir exprimés par des sons, des figures et des mouvemens naturels et imitatifs.

Ce passage ne s'est pas opéré en un jour, mais enfin, il s'est fait à mesure que la civilisation a fait des progrès, et que les connoissances de l'homme se sont multipliées avec ses besoins; et la manière dont la nature présentoit les objets liés entr'eux, celle dont son cerveau retraçoit les idées, lui ont enseigné la manière dont il devoit lier les signes entr'eux, ou procéder à la création des langues. Mais n'anticipons point sur une question qui doit être traitée ailleurs d'une façon analogue à son importance, et reprenons l'analyse des fonctions de chaque sens.

CHAPITRE II.

Des cinq séries de sensations naissantes des cinq organes extérieurs, (la main, l'œil, l'oreille, le nez, la langue) *et formant les cinq facultés primitives*, (le tact, la vue, l'ouïe, l'odorat et le goût) *dont se compose la sensibilité extérieure.*

NOUS avons distingué tout-à-l'heure cinq classes fondamentales de sensations, relatives au cinq organes extérieurs qui les reçoivent (l'œil, l'oreille, le nez, la bouche, la main et tout le corps de l'homme qui, n'étant lui-même qu'un composé de parties sensibles, tant intérieurement, qu'extérieurement, ne forme, pour ainsi dire, qu'un sens unique, celui du *toucher*); mais comme les quatre faisceaux de sensations transmises par les quatre premiers organes sont totalement distincts les uns des autres et du cinquième, quoique celui-ci soit plus étendu ou répandu sur une plus grande surface sensible ; comme la lumière, outre l'action générale qu'elle exerce sur les corps, en a une bien particulière sur les yeux des animaux pour lesquels elle crée le brillant tableau de l'univers ; et que de même l'air, outre la propriété de frapper et de mouvoir les corps, a celle de produire sur l'organe de l'ouïe une série presque sans bornes de sons divers, et le pouvoir surprenant d'exciter en nous toutes sortes de passions, on ne peut s'empêcher de distinguer dans le corps de l'homme cinq conduits principaux, qui sont comme les avenues de l'âme. Comme d'ailleurs il existe deux principaux organes intérieurs (*le cerveau* et *le cœur*) dont les habitudes résultent en grande partie de l'impulsion primitive des sens extérieurs, l'analyse de l'homme sensible, se réduit donc, 1°. à celle de ces cinq organes fondamentaux et des cinq séries de sensations qui en dérivent; 2°. ensuite à celle des deux organes intérieurs précités, d'où naissent les idées et les sentimens, et par suite nos facultés intellectuelles et morales.

Je ne me dissimule point que le premier pas qu'il y auroit à faire pour parvenir plus sûrement au but, seroit de passer d'abord en revue toutes les pièces composant les machines humaines, et d'en montrer la liaison, l'engrenage, afin d'en expliquer ensuite le jeu, à-peu-près comme on fait dans l'horlogerie et les mécaniques, où les mouvemens ne peuvent s'expliquer ou se calculer sans cette connoissance préalable. Mais ce travail si important, et par malheur encore si imparfait, n'est point de mon ressort, et ne sauroit trouver place ici. C'est donc à l'*anatomie* à décomposer chacun des sens, et à faire une description exacte de leurs parties intégrantes : c'est à la *physiologie* à montrer, comment de leur réunion il résulte un tout régulier, organisé et sensible ; à dire quels sont les changemens produits dans le système total par le changement, le dérangement ou l'altération d'une ou de plusieurs des parties : enfin, c'est à l'*art chymique* à indiquer les moyens de remédier à ces dérangemens, de conserver ou de faire renaître dans nos corps cet état si précieux que l'on nomme *santé*, et que dans l'état actuel de nos connoissances, la médecine est loin encore de pouvoir fixer d'une manière sûre, puisque l'étroite relation qui existe entre les deux élémens variables, dont l'homme est composé (je veux dire, le physique et le moral, ou l'organisation matérielle et la sensibilité) est encore inconnue, et que tandis que l'on ne sera point en état de dresser un tableau exact des variations respectives naissantes dans ce double système par la variation de chacune de ses parties, et d'assigner les loix mêmes de ces changemens, la médecine, qui n'est guère encore qu'un immense recueil de faits incohérens, ne pourra être comptée au nombre des sciences exactes ou régulières.

Du tact : la main en est le principal organe.

Toute sensation suppose le mouvement d'un corps et son action sur l'organe qui la reçoit, et réciproquement nous appelons *corps* ou *portions de matière*, tout ce qui peut agir sur nous ou produire une sensation : mais tous nos sens ne sont pas également propres à constater l'existence ou la présence des objets extérieurs ; c'est un avantage particulièrement réservé à la main ; c'est proprement la sensation de résistance et de solidité, qui, transmise à nous dans l'origine par cet organe, et liée par lui avec les autres sensations, crée pour nous ce que nous appelons un *corps* (1). On peut être affecté par des odeurs, des sons, etc. sans savoir d'où ils viennent, et sans avoir l'idée d'un corps; c'est la main qui, arrêtée par un obstacle résistant et solide, nous dit : Voilà un corps, et cet être qui te résiste, est aussi celui qui produit en toi ce que tu nommes couleur, son, odeur, saveur, chaleur, etc. Toutes ces sensations, jointes à la sensation actuelle de solidité, forment à la rigueur ce que l'on nomme un *corps*.

Le mot corps exprime donc, 1°. la réunion de toutes nos sensations ou de quelques-unes d'entre elles, avec celle du tact qui seule suffit, mais est

---

(1) Puisque c'est la sensation de solidité qui crée pour nous les corps, on pourroit demander s'il est bien certain que les objets inaccessibles, comme les étoiles, le soleil, la lune et les planètes, soient des corps.

Je réponds à cela que, dans l'origine, l'exercice de la main et la sensation répétée de solidité qui en est la suite, ont été nécessaires pour nous donner l'idée d'un corps, et nous faire lier ensemble et avec elle, les idées des couleurs, des sons, etc. mais que d'après cette liaison constante, (car partout où nous apercevons l'étendue, la forme, les couleurs, etc. nous trouvons aussi de la solidité) nous avons, avec raison, contracté l'habitude de conclure l'un de l'autre, et nous nous sommes dit : puisque tout ce qui est étendu, figuré, coloré et mobile sur la terre, se trouve solide quand on vient à le toucher, ou est un corps, il s'ensuit que tout ce qui dans l'espace nous paroîtra coloré et figuré, etc. devra être regardé par nous comme un corps, quand même nous ne pourrions le toucher, puisque ce sont là deux choses inséparables; voilà pourquoi nous disons, sans balancer, que la lune, les planètes, les comètes, etc. sont des corps : conséquence rigoureuse et qui se trouve appuyée et confirmée par toutes les observations et réflexions analogues qu'il est possible de faire.

indispensable, sur-tout dans les commencemens, pour nous faire dire avec certitude, voilà un corps : 2°. désigne la cause productrice de ces mêmes sensations, mais qui ne nous est connue que par elles, comme nous ne connoissons la force universelle nommée *pesanteur* ou *attraction*, que par ses effets, par cette sensation nommée *poids* qu'elle produit sur les organes du tact, et les mouvemens qu'elle imprime à toutes les parties matérielles; et la force nommée *volonté*, par le mouvement qu'elle engendre dans toutes les parties d'un corps sensible.

Ainsi, l'idée de corps est une notion complexe formée par la combinaison des sensations suivantes, *la solidité, le poids, la forme, le volume, la température* et autres qualités tactiles ; *les couleurs, les odeurs, les sons et les saveurs*, etc.; et c'est en combinant deux à deux, trois à trois, quatre à quatre, etc. ces élémens primitifs variables chacun par le degré d'étendue ou d'intensité, que l'on peut former tous les corps possibles. La somme de tous les corps existans, est ce qu'on nomme *matière*, idée très-complexe qui, pour nous, n'exprime que la somme de toutes les sensations possibles, par la main, les yeux, l'oreille, etc., plus la cause générale productrice de ces mêmes sensations : n'oublions pas que le mot *matière* ne peut exprimer que cela (1).

---

(1) Puisqu'à la rigueur les corps ne sont pour nous que des collections de sensations, il s'ensuit que nous pouvons, en combinant les premières idées sensibles, imaginer une foule de corps qui n'existent pas, c'est-à-dire, qui ne peuvent reproduire ces mêmes idées par les organes de l'œil, du tact, etc. car voilà ce qu'on entend par un corps existant ; c'est tout ce qui peut nous transmettre des sensations par quelqu'un des organes précités : au contraire, les

De la vue : fonctions respectives de l'œil et de la main.

La seconde classe de sensations naissante du brillant organe de l'œil, est sans contredit la plus précieuse et la plus étendue; elle embrasse tout le système des couleurs (1), des figures, des mouvemens

---

êtres créés par l'esprit avec les élémens transmis par les sens, quoique formés d'idées qui ne sont pas moins réelles, ne représentent point des corps existans, mais seulement possibles, lorsque le système des idées qui les compose ne peut être retracé par les organes du corps, mais seulement par l'organe intérieur (le cerveau) qui les conserve et les combine.

L'on voit donc combien le domaine des corps possibles ou objets imaginaires, (j'appelle ainsi toutes les collections d'idées sensibles formées par l'esprit) est plus étendu que celui des corps existans; le premier renferme la somme totale des combinaisons possibles des premières idées sensibles, tandis que l'autre ne contient que la somme des sensations qui peuvent nous être transmises par les sens sur le globe que nous habitons et dans l'espace qui l'environne, et dont l'ensemble forme le système des êtres réels, système que l'homme agrandit tous les jours par la combinaison des premières données de la nature (*les élémens matériels*), d'où naissent les découvertes qu'il fait dans les arts et les sciences, et qui est susceptible d'accroissement à l'infini, puisque les combinaisons chymiques, celles de la solidité, du poids, de l'étendue, de la forme et du mouvement sont inépuisables.

(1) Les sept couleurs primitives (*le rouge*, *l'oranger*, *le jaune*, *le vert*, *le bleu*, *l'indigot*, *le violet*) combinées de toutes les manières possibles, forment toutes les nuances que font naître ou réfléchissent les divers corps de l'univers, lesquels par leur différente conformation, sont, pour ainsi dire, autant de prismes destinés à décomposer ou réfléchir diversement la lumière que Newton a trouvé formée de sept parties élémentaires, rangées dans l'ordre précité. Les couleurs considérées comme des sensations variables par leurs nuances et leur degré d'intensité, sont *immesurables*; chacune d'elles prise séparément ne peut guère être soumise au calcul, mais les rayons colorans réunis, forment ce brillant fluide, (*la lumière*) émané du soleil et des corps brûlans, et qui, régulière

et des distances, et compose presqu'à elle seule le vaste domaine de l'intelligence. Sans doute l'œil a eu d'abord besoin, pour se former (comme il a encore

---

dans ses effets et sa marche, donne, par le développement de ses lois, naissance à plusieurs branches des sciences exactes (l'optique, la dioptrique, la catoptrique, la gnomonique, etc.)

L'analyse de la lumière par le prisme et l'heureuse application que Newton en a faite à ce brillant phénomène naturel, l'*arc-en-ciel*, dont les diverses couleurs naissent de la différente réfrangibilité des rayons solaires, ne permet guère de douter que la lumière qui nous vient du soleil, (ou qui, répandue dans tout l'espace céleste, est mise en action par le double mouvement de rotation et de combustion qui a lieu dans ce grand astre) ne soit formée de plusieurs filets ou rayons distincts.

D'un autre côté, quand on songe que les couleurs ne sont que les sensations de l'œil, comme les sons sont les sensations de l'oreille, et que le mouvement est le principe général de toutes celles que nous pouvons éprouver par tous les sens et toutes les parties du corps, (qui par leur organisation plus ou moins délicate, semblent destinées à recevoir l'impression de corps plus ou moins déliés, comme on voit que la chose a lieu pour la main, la langue, le nez, l'oreille et l'œil) et qu'aux différens genres et degrés de mouvement répondent constamment divers genres et degrés de sensation : quand on réfléchit que cette admirable variété de sons formant la musique, est produite par les vibrations des corps sonores, transmises par le véhicule de l'air à l'organe de l'ouïe, et que les tons *ut*, *rè*, *mi*, *fa*, *sol*, etc. composant l'échelle diatonique ou la gamme, sont presqu'aussi différens entre eux, que *le rouge*, *l'orangé*, *le jaune*, etc. on penseroit volontiers, avec le célèbre analyste Euler, que les différentes vibrations de l'éther ou du fluide lumineux répandu dans tout l'espace, sont la cause de la variété des couleurs. Ainsi, dans ce système, (qui, s'il n'est pas la vérité, paroît du moins au premier coup-d'œil très vraisemblable, à cause de l'analogie frappante des couleurs et des sons) c'est la fréquence plus ou moins grande des vibrations de l'éther qui détermine telle ou telle couleur, c'est-à-dire, qu'un certain nombre de ces vibrations correspondant constamment à l'unité de tems, (une seconde, par exemple,) produit le rouge ; un nombre différent répondant à la même unité, produit le bleu ; un troisième nombre, le jaune, etc. de même que les tons *ut*, *rè*, *mi*, *fa*, *sol*, etc. répondent constamment aux vibrations de la corde d'un violon, qui en fait d'autant

besoin

besoin par fois pour se rectifier) du secours des différentes parties du corps, et sur-tout de la main, cet organe vérificateur qui, en parcourant les corps, tan-

---

plus, qu'elle est plus raccourcie ou plus tendue. On sent que ce système est fort ingénieux; mais il me vient contre lui une objection à laquelle je ne vois pas trop comment l'on peut répondre. La voici.

En admettant le système des vibrations de l'éther pour l'explication des couleurs, chacun des corps naturels aura, d'après son organisation, *sa capacité de vibration lumineuse*, d'où dépendra la diversité des couleurs, comme il a *sa capacité de calorique*, d'où naissent les divers degrés de chaleur; alors il s'ensuit que les parties d'un même corps, d'une masse homogène, solide, fluide ou liquide, devront toujours vibrer de la même manière ou produire la même couleur: mais cela posé, pourquoi cette décomposition des rayons solaires par un morceau de crystal formé dans toutes ses parties des mêmes élémens: comment expliquer l'arc-en-ciel: comment les parties d'un nuage qui se résout en pluie homogène, peuvent-elles produire aussi constamment l'assemblage de sept couleurs différentes? comment ce phénomène peut-il se reproduire dans nos jardins de plaisance, par les jets d'eau ou gerbes liquides que frappent les rayons du soleil; enfin, cette loi constante d'une réfrangibilité différente à laquelle sont soumis les rayons lumineux, ne démontre-t-elle pas qu'ils sont inégaux? Quand je songe en outre qu'en mêlant ensemble les corps ou composés chymiques, que les peintres appellent aussi *couleurs*, parce qu'ils réfléchissent comme le prisme les rayons primitifs, le rouge, le jaune, le bleu, le violet, etc. on en forme une multitude de couleurs mitoyennes et nuancées à volonté; quand d'ailleurs je me rappelle le rôle que joue la lumière dans toutes les analyses chymiques, je me sens très-disposé à croire, avec Newton, que le rayon solaire est réellement formé de sept parties élémentaires ou rayons différens, ayant la propriété d'exciter en nous les sept sensations ou couleurs correspondantes.

Ainsi donc, de même que l'on a appelé ces sensations, *le rouge*, *l'orangé*, *le jaune*, etc. on peut aussi nommer les rayons qui les produisent, *rayon rouge*, *rayon jaune*, *rayon bleu*, etc. pourvu qu'on se souvienne que ce n'est là qu'un nom qui sert à retracer nettement la cause productrice des diverses sensations de l'œil; car, sans doute, les rayons de lumière ne ressemblent pas plus à cette classe de sensations nommées *couleurs*, que le calorique ou le feu élémentaire, principe de la *chaleur*, ne ressemble à la sensation qui porte ce nom,

dis que nous veillons, lie les sensations du toucher avec celles de la vue, de l'ouïe, etc., de sorte que les unes ne peuvent plus exister sans réveiller les autres, si bien qu'en touchant un corps on croit le voir, et en le voyant on croit le toucher, l'entendre, etc.; mais l'œil n'a pas tardé à pouvoir se passer des leçons de son maître, et il est devenu un sens si prompt, si général, qu'en voyant un corps on sait d'avance quelles sensations il peut faire naître sur tous les autres organes, quand ils seront à portée de l'analyser; on devine son odeur, son poids, sa forme, son goût, son degré de poli ou de rudesse, de mollesse ou de dureté, etc.; en un mot, on se rappelle l'ensemble de ses propriétés ou le système des sensations qu'il peut faire naître en nous.

Cet avantage, qui est l'effet d'un coup-d'œil, provient de ce qu'ayant souvent fait l'analyse complète de ce corps, en y appliquant à la fois et successivement tous ses sens, il s'est formé une liaison entre ces analyses partielles; et lorsqu'on vient ensuite à l'apercevoir, en même-tems que l'on porte ce jugement, *c'est le même que j'ai déjà vu*, on conclut qu'il a toutes les qualités que l'on a remarquées d'abord co-exister en lui : c'est ainsi qu'en entendant le chant d'un rossignol, nous disons :

---

pas plus que la sensation de fraîcheur ou de froid qu'excite un courant d'air rapide ne ressemble à l'air agité.

On voit déjà combien il importe, quand on veut penser et raisonner avec justesse, de mettre toute la précision et la netteté possible dans son langage, en ne confondant point nos sensations avec la cause qui les produit, et désignant toujours par des signes distincts des idées différentes : j'aurai par la suite plus d'une occasion d'insister là-dessus.

voilà un rossignol, quoique nous ne l'ayons ni vu, ni touché, etc.

Ce jugement ordinairement vrai, qui nous fait conclure d'une, de deux ou plusieurs qualités aperçues dans un objet, la reconnoissance et l'identité de cet objet, peut être faux néanmoins, et est prématuré : ainsi celui qui en entendant chanter un serin diroit, *c'est une serinette*, ou qui en entendant jouer une serinette, diroit, *c'est un serin*, pourroit se tromper, parce que le serin peut être si bien imité par cet instrument, ou l'imiter si bien, que l'oreille y soit trompée : il en seroit de même de celui qui, au premier coup-d'œil, croyant reconnoître un ami, un parent, diroit, *c'est un tel :* en général, il y aura autant de cas d'erreur possibles, qu'il existera des moyens d'affecter nos organes de la même manière. C'est ainsi que tous les jours on falsifie les mets, les vins et les liqueurs, au point que ceux qui n'ont pas le goût très-fin et très-exercé, y sont trompés. Il n'est presque personne qui n'ait été quelquefois la dupe de ces illusions naturelles, qui par suite de l'arrangement de certains objets, joint à un certain mèlange d'ombre et de lumière, nous font voir des êtres qui n'existent point. En géneral, on voit aisément ce que l'on desire, ce que l'on poursuit avec force ; ainsi l'avare rêve tout éveillé qu'il aperçoit un trésor ; l'alchimiste croit faire de l'or, l'amant croit voir sa maîtresse, et le chasseur le gibier qu'il poursuit : ainsi l'astronome, séduit par son imagination ou ses instrumens d'optique, peut voir un satellite autour de Vénus, et des volcans dans la Lune, (comme un prêtre y verroit des clochers, et une jolie femme des amans heureux), quoique ni l'un ni l'autre peut-être n'existent.

Conclura-t-on de là, que nos sens nous trompent? Ce seroit une fausse conséquence, une erreur; nos sens, source unique et primitive de nos connoissances, ne nous trompent jamais; souvent nous jugeons trop précipitamment, nous observons mal, et nous raisonnons mal; mais nos sens nous font toujours un rapport très-fidèle et dépendant de leur finesse, de leur portée et de leur perfection. Si les couleurs et les formes deviennent moins sensibles à mesure que l'on s'éloigne des corps, ou qu'ils s'éloignent de nous, 1°. c'est une suite nécessaire de la construction géométrique de l'œil, qui juge en partie du volume et de la distance des corps éclairés par l'ouverture de l'angle formé par les tangentes et les rayons, qui de tous les points des objets arrivent jusqu'à lui : 2°. quant à l'intensité plus ou moins grande des couleurs, elle varie de même en raison des distances et leur dégradation à ses lois; elle dépend de la masse d'air interposée, de son degré de pureté, etc. (Tout ceci s'explique aisément dans un traité de la lumière et des couleurs).

Il est donc des cas où, pour juger sainement, l'on a besoin de vérifier le témoignage des sens, l'un par l'autre; mais lorsqu'une fois l'on a appliqué ses cinq sens à l'analyse d'un corps, et que les cinq sommes de sensations en provenantes sont les mêmes, le bon sens nous force de dire, c'est le même, puisque bornés à nos seuls organes nous n'avons pas le moyen de juger des corps autrement que par les sensations qu'ils nous transmettent : ainsi, quand la forme, la couleur, le volume, le poids, la consistance, le son, l'odeur, le goût, etc., de deux corps sont les mêmes, nous pouvons raisonnablement en conclure leur égalité. Je ne voudrois pourtant pas assurer qu'en les soumettant à l'action des instrumens, au microscope, etc. aux expériences physiques et chymiques, et en les combinant avec tous les autres corps, ils ne présenteroient pas quelque chose de nouveau dans les résultats, parce que ces expériences sont, pour ainsi dire, de nouveaux sens, qu'on applique à l'analyse de ces corps, et l'on ne peut répondre de leur identité que quand on a épuisé tous les moyens de connoître, et que le rapport de tous les sens et instrumens possibles est le même, puisque nous n'en jugeons que par là : mais revenons au sens de la vue.

Cet organe, par sa forme régulière et sa construction géométrique, me paroît devoir distinguer par lui-même (*a priori*) les couleurs et les figures de l'instant où il est suffisamment organisé : ainsi, par exemple, il me semble évident que l'œil d'un enfant, du moment où il est assez formé pour voir, doit, en regardant le ciel dans une soirée où brille la pleine lune, apercevoir cet astre comme un cercle lumineux tracé d'une façon distincte sur un fond bleuâtre. En effet, puisque l'image d'un carré ou la projection d'un cube, peinte sur la rétine, est différente de celle d'un cercle ou d'une sphère, les deux sensations qui en résultent, et qui sont une suite nécessaire de la différente action et transmission de la lumière qui a lieu dans les deux cas précités, ne sauroient être les mêmes, vu que la rétine est différemment affectée dans chacun d'eux (car nos sensations varient avec le mouvement qui les produit et la surface de l'organe qui les éprouve). L'œil juge donc des figures ou contours des objets par une suite de sa construction et de cette loi en vertu de laquelle la lumière agit et se combine en le traversant; mais chez l'enfant l'étendue de ses sensations est d'abord un peu vague et indéterminée: la distance et la grandeur précise des corps sont des qualités hors de sa portée, et dont il ne sait bien juger que quand la main, après avoir parcouru les corps durant un certain tems, lui a appris à les y rapporter, et se transportant vers les divers objets, il en a, pour ainsi dire, mesuré la distance par le nombre de ses enjambées ou pas. Comme les sensations de l'étendue se trouvent fixées par la grandeur, la forme et le mouvement de la main et des différentes parties du corps, celles des couleurs et des figures qui sont constamment liées avec elles, finissent par l'être nécessairement aussi: ces deux classes de sensations étant les plus constantes, les plus repétées, la liaison ne tarde pas à en être très-forte, et bientôt l'on est aussi sûr en voyant un corps que si on le touche, on éprouvera telle sensation d'étendue et de solidité, qu'on l'est en le touchant les yeux fermés, que si on les ouvre on éprouvera telle sensation de figure, de grandeur et même de couleur. Ainsi la main dans l'origine a servi de guide à l'œil, elle lui a appris à mesurer les corps en fixant et mesurant les couleurs qu'elle lui a fait en quelque sorte répandre sur l'étendue solide qu'elle parcouroit, en même-tems que frappé par la lumière il éprouvoit les sensations.

Les idées de couleur et de figure (1) appartiennent donc primitivement à l'œil par une suite nécessaire de la conformation et des lois de l'optique : et celles de forme, de grandeur et de distance sont dues à la main et aux autres organes du toucher.

L'œil juge aussi par lui-même jusqu'à un certain point du mouvement des corps, car leur image, peinte sur le fond de la rétine, ne sauroit la parcourir sans y produire une suite d'impressions, qui différemment dirigées comme les rayons de lumière

---

(1) Je distingue ici la figure de la forme ; la première est ce trait ou ligne de séparation qui termine chaque objet, vu comme un plan coloré ; la seconde est cette sensation que fait naître sur la main un corps solide qui lui présente une surface convexe ou concave, polie ou raboteuse. Je trouve que l'œil juge naturellement des couleurs et des figures, et je crois que dès l'instant où il est suffisamment conformé et déjà assez exercé, (car il faut aux enfans un certain tems pour être en état de bien voir) il a cette puissance indépendamment de la main, quoique celle-ci soit destinée à l'accroître et à la perfectionner : ces deux organes, faits pour s'étayer mutuellement, sont tous deux géomètres à leur manière ; et lorsqu'un corps sphérique ou cubique est peint dans mon œil, je suis sûr qu'en portant et promenant la main dessus, je sentirai une courbure douce, égale, ou huit angles solides égaux, formés par six surfaces planes égales et perpendiculaires ; et réciproquement je suis sûr que si, ayant les yeux fermés, je promène la main sur un corps qui me présente huit angles solides égaux et six faces égales, ou bien une courbure partout la même, je reconnoîtrai, en les ouvrant, un cube ou une sphère. Mais la main sait, beaucoup mieux que l'œil, apprécier la forme, les dimensions et la grosseur des corps ; les angles saillans et rentrans, le degré de courbure, etc. La main d'un aveugle ou d'un homme qui a les yeux fermés, peut, en se promenant sur l'arête d'un prisme, en mesurer la longueur par un certain nombre d'ouvertures successives, lesquelles étant rapportées sur une échelle ou règle graduée, la mettront en état de trouver, avec une sorte d'exactitude, le cube d'un parallélipipède rectangle ; ce qui est impossible à l'œil, qui ne peut de lui-même assigner le nombre d'unités de mesure contenues dans un solide placé devant lui.

qui les produisent par leur action successive sur les divers points de l'organe, lui font rapporter le corps dans une suite de directions et de lieux différens, ou ce, qui revient au même, lui font sentir le mouvement, qui n'est que l'application successive du corps dans une suite de parties contiguës de l'espace.

Mais quant à la forme, la grandeur réelle et la distance, il me paroît que sans le secours du tact l'œil n'eût jamais pu en juger : tous les corps, au premier instant où il a su voir, ont dû lui paroître comme des plans colorés et figurés (ainsi que paroissent au vulgaire ignorant la lune, le soleil, et tous les corps célestes dont il nous est impossible d'approcher, et dont le peuple ne juge que sur les apparences) ; ce n'est qu'en se portant vers chacun d'eux, en les saisissant, en y promenant la main, en les entourant de ses bras, en les enveloppant de son corps, que l'homme a pu juger de leur distance, de leur forme et de leur grandeur réelle, et qu'en substituant ensuite à ses mains, à ses bras, à ses pieds, à ses pas des mesures artificielles plus commodes, dont les membres lui avoient d'abord donné l'idée et le modèle (comme on le voit dans les dénominations même de *brasse*, de *pied*, de *pouce*, de *coudée*, etc.) il est venu à bout de les mesurer et de les comparer avec précision.

L'on voit que je ne suis point de l'avis de ceux qui refusent à l'œil bien organisé le pouvoir de distinguer *a priori* les figures : à la vérité il est possible (et l'expérience l'a confirmé) qu'un aveugle de naissance, dont les yeux s'ouvriroient tout-à-coup, fût embarrassé pour nommer juste chacun de ces deux corps (une sphère et un cube) placés devant lui, c'est-à-dire, qu'il pourroit nommer sphère ce qui est cube, et cube ce qui est sphère, mais je dis qu'il les distinguera l'un de l'autre à la vue simple, ou que la sensation produite sur ses yeux par chacun d'eux sera différente, et qu'en appellant le secours de la main familiarisée avec les formes, il dira sans balancer : voilà le cube, et voilà la sphère. Quant à l'embarras où il se trouve d'abord pour les nommer, on sent qu'il est tout-à-fait naturel et doit avoir lieu, parce que l'aveugle-né, à qui l'on abaisse les cataractes, n'a point encore lié les sensations de l'œil avec celles du toucher; il ignore que telle différence de lumière, de couleur et de figure correspond toujours chez l'homme qui sait voir, à telle différence de forme et de solidité éprouvée par la main : il se trouve à-peu-près dans la même position que l'enfant nouveau né; ses yeux ont besoin de s'accoutumer à l'action de la lumière, et de s'habituer à voir comme la main à toucher et l'oreille à entendre; il est probable que d'abord il voit tout pêle-mêle (car il faut un certain tems, une certaine répétition de sensations pour former les habitudes de chaque sens) : au premier instant il ne découvre probablement qu'une espèce de chaos mêlé de lumière et de nuages; il ne distingue point ou distingue foiblement les grandeurs; mais peu-à-peu les figures se dessinent avec les couleurs; l'œil en suivant la main qui se promène sur un corps dont elle trace les limites dans l'espace, ne tarde pas à voir ce qu'elle touche comme une surface colorée, figurée, solide et distincte de toutes les autres; il voit en haut, en bas, à droite, à gauche, en avant, en arrière, ce que la main lui assure être ainsi, et rapporte tous les objets dans la direction où le mouvement des mains, des bras, des jambes et de toutes les parties du corps les lui montre ; enfin il parvient à lier si bien toutes les sensations à celle du toucher, pour chaque distance où il les éprouve, qu'il juge ensuite de ces distances-là et des sensations de la main, par la seule vue des objets et le degré de lumière qu'ils réfléchissent.

Mais combien faut-il de tems aux enfans et aux aveugles-nés qui recouvrent la vue pour apprendre à voir au moyen du tact, et jusqu'à quel point précis nos mains ont-elles instruit nos yeux ? Voilà je crois le vrai point de la difficulté. Au reste, c'est là une matière fort déliée et une question délicate sur laquelle il est bien difficile de prononcer avec précision : nous ne nous souvenons pas d'avoir vu les choses autrement qu'aujourd'hui ; nous ne pouvons nous rappeller les premiers momens de la vie, cet âge où nous avons reçu avec nos sensations naissantes les premières leçons de la nature, et le germe d'une foule d'habitudes, qui ne nous paroissent des *qualités innées*, que parce qu'il nous est impossible de remonter à leur source : nous n'avons point assez observé les enfans ; et les expériences faites par le fameux chirurgien Cheselden et autres, sur plusieurs individus auxquels on a abaissé les cataractes, ne présentent point une lumière aussi satisfaisante que celle qu'on auroit pu en attendre. Au surplus, quoiqu'il soit fort curieux de connoître et de déterminer exactement l'influence réciproque des sens, et les secours que celui du tact a prêtés dans l'origine à tous les autres, la chose ne me paroît pas assez importante pour mériter une plus longue discussion, qui d'ailleurs m'écarteroit trop de mon sujet. Il me suffit de prendre l'homme à l'âge où son organisation est déjà assez parfaite et ses sensations assez répétées pour qu'il jouisse de l'usage de tous ses sens ; or, il paroît que dès l'âge de deux ans les enfans sont dans ce cas-là, parce que dès l'instant où ils peuvent marcher seuls, ils multiplient rapidement leurs expériences, et ont bientôt appris à voir, à toucher, à entendre, à parler, en un mot, à sentir et à lier toutes leurs sensations les unes avec les autres.

Ainsi donc l'œil instruit d'abord et conduit par la main juge à la fois des couleurs, des figures, de la forme, du volume et du mouvement des corps : il apprécie assez bien, sur-tout à une petite distance, l'éloignement apparent, le rapport des grandeurs et des dimensions des objets, ce qui donne naissance à l'art du dessin, et par suite à celui de la peinture, de la perspective, etc. mais la main juge en outre de leur température, de leur consistance et de leur poids, ce que l'œil ne sauroit faire ; elle leur imprime d'ailleurs la forme et le mouvement : elle est active, et un des principaux ministres de l'âme, qui sans elle seroit en partie réduite à la puissance de sentir et de vouloir, sans avoir les moyens d'exécuter ; car il est évident que toutes les autres parties du corps qui n'ont pas la mobilité de la main, ne sauroient remplir les mêmes fonctions, et que le principal avantage que nous procurent les autres portions du toucher, répandues ou disséminées sur tout le reste du corps, c'est, en nous avertissant qu'un objet extérieur nous touche, de nous forcer de prendre garde à nous, de veiller à notre conservation, et de nous faire rapporter la sensation à tel ou tel point de la surface du corps sensible : peut-être même ce jugement n'est-il en grande partie que l'ouvrage de la main, qui par la facilité et l'habitude qu'elle a d'en parcourir toutes les parties, en fixe, pour ainsi dire, tous les points dans leurs positions respectives ; si l'on réfléchit d'ailleurs sur l'extrême mobilité des doigts, sur la beauté de leur organisation intérieure, comme sur celle de la main et du bras qu'ils terminent ; sur leur dextérité, leur aptitude à remuer, à saisir les corps, à produire en même-tems les mouvemens les plus forts et les plus délicats ; si l'on songe que sans la main il n'y auroit ni sculpteurs, ni peintres, ni musiciens, ni architectes, etc. l'on ne craindra point d'assurer que c'est à elle que l'on doit l'existence des arts mécaniques, des beaux-arts, des sciences et de la civilisation, et qu'elle est dans l'homme un des principaux instrumens de sa perfectibilité : et qu'au contraire les animaux privés de main ou d'un organe équivalent, pouvant remplir les mêmes fonctions (car je donne ici au mot *main* une assez grande extension), n'ont presqu'aucune industrie, et ne se distinguent que par la puissance de la masse et de la vîtesse : tels sont la plupart des quadrupèdes, les bœufs, les chevaux, les tigres, les lions, les rhinocéros, les hippopotames, les cerfs, les daims, les lièvres, etc. et en général tous ceux dont le corps repose sur quatre piliers mobiles nommés jambes, mais dont les extrémités obtuses et sans flexibilité, ne sont nullement propres à saisir, à remuer, à parcourir rapidement, à façonner et analyser les corps. La supériorité de sens et d'intelligence que paroît avoir l'éléphant sur les autres animaux, ne semble provenir que de la flexible organisation de sa trompe qui, susceptible comme la main et le bras de mouvemens très-variés et fort délicats, lui en tient en quelque sorte lieu; le singe a plus de dextérité que la plupart des animaux précités, parce que sa forme approche plus de celle de l'homme; il a, comme celui-ci, des bras, des mains, etc. mais il paroît que chez lui l'organisation du cerveau ne répond pas à la forme extérieure, et que son extrême vivacité, qui approche de la folie, nuit au raisonnement.

Les organes du toucher et de la vue, à qui nous devons tant de connoissances, sont encore, comme l'on sait, l'instrument de nos plaisirs les plus chers; c'est leur action combinée qui nous fait sentir tous les charmes de la volupté et des plus flatteuses émotions; on leur doit les douces étreintes de l'amour, de l'amitié, de la tendresse filiale; ils établissent entre tous les corps de l'univers et le nôtre, une correspondance générale aussi prompte et sûre qu'elle est agréable et variée. Ces deux sens, en composant d'ailleurs la majeure partie de notre intelligence, en créant en nous l'art de penser par la grande masse d'idées exactes qu'ils nous transmettent, nous donnent ce genre de bonheur le plus continuel, le plus noble, le plus pur dont nous puissions jouir, le bonheur facile, économique et vrai de la pensée: il est de tous les tems, de tous les âges, il nous suit partout, jusqu'au fond des cachots: le philosophe qui s'y voit plongé sait être heureux encore, il oublie ses fers et résout un problème.

De l'Ouïe.

L'homme borné aux deux sens précipités (la vue et le toucher), seroit donc déjà très-instruit et fort heureux par les deux grandes séries de sensations qu'ils lui procurent. Mais la nature, en lui donnant l'ouïe, va ouvrir pour lui une nouvelle source d'idées et des jouissances. Il reçoit par-là un nouveau moyen de communiquer ses pensées et de prendre part à celles des autres; il jouit des charmes de la société, de la conversation et de la musique; il savoure les délices de la mélodie et de l'harmonie, qui sont l'âme de celle-ci; en le rendant possesseur d'un nouveau moyen de se procurer en tout tems, à lui-même et aux autres, des sensations neuves, elle double son bonheur; la conversation, organe des plaisirs délicats de l'esprit et du cœur, met, pour ainsi dire, en contact, les âmes qui, sans elle, resteroient tristement isolées; elle brise la barrière qui les sépare, et met en commun ce riche fonds de sensibilité qui, pour ne pas demeurer stérile, pour se perfectionner et s'accroître, a besoin de se communiquer. La musique, en chassant la mélancolie et l'ennui, contribue à la santé; elle entretient en nous la gaîté et l'habitude des émotions douces, tendres, généreuses et sublimes, et nous dispose à la vertu et à l'humanité; elle nous délasse des grandes contemplations, de la fatigue des affaires, et nous console des chagrins de la vie : il n'est point de plus doux passe-tems, il n'en est point de plus noble. La musique est plus importante que l'on ne pense, et mérite plus d'attention qu'on ne lui en donne :

non-seulement on peut l'employer comme remède, comme tonique (1), mais elle peut être encore entre les mains des instituteurs et des gouvernemens, un ressort utile et puissant.

Les expériences faites sur les corps sonores, et le rapport connu des sons avec la longueur, le degré de tension des cordes vibrantes, et le nombre de leurs vibrations; l'invention de cette multitude d'instrumens à corde et à vent qui en est résultée, nous fournissant un moyen, non de trouver le rapport arithmétique ou géométrique des sons (qualités immesurables par leur nature), mais de reproduire toujours, par les mêmes mouvemens, les mêmes sons; la musique devient une science exacte, ayant une langue d'un laconisme et d'une simplicité algébrique, et dont les caractères exprimant la durée des sons, ont entr'eux des rapports exacts et bien déterminés. On peut d'ailleurs, en modifiant ces caractères par d'autres signes additionnels, exprimer toutes les principales nuances de la qualité et de la quantité du son, et completter ainsi cet art délicieux, si propre à électriser les cœurs, comme à faire naître ou à réveiller les passions.

Le son, et généralement toutes sortes de bruits sont produits par les vibrations des corps transmises à la masse de l'air, et ensuite à l'oreille. Cette transmission s'opère dans un tems plus ou moins

---

(1) Personne n'ignore l'histoire de la Tarentule, dont la piqûre ne peut être guérie que par la musique; et tout le monde connoît le parti qu'on a su tirer, dans tous les tems, de ce bel art, dans la paix comme dans la guerre, soit pour chanter sa joie et ses plaisirs au sein de l'abondance, adoucir ses chagrins, calmer sa tristesse, ou braver les dangers et la mort au milieu des combats.

long, suivant la distance du corps mis en vibration, et la vîtesse du fluide qui transmet la sensation; ainsi, nous apercevons la lumière du canon long-tems avant le bruit du coup, et nous voyons le balancement d'une cloche placée à un certain éloignement, avant d'entendre les sons produits par le marteau qui la frappe ; et comme il y a une infinité de degrés dans le mouvement, de là résulte une variété infinie dans les sons comme dans les odeurs, les saveurs, et généralement, dans le système entier de nos sensations.

Nous nous habituons à reconnoître les corps par le bruit qu'ils font ou le son qu'ils produisent, soit en vertu de leurs propres organes, soit par l'action, le contact ou le frottement d'un autre corps, et nous parvenons ainsi à juger des objets sans les voir et les toucher, ou, sans la participation des deux sens précédens : c'est ainsi que le son d'un instrument, celui d'une cloche, le bruit d'un coup de canon, d'un coup de fusil, celui du tonnerre, le chant d'un oiseau, le cri d'un animal, etc., nous font juger de ces objets, quoiqu'éloignés et inaccessibles à la vue et au toucher : mais pour être sûr de la justesse de ces jugemens, il faut que le rapport du sens de l'ouïe ait été lié préalablement avec celui des deux sens précités, ou au moins de l'un d'eux. Par exemple, j'entends passer un corps bruyant dans la rue; je sais, sans regarder, que c'est une voiture, parce qu'ayant entendu diverses fois le même bruit, en même tems que je voyois, que je touchois l'objet ou que j'y étois renfermé, j'ai lié ensemble ces trois sensations, et de l'une d'entre elles, je forme l'habitude de conclure les deux autres : mais,

mais, si je n'eusse jamais vu ou touché de voiture, le bruit qu'elle fait en roulant seroit inexplicable pour moi, je ne saurois à quel corps l'attribuer; on peut dire la même chose d'un coup de canon, etc.

C'est en touchant les corps sonores, c'est en produisant et répétant les mouvemens d'où naissent le bruit et le son, que l'on contracte l'habitude de placer dans le corps cette nouvelle classe de sensations qui n'y existe pas plus que les couleurs, les odeurs, dont le tact apprend aux sens de la vue, de l'odorat et du goût, à les enrichir. Chaque corps vivant ou inanimé a, par suite de son organisation, de la nature et du tissu de ses parties élémentaires, une manière d'agir qui lui est propre, et à la série des mouvemens très-variés dont il est susceptible, correspond toujours une série analogue de sensations, dont chacune est produite par le mouvement correspondant; mais, comme ces mouvemens sont souvent insensibles, et proviennent des forces invisibles et cachées de la matière, il nous arrive de confondre l'effet avec la cause; voilà pourquoi nous attribuons le système de nos sensations à celui des parties matérielles qui les produisent: de là ces expressions, le *goût d'un fruit*, l'*odeur d'une fleur*, le *son d'un instrument*, le *bleu du ciel*, etc., et beaucoup d'autres par lesquels nous semblons vouloir nous dépouiller de toutes nos sensations, et les répandre, comme par reconnoissance, sur tous les corps de l'univers à qui nous les devons.

La nature à formé le sens de l'ouïe avec le même soin, la même prédilection que ceux de la vue et du toucher: la description anatomique et comparée de ces trois organes (la main, l'œil et l'oreille), offre un exemple des plus frappans du rapport que cette force supérieure établit toujours entre le mécanisme des organes, celui des corps solides, liquides ou fluides destinés à agir sur eux, et les effets qu'ils sont destinés à produire, ou qui, plutôt, sont le résultat nécessaire du double mécanisme en question, (car c'est ainsi, ce me semble, qu'il faut entendre le système des causes finales) (1).

De l'Odorat.

De même qu'en appliquant successivement l'œil et la main sur tous les objets, nous avons acquis les deux grandes classes d'idées *oculaires* et *tactiles*, nous acquerrons toutes celles qui sont relatives à l'odorat, en en rapprochant l'organe de tous les corps naturels, ou en les rapprochant de lui, et

(1) Doit-on conclure de là que l'intelligence de la nature ressemble à celle de l'horloger qui fait une montre ? comment, d'après une mécanique, pourrions-nous raisonnablement vouloir nous peindre les traits du mécanicien, et nous en faire une idée juste, si nous ne savions pas d'avance que c'est un homme ? Quel rapport y a-t-il entre la figure de celui-ci et ses ouvrages ? Faut-il donc absolument dépouiller la nature humaine de ses principales facultés et qualités, pour s'amuser après à les réunir au degré le plus éminent dans un ouvrier supérieur et invisible, fait sur le modèle du premier, et auquel on donne ensuite un nom sacré ? — Non, sans doute, ce n'est pas ainsi, je pense, qu'il faut envisager et expliquer *la nature* ou *l'univers en action.*

Les élémens qui la composent sont tous les corps pris ensemble : doué d'une force particulière suivant sa masse, sa densité, sa forme, le tissu de ses parties internes ou son organisation, chacun d'eux a son genre et son degré propre d'action. Le soleil et toutes les étoiles forment les premiers matériaux de cet édifice éternel ; ensuite viennent les planètes, qui les environnent, qu'ils éclairent, qu'ils échauffent, et sur lesquelles, par la grandeur et la continuité de cette action, ils produisent et entretiennent l'organisation ani-

nous ajouterons une nouvelle source de connoissances, comme de plaisirs et de peines, aux deux précédentes; car, chaque classe de sensations est double, ou se décompose naturellement en deux; l'une, de sensations agréables, dont l'ensemble forme le bonheur et le plaisir; l'autre, de sensations désagréables et douloureuses, dont la somme compose le malheur et la peine. Mais mon dessein, dans cette première partie, n'est point de considérer nos sensations comme élémens des sentimens moraux, et seulement comme images des objets, et la source des idées dont se compose l'entendement.

Cette quatrième classe de sensations, quoique moins nombreuse, moins importante que les trois autres, ne laisse pas de contribuer à nos connoissances, à notre bien-être et à nos plaisirs; c'est un nouveau moyen offert à beaucoup de gens, pour varier leur

---

male, la végétation, le sentiment et la vie, ainsi que cette portion d'intelligence départie à tous les êtres animés, et variable dans tous les anneaux de cette grande chaîne, comme leur organisation : l'homme doué par la nature d'une organisation plus parfaite ou plus compliquée, et partant d'un plus haut degré d'intelligence, la communique ensuite à ces ouvrages que nous admirons; mais le castor, dans la construction de sa demeure, les abeilles, dans celle de leurs alvéoles, les oiseaux, dans celle de leurs nids, et tous les animaux, dans la recherche de leur nourriture, la poursuite de leur proie et la fuite des dangers, autant que par le juste équilibre de leurs besoins et de leurs facultés, ne nous prouvent-ils point qu'ils en ont leur portion.

Ainsi donc, au lieu de placer au-dessus de la nature un enfant de notre imagination, (applicable ensuite si facilement et si commodément à la solution de toutes sortes de problèmes et de questions, par l'homme qui veut renoncer à ses sens et à sa raison) plaçons la nature au-dessus de tout; étudions-en toutes les parties pièce par pièce; observons-nous nous-mêmes, et regardons-nous, ainsi que tous les animaux, comme des élémens très-petits, très-variables, mais des élémens éternels et impérissables du grand tout.

existence et s'arracher à l'ennui. Lorsque, dans un beau jour de printems ou d'automne, nous marchons à travers des campagnes qui nous offrent par-tout les fleurs, les fruits, l'abondance et la diversité, il est doux, tandis que les yeux sont délicieusement occupés par l'immense variété des tableaux champêtres, de se sentir encore l'odorat agréablement chatouillé par le parfum des fleurs et des fruits; et quand la lumière du soleil nous abandonne, cette odeur semble nous dédommager de la perte du jour.

Le sens de l'odorat est peu perfectionné chez les hommes civilisés (excepté chez tous ceux qui s'occupent habituellement de la chimie, de la pharmacie, de l'épicerie, de la botanique et de l'histoire naturelle), parce que la main, l'œil et l'oreille étant déjà plus que suffisans pour se conduire et pour donner naissance à tous les arts mécaniques et à ceux d'agrément, on se contente de jouir des odeurs, sans se donner la peine de les analyser : ce seroit d'ailleurs une chose assez difficile que de fixer et de classer le degré d'intensité des odeurs; nous n'avons pas, comme pour les sons, un moyen de reproduire les mêmes odeurs par les mêmes mouvemens, et de former à volonté des suites d'odeurs, comme nous formons des suites de couleurs, des suites de sons, en un mot, nous ne savons pas encore créer des instrumens à odeurs, comme nous avons fait des instrumens à son, ni nous faire une théorie et une composition de corps odorans, comme nous en avons une de corps sonores. Il y auroit là, comme l'on voit, une nouvelle branche de science, un nouvel art à créer, sur-tout si nous avions en même tems le moyen sûr d'accroître la délicatesse et la portée de ce sens, qui, chez nous, n'est en général ni fort étendu ni très-exercé. Au reste, cette idée, jetée en passant, n'est pas plus étrange que celle d'un *clavecin oculaire* que tout le monde connoît, et il est évident que chaque sens susceptible d'une éducation particulière, a des sensations, des habitudes et des talens qui lui sont propres.

L'habitude de soumettre les corps à l'analyse du nez, ou de les *odorer*, donne un moyen de plus pour les distinguer et les reconnoître; c'est cette faculté qui brille avec tant d'éclat dans différentes espèces d'animaux, et notamment dans le chien de chasse; son odorat est une sorte de géométrie-pratique avec laquelle il distingue les différentes espèces de gibier, calcule la distance où est la pièce qu'il poursuit, et démêle, avec une sagacité admirable, les différens filets ou faisceaux de corpuscules odorans émanés du gibier, et croisant l'atmosphère en tous sens; son nez est un prisme qui décompose et analyse merveilleusement les odeurs.

Un animal, avec le sens de l'odorat, pourroit se conduire comme avec l'ouïe, le tact, et la vue; mais presque toutes les classes d'animaux sont douées de plusieurs sens qui s'entr'aident et se vérifient les uns les autres, et dont un seul (celui du toucher), est la base de tous, et paroît nécessairement attaché à la nature des animaux, puisque, sans lui, l'on ne conçoit pas que l'action des objets extérieurs puisse se transmettre à un corps sensible, et qu'en un mot, sans mouvement, sans contact, il n'y a point de sensation, et sans sensation, point de sensibilité, point de vie.

Du Goût.

Le cinquième et dernier sens dont il me reste à parler, est celui du goût. Il faut observer, à son sujet, comme pour les précédens, que son existence est dans l'homme une nouvelle source d'idées, de plaisirs, de besoins, etc., un nouveau moyen ajouté à ceux fournis par les autres sens, de constater la reconnoissance et l'identité des corps, en les soumettant à une nouvelle analyse, celle de la langue (et des autres organes du goût, qui, de la bouche, s'étendent, par le canal alimentaire, presque jusqu'à l'estomac); que les connoissances qui nous sont transmises par ce sens, *les saveurs*, sont susceptibles de s'étendre, comme le nombre des corps que l'on peut appliquer sur la langue, ou dont on peut se nourrir : or, à l'exception des minéraux, qui, pour la plupart, sont des poisons ou les produisent, ce nombre, pour l'homme, n'a guère d'autres bornes que celles du règne animal et végétal, dont les différentes productions sont presque toutes propres à composer le corps des animaux, et particulièrement de l'homme, qui, comme on sait, met à contribution, pour sa nourriture, les habitans de l'air, de l'eau et de la terre, ou les animaux et végétaux qui peuplent les trois élémens.

L'on voit donc que cette dernière classe de sensations ne laisse pas d'être susceptible d'une très-grande variété, (sur-tout si l'on songe à l'art très-perfectionné chez nous de soumettre les alimens naturels à une foule de préparations et de combinaisons) : le sens qui nous la transmet est d'ailleurs d'une grande importance, puisqu'il nous sert à la fois à juger des alimens propres à notre conservation, en même-tems qu'ils flattent nos appétits, et à communiquer toutes nos idées à nos semblables par le moyen de la parole. Il est à remarquer que le goût a beaucoup d'analogie avec l'odorat, ce qui n'a rien d'étonnant, l'organe des saveurs étant extrêmement rapproché de celui des odeurs, avec lequel il a une sorte de communication; aussi l'un et l'autre président-ils également et de concert au choix des alimens propres à la nourriture de chaque animal, et semblent chargés plus immédiatement par la nature de veiller à sa conservation.

CONCLUSION.

On conçoit ici l'immense variété qui existe ou peut exister dans les sens de chaque classe d'animaux: combien la nature peut varier les espèces en faisant varier le nombre des sens, ainsi que la portée et l'énergie de chacun d'eux: comment elle peut étendre ou restreindre à son gré le système de leurs sensations, en les organisant de manière que chacun soit susceptible d'être affecté d'une façon plus ou moins vive, et par un plus grand ou un moindre nombre de corps.

On peut conclure aisément de là combien la grande famille des êtres sensibles du globe terrestre est encore peu de chose par rapport à l'immensité des combinaisons possibles en ce genre, et combien de nouvelles espèces doivent exister dans cette foule innombrable de planètes roulant autour de ces soleils sans fin (les étoiles) semés çà et là dans l'espace céleste; corps immenses dont on ne calcule pas, mais dont on démontre la grosseur, et que malgré leur éloignement, l'œil du génie, guidé par l'analogie, est naturellement porté à envisager comme centres ou élémens de nouveaux mondes. Si l'on veut se faire quelqu'idée de la richesse de la nature à cet égard, qu'on se rappelle que les couleurs, les formes, le volume et le poids des corps peuvent, comme l'organisation et la sensibilité, varier à l'infini, et que le nombre des combinaisons que l'on peut former avec ces six quantités déjà susceptibles chacune d'une infinité de variations, est réellement inépuisable.

L'on se trouve donc naturellement conduit par l'analogie à cette grande idée : il existe des corps sans fin, dans l'espace évidemment infini des cieux (1), et chacun de ces corps renferme une portion plus ou moins grande de matière organisée et vivante, variée dans ses combinaisons d'une certaine façon, dont l'aspect extérieur du globe que nous habitons peut nous donner une idée. Tous ces êtres varient dans la durée de leur vie comme dans leur forme, leur organisation intérieure et extérieure, etc. à raison de l'énergie vitale et productive du globe céleste qui les fait naître et les nourrit, de sa masse, de sa distance au corps enflammé autour duquel il tourne; de la quantité de calorique et de lumière qu'il en reçoit, de celle dont il est intérieurement pénétré; de la qualité de la matière dont il est composé, du nombre et de la qualité des substances solides, liquides, et fluides, de l'ensemble desquelles

(1) Cet espace est évidemment infini, puisqu'on ne peut lui supposer des bornes, sans démontrer qu'il n'en a point. En effet, ces bornes supposées ne pourront être que l'espace lui-même ou la matière dont chaque portion occupe nécessairement une portion correspondante de l'espace ; donc, etc.

il résulte ; de l'inclinaison de son axe de rotation sur le plan de la courbe qui représente et mesure sa révolution autour de son astre central et générateur, etc. : causes dont l'ensemble détermine le genre et la variété des saisons de chaque planète, ainsi que la nature de ses animaux et de ses végétaux.

De ce qui précède il suit que les corps sensibles et vivans ou les animaux (car ce que j'ai dit ici de l'homme, peut se dire aussi en grande partie de chacun d'eux, au moins de tous ceux qui lui ressemblent le plus par l'organisation) sont des espèces de prismes organisés qui décomposent le système général des sensations en cinq grandes séries, et en général en autant de séries que la nature leur a donné de sens ; ce qui fait que la sensibilité ou la faculté générale de sentir se trouve elle-même formée de cinq facultés partielles, (le *toucher*, la *vue*, l'*ouïe*, l'*odorat* et le *goût*) ; et en général d'un nombre de facultés distinctes, égal à celui des sens.

L'on voit donc que le fond primitif des sensations de chaque animal dépend toutes choses égales d'ailleurs du nombre des organes propres à les transmettre : un animal avec deux sens est plus parfait ou plus sensible qu'avec un seul ; il l'est plus avec trois qu'avec deux, et ainsi de suite. Si l'on conçoit dans l'homme un sixième ou septième sens extérieur, le système de ses sensations, et celui des combinaisons qu'il en pourra faire, s'accroîtra dans un rapport immense ; son existence se trouvera en quelque sorte répétée ou multipliée autant de fois qu'il possédera de sens divers ; mais parmi tous ces sens il en est un qui enveloppe tous les autres, sans lequel on ne peut la concevoir ; c'est celui du *tou-*

cher, dont les organes par leur action sur les objets extérieurs (dont la main détermine le poids, la forme, la consistance et la grosseur), nous donnent l'idée des corps que celle-ci crée en quelque sorte, en les circonscrivant, ou fixant leurs limites dans l'espace, et en apprenant aux autres sens à leur rapporter leurs sensations, à les répandre sur eux, et à les lier avec celle de solidité qui nous est continuellement transmise par le tact.

Puisque le nombre des sensations est proportionnel à celui des sens, il s'ensuit : 1°. qu'un être qui n'auroit aucun sens, n'auroit aussi aucunes sensations: 2°. qu'un homme qui perdroit tout-à-coup ses sens, perdroit aussi toutes ses sensations : 3°. que celui qui naît privé d'un ou deux d'entre eux, comme les aveugles et les sourds-muets, est aussi tout-à-fait dépourvu des sensations provenantes de ces organes-là : et puisque toutes nos connoissances ne sont et ne peuvent être que *la somme des sensations élémentaires*, plus *la somme des combinaisons qu'on en peut faire*, il est évident que *toutes nos idées viennent originairement des sens :* ce sont des matériaux fournis par eux à tous les hommes qui les mettent en œuvre à l'aide des signes et de la réflexion, et avec lesquels ils élèvent l'édifice des sciences, et donnent naissance à toutes les productions de l'esprit, comme je le démontrerai dans les sections suivantes, où je donne l'analyse de nos facultés intellectuelles et celle des opérations mentales avec le secours des signes artificiels.

Mais, avant d'en venir là, il me paroît convenable de jetter un coup-d'œil sur les deux principaux organes de la *sensibilité intérieure* (le cerveau et le cœur) et sur les sensations qui leur appartiennent, comme je l'ai fait pour les organes extérieurs et les sensations en provenantes.

CHAPITRE III.

Des principaux organes intérieurs (le cerveau et le cœur) : *sensations et facultés qui en dérivent.*

Je regarde les cinq organes extérieurs dont je viens de parler comme autant de conduits ou canaux aboutissans à un même centre intérieur ou point de jonction, *le cerveau*, avec lequel ils font corps, et dont ils ne sont, pour ainsi dire, que le prolongement. Ce dernier est, à proprement parler, un sixième sens, dont l'activité résulte en partie de sa propre organisation, et en partie de l'action combinée de tous les autres organes. La différence principale existante entre le cerveau et les sens précités, c'est que chacun de ceux-ci ne peut recevoir et transmettre qu'une seule classe de sensations (1), tandis que celui-là les reçoit toutes, les compare, les analyse et les combine; c'est pour cela que je l'appelerois volontiers un *sens multiple*, expression qui convient également au *cœur*, mot vague dont il importe de fixer ici la vraie signification.

J'entends par ce mot *cœur* l'ensemble des organes intérieurs destinés à éprouver les sentimens moraux, *le plaisir* et *la douleur* ; *la tristesse* et *la joie* ; *la crainte* et *l'espérance* ; *l'amour* et *la haine*, etc.

(1) Il faut se souvenir que je ne fais qu'une seule classe de toutes les sensations du tact, quoiqu'elles renferment plusieurs espèces d'élémens.

Le même mot, considéré dans l'anatomie comme l'expression de ce viscère principal destiné à la circulation du sang, a une signification différente et beaucoup plus restreinte : ainsi le *cœur physique* est un composé visible de muscles, de nerfs, d'artères et de veines, qui joue le rôle le plus important dans l'économie animale, dont il est une des pièces fondamentales ; mais comme d'ailleurs ses mouvemens (qui semblent être le balancier de la vie) ont une grande correspondance avec nos desirs, nos craintes, nos passions et les diverses émotions de l'âme, dont les agitations, les affections font varier les pulsations vitales, le cours du sang, enfin l'état du cœur ; comme cet organe se dilate dans la joie et se resserre dans la tristesse, ce dont chacun fait l'expérience journalière, il est arrivé de là que l'on a confondu le *cœur physique* et le *cœur moral*, et mêlé ainsi le langage de l'anatomie avec celui de la métaphysique : ce sont pourtant deux choses fort différentes. Le mot *cœur*, considéré comme signifiant un élément du corps, un organe, exprime une idée individuelle assez simple ; mais appliqué au moral, il prend une signification extrêmement étendue ; il exprime alors une notion complexe formée de tous les élémens et sentimens moraux bons et mauvais (les desirs, l'espérance, la crainte, le besoin, l'inquiétude, le malaise, le contentement, l'amour, la haine, l'envie, la bienveillance, la générosité, l'égoïsme, l'avarice, la cruauté, etc.) ; en un mot, de l'ensemble des vertus et des vices, des bonnes et mauvaises qualités de l'esprit et du cœur, et de celui des plaisirs et des peines de l'âme.

Sans doute le cœur physique, ou plutôt sa partie

nerveuse nommée *plexus cardiaque*, paroît bien être un de leurs principaux instrumens, mais il n'est pas le seul, les autres *plexus* ou *réseaux nerveux* qui environnent les troncs des vaisseaux de l'estomac, ceux du foie, de la rate, du mesentère, y contribuent beaucoup ; et c'est vers cet entrelacement de nerfs nommé *plexus solaire*, et qui est comme le centre de tous les *plexus précordiaux*, que nous ressentons le principal foyer de ces passions (l'amour, l'amitié, la crainte, l'espérance, la haine, etc.). Le cerveau est un des principaux organes des jouissances de l'âme, puisqu'il est celui des plaisirs de l'esprit : et en général, les nerfs étant reconnus (dans l'état actuel de nos connoissances anatomiques) comme les principaux instrumens de la sensibilité, il s'ensuit que le plaisir et la peine ont lieu spécialement dans toutes les parties du corps où les nerfs abondent, et sur-tout dans celles où ils se trouvent réunis par pelotons, comme dans le cerveau, dans le cœur et les organes adjacens, dans ceux de la génération, etc. (1).

Cela posé, j'appelle *idées* les sensations du cerveau, et *sentimens* (2) les sensations du cœur, et je conserve plus particulièrement le terme général de sen-

---

(1) On pourroit diviser tout le système des nerfs en deux parties, l'une supérieure, contenant tous ceux de la tête, d'où résulte l'*âme intellectuelle ;* (c'est le siége des idées, de l'esprit et de la raison) l'autre inférieure, contenant tous ceux de la poitrine et de la région lombaire, d'où résulte l'*âme sensitive*, (c'est le siége des sentimens et des passions) ; expressions qui ne signifient point des êtres distincts, mais sont propres à rendre deux grands points de vue, sous lesquels on peut envisager la sensibilité humaine, dont toutes les parties se tiennent et varient comme les ramifications correspondantes du système nerveux.

(2) Ce mot *sentiment* exprime aussi quelquefois la faculté de sentir.

sations pour celles dues aux organes extérieurs (l'œil, la main, l'oreille, etc.). J'ai cru que c'étoit là l'unique moyen de mettre de l'exactitude dans mon langage, en ne confondant point des choses très-distinctes. (Il faut se souvenir de cet avertissement de ma part, car une partie de ce que jaurai à dire par la suite sur nos facultés intellectuelles et morales, suppose la division et la distinction que je fais ici).

Le cerveau et le cœur, ces deux grands ressorts fondamentaux des machines sensibles, sont donc deux organes ou systèmes d'organes qui reçoivent leurs sensations, tant par le jeu caché, le développement et les fonctions des parties internes, que par l'intermède des cinq sens extérieurs : voilà pourquoi je nomme quelquefois *sensations intérieures* ou *internes*, celles de ces deux organes, tandis que je nomme *sensations extérieures* ou *externes*, celles provenantes des cinq autres, pour les mieux distinguer : mais dans le fait ce sont toujours des sensations qui ne diffèrent que par l'organe qui les transmet ou les éprouve.

Ces sept organes principaux formant avec le reste du corps le système complet de nos sens, ont tous entre eux et avec les diverses parties qui le composent, les plus étroites relations ; ils agissent et réagissent les uns sur les autres, ils se communiquent leurs émotions, et ce n'est que de leur réunion que résulte vraiment et complètement *le moi humain*, le système de nos sensations et de nos facultés, l'*âme*, en un mot.

Chaque point de la surface d'un corps sensible est, comme nous l'avons vu, une espèce de sens particulier, puisque chacun d'eux a sa manière de sentir répondant à la manière dont il est organisé, et nous transmet d'une façon distincte l'action des objets que l'habitude nous apprend à lui rapporter, ainsi que la douleur ou le plaisir qui en sont la suite ; et s'il vient à être paralysé ou à nous être enlevé, nous avons un moyen de moins d'éprouver une certaine classe de sensations qu'il étoit destiné à nous transmettre ; nous perdons une petite portion de notre sensibilité : toutes les parties du corps de l'homme ne sont pas, il est vrai, aussi précieuses les unes que les autres ; il en est que l'on peut perdre sans que la vie et la sensibilité en soient beaucoup altérées, il en est même dont la privation ne nous cause que peu de douleur ; mais les sept organes en question sont les premiers fondemens des machines sensibles, et l'on ne peut porter atteinte à plusieurs d'entr'eux (sur-tout au cœur et au cerveau), sans s'exposer à porter atteinte à la vie et à la raison.

A ces sept organes on pourroit en ajouter un huitième, celui *de la génération* ou *le sens de l'amour*, dont l'activité ne commence qu'à une certaine époque de la vie de l'homme, et qui a, avec les organes précités, l'œil, le cerveau, le cœur, etc. les rapports les plus immédiats et les plus singuliers; les sensations qu'il nous transmet sont si distinctes de celles éprouvées par les autres parties du corps, elles sont tellement le mobile de nos passions, le principe de nos actions et de nos démarches, et l'objet si constant des poursuites de presque tous les hommes durant la principale et la plus brillante portion de leur vie, qu'il paroîtroit assez naturel d'en faire une classe à part : mais comme elles sont (quoique très-vives et les plus vives de toutes) aussi fugitives que l'éclair , et plutôt de brillantes étincelles de plaisir que la substance même d'un bonheur solide et durable , il vaut mieux les éprouver que les décrire ; et la décence oblige à respecter le voile mystérieux que la pudeur a jetté sur elles ; elles appartiennent d'ailleurs au sens du toucher, dont j'ai donné l'analyse.

On peut donc se borner à diviser, comme je le fais ici, le système total de la sensibilité humaine en sept parties ou classes principales qui, bien analysées formeroient un traité assez complet de nos sensations : ce n'est, à proprement parler, que sept points de vue principaux sous lesquels on considère tour-à-tour le corps sensible ; car il est bon de remarquer que ce ne sont point là des êtres réellement distincts , mais des modifications, des parties du même être , et que l'ensemble de nos sensations naît , comme on l'a vu, d'un sens unique, *le toucher,* qui enveloppe tous les autres ; en un mot, c'est toujours le même être qui sent ; mais ses sensations varient suivant l'organe , la partie du corps qui les lui transmet ou les éprouve : et toutes ces parties ont entr'elles une étroite liaison qui les rend dépendantes les unes des autres, et en forme un tout régulier , d'où résulte *le moi* ou le pouvoir de les éprouver ensemble , de les distinguer , de les reconnoître, de les retracer, de les comparer , de les combiner, etc. ; en un mot, l'ensemble de nos facultés intellectuelles et morales (1).

---

(1) Dans le dessein de mieux analyser le système compliqué de la sensibilité humaine, on peut recourir à une idée assez ingénieuse,

Comment

Comment ces facultés naissent des habitudes du cerveau et du cœur produites elles-mêmes par les sens extérieurs.

Nos sensations proprement dites, en se répétant par l'œil, l'oreille, le tact, etc. forment d'abord les habitudes de tous nos extérieurs, ainsi que de toutes les parties de notre corps; les impressions et les mouvemens de ces organes se transmettant tous au cerveau, principal centre de la sensibilité, lui donnent nécessairement une suite de mouvemens analogues, ou correspondans à ceux qui ont lieu dans chacun d'eux, et les habitudes du cerveau

---

celle de décomposer l'homme sensible en autant de parties qu'il a de sens, et de le supposer doué tour-à-tour, et exclusivement, du tact, de la vue, de l'ouïe, de l'odorat et du goût; alors on peut rechercher avec soin et déterminer avec plus de précision, les idées, les besoins, les habitudes et les facultés dues à chaque organe; quelles sont celles naissantes de leur réunion deux à deux, trois à trois, quatre à quatre, enfin celles qui résultent de leur ensemble; mais il est à craindre qu'en se livrant trop à cette abstraction commode et propre à faciliter un travail délicat, on ne fasse quelquefois plutôt le roman de la sensibilité, que son analyse réelle; car nous avons été doués à-la-fois de tous nos sens, dont le développement a commencé presqu'en même-tems. La mémoire ne peut nous reporter jusqu'aux premiers momens de l'enfance, pour nous y montrer ce que nous étions alors, et les secours mutuels que se prêtoient nos sens; l'ordre dans lequel ils recevoient les premières leçons de la nature ou leurs premières sensations. Réduits à la nécessité de faire des suppositions, nous n'avons pas le moyen de nous assurer que nos hypothèses soient en tout point conformes à la vérité. Ainsi, quelque avantageux qu'il soit de remonter le plus près possible de la génération de l'homme, je ne sais si l'on peut bien y parvenir, en imaginant, comme a fait Condillac, une statue qui s'anime par degrés : il y a dans cette hypothèse quelque chose de trop hardi et de trop arbitraire; et je ne crois pas que les conséquences ou résultats qui en dérivent, soient entièrement exempts d'erreurs.

(ou nos idées et nos facultés intellectuelles) naissent peu-à-peu par l'exercice de tous les sens précités : elles s'entretiennent par les mouvemens répétés de chacun d'eux ; et lorqu'ils perdent quelques-unes de leurs habitudes, le cerveau perd lui-même des siennes : son action consistant à retracer, comparer et combiner les impressions ou idées reçues pour en composer de nouvelles ; plus les sens extérieurs seront exercés, plus les habitudes du cerveau (ou l'ensemble de nos facultés intellectuelles, la mémoire, l'imagination, l'intelligence, etc.) seront elles-mêmes entretenues, étendues et affermies, plus ses opérations seront sûres, promptes et faciles ; et tout le contraire aura lieu dans la supposition opposée.

Les sensations du cœur ou *les sentimens* accompagnent d'ordinaire les sensations extérieures, proprement dites, et les idées, ou plutôt ils viennent à leur suite, et sont produits par la communication rapide des mêmes mouvemens qui donnent naissance à celles-ci. L'œil, la main, etc. reçoivent d'abord une sensation, elle passe de suite au cerveau, et le cœur agité éprouve bientôt des sentimens de desir, d'aversion, de crainte ou d'espérance ; de pitié, de dédain, de haine, d'amour, de joie, de tristesse, de colère, etc. en un mot, de plaisir ou de douleur. Ces sentimens se répètent chaque jour par l'action subsistante ou le renouvellement des mêmes causes ; et leur reproduction donne naissance à toutes les habitudes du cœur, comme celle des idées aux habitudes du cerveau, et celle des sensations aux habitudes des sens extérieurs mis et tenus eux-mêmes en activité par une répétition journalière des mêmes mouvemens extérieurs et intérieurs.

Des Songes et de la Folie.

Il y a donc la relation la plus étroite et la plus suivie entre l'organe central intérieur et tous les sens extérieurs qui viennent y aboutir ; il en reçoit le mouvement et il le leur communique à son tour, ils agissent sur lui et il réagit sur eux. Rien ne prouve mieux cette réciprocité d'action que ce qui se passe en nous durant le sommeil, et qui, ce me semble, se trouve expliqué assez naturellement par ce qui suit.

Puisque nous ne devons nos premières sensations qu'à l'action de la lumière, de l'air, et de tous les corps extérieurs sur nos sens, il s'ensuit que toutes les fois que les mêmes mouvemens se répéteront sur les mêmes sens, nous éprouverons les mêmes sensations : de même, puisque nous ne devons nos idées qu'aux mouvemens analogues qui se passent dans le cerveau, il s'ensuit que toutes les fois que ceux-ci seront reproduits par une force extérieure ou intérieure quelconque, nous éprouverons de nouveau les mêmes idées : nous pouvons donc avoir encore des idées, lorsque l'action des organes extérieurs étant suspendue par le sommeil, il reste encore du mouvement dans l'organe intérieur (le cerveau), de là l'explication naturelle des *songes* ou *idées nocturnes*.

Le mouvement intérieur et principal de la respiration, de la circulation du sang et autres fluides de l'économie animale, ou l'action subsistante des impressions reçues la veille, font souvent repasser le cerveau par un état pareil à celui où l'animal s'étoit déjà trouvé lorsqu'il voyoit, qu'il entendoit, etc. donc il doit voir et entendre, etc. puique sa situation est la même; et les idées, les images des objets, quoique reproduites par une cause différente, sont des sensations qui n'ont pas moins de réalité que les autres: cela est si vrai, que quand nous venons à nous réveiller, nous avons par fois peine à nous persuader que nous sortons d'un songe, tant cet état nous a paru le même que celui de la veille; seulement nos raisonnemens n'ont pas la même suite, la même justesse que quand nous veillons, parce que plusieurs mouvemens, et partant plusieurs idées intermédiaires, se trouvent interceptés, et que dans l'état de veille nos sens sont toujours prêts à vérifier les opérations du cerveau, comme ils se vérifient eux-mêmes les uns les autres: ce sont comme autant de sentinelles qui durant le jour disent à l'organe principal: » Vous raisonnez mal, vous répétez » mal les idées et les leçons que nous vous avons » transmises «; mais qui, quand elles sont endormies, l'abandonnent à ses erreurs.

Si nous supposons que ce désordre, qui règne ordinairement dans les mouvemens et les idées du cerveau pendant la nuit, se prolonge durant le jour et devienne continuel, nous pourrons nous faire une idée assez juste de la plus triste et de la plus humiliante des maladies auxquelles la nature ait assujetti l'espèce humaine, je veux parler de *la folie.* Cette situation qui rend à nos yeux si à plaindre, si digne de pitié l'homme qui s'y trouve réduit, n'est donc, à ce qu'il paroît, occasionnée que par un léger dérangement dans le cerveau ou le cœur, etc. par une nouvelle direction des fluides, d'où naît une nouvelle manière de sentir, de penser, décousue et désordonnée : il faut que la cause qui produit la folie soit bien subtile, bien déliée, car elle a échappé jusqu'ici aux recherches anatomiques les plus minutieuses, qui n'ont pu faire découvrir entre le cerveau des fous et celui des gens sensés aucune différence sensible.

L'on est étonné et affligé de voir que la perte de l'intelligence et de la raison tienne à si peu de chose, et combien est petit et imperceptible le passage qui les sépare de la folie, dont on peut même dire que presque personne n'est entièrement exempt : car qui peut se flatter de n'être pas au moins de tems en tems la dupe d'une fausse association d'idées, d'un mauvais raisonnement, d'un préjugé, d'une erreur; or, ce sont là des élémens de la folie. Tout le monde est fou, dit Horace, *omnes insaniunt;* et il faut avouer qu'il n'a pas tort; car les excès ou les écarts des passions, dont nul ne peut répondre de pouvoir toujours se préserver, sont des momens d'une folie passagère, et l'on se voit presque forcé de convenir que cette raison dont l'homme est si fier, n'est que la manière de sentir et de voir la plus ordinaire, la plus commune, et le résultat nécessaire d'une commune organisation : cette organisation vient-elle à varier jusqu'à un certain point, l'on naît imbécile ou fou, ou on le devient; peut-être tous les hommes, s'ils étoient tout-à-coup doués du même genre de folie, comme ils le sont du même sens commun, ou du germe d'une même raison, n'auroient-ils plus de moyen de s'apercevoir qu'ils sont fous, et traiteroient-ils d'insensé celui que dans l'état actuel des choses ils nomment raisonnable ; car d'ordinaire nous ne trouvons déplacé ou ridicule, et nous ne blâmons dans les animaux de notre espèce, que ce qui ne nous ressemble pas ; comme nous ne sommes portés à approuver, à estimer et à aimer que ce qu'ils ont de commun avec nous, *similis simili gaudet ;* l'amour-propre le veut ainsi : non-seulement on s'aime beaucoup soi-même, on aime encore son image partout où on l'aperçoit, où on la retrouve ; de là, pour le dire en passant, le principe des goûts, des sympathies, de l'amitié, etc. de là ce penchant de l'homme à se choisir presque toujours pour modèle parmi cette foule d'objets dont l'imitation donne naissance aux beaux-arts (la peinture, la sculpture, etc.) il aime à se contempler sous toutes sortes de formes : c'est d'après lui qu'il a créé ses dieux. Après cette courte digression qui trouvoit naturellement ici sa place, je reviens à mon sujet.

Perturbations réciproques des sens.

L'homme se trouvant ainsi composé d'un système assez compliqué d'organes, qui tous ont leurs sensations, leurs habitudes, leurs besoins et leurs appétits, etc., on sent qu'ils ne doivent pas toujours être d'accord ; aussi existe-t-il souvent entre eux des prétentions contraires, des contestations, des chocs et des tiraillemens. Si, comme nous l'avons vu ci-devant, ils s'entr'aident par fois en se prêtant un mutuel appui pour la vérification et l'analyse des objets, ils se nuisent aussi dans l'étude de ces mêmes objets : le cerveau occupé d'idées abstraites, de méditations profondes, est troublé et dérangé par l'ouïe et la vue, par le bruit, l'éclat de la lumière, etc.; la conversation, les jeux, les ris, le chant, la musique, que dans tout autre instant nous eussions trouvé délicieux, nous deviennent insupportables du moment où ils troublent et contrarient notre attention; chacun sait par expérience que c'est dans le silence et l'obscurité des nuits que ses conceptions ont le plus de netteté, de vivacité et d'étendue; et il semble que le jour, en ramenant avec lui le bruyant cortége de toutes les sensations extérieures, enlève à la faculté pensante une portion de son énergie: c'est du moins ce que j'ai souvent éprouvé.

Il est hors de doute que l'être qui n'auroit qu'un ou deux sens (si toutefois on peut en supposer un pareil), ne les eût beaucoup plus exercés, plus subtils et plus parfaits qu'ils ne le sont dans l'état présent des choses : c'est ainsi que l'aveugle a le tact si délicat et si perfectionné qu'il peut exécuter des ouvrages qui nous étonnent par leur complication et leur précision : les sourds-muets, qui ne sont pas distraits par le fracas du monde, sont susceptibles d'une attention plus forte, plus continue, et peuvent donner à leur tête un plus haut degré de justesse et de netteté : ils ont d'ordinaire une grande aptitude au dessin, et ceux qui s'y livrent y réussissent très-bien. Enfin le sens de l'odorat, dont les hommes civilisés tirent si peu de parti, est si parfait chez certains peuples sauvages, qu'ils peuvent suivre leurs ennemis à la piste, etc. Si nous n'avions que celui-là, nul doute qu'il ne fût bientôt très-exercé et très-habile : mais nous le négligeons comme une chose superflue.

On diroit que tous nos sens se disputent et se partagent notre capacité de sentir; chacun d'eux, fortement occupé de son objet, suspend et paralyse en quelque sorte momentanément l'activité de tous les autres. On sait l'histoire d'Archimède, à qui son attention profonde et exclusive à des figures de géométrie, dérobe la prise et le pillage de Syracuse, et jusqu'à la vue de la mort qui vient le frapper au milieu de ses méditations : cette sorte de fous qu'on nomme *illuminés*, oublient, au milieu de leurs extases, tout ce qui les entoure, et ne sont plus frappés que de leur chimère : le penseur absorbé par ses réflexions, et l'homme très-affairé, sont sujets aux plus grandes distractions ; et quoique bien éveillés, il leur arrive souvent de ne rien voir, de ne rien entendre en plein jour, tant ils sont dominés par la force de leurs pensées, et les opérations de cet œil interne qui semblent exclure celles de l'œil externe. Tout homme occupé d'une passion forte est, tant qu'elle dure, incapable de se livrer à toute autre réflexion et occupation étrangère : de là le despotisme de l'amour, la tyrannie du chagrin, de la peur, etc. Le Sybarite, livré tout entier aux voluptés des sens, est insensible aux plaisirs de l'esprit ; la fatigue de l'attention nécessaire à qui veut les goûter, lui est insupportable ; tandis que l'application et la spéculation font les délices des têtes pensantes, pour qui les jouissances des sens (les spectacles, le vin, la bonne chère et les femmes, etc.), presque toujours nuisibles aux productions du génie, n'ont à leur tour qu'un foible attrait.

En songeant à cette contradiction malheureuse qui règne entre nos penchans, à cette espèce de guerre intestine qui souvent bouleverse l'âme humaine, on seroit presque tenté de faire un crime à la nature du riche fonds de sensibilité dont elle nous a doués, et on se demanderoit volontiers si c'est un bien pour l'homme d'avoir reçu autant de sens, s'il y auroit plus à perdre qu'à gagner pour lui d'en avoir encore davantage; enfin, s'il n'y a point un certain degré où la difficulté de les concilier, naissante de leur trop grand nombre, détruiroit ou affoibliroit considérablement les précieux avantages qui naissent de la variété de nos sensations. Je ne chercherai point ici à résoudre un pareil problème; je veux croire que la nature, en formant l'homme tel qu'il est, a fait les choses pour le mieux; mais je rechercherai ailleurs quel est l'art d'établir l'équilibre de nos sens et l'accord de nos facultés.

CHAPITRE IV.

Des forces qui font naître et entretiennent l'activité des sens.

Je viens de décomposer et de décrire le merveilleux instrument de la sensibilité humaine, j'en ai montré les principales pièces : on connoît avec un détail suffisant le corps du clavecin, les touches, les cordes, la disposition du clavier, etc.; voyons maintenant quel est cet invisible organiste qui en tire les sons, ou, pour parler sans métaphore, comment se produit et se conserve le jeu de cette admirable machine.

1°. Le jeu fondamental de la respiration joint à celui de la circulation du sang et des humeurs; 2°. l'action des corps environnans sur le nôtre, et l'action réciproque de celui-ci sur eux : telle est la double cause productrice et conservatrice de notre organisation, de nos sensations, de nos idées, de nos sentimens, en un mot, de tout notre être.

Nous sommes sans cesse pressés et maîtrisés par ces deux forces intérieures et extérieures ; c'est par elles que notre corps croît et se développe ; c'est par elles que nous sentons, que nous jouissons, que nous souffrons, que nous digérons ; que nous éprouvons les besoins alternatifs de la faim, de la soif, du sommeil et de l'amour, et les besoins constans du plaisir et du bien-être, ainsi que la haine du malaise et de la douleur : c'est par elles enfin que l'homme naît, vit et meurt.

Tant qu'elles sont l'une et l'autre en pleine activité, l'animal est éveillé : si la seconde cesse, il s'endort ou passe à l'état de sommeil peu différent de celui de la simple végétation ; si c'est la première, il tombe en léthargie ou meurt. Si ces deux forces éprouvent des changemens, les sensations, les idées et les sentimens en subissent d'analogues, et qui, portés jusqu'à un certain point, peuvent produire l'aliénation d'esprit, la folie. Trop ou trop peu d'activité dans ces forces, est également nuisible et détruit *la santé*, qui ne résulte que d'un certain milieu, d'un heureux équilibre en-deçà et au-delà duquel on trouve la maladie. Si elles s'évanouissent tout-à-fait, l'organisation, la sensibilité et la vie s'évanouissent avec elles.

Toutes les variations existantes depuis la naissance jusqu'à la mort, dans cette chaîne de sensations, d'idées et de sentimens dont se compose la vie, sont dues aux changemens analogues et inévitables qu'elles subissent, ainsi que nos organes, avec le tems, et par suite des lois naturelles de la construction, de la nutrition et de la végétation des corps sensibles : c'est à elles et au développement résultant de l'éducation, qu'il faut attribuer les différences primitives d'idées, de sentimens, de passions et de caractère existantes dans les animaux de différentes espèces, comme dans ceux de la même espèce, ainsi que les nuances ou degrés successifs dont ils sont susceptibles, et qu'on y aperçoit, pour chaque individu, aux différentes époques de sa vie (l'*enfance* : l'*adolescence*, la *jeunesse*, l'*âge viril* et la *vieillesse*), nos sensations et les facultés intellectuelles et morales qui en résultent vont toujours en croissant, depuis la naissance jusque vers le milieu de la vie; elles subsistent quelque tems dans toute leur force, dans tout leur éclat, diminuent ensuite par degrés, et s'anéantissent totalement par la décrépitude et la mort : mais, dans tous les cas, elles suivent assez constamment le bon ou le mauvais état des organes, ainsi que les progrès de leur développement, de leur vigueur ou de leur dépérissement.

L'on voit donc que, pour bien analyser l'homme sensible, il ne suffit pas de considérer l'action du corps extérieur sur le sien, il faudroit encore connoître à fond tout le détail et le jeu caché des parties composant la machine humaine, les fonctions et le genre de sensibilité propres à chacune, ainsi que leur action réciproque; alors, on pourroit classer les sensations intérieures, et les rapporter à leurs organes producteurs; l'on sauroit jusqu'à quel point le dévelôppement interne des os, des muscles, des nerfs, etc., la circulation du sang et des humeurs, enfin, le bon et le mauvais état de toutes les parties solides et liquides, influe sur les facultés du cerveau et des organes extérieurs : en séparant ainsi l'action interne du corps sensible sur lui-même de celle de l'univers extérieur, on pourroit démêler, 1°. la portion de facultés dont on est redevable à l'organisation; 2°. celle due aux leçons naturelles transmises par les sens; 3°. celle que l'on se donne soi-même par la lecture, la réflexion et la combinaison des idées, ou que l'on reçoit des autres, par la voie de l'enseignement (ce qui compose l'éducation artificielle, ou celle de l'homme, tandis que l'autre est celle de la nature).

En effet, il est bien évident que, jusqu'à une certaine époque, c'est la nature seule, ou la force interne de l'organisation qui préside à nos mouvemens, au premier développement de nos habitudes et de nos facultés. Par exemple, c'est elle qui fait courir à l'eau le canneton à peine sorti de sa coque, et l'instruit à nager; c'est elle qui apprend au jeune poulet à marcher, à distinguer et à saisir le grain qui peut le nourrir; qui dirige la bouche de l'enfant nouveau-né vers le mamelon de sa mère ou de sa nourrice, et qui donne la même leçon aux jeunes chiens, aux jeunes chats et autres animaux vivipares, qui, tous, dès qu'ils sont nés, savent fort bien téter sans l'avoir appris; c'est elle qui détermine les premiers élémens du langage d'action, les cris, les pleurs, le sourire, etc.; enfin, cet ensemble de mouvemens naturels, formant ces naïfs et rapides tableaux qui, chez tous les peuples, sont l'expression commune et primitive des premiers sentimens, des premiers besoins.

Ce n'est que quand nous possédons déjà un certain degré de force, que nos maîtres, nos parens et nous-mêmes joignons le travail de l'homme à celui de la nature ; heureux lorsque l'ouvrage de l'un ne fait que perfectionner et accroître celui de l'autre : car il n'arrive que trop souvent que ces deux puissances, dont le concours décide du sort de l'individu, se nuisent et se détruisent réciproquement, au lieu de se favoriser et de s'entr'aider.

L'instinct.

On peut nommer *instinct* ce système de facultés primitives, indépendant de l'action de l'animal sur lui-même, et de celle des objets extérieurs sur ses sens ; alors l'instinct sera une faculté commune à tous les animaux : ceux qui, par suite de leur conformation, ont des organes extérieurs peu sensibles, ne reçoivent que foiblement l'instruction des choses, ont peu de pouvoir sur eux-mêmes, et restent, pour ainsi dire, bornés à cette faculté presque mécanique. Ceux qui joignent, au contraire, à des sens délicats, la faculté de multiplier, en se transportant partout, leurs sensations extérieures font nécessairement beaucoup d'observations et de comparaisons, et cette instruction qu'ils reçoivent des objets, est une seconde force qui, se combinant avec l'instinct, préside, conjointement avec lui, à toutes leurs déterminations.

L'on voit donc que l'instinct est plus ou moins modifié et troublé, suivant que le système des sensations extérieures et des facultés intellectuelles qui en résultent, est plus ou moins étendu. Voilà pourquoi l'homme est, de tous les animaux, celui qui paroît avoir le moins d'instinct, ou un instinct plus variable et moins sûr, parce que, joignant à une organisation très-parfaite, la faculté d'exprimer, par des signes, la multitude prodigieuse de sensations et d'idées qu'il reçoit, il varie, étend et multiplie à volonté ses connoissances et ses besoins; et souvênt, les moyens qu'il emploie pour les satisfaire, sont très-différens de ceux que l'instinct seul lui feroit choisir, si, comme tant d'autres animaux, il s'y trouvoit réduit.

Le sauvage est mieux servi par l'instinct que l'homme civilisé, parce qu'il se rapproche plus que lui, par le petit nombre de ses besoins et de ses idées, de la classe des animaux si bien et si sûrement guidés par cette faculté. Le dernier, au contraire, dont les idées, les desirs, les besoins, les passions et le bonheur sont plus compliqués, plus artificiels, a souvent de la peine à démêler, parmi un grand nombre de combinaisons possibles, celle qui lui est la plus avantageuse; il pèse, il compare, il hésite, il balance avant de préférer et de choisir, et souvent il se trompe; tandis que l'animal, comme poussé par un ressort interne, s'élance spontanément vers ce qui lui convient le mieux. Il n'est donc pas étonnant que la conduite de l'homme civilisé soit sujette à tant d'écarts, et en général, moins régulière que celle des animaux. C'est une suite nécessaire de la complication de son existence morale, de la lenteur du développement de sa raison et de ses facultés; ainsi donc, l'on se conduira d'autant mieux (et par conséquent l'on sera d'autant plus heureux) que l'on aura moins de besoins et plus de raison : une raison extrêmement perfectionnée par la méditation et l'expérience, est une sorte d'instinct très-étendu, qui, dans les cas les plus épineux, les plus embarassans, fait voir rapidement à l'homme qui la possède le meilleur parti qu'il ait à prendre; mais cet instinct (qui est ordinairement celui des génies supérieurs, des grandes âmes) est aussi, en grande partie, leur ouvrage, et le résultat de l'éducation qu'ils ont reçue des hommes, des choses et d'eux-mêmes, tandis que, chez les animaux, il est presque tout entier l'œuvre de la nature.

Au reste, je reviendrai sur cet objet dans la cinquième Section, quand je traiterai du principe général des différences morales (1). Je me borne ici à faire sentir combien l'étude de l'homme intérieur, ou celle de l'anatomie et de la physiologie est nécessaire au philosophe qui veut analyser à fond cet être compliqué, combien ce qu'on appelle le *physique* et le *moral* sont étroitement unis, s'ils ne sont pas souvent une même chose sous deux noms différens. J'ai regretté plus d'une fois, en composant cet ouvrage, d'être privé d'une connoissance plus approfondie de l'anatomie et de la médecine (malgré l'état d'imperfection où celle-ci est encore, mais d'où elle paroît devoir bientôt sortir par le progrès combiné de toutes les sciences physiques et morales qui lui servent de base); elle m'eût été d'un grand secours, et eût rendu mon ouvrage plus lumineux et plus complet: car, je le répète, pour être en état de calculer les forces et les résultats d'une mécanique, il faut en bien connoître toutes les parties, leur liaison, leur

---

(1) Voyez le chapitre intitulé, *Analyse des forces, dont le concours produit le caractère*, etc.

engrainage, ou la manière dont chacune donne et reçoit le mouvement. Or, les corps organisés et vivans ne sont que des machines très-compliquées, d'où résultent le mouvement spontané, la vie, le sentiment et l'intelligence (en un mot, ce système de facultés variables et passagères qu'on nomme leur *âme*), à-peu-près comme la propriété de marquer les heures et de mesurer le tems, est une suite de la construction d'une montre ou d'une horloge.

L'étude des corps sensibles fait donc à la rigueur partie de la mécanique et de la physique expérimentale, mais elle en forme la portion la plus déliée, la plus délicate, et la plus difficile à bien traiter, à cause de la grande complication des êtres vivans, et l'impossibilité actuelle (et peut-être éternelle) de soumettre à des expériences suivies l'action chimique de toutes leurs parties; de reproduire artificiellement les phénomènes de la respiration, de la digestion, de la formation et circulation du sang, du chile, du suc gastrique de la bile, de la semence, etc., enfin de mettre à nud le jeu caché qui fait végéter, vivre, penser et agir l'animal, et entretient dans le corps humain cette juste économie, cette harmonie heureuse qui produit et conserve la santé, la raison, etc., et dont les changemens, les altérations font naître toutes les variations de la sensibilité, des idées et des facultés, l'alternative des plaisirs et des peines, les maladies de tout genre, les chagrins, la folie et la mort.

Séparation

Séparation des propriétés des corps organisés et sensibles, d'avec celles des corps inorganiques et privés de sensibilité, et notion précise de la matière.

Après avoir fait l'énumération des différentes espèces de sensations et des organes qui nous les transmettent, il convient de porter un instant nos regards de l'être qui éprouve des sensations vers celui qui les produit.

Les sons, les saveurs, les odeurs, les couleurs, le chaud, le froid, et les autres sensations du tact; nos idées, nos sentimens, le plaisir et la douleur qui les accompagne, voilà ce qui appartient au corps sensible et vivant. *La solidité, l'étendue, la forme, la pesanteur, l'inertie, la mobilité, la divisibilité, la porosité, la dureté, l'élasticité*, etc., voilà les attributs de la *matière brute*, (ou de ce qu'il nous plaît de nommer ainsi) : c'est-à-dire, qu'en supposant que le sentiment cesse tout-à-fait dans un corps organisé ou animé, on conçoit qu'il lui restera toujours l'ensemble des qualités précitées dont la réunion forme *l'être abstrait* (1), auquel nous attachons le mot de

(1) Je dis être abstrait, parce qu'à la rigueur, nous ne sommes pas sûrs que cette classe de corps, auxquels nous refusons toute espèce de sensibilité, soit effectivement telle que nous la supposons. En analysant mieux les végétaux, que l'on n'avoit d'abord regardés que comme de simples machines hydrauliques, on s'est convaincu qu'ils respirent, qu'ils se nourrissent, qu'ils digèrent, qu'ils se reproduisent, etc. en un mot, qu'ils vivent; on croit même, à présent, d'après certains mouvemens de la sensitive, et de plusieurs autres plantes, qu'ils ne sont pas totalement dépourvus de sentiment : il pourroit donc se faire que toutes les parties de la matière fussent organisées; mais comme il en est qui ne nous paroissent douées d'aucun mouvement spontané, qualité qui caractérise et accompagne le sentiment et la vie, nous nous trouvons, en quelque sorte, fondés (vu l'extrême différence qui existe

matière, et qu'il faut considérer comme éternel, impérissable, ou indestructible, quoique dans un état perpétuel d'action, de fermentation et de transformation. Quand l'espèce humaine et tous les êtres sensibles seroient anéantis sur le globe, celui-ci n'en conserveroit pas moins le même volume, le même nombre de parties solides, le même poids, le même mouvement, en un mot, la même quantité de matière brute, la même aptitude à recevoir ou plutôt à produire de nouveaux êtres sensibles ; et bientôt sans doute (quoique dans un laps de tems plus ou moins considérable, car le tems ne coûte rien à la nature dont l'éternité de durée et d'action sont le premier attribut) sa surface se couvriroit de nouvelles espèces vivantes, car il paroît doué d'une activité productive, variable il est vrai, mais indestructible (au moins tant qu'il n'en sera pas dépouillé par suite de l'extinction ou de la trop grande diminution du feu solaire et du feu central, par le choc d'une comète, par sa réunion avec quelque autre corps céleste, en un mot, par quelqu'une de ces grandes catastrophes possibles, mais que toute la sagesse humaine ne peut ni prévoir ni empêcher).

Ce qui démontre bien la constance des lois de la matière, résultantes de ses propriétés fondamentales,

---

entre elles et nous, et les autres animaux, dont l'organisation approche plus ou moins de la nôtre) à les nommer *brutes*. Mais il étoit bien nécessaire de faire observer que la *matière brute* étoit, rigoureusement parlant, un être de notre façon, comme tant d'autres.

L'homme devroit bien s'accoutumer de bonne heure à distinguer les productions des cerveaux humains, d'avec les objets réels et les productions de la nature : on ne se doute pas de l'extrême utilité de ce petit avertissement, et de son application à l'analyse des sciences, aux méthodes d'instruction, d'éducation, etc.

l'étendue, l'impénétrabilité, la pesanteur, l'inertie, etc. c'est la belle précision et l'étendue des calculs astronomiques. L'astronome-géomètre nous dit : » Dans » cinquante, cent, deux cents, deux mille, etc. » ans, il y aura tel jour, à telle heure, telle mi- » nute, une éclipse de lune ou de soleil « ; il peut prédire pour cette époque la position respective des corps célestes : il meurt, et ceux qui lui survivent sont témoins du phénomène qui démontre à la fois la précision de ses calculs et la régularité des mouvemens du système du monde. Ainsi, quoique nous ignorions la nature de ces grands corps, nous pouvons saisir et calculer la loi éternelle de leurs mouvemens, qui n'existeroit pas moins quand il n'y auroit point sur le globe d'êtres intelligens capables de la reconnoître. On sent donc que l'existence de la matière, de cette cause productrice de nos sensations, en est au fond indépendante (au moins suivant notre manière de voir et de raisonner d'après notre organisation actuelle); nous sentons qu'il y a hors de nous quelque chose qui sert d'appui et de lien à nos sensations, mais nous ignorons la nature de cette base de la sensibilité extérieure, et il paroît qu'elle nous demeurera éternellement inconnue: c'est donc à l'analyse de ses sensations que l'homme doit se borner.

Si au pouvoir d'exciter des sensations dont jouit *l'étendue solide* ou *la matière considérée sous le point de vue le plus simple*, on ajoute celui d'en éprouver ainsi que le mouvement spontané, on a l'idée des corps sensibles et intelligens; et si on suppose des parties de matière ou des corps tout-à-fait dépourvus de sensibilité, comme nous paroissent être les métaux, les pierres, les sels, les bois, l'eau, l'air, les terres, etc.

on obtient par cette hypothèse l'idée abstraite de la matière brute, ou de ce que nous appelons ainsi, car à la rigueur nous n'avons point de ligne de démarcation précise entre ces deux idées, *sensibilite* et *matière* ; nous ne sommes pas sûrs qu'il y ait quelques corps ou portions de matière tout-à-fait *insensibles* et *inorganiques* ; et quand nous faisons cette supposition, nous sommes incapables de nous démontrer à nous-mêmes si elle est vraie ou fausse, parce que nous ne connoissons que le genre de sensibilité qui nous est propre, et celui que nous appercevons dans la grande famille des animaux semés çà et là sur le globe : mais il ne faut pas oublier que c'est là une faculté que l'on conçoit variable à l'infini suivant la différence des organes, susceptible elle-même d'une variation sans bornes. Tout ce que nous voyons clairement, c'est qu'une portion de la matière passe successivement de cet état brillant d'organisation et de vie à cet état de prétendue insensibilité qui pour nous constitue la matière brute, et réciproquement : mais cette matière, par la seule raison qu'elle est pesante et soumise à l'action du feu solaire et du feu central, est dans un état perpétuel de fermentation et d'activité, ou de composition et de décomposition ; la matière, soit vivante, soit inanimée, n'est au fond que ce grand tout, nommé *l'univers* ou *l'amas de tous les corps* ; et *la nature* n'est que *la somme totale des corps*, plus, *la somme des forces dont ils sont animés.*

La nature (où l'univers soumis à ces forces *la pesanteur*, *le calorique*, etc.), est l'être unique, embrassant tous les êtres, agissant sur lui-même, e divisant en une infinité de ramifications, com-, posant sur la terre ce que l'homme a nommé *règne animal*, *règne végétal* et *règne minéral*; toujours occupé à former et à détruire, et à se montrer sous toutes sortes de formes : l'organisation et la vie ne sont qu'une de ces formes brillantes et passagères qu'il parcourt dans le cercle éternel de ses variations.

Comment la variété de nos sensations correspond à celle des mouvemens de la matière.

Chaque mouvement déterminé, produisant sur un corps vivant une sensation particulière, celui-ci peut recevoir autant de sensations distinctes de chaque portion de matière, qu'elle est elle-même susceptible de prendre de formes et de mouvemens : de là l'immense variété des sons produits par la différence des vibrations que l'air agité transmet à l'organe de l'ouïe ; de là la prodigieuse diversité des couleurs que tous les corps réfléchissent ou font naître dans celui de la vue; et celle de forme, de température, de poids, etc. qu'ils transmettent à celui du tact.

Chacun d'eux a sa manière d'agir sur les autres et sur nous, suivant son organisation particulière, le tissu de ses parties constituantes, leur adhérence, leur degré d'échauffement, etc.; les *solides* (l'or, le fer, les pierres, les terres, etc.); les *liquides* (l'eau, le mercure, les acides et tous les corps tenus en dissolution par l'eau ou par le feu); les *fluides*, (l'air, les gas, la lumière, le calorique, le fluide électrique, etc.) ont chacun leurs forces particulières, leur genre et leur degré d'action. Enfin tous, ou presque tous les corps sont susceptibles, comme le démontre la chimie moderne, de passer par ces trois états successifs de solide, de liquide et de fluide aériforme, et les sensations qu'ils peuvent produire alors sur un corps organisé, ainsi que leur manière d'agir sur tous les autres corps sont différentes, et peuvent en général recevoir autant de nuances et de variations distinctes qu'eux-mêmes peuvent prendre ou recevoir de degrés divers dans la forme, le volume, la température, la consistance et le mouvement.

Les corps sensibles éprouvent pareillement des changemens dans leurs sensations, suivant ceux survenus dans leur organisation par l'accroissement naturel, l'âge, les maladies, les blessures, les chagrins, etc.; en un mot, par toutes les causes continuellement agissantes intérieurement et extérieurement.

L'on peut donc conclure en général que toutes les fois que nous apercevons un changement dans le système de nos sensations, il y a eu un changement dans la cause qui les produit, c'est-à-dire, dans notre corps ou dans les corps extérieurs, ou même dans les deux à-la-fois. Ainsi quand je vois un corps changer de couleur, ou plutôt quand la couleur réfléchie par lui cesse d'être la même, comme nous voyons la chose se passer dans nombre d'expériences chimiques, (dans celle, par exemple, où une rose plongée dans un vase rempli de gas ammoniac, prend subitement, et comme par enchantement, une couleur verte), j'en conclus qu'il a subi un changement, ou que mes yeux en ont subi un eux-mêmes; et quand j'ai d'ailleurs la certitude que ceux-ci n'ont point changé, j'en conclus que le changement s'est fait dans le corps, soit par l'addition de nouveaux élémens matériels combinés avec lui, ou par l'action d'un fluide tel que la lumière, le calorique, etc. qui a changé l'adhérence et le tissu de ses parties, et par conséquent aussi la réflexion ou la decomposition des rayons de lumière qui en est une suite (car chaque corps peut être considéré comme un prisme composé, ou comme une réunion de petits prismes ayant chacun leur manière de réfléchir ou de décomposer la lumière, suivant leur différente organisation) : c'est ainsi que nous voyons le fer, le plomb, le cuivre et plusieurs autres métaux s'oxider par la décomposition de l'air ou de l'eau, et l'addition d'un gas qui se combine avec eux ; les couleurs bleues se changer en rouges et en vertes par le mèlange des sucs végétaux qui les produisent, avec les acides et les alkalis ; le verre, les métaux et les corps les plus durs se fondre par l'action du feu ; l'eau se convertir en glace ou se réduire en vapeurs ; et ainsi de tous les autres phénomènes naturels ou artificiels, dont les uns se passent dans nos laboratoires de physique et de chimie, dans les manufactures et les atteliers des arts et métiers ; et les autres ont lieu momentanément ou périodiquement dans le vaste laboratoire du globe et l'espace céleste qui l'environne.

Cause du penchant qui nous porte à attribuer nos sensations à la matière.

C'est sans doute de ce pouvoir variable qu'ont tous les corps de produire, d'entretenir et de changer nos sensations, que naît en nous ce penchant habituel et presqu'invincible qui nous porte à leur attribuer ces sensations elles-mêmes : de là ces expressions consacrées par l'usage, le préjugé, et une façon vicieuse de parler : *ce corps est chaud, est froid, est blanc, noir, rouge, bleu, etc. ; est doux, amer, âcre, acerbe ; est dur, mou, etc.* il faudroit dire, ce corps produit en moi le chaud, le froid, le blanc, le noir, le doux, l'amer, etc.: car c'est l'être sensible qui est chaud, froid, etc. jouissant ou souffrant; c'est à lui qu'appartiennent toutes ces modifications et sensations; mais il n'y a rien de semblable dans le corps qui les produit, elles n'existent que pour celui qui les éprouve; et il est évident qu'en parlant ainsi nous nous dépouillons des sensations qui n'appartiennent qu'à nous, pour en revêtir un corps auquel, pour le moment, elles n'appartiennent pas du tout, et à qui elles ne pourroient appartenir qu'autant qu'il seroit organisé pour les éprouver, ou vivant et sensible comme nous.

Quelqu'évidente que soit cette conséquence, elle peut d'abord, par la force de l'habitude, paroître absurde à bien des gens. Cependant il est bien clair que les couleurs n'appartiennent point aux corps, puisque la nuit ou une obscurité profonde les en dépouille tous; les saveurs ne leur appartiennent pas davantage, puisque ce mets, ce fruit que dans l'état de santé je trouvois délicieux, me paroît, aujourd'hui que je suis malade, insipide ou désagréable au goût. Ce métal fondu, ce corps brûlant qui de loin m'éclaire, me procure une douce chaleur, me cause des douleurs affreuses quand je m'en approche un peu trop, et au lieu de flatter, et de conserver mes organes, il les décompose et les détruit. Dans tous ces cas, et beaucoup d'autres semblables, c'est donc mes propres sensations et l'être vivant que je sens changer; et le seul changement qui a lieu dans le corps qui les produit, vient, comme je l'ai remarqué tout-à-l'heure, de celui de ses parties constituantes, des forces et des mouvemens variables auxquels elles obéissent.

Je crois avoir suffisamment tracé la ligne de démarcation qui doit séparer *la matière sensible et vivante de la matière brute*, en fixant les propriétés caractéristiques de chacune de ces deux grandes classes des corps naturels. Il est des qualités que l'on conçoit indestructibles, inséparables des corps; ce sont l'*étendue*, *la solidité* ou *impénétrabilité*, *le volume*, *la forme*, *le poids* (1), *la mobilité*, *la divisibilité*, *etc.* elles appartiennent également à toute espèce de matière brute ou vivante, mais quand la matière s'organise et forme un corps sensible, elle a de plus le *mouvement spontané*, *des sensations* (couleurs, odeurs, saveurs, sons, etc.) *des idées et des sentimens*; qualités brillantes et périssables qui résultent de ce nouvel état, et qui, jointes aux précédentes,

---

(1) Je mets le poids (effet bien connu d'une cause inconnue) au nombre des qualités primitives de la matière, parce que l'on n'a encore aperçu, dans l'espace, aucune portion de matière non-pesante, ou non-soumise aux belles loix de l'*attraction*. Et il est bien démontré que cette force qui produit sur le globe le poids des corps à sa surface, s'étend à l'infini et en tous sens dans les cieux, et agit sur toutes les particules de la matière, comme sur les grands corps résultans de leur réunion.

L'action de la pesanteur universelle peut être suspendue, mais jamais détruite; ainsi un corps attaché à l'extrémité d'un fil ou soutenu sur une surface horizontale, ne cesse pas de peser; dans le premier cas, il tend le fil, et dans le second, il presse la table ou le point d'appui qui le soutient avec une force proportionnelle à sa masse. Le balon qui s'élève dans les airs ne perd rien de son poids nécessairement déterminé par la quantité et la qualité des élémens matériels qui le composent; il en est de même d'un boulet de canon; ils ne font l'un et l'autre qu'obéir à une force supérieure à leur poids; le premier à celle de la pression athmosphérique, et le second à celle de la poudre.

Ainsi donc, *la pesanteur universelle* ou *l'attraction* doit être regardée comme une force toujours active et indestructible : combinée avec le calorique, etc. elle est véritablement *l'âme du monde*.

forment l'ensemble des propriétés aperçues jusqu'à ce jour dans l'étendue matérielle.

Les premières, malgré toutes les variations dont elles sont susceptibles, n'abandonnent jamais la matière; elles paroissent tout-à-fait indépendantes de l'existence des êtres vivans; elles sont d'ailleurs, conjointement avec l'organisation, la cause première des sensations : c'est pourquoi je les nomme *qualités* ou *propriétés fondamentales et primitives de la matière*. Les secondes variables de même, suivant les mouvemens qui les produisent, soit que ces mouvemens proviennent des corps extérieurs, ou qu'ils aient lieu dans l'intérieur du corps sensible lui-même, sont de plus passagères ou temporaires (et leur durée se mesure par celle de l'organisation qui les produit); c'est pourquoi je les nomme *qualités* ou *propriétés secondaires*, comme étant un effet des premières.

Communément, en parlant de la matière, on la suppose sans sentiment ou brute, et alors il ne faut attacher à ce mot que les qualités primitives qui sont les fondemens des sciences mathématiques et des arts mécaniques; l'objet des recherches du géomètre, du mécanicien, du physicien, du chimiste, etc. lorsqu'on la considère comme organisée et vivante, il faut joindre à la notion précitée des qualités primitives, celle des qualités secondaires dont l'analyse donne naissance aux sciences de la métaphysique, de l'instruction, de l'éducation, de la morale, de la législation, et de l'économie politique.

A ces sciences on pourroit en ajouter une qui est encore à naître, et qui sera certainement la dernière de toutes celles auxquelles l'esprit humain pourra s'élever, parce qu'elle ne peut résulter que des élémens très-perfectionnés de toutes les autres ; c'est celle qui auroit pour but la solution de ce double problème : 1°. *Déterminer avec précision les changemens produits dans le systeme de nos sensations et de nos facultés, par suite des changemens naturels ou accidentels quelconques survenus dans le système des parties matérielles composant un corps sensible, et réciproquement.*

2°. *Conclure de là les moyens de remédier sûrement aux dérangemens occasionnés par une force extérieure quelconque, ou par l'action réciproque et bien connue de ces deux systèmes.*

La *médecine*, telle qu'elle est (quoique basée maintenant sur l'étude approfondie de l'anatomie, de la chimie, de la zoologie, de la botanique, etc. en un mot, de toutes les branches de l'immense histoire de la nature) est si éloignée de ce haut degré de connoissance, que l'on ne sauroit donner à la science en question le nom de médecine, il faudroit lui en créer un, et celui d'*analyse complète des corps sensibles* lui conviendroit assez bien. La science de l'homme lié par des rapports avec tous les corps de l'univers, n'est que le premier chaînon, la première branche de cette vaste science qui comprend les rapports de tous les êtres sensibles entre eux et avec tous les corps naturels.

CONCLUSION.

J'ai cru devoir ici fixer des idées nettes sur un objet sur lequel on a tant déraisonné, et cela justifie les détails dans lesquels je suis entré : j'ajouterai que j'ai fait mes efforts pour ne rien dire qui ne soit évident pour tout homme de bonne foi, sans préjugé et sans partialité.

CHAPITRE V.

Des idées primitives données par la nature, ou des sensations les plus simples formant les premiers matériaux de l'esprit humain.

APRÈS avoir ainsi passé en revue chacun des organes producteurs de nos sensations, il seroit question maintenant de former une liste générale, un dénombrement exact des sensations, des idées, et des sentimens qui nous sont donnés *à priori* par la nature, et occasionnés par l'action de tous les corps environnans sur le nôtre, et par l'action réciproque des parties de celui-ci : on pourroit les classer (ainsi que tous les termes consacrés à les exprimer) dans un ordre méthodique et naturel, en rapportant à l'œil, à l'oreille, à la main, au cerveau et au cœur, etc. la somme des élémens relatifs à chacun de ces sens; et en formant cette espèce de dictionnaire ou tableau de la sensibilité humaine, l'on auroit un moyen de comparer, avec plus de précision, leur puissance, leurs fonctions, leurs qualités et facultés respectives; on verroit par le recensement et la comparaison des élémens qui sont de leur ressort, ceux qui sont communs à plusieurs, ceux qui appartiennent exclusivement à un seul, etc.; en un mot, l'on obtiendroit par-là une vue exacte et rapide de tout l'entendement humain.

Mais comme cette analyse, pour être bien faite,

exigeroit un traité complet de nos sensations, de nos idées, et de nos sentimens, ouvrage qui n'embrasse rien moins que la science entière de l'homme et de la nature (car l'univers n'est pour nous qu'une grande collection de sensations); on sent combien une pareille entreprise, supérieure peut-être à la portée actuelle des forces de l'esprit humain, seroit ici déplacée : c'est le travail de tous les hommes et de tous les siècles : je dois donc me borner à parcourir rapidement et en masse le système des idées élémentaires et des notions les plus simples données par la nature, servant de matériaux aux combinaisons de l'esprit et de base à l'édifice des sciences.

Idées simples dues aux sens.

L'odeur d'une rose, d'une jonquille, etc. le goût d'un melon, d'une pêche, etc., sont des sensations *simples*, c'est-à-dire, dans lesquelles on ne peut distinguer ou démêler plusieurs parties; on n'y aperçoit que leur durée ou continuation plus ou moins longue. Les odeurs et les saveurs varient, il est vrai, par le degré d'intensité. Toutes les fleurs de la même espèce n'ont pas non plus précisément la même odeur, comme tous les fruits n'ont pas le même goût, soit que ces changemens proviennent de celui qui a lieu dans leur organisation, soit qu'ils résultent de ceux survenus dans la nôtre; mais chaque fleur, chaque fruit ont dans le moment actuel et pour tel individu, une odeur ou une saveur parfaitement distincte et sans mélange : ce n'est qu'en rapprochant à la fois plusieurs fleurs de l'organe de l'odorat, ou plusieurs fruits de l'organe du goût, que nous éprouvons une sensation composée, dont nous n'apprenons à distinguer les sensations élémentaires que par la distinction des corps qui les produisent.

De même chaque son isolé est une sensation simple ; tels sont les divers tons de la gamme, variables par leur degré d'intensité, mais dans lesquels on n'aperçoit d'autres parties que celles de leur durée, et que l'on ne sauroit dire être formés de plusieurs sons déterminés (1) : ce n'est qu'en mêlant ensemble le son de plusieurs instrumens, ou plusieurs sons d'un même instrument, qu'il en résulte une sensation complexe, formée de parties vraiment distinctes, surtout pour une oreille très-attentive, très exercée et très-sensible.

Les sept couleurs primitives (*le rouge*, *l'orangé*, *le jaune*, *le vert*, *le bleu*, *l'indigo* et *le violet*) que donne la décomposition de la lumière par le prisme, et les diverses nuances ou couleurs secondaires résultantes des combinaisons de celles-ci, bien fondues ensemble et appliquées sur les étoffes, les bois, les pierres, les métaux, etc., en un mot, sur toutes les substances naturelles et artificielles, sont (prises chacune séparément et considérées uniquement comme couleurs) des sensations réputées simples ; mais on y distingue deux élémens de plus que dans les précédentes ; 1°. l'étendue qui leur sert de base ; 2°. la figure qui termine cette étendue : car les couleurs réfléchies par les corps ont nécessairement les mêmes limites que les surfaces réfléchissantes, et on ne peut les en dépouiller qu'en les considérant d'une manière

(1) Tout son harmonique peut être regardé comme triple, car les expériences faites sur les corps sonores, démontrent que chaque son fondamental est accompagné de la douzième et de la dix septième ; mais cette distinction tres-délicate est au-dessus de la portée des organes vulgaires.

abstraite. Les sensations de l'œil renferment donc toujours (comme on peut s'en convaincre par la vue de l'arc-en-ciel, etc.) quatre sensations bien distinctes : la couleur, l'étendue superficielle, la figure et la durée.

Les sensations de la main, et en général des organes du toucher, telles que *le chaud, le froid; le dur, le mou; le solide, le liquide; le rude, le poli, etc.*, sont réputées simples; mais elles varient suivant la partie du corps qui les transmet, et elles renferment trois élémens de plus que les précédentes, *la forme, le volume* et *le poids* (dont la main est le juge naturel, comme l'œil l'est des couleurs, et l'oreille des sons) : de sorte que l'on peut presque toujours distinguer dans les sensations du toucher six sensations élémentaires bien déterminées ; 1°. celle de solidité ou de résistance, qui nous dit, *voilà un corps;* 2°. celle de consistance, qui nous fait connoître le degré d'adhérence de ses parties ; 3°. celle de température ; 4°. celle de forme ; 5°. celle de volume ou étendue en tous sens ; 6°. enfin celle de durée ; d'où l'on voit que les sensations du tact sont les plus composées, et si ce sens n'a pas la promptitude et l'étendue de l'œil, il n'est guère moins riche, moins varié, et est beaucoup plus sûr.

Puisque les sensations du cerveau (*les idées*) se composent de toutes celles qui lui sont transmises par chacun des organes précités, et dont elles ne sont que la répétition plus ou moins vive, il est évident que nos idées renferment les mêmes élémens et le même nombre d'élémens que nos sensations proprement dites ; seulement il existe dans le cerveau une force active qui les rapproche, les divise, les ajoute, les retranche, les compare et les combine, en un mot, les compose et décompose de toutes sortes de façons, comme nous le verrons par la suite.

Il n'y a donc point à la rigueur de sensation, ni par conséquent d'idée tout-à-fait simple, suivant l'acception ordinaire de ce mot (1), et les moins composées renferment toujours, comme l'on voit, au moins deux élémens, leur qualité propre et leur durée. Ainsi les idées que nous nommons simples ne sont que les moins composées, et toutes le sont plus ou moins; par exemple, l'idée d'un triangle, quoique fort simple ou fort peu compliquée, se compose néanmoins de sept idées élémentaires bien distinctes, celle de trois angles, de trois lignes droites, et de l'espace qu'elles renferment; or chacune de ces idées est encore composée, puisque la surface, les angles et les côtés du triangle sont des quantités variables, susceptibles d'une infinité de valeurs différentes, ou divisibles en une multitude de parties, et celles-ci encore en d'autres.

L'idée la plus simple est celle de la moindre portion de matière appercevable par nos organes, celle d'un point matériel coloré (comme d'une très-petite partie d'or ou d'argent), élément fort simple par la répétition duquel on conçoit formées les différentes masses de ces métaux, et généralement toutes les substances homogènes, naissantes de l'accumulation

---

(1) Une mauvaise métaphysique a dénaturé le vrai sens de ce mot *simple*, en l'employant à désigner ce qui n'a point de parties, point d'étendue, ce qui ne peut être saisi par les sens ou par l'esprit; et l'on n'a pas vu qu'un pareil être est le pur néant, ou n'est rien : convenons donc que ce qu'il faut nommer *simple*, ce sont les derniers élémens qu'une exacte analyse puisse nous faire apercevoir dans les objéts ou les idées qui les représentent.

ou

ou addition de parties semblables; mais qui cependant est encore composé ou susceptible de division, sinon instrumentale, au moins idéale.

Le moindre corps, le plus petit objet d'histoire naturelle, lorsqu'on vient à le dessiner, à le peindre, à le soumettre au microscope, etc., présente au dessinateur, au peintre ou au physicien, une foule d'idées relatives au volume, à la figure, à la couleur dont il saisit les plus légères nuances, qui échappant à tous les yeux, ne sont sensibles que pour l'œil exercé de l'artiste, qui par la constance et l'opiniâtreté de son attention, sait démêler et faire passer dans ses dessins, ses tableaux ou ses descriptions, tout ce qu'on peut appercevoir dans les objets.

Idées complexes dues aux sens.

Parmi cette foule d'images que nous offre l'univers, il n'en est donc aucune qui ne soit composée, et où l'on ne puisse distinguer un grand nombre de parties; mais l'on a l'habitude de regarder comme simples les moins compliquées des idées sensibles: telles sont les idées individuelles en tout genre, celles de tous les objets naturels et artificiels. Chaque individu isolé est *un*, ou si l'on veut, est *simple;* mais la réunion des individus de la même espèce offre une image plus ou moins complexe: ainsi l'idée simple d'un chêne, répétée un certain nombre de fois, forme l'idée complexe de forêt; de même l'idée d'un soldat produit celle d'une armée; l'idée d'un vaisseau celle d'une flotte, etc. L'idée d'un François, d'un Anglois, etc. est simple par rapport à celle de la nation françoise ou angloise; et l'idée de chacune de ces nations, simple par rapport à l'espèce humaine dont elle fait partie. L'idée d'une pierre est simple, relativement à celle de maison dont elle est un élément, comme l'idée de maison l'est par rapport à celle de ville, résultant d'un assemblage de maisons; et celle de ville par rapport à celle d'un royaume, qui elle-même est simple, relativement à la surface entière du globe terrestre qui contient toutes les cités et tous les empires. Le soleil, la lune, la terre, une étoile, une planète, une comète, sont des idées simples en astronomie, et la réunion de tous ces grands corps forme la plus complexe de toutes nos idées sensibles, celle de l'*univers*.

L'on voit, par ces exemples et par beaucoup d'autres analogues, que chacun peut choisir à volonté, qu'il n'y a point de simplicité absolue, mais seulement relative, dans nos idées premières et sensibles; car les objets simples, par rapport à ces grandes collections dont ils font partie, présentent, pour la plupart, un très-haut degré de complication. Que de parties dans un navire, dans le corps d'un homme ou d'un lion! L'analyse d'un animal ou d'un végétal ne peut-elle pas donner naissance à des volumes? Combien est encore imparfaite la description du petit globe céleste habité par l'homme, quoiqu'elle soit le résultat des observations, des voyages, des découvertes, en un mot, des lumières et des efforts combinés de tous les hommes, de tous les gouvernemens et de tous les peuples! Et pourtant qu'est-ce que la terre au milieu de cet immense amas de corps célestes dont l'espace est rempli, sinon un imperceptible globule. Enfin, chaque morceau de matière n'est-il pas susceptible de dissection ou de division à l'infini, et le microscope ne peut-il pas encore nous montrer une foule de nouveaux élémens dans ces particules matérielles qui échappent à nos mains, à nos yeux et à nos instrumens?

Idées abstraites dues aux sens.

Les idées élémentaires, naissantes de nos sensations, sont en même tems, pour la plupart, des idées abstraites et générales; car chacune d'elles ne peut exister séparée du corps où elle existe, et d'où elle est tirée. Il n'y a point d'être particulier nommé *forme*, *couleur*, *son*, *odeur*, *saveur*, *plaisir*, *douleur*, etc. En général, il n'y a que des corps figurés, colores, sonores, savoureux, odorans, jouissans et souffrans, etc. Toutes les parties du grand tableau de l'univers sensible étant plus ou moins composées, chaque objet, chaque individu nous offre toujours un groupe d'idées réunies en un seul faisceau; mais chacun de nos sens est un vrai chimiste qui en forme l'analyse à sa manière; chacun s'empare de ce qui lui est relatif : l'œil prend les couleurs, la figure et le mouvement; l'oreille les sons; la main les formes, le poids, la consistance, la température, enfin toutes les qualités tactiles; et le cerveau, conservant l'image complète de l'objet dont tous les sens contribuent à faire la description et la décomposition, apprend, de leurs leçons réunies, l'art d'en faire lui-même l'analyse; il recompose les objets décomposés par eux, et jouit en outre de la brillante faculté de créer une foule de compositions nouvelles, de nouveaux tableaux, avec les matériaux et les instrumens qu'ils lui ont fournis.

Ainsi donc, une grande partie de nos idées abstraites et générales est due à nos sensations. Par exemple, chaque objet nous offre l'idée abstraite d'*unité*, et celle d'*existence*; car les mots *un* et *être* s'appliquent nécessairement, et comme d'eux-mêmes, à tout ce que l'on peut sentir et distinguer en soi et hors de soi.

L'idée de *nombre* naît à la vue d'un groupe d'hommes, d'animaux, d'arbres, etc., d'une collection d'outils et d'instrumens, ou, plus généralement, d'une réunion quelconque d'objets naturels ou manufacturés, enfin, d'une répétition quelconque des mêmes sensations ou des signes égaux servant à les exprimer : ainsi, la répétition indéfinie de ce mot, *un*, *un*, *un*, *un*, etc., ou celle de ce caractère équivalent et plus simple, 1, 1, 1, 1, etc., ou même cette suite de points ...... etc., présentent, d'une manière tout-à-fait naturelle, la génération successive de tous les nombres.

La place qu'occupe chaque corps fournit l'idée de *volume*, et, en général, celle d'*étendue mathématique*.

Tous les corps, ainsi que tous les espaces qui leur correspondent, nous donnent l'idée de *forme*.

L'éloignement et le rapprochement des objets engendrent celle de *distance* rendue sensible et mesurée par le développement d'un fil tendu, ou la trace d'un point matériel mu sans changer de direction.

L'écoulement successif de nos sensations et de la vie qui s'en compose, nous donne l'idée du *tems* et de la *durée*, qui se mesurent par une répétition uniforme de mouvemens égaux.

Chaque révolution apparente du soleil et de tous les astres, naissant de la rotation réelle du globe de la terre, engendre celle du *jour*; l'absence du soleil, ou l'intervalle qui sépare son coucher de son lever, celle de la *nuit :* chacune des phases principales de la lune, celle de la *semaine*, et sa révolution entière celle du *mois*; enfin, la renaissance périodique des mêmes jours, des mêmes nuits, des mêmes phénomènes naturels, correspondant à chaque révolution entière de la terre autour du soleil, engendre celle de l'*année*, période naturelle divisée par les hommes en quatre parties égales, nommées *saisons*, et dont l'idée nous est elle-même donnée par la nature ; car les progrès de la chaleur et de la végétation, le développement des feuilles et des fleurs, qui en est la suite, nous fournissent celle du *printems* ; le tems de la plus grande chaleur, de la plus forte végétation et de la maturité des fruits, celle de l'*été*; le tems de la disparition des fleurs, de la décoloration et de la chute des feuilles, du ralentissement de la végétation, celle de l'*automne*; et le dépouillement total des végétaux, leur mort apparente et passagère, produite par le repos de la végétation, les frimats, les neiges, les glaces, etc., celle de l'*hiver*.

Le spectacle journalier des mouvemens de tous les corps naturels, vivans ou inanimés, le sentiment intérieur de ceux que nous imprimons à toutes les parties de notre corps, et, par suite, aux objets environnans, nous donnent l'idée de *puissance*, de *volonté*, de *force active* et *passive*, de *cause* et *d'effet* : c'est au sentiment habituel des opérations de notre cerveau, de la présence et de l'absence de nos idées, de leur retour périodique, et des combinaisons qui s'ensuivent, que nous devons les idées de *mémoire*, d'*intelligence*, d'*imagination*, d'*esprit*, de *génie*, de *bon sens*, de *raison*, d'*entendement*, comme c'est à l'ensemble de nos sensations et de nos facultés qu'est due la plus étendue des notions morales, celle de l'*âme*.

L'œil, la main et, en général, le sens du toucher, nous donnent l'idée des principales relations, telles que *égal*, *semblable*, *plus grand*, *plus petit*; *chaud*, *froid*, *jeune*, *vieux* ; *en-deçà*, *au-delà*, *en dessus*, *en dessous*, *à droite*, *à gauche*, *en avant*, *en ar-*

rière ; à Paris, à Londres, à Venise, etc. ce sont pareillement des images sensibles, qui nous donnent ces idées simples et abstraites, *marcher, courir, voler, nager, sauter ramper, tomber, manger, brouter, couper, arracher, planter, semer, rouler, couler, éclairer, scintiller*, etc., et tant d'autres mots consacres à désigner la marche, l'état et les proprietés de cette foule d'acteurs disséminés sur le vaste et mobile théâtre du monde.

Enfin, tous ces grands corps (le soleil, les étoiles, la terre, la lune, les planetes et leurs satellites, les cometes, etc.), répandus dans l'espace céleste ; les parties solides, liquides et fluides du globe terrestre (les continens, les îles, les mers, les fleuves, l'atmosphère, etc.) ; les animaux, les végétaux et les mineraux ; les grands agens qui président à la formation et à l'entretien des trois règnes de la nature (l'eau, l'air, la lumière, la pesanteur, le calorique, l'électricité, etc.) ; cette foule de corps artificiels, nés des métamorphoses et des combinaisons de tous les objets naturels, présentant le tableau général de l'industrie humaine par l'ensemble de ses produits, forment le grand depôt ou magasin géneral des sensations et des idées fondamentales. La description et la nomenclature de tous ces objets, composant le monde réel, donnent naissance au grand dictionnaire ou registre de toutes les idées sensibles offrant le recueil genéral des faits.

C'est ainsi que l'univers sensible devient la base du monde intellectuel ; pour élever sûrement le grand édifice de celui-ci, il ne faut jamais perdre de vue celui-là : il faut toujours avoir présent à l'esprit le tableau des données et des matériaux qu'il renferme, autrement, l'on s'expose à contredire les faits; alors, c'est en vain que l'on veut élever sur le sol de l'erreur l'édifice de la vraie science, on bâtit sur le sable, et l'on n'enfante que des chimères, au lieu de réalités.

Mon dessein étant de traiter, dans les sections suivantes, des idées abstraites et générales formées par l'esprit, ainsi que de leur classification, je ne m'étendrai pas davantage ici sur cet objet, me contentant de faire une distinction que je crois bien importante: elle consiste à diviser le système total de nos idées primitives en deux grandes classes formées, l'une de parties mesurables, l'autre de parties immesurables : ce sera pour moi un moyen de connoître pourquoi certaines sciences sont susceptibles de cette analyse rigoureuse qui leur a valu le titre de sciences exactes, tandis que les autres ont reçu, à bon droit, une dénomination toute contraire : les premières sont basées sur des élémens bien déterminés et mesurables; les autres s'occupent d'élémens indéterminés, non susceptibles de mesure précise, et quelquefois même d'élémens imaginaires, impossibles, contradictoires ou absurdes.

CHAPITRE VI.

Suite du Chapitre précédent. Division de nos idées en deux grandes classes formées, l'une d'élémens homogènes et mesurables, l'autre d'élémens hétérogènes et immesurables.

TOUTES nos sensations, en général, peuvent être regardées comme des quantités variables, puisqu'elles sont toutes, ainsi que les mouvemens qui les produisent, susceptibles de plus ou de moins d'augmentation ou de diminution, suivant l'âge, la délicatesse et l'exercice des organes, etc.; elles ont chacune leurs nuances et leurs degrés d'*intensité*, mais qui, bien loin de pouvoir être toujours mesurés par des nombres, ne peuvent pas même être fixés par des noms : telles sont les odeurs, les saveurs, les sons, les couleurs, les plaisirs, les douleurs, les passions, et tous les sentimens moraux dont les nuances fugitives n'existent guère que pour l'individu qui les éprouve, sans pouvoir être comparés entre eux, et rendus sensibles aux autres par une nomenclature exacte. On a bien quelques mots au moyen desquels on s'entend à peu près ; ainsi, l'on détermine les principaux effets des alimens sur l'organe du goût par les mots *doux*, *amer*, *acide*, *acerbe*, *salé*, *âcre*, etc., mais sans pouvoir être bien sûr que les sensations désignées par ces mots soient les mêmes pour tout le monde (souvent même l'expérience prouve le contraire) ; ce ne sont là d'ailleurs que quelques degrés principaux des sensations du goût, mais toutes les saveurs intermédiaires n'ont point reçu de noms.

Les odeurs sont encore moins bien déterminées; on n'a guère pour les désigner que ces deux expressions vagues, *sentir bon* et *sentir mauvais*, qu'on leur applique, selon qu'elles nous paroissent agréables ou désagréables; et, lorsqu'on veut les désigner plus particulièrement, on les rapporte à l'odeur d'une fleur, d'un fruit, ou autre objet connu et caractérisé : ainsi, on dit : tel corps a une odeur de violette, de rose, de melon, de musc, d'acide sulphurique, de sel amoniac, etc. On fait la même chose pour les saveurs; on les désigne en les rapprochant de celles qui leur ressemblent le plus, et qui sont les mieux connues, les plus familières; mais les unes et les autres sont, en général, aussi diversifiées que les corps de la nature qui les produisent par leur action sur nous, et chacune d'elles est réputée simple et distincte de toutes les autres.

De même, les sons et les couleurs sont aussi variés qu'il y a de corps naturels, dont chacun a ses nuances, et est susceptible d'une infinité de mouvemens, dont chacun produit un son ou bruit particulier que l'on ne peut mesurer : mais le pouvoir qu'a l'homme de composer et de fixer sur les corps les sept couleurs primitives et leurs diverses combinaisons, joint à celui de former, à l'aide de la voix et des instrumens, les sons réguliers de la gamme, qu'il sait faire renaître et se succéder à volonté, en répétant les mêmes mouvemens sur les corps sonores, donne naissance aux arts brillans du dessin, de la peinture et de la musique, dont les principes sont soumis à des règles.

La chaleur, la lumière, la porosité, la compressibilité, la dureté, l'élasticité, les phénomènes de l'aimant, de l'électricité et du galvanisme, les affinités chimiques, etc., sont pareillement des choses immesurables, ou susceptibles d'une infinité de degrés dont on ne peut, ou dont on n'a pu jusqu'ici déterminer le rapport par des nombres.

La portion du globe terrestre, plongée à minuit dans une obscurité profonde, se rapproche peu à peu, en tournant, des rayons du soleil, et en reçoit une quantité de lumière et de chaleur, qui va toujours croissant durant douze heures, ou jusqu'au midi suivant, passé lequel elle diminue insensiblement, jusqu'à ce que le globe soit de nouveau replongé dans les ténèbres : tous les êtres animés sentent alors que l'intensité de ces deux sortes de sensations va en augmentant, depuis le plus petit crépuscule, jusque vers le milieu du jour, où elle est la plus grande possible, et va ensuite en diminuant par les mêmes degrés, jusqu'à minuit ; mais l'on ne voit pas par combien de nuances, et par quelles nuances successives et mesurables elles ont passé pour atteindre tel ou tel degré : ces nuances sont insensibles, et ne peuvent se calculer. De même nous voyons dans nos climats, depuis le solstice d'hiver jusqu'à celui d'été, l'accroissement successif des jours, la diminution progressive du froid, l'augmentation journalière de lumière et de chaleur que reçoit le point du globe où nous sommes placés ; enfin, les progrès de la végétation, et le changement des saisons, qui en sont la suite. Mais nous ne pouvons mesurer exactement ces effets et la cause qui les produit ; nous ne saurions dire quel accroissement de chaleur, de lumière et de végétation répond à chaque jour, à tel nombre de jours, à telle hauteur du soleil, ou à telle portion de courbe que la terre a parcourue dans son orbite ; en un mot, nous ne pouvons assigner par des formules ou fonctions analytiques, et mesurer par des nombres, la relation inconnue de tous ces phénomènes chimiques de la végétation et de la vie, etc., avec les mouvemens de rotation et de translation du globe de la terre, sa pesanteur, l'inclinaison de son axe giratoire, d'où résulte l'action plus ou moins oblique ou perpendiculaire des rayons du soleil sur chaque portion de la surface, et par suite, le degré d'échauffement qu'il reçoit, la quantité de végétaux et d'animaux qu'il produit, etc.

Depuis l'instant où un fruit sort de sa fleur, on le voit s'enfler et croître insensiblement, jusqu'au point de maturité, auquel il a acquis toute sa grosseur, et passé lequel il se décompose. Mais la loi de ses changemens journaliers, celle du mouvement de la sève et des autres causes qui les produisent, nous demeure inconnue, et se dérobe à nos mesures. Il faut en dire autant de la circulation du sang et des liqueurs dans les animaux : entretenue par un certain degré de chaleur, renouvelé tous les jours par la décomposition de l'air et des alimens, elle accroît et développe toutes les parties de leur corps, jusqu'à ce qu'ayant pris tous ses accroissemens et acquis toute sa force, il se déforme, s'altère, meurt et se décompose, comme le fruit qui a passé le tems de sa maturité. Il en est de même de beaucoup d'autres quantités ou qualités variables, et en général, de toutes celles qui ne sont point formées par la répétion des mêmes élémens, ou qui sont soumises, dans leurs changemens, à une loi encore inconnue.

Voyons maintenant quelles sont les idées que nous pouvons soumettre au calcul, et qui servent de fondement à toutes les sciences mathématiques.

De la portion de nos idées, mesurable ou réductible à des élémens homogènes.

Toutes les idées et quantités que l'on conçoit formées par l'addition successive ou la répétition des mêmes élémens, sont mesurables et susceptibles d'être soumises au calcul ; telles sont les idées de *matière supposée homogène* (comme l'or, l'argent, le cuivre, etc., et tous les métaux purifiés par l'art docimastique et métallurgique), *de volume, de surface, de distance, de poids, de masse, de densité, de vitesse, de durée, de force* et *de nombre.* Développons un peu chacune de ces idées, spécialement nommées *quantités,* parce qu'on peut les mesurer, ou dire combien de fois chacune d'elles contient une certaine grandeur déterminée, prise pour unité de mesure ; et d'abord, analysons ce mot *mesurer.*

Tous les corps homogènes (le plomb, le fer, le platine, le mercure, l'eau, le vin, les acides, les sels, les terres, etc.), sont ou se conçoivent dans leur état de pureté, formés par la répétition d'un corps plus petit et bien déterminé, qui, ajouté à lui-même, un certain nombre de fois, reproduit une quantité de matière à-peu-près égale à celle que l'on veut mesurer, et qui en approche d'autant plus que la quantité de même espèce, prise pour mesure, est plus petite. Lorsqu'un premier mesurage ne nous paroît pas suffisamment exact, et qu'outre un certain nombre d'unités ou mesures entières, il se trouve un excédent moindre qu'une mesure ou une unité, alors on suppose divisée, ou l'on divise cette unité primitive en un certain nombre d'unités ou mesures plus petites, dont on se sert pour évaluer cet excédent, comme on s'étoit servi de la première, pour évaluer la masse principale. Si, après cette seconde opération, on trouve encore un reste qu'on ne veuille pas négliger, alors on subdivise la seconde unité en de nouvelles parties plus petites, pour lesquelles on se conduit comme pour les précédentes, en mesurant ce second reste comme on avoit fait le premier; et en répétant ce procédé autant de fois qu'on le juge nécessaire au but qu'on se propose, on finit par obtenir, ou une exactitude rigoureuse, ou une approximation aussi grande qu'on la désire, de sorte qu'on peut dire : ce corps que j'ai sous les yeux, sous la main, contient tant d'unités de la première espèce, tant d'unités de la deuxième, tant d'unités de la troisième, etc., plus ou moins une fraction, que l'on peut rendre aussi petite qu'on le veut, et toujours assez petite pour être comptée pour rien, ou négligée dans le calcul.

Si de même on mesure un autre corps de même matière, ou qu'on assigne le nombre d'unités de chaque espèce qu'il renferme, on pourra, en comparant le nombre des unités du premier corps, avec celui des unités du second, avoir le rapport des quantités de matière qui les compose, savoir combien de fois l'un contient l'autre, ou s'assurer de combien l'un surpasse l'autre; et c'est ainsi que se mesure l'étendue matérielle, ou les corps supposés homogènes.

Du volume des corps, et de l'espace en général.

Il en est de même de l'étendue mathématique, ou de la portion de l'espace indéfini, occupé par chacun d'eux, et que l'on nomme leur *volume*.

1°. Il est évident que dans les corps de même espèce, ce volume est proportionnel à la quantité de matière: ainsi, quand un morceau d'or, d'argent, etc., contient deux, trois, quatre fois, etc. un autre morceau d'un métal supposé le même à tous égards, on en conclut évidemment que le volume du premier corps est double, triple, quadruple, etc. de celui du second : par exemple, une pile composée de trois cents boulets ou bombes de même diamètre, occupe trois cent fois plus d'espace qu'une seule bombe ou un seul boulet : quand je vois une vessie ou un ballon s'enfler par l'air qu'on y fait entrer, je voit augmenter en même tems la portion d'espace qu'ils occupent, ou leur volume, etc.

2°. Une chose qui n'est pas moins claire, c'est que le même espace ou la même place peuvent être successivement occupés par un grand nombre de corps de même forme, quoique de matière différente; ainsi, je puis remplir successivement un même vase de liqueurs de toute espèce, lesquelles, en prenant toute la forme du vase, occuperont tour-à-tour le même volume, avec une quantié de matière différente. Par exemple, je puis remplir une bouteille vide, avec de l'air, de l'eau, du vin, du mercure. Je puis l'imaginer remplie d'or, d'argent, d'étain, en un mot, de toute sorte de corps solides, liquides ou fluides; comme je puis supposer la même unité de matière remplir alternativement une foule de vases de même capacité ou volume intérieur, mais de différente forme (sphérique, cylindrique, conique, pyramidale, etc. en un mot, régulière ou irrégulière quelconque).

3°. Quelles que soient les transformations que l'on puisse, à l'aide de forces et d'instrumens quelconques, faire éprouver à un corps, l'on conçoit son volume ou la portion d'espace à laquelle il correspond, changer comme lui de forme, être tour-à-tour plus grande ou plus petite ; enfin, se modifier avec lui et par lui, comme l'on voit une cire molle prendre la forme du cachet qu'on y imprime, ou l'ombre changer avec le corps, mais le corps et l'espace sont également indestructibles, et l'on ne peut, sans absurdité, supposer, ni l'anéantissement de la matière et de l'espace existans, ni la création d'un corps ou d'un espace qui n'existent point. Il n'y a, dans l'univers, ni création (1) absolue, ni annihilation, mais seulement des transformations ; et l'on peut dire que *la somme totale de la matière est constante.*

L'espace qui la contient, ou cette étendue illimitée où se meuvent tous les corps, est réellement infinie ou sans bornes dans tous les sens. En effet, l'on ne peut lui en supposer, sans démontrer qu'il n'en a pas, car ces bornes supposées ne pourroient être que l'espace lui-même, ou des corps qui occupent nécessairement une portion d'espace ; donc l'hypothèse de l'espace fini ou borné est impossible, donc il est réellement sans bornes. C'est de cette expansion infinie que Pascal a dit, peut-être avec plus d'esprit apparent que de justesse et de vérité : » C'est une sphère infinie, dont le » centre est partout, et la circonférence nulle part « ; car, qui dit sphère, dit un espace borné par une sur-

---

(1) Le mot *création* a été inventé et employé, pour la première fois, par quelques têtes folles et romanesques, qui ont voulu expliquer, d'une manière ridicule, l'origine et la formation du monde : on a continué à s'en servir depuis ce temps, et l'on peut le faire encore pour ne pas inventer un nouveau mot ; mais alors, il ne faut pas oublier que *créer* ne signifie, pour la nature comme pour l'homme, que donner de nouvelles formes à la matière, et non en produire les élémens que l'on conçoit forcément éternels, ou *improductibles* et *indestructibles.*

face dont tous les points sont également distans d'un point intérieur qu'on nomme *centre :* sphère infinie est donc à la rigueur une chose contradictoire.

Quoi qu'il en soit, rien ne sauroit épuiser l'immensité de cet espace vide ou à peu près vide, où sont plongés et se meuvent la terre, la lune, le soleil, les étoiles, les planètes, tous ces mondes et systèmes de mondes, semés çà et là à d'énormes, à d'incalculables distances, qui, durant des siècles, nous les font paroître immobiles et nommer *fixes*, quoique les loix de la dynamique, combinées avec celles de la pesanteur universelle, démontrent, *a priori*, qu'ils sont en mouvement. Ce soleil, que l'œil perçant et les calculs de l'astronome-géomètre nous montrent environ quatorze cent mille fois plus gros que le globe de la terre, ne nous paroît plus, à la distance où nous en sommes placés, que comme un petit ballon lumineux, d'environ un pied de diamètre. La grande planète de Jupiter, avec le système de ses satellites, décrivant autour d'elles d'immenses orbites, n'offre plus à nos yeux, secondés par un bon télescope, qu'un groupe de cinq petits corps, n'occupant dans l'espace, à la distance où nous en sommes, qu'un arc de quelques degrés, qui, comparé à une mesure sensible, n'est plus que de quelques pieds, quoiqu'il occupe réellement un grand nombre de milliers de lieues. La vaste orbite de la terre, dont le grand axe en contient environ soixante-dix millions, n'offriroit plus un diamètre sensible au spectateur que l'on supposeroit transporté à une distance égale à celle où est l'étoile polaire, puisque les meilleurs instrumens ne sauroient mesurer l'angle formé par les rayons visuels ou lignes droites imaginées partir des deux extrémités du grand axe

de

de l'orbite annuelle, pour se réunir au centre de l'étoile en question.

Tout cela rend sensible, et confirme bien, ce me semble, la démonstration que je viens de donner de l'infinité de l'espace; mais pour la faire sentir mieux encore, je suppose un corps, tel que le globe de la lune ou de la terre, parcourant dans l'espace une ligne droite, avec une certaine vitesse qui lui a été imprimée; ou il continuera à se mouvoir librement, sans que jamais son mouvement puisse être anéanti, et alors l'espace est évidemment infini, puisque le mouvement, qui ne peut avoir lieu sans l'espace, ne sauroit finir: ou il se trouvera arrêté par un obstacle résistant et solide (c'est-à-dire, par de la matière). Or, toute matière occupe nécessairement un espace au-delà duquel il ne sauroit y avoir que de l'espace ou de la matière; donc, de toutes manières, il est démontré que l'espace est infini en étendue. Il l'est pareillement en durée; car un être auquel on ne peut ni assigner, ni concevoir de bornes en aucun sens, un être qui existe partout, et qui contient tous les êtres, ne sauroit, sans absurdité, sans contradiction, être supposé avoir eu un commencement ou une fin dans sa durée, puisque c'est la propriété des êtres bornés, changeans et périssables; d'ailleurs, la matière étant évidemment éternelle (car dans notre manière de voir, résultat nécessaire de notre organisation actuelle et de l'état présent de nos connoissances, il est absurde de supposer que rien produise quelque chose de matériel, ou qu'un morceau de matière se réduise à rien), il faut bien que l'espace qui en est inséparable, et dans lequel s'effectuent tous les mouvemens, le soit aussi. *Immensité*, *éternité*, voilà sans doute deux idées bien accablantes pour notre foiblesse, mais qui n'en sont pas moins deux propriétés bien réelles d'un être réel, *l'espace* (1).

---

(1) C'est dans cet espace ou étendue mathématique, que le géomètre conçoit ou trace en idée cette prodigieuse variété de lignes, de surfaces et de volumes, (triangles, cercles, paraboles, ellipses, etc. pyramides, cônes, prismes, cylindres, sphères, paraboloïdes, ellipsoïdes, etc.) dont la géométrie se propose d'assigner la mesure, les rapports, et les lois variables, après en avoir présenté la génération : c'est là qu'il imagine ces lignes et ces plans parallèles, dont rien ne borne le prolongement, ces asymptotes des lignes et des surfaces qui s'étendent à l'infini avec elles, en s'en approchant toujours, sans pouvoir jamais les rencontrer : c'est là que l'imagination du poëte, du peintre, de l'architecte et du mécanicien, forme ses combinaisons : c'est là, en un mot, qu'existe tout le monde réel, et que l'esprit place et forme à son gré le monde intellectuel et imaginaire.

C'est là que les forces éternellement agissantes de la pesanteur et du calorique, etc. font naître, conservent, altèrent ou détruisent les mouvemens primitifs de ces grandes masses, (planètes, comètes, étoiles ou soleils) ainsi que les phénomènes chimiques de la végétation et de la vie, qui sans doute ont lieu sur la surface de tous les corps célestes, jouissant d'une température convenable au développement des végétaux et des animaux. C'est là que les mondes se composent et se décomposent durant la longue chaîne des siècles accumulés, que des corps célestes s'éteignent, que d'autres s'allument, que de nouveaux groupes ou systèmes succèdent à des systèmes détruits ou changés, soit par l'addition d'autres corps ou la séparation de leurs parties constituantes; que des milliers d'espèces vivantes disparoissent successivement, pour faire place à d'autres, qui devront, à leur tour, changer et disparoître à la longue, par suite des changemens séculaires, et de la dissolution partielle ou totale des systèmes planétaires, dont l'organisation leur avoit donné naissance.

C'est là enfin qu'avec ces trois élémens éternels, *la matière*, *l'espace*, et *la durée*, *la nature* ou le grand tout (qui n'est que *la somme des corps*, *plus la somme des forces dont ils sont animés*) forme par-tout et en tout tems cette chaîne infinie de mouvemens, d'évènemens, de transformations et de métamorphoses, dont l'état actuel du globe et de l'univers connu, ne nous présente qu'un anneau fugitif et un bien foible échantillon.

Nous voyons évidemment que partout où il y a de la matière, il y a de l'espace; mais nous ne savons pas si, réciproquement, partout où il y a de l'espace, il y a aussi de la matière, ou si elle s'étend avec lui à l'infini. L'analogie paroîtroit néanmoins nous décider pour l'affirmative, et alors la matière seroit, comme l'espace, infinie: mais ce n'est là qu'une assez grande probabilité; et voici sur quoi elle est fondée: 1°. De tous les points de ce globe où la nature nous a placés, nous appercevons en tous sens, à la vue simple, un prodigieux amas d'étoiles ou corps célestes; 2°. si, dans les intervalles où nos yeux n'apperçoivent rien que cette couleur uniforme nommée *bleu-ciel* (et qui, sans doute, ne sont, pour la plupart, remplis que de ces deux fluides, si légers, si rapides, *la lumière* et *le calorique*, que l'on ne sauroit empêcher de pénétrer plus ou moins partout), nous dirigeons une lunette médiocre; nombre d'étoiles, non apperçues d'abord, deviennent visibles; 3°. si nous nous aidons de lunettes plus fortes, de nouvelles étoiles nous apparoissent, là où un instant auparavant nous ne les voyons pas; 4°. si nous employons de bons télescopes, nous faisons de nouvelles découvertes; et si nous nous servons des meilleurs de tous, comme celui de Herschel, cette longue perspective de mondes s'allonge prodigieusement; alors ce nuage blanchâtre, ou sillon de lumière qui traverse le ciel sous le nom de *voie lactée*, nous présente une immense multitude de petits points lumineux, détachés les uns des autres, et que nous sommes forcés de regarder comme des étoiles, comme de nouveaux mondes.

Il semble donc que si l'on pouvoit perfectionner à l'infini les instrumens de l'observation, et rapprocher de nos yeux, par la puissance de l'art, les recoins les plus éloignés de l'espace, ou que s'il nous étoit donné de pouvoir les parcourir en tous sens, rien ne borneroit le nombre de nos découvertes, que partout de nouveaux groupes de corps s'offriroient à nos regards, et que nous trouverions la matière inépuisable, comme l'espace lui-même : mais ce n'est là qu'une probabilité. Tout ce qu'on voit clairement, c'est que la masse des corps n'est pas aussi grande, à beaucoup près, qu'elle pourroit l'être ; que son étendue est bien inférieure à celle de l'espace, quoique peut-être elle se prolonge en tous sens avec lui à l'infini ; qu'en un mot, il y a incomparablement plus de vide (1) que de plein,

(1) On peut concevoir le vide parfait ou un espace sans matière, en imaginant deux corps égaux (prismes ou cylindres) parfaitement polis, recouverts d'une enveloppe de grosseur uniforme, supposée impénétrable à toute matière extérieure, et dans l'intérieur de laquelle on fait glisser, en les écartant, les deux corps en question : il est clair, qu'à l'aide de ce procédé, l'espace existant entre eux est absolument vide, et n'a d'autre propriété que la simple étendue ou la capacité de recevoir et de contenir de la matière : c'est ainsi, par exemple, que se conçoit le vide formé par le mouvement d'un piston dans un corps de pompe.

L'on peut donc se faire une idée très-claire du vide absolu ; mais il paroît qu'il n'existe nulle part dans l'univers, parce que la lumière et le calorique, que le soleil, les étoiles, et tous les astres lancent ou réfléchissent en tous sens et à toutes distances, s'étendent et pénètrent partout ; mais il faut que la résistance qu'ils opposent aux corps en mouvement soit bien petite, car depuis qu'on observe le système du monde, l'on n'a encore aperçu aucun changement sensible dans la durée des révolutions des planètes : d'où l'on peut conclure que durant trois ou quatre mille ans, cette résistance n'est presque rien. On ne sauroit pourtant dire qu'elle soit nulle, car la lumière et le calorique, etc. quoique formant les parties les plus déliées de la matière, sont néanmoins des corps ; or, tout corps résiste, d'où l'on peut conclure certainement que la force tangentielle des planètes va en diminuant insence qui étoit nécessaire pour que ce prodigieux amas de grands corps pût effectuer librement tous ses mouvemens.

Je me suis un peu étendu ici sur l'idée de l'espace, que je mets au nombre de celles qui s'obtiennent par les sens, car, pour l'acquérir, il suffit de regarder et de se mouvoir; et je n'ai rien dit qui ne m'ait paru parfaitement clair; mais je ne sais si tout le monde trouvera la même chose ou pensera comme moi. L'infini en étendue et en durée a quelque chose d'accablant pour un être aussi petit, aussi périssable que l'homme: d'ailleurs, l'habitude où nous sommes de ne faire entrer dans notre tête que l'idée ou l'image de tous les objets naturels ou artificiels qui nous entourent, c'est-à-dire, celle d'un tableau, d'un système d'objets bornés et figurés, fait que nous n'y admettons volontiers que ce qui a une figure et des bornes, et que nous rejetons tout le reste. Sans doute, en regardant toutes les idées comme des images, nous n'aurions pas l'idée de l'espace sans bornes, par la raison même qu'étant infini, il ne peut se dessiner, se figurer; mais l'on sent qu'il existe, on sent qu'au-delà du globe terrestre, au-delà de ce brillant amas de corps célestes, tant ceux dont on calcule la forme, le volume et les distances, que ceux qu'un extrême éloignement nous fait paroître fixes, et dérobe à nos mesures, il existe en tous sens un volume immense, inépuisable, qui contient tout, et n'est contenu que par lui-même; en un mot, un espace

---

siblement, et que si rien ne compense cette déperdition, elle doit se faire sentir à la longue, retrécir l'orbite des planètes, qui, par le laps des siècles, se rapprocheront du soleil, et iront enfin se perdre dans cette énorme masse, qui vraisemblablement leur a donné naissance.

sans bornes, dont, par cette raison-là, l'on ne peut avoir l'idée (en prenant ce mot dans le sens vulgaire, ou comme exprimant une image), mais dont on conçoit clairement, et dont on démontre l'infinité en étendue et en durée.

Des distances, des lignes, des surfaces et des solides.

Du mouvement des corps, naît l'idée fort abstraite *de distance*; c'est une quantité que l'on conçoit comme leur volume, croître et diminuer uniformément : il est donc naturel de représenter et de rendre sensible sa génération, par la trace d'un point matériel, mû sans changer de direction, ou par le développement uniforme d'un fil tendu. Cette trace visible, que l'on obtient, comme tout le monde sait, en faisant glisser une plume, un style, un tire-ligne, une branche de compas, ou en général, tout autre corps pointu, le long de l'arrête d'un prisme nommé *règle*, et posé sur une surface plane, est ce qu'on doit appeler une *ligne droite*. Cette petite surface, dont tous les élémens sont dans une même direction, est la mesure naturelle des distances, c'est le signe visible d'une quantité variable, qu'elle est tout-à-fait propre à désigner, parce que l'on conçoit l'une et l'autre également et uniformément engendrées, et que le rapport des parties de la première est toujours égal au rapport des parties de la seconde : c'est ainsi, comme nous allons bientôt le voir, qu'on vient à bout de mesurer le tems et la durée, en assignant le rapport de ses parties invisibles, par la comparaison de mouvemens visibles, mesurés eux-mêmes par des portions uniformément croissantes d'une ligne droite ou circulaire.

Les idées *de distance* et *de durée*, sont si simples

qu'elles n'admettent aucune analyse ; elles sont du petit nombre de celles qu'il est absurde de vouloir définir, parce que la définition, qui, pour être bonne, ne sauroit être qu'une analyse plus ou moins exacte, suppose qu'elles sont composées, ce qui n'est pas. Il est facile de voir maintenant pourquoi presque tous les faiseurs d'élémens de géométrie n'ont pu venir à bout de bien définir la ligne droite ; ils ont confondu avec elle la distance qu'elle représente, idée simple qu'on ne peut décomposer : ils devoient se borner à montrer, comme je l'ai fait ici, le signe sensible qui la représente, et dont on offre aux yeux la génération, en le traçant ; car nous ne pouvons nous retracer à nous-mêmes, et communiquer aux autres nos idées abstraites, que par un signe sensible quelconque.

Le point *physique* est une des extrémités visibles de cette ligne, qui est censée exprimer l'origine ou la fin d'une distance ; c'est un très-petit élément matériel, dont on se sert pour limiter la portion de distance ou d'étendue que l'on considère, ou fixer le lieu d'où l'on part, où l'on va, où l'on arrive. *Le point mathématique* est le lieu ou la petite portion d'étendue qu'occupe la moindre particule matérielle qui puisse être sensible à nos organes. Les corps ou objets matériels sont composés de points physiques, et leurs volumes ou *les solides géométriques* le sont de points mathématiques.

On considère la ligne droite comme sans largeur ; parce que la distance qu'elle représente en est indépendante (1) ; celle-ci ne renferme que ces deux élé-

---

(1) Car on peut concevoir une infinité d'objets de même longueur et de grosseur différente, compris entre deux plans parallèles tangens

mens, *direction* et *grandeur*; et l'un et l'autre se trouvent déterminés dans l'espace, par la fixation de deux points, et l'on suppose par fois le point sans aucune étendue, parce qu'il n'est alors consacré qu'à désigner le lieu où l'étendue matérielle ou mathématique est censée commencer : voilà pourquoi, quand on veut supposer nulle une longueur ou distance, et la ligne droite qui la représente, on les suppose réduites à un point ou à zéro; mais alors, il est absurde de dire que la ligne soit composée de points, la surface de lignes, et le solide de surfaces; car, ceux qui s'expriment ainsi, oublient qu'après avoir fait le point sans étendue, ils en font en même tems l'élément générateur de l'étendue mathématique.

Un fil très-délié, que l'on fait glisser parallèlement à lui-même le long d'un autre fil tendu en ligne droite, de sorte qu'il ne puisse avoir de mouvement que dans la direction de celui-ci, donne l'idée *d'un plan* ou *sur-*

à leurs extrémités, alors la distance qui les sépare, est évidemment la même, quelque différente que soit la forme et l'épaisseur du corps qui occupe l'intervalle. Ainsi, par exemple, une poutre carrée divisée par la scie, fournit un certain nombre de planches ou de chevrons, tous de même longeur et propres à mesurer une même distance.

Les trois dimensions principales d'un corps que l'on désigne par trois mots différens, sont trois distances imaginées, (au moyen des lignes ou fils qui les représentent) comme perpendiculaires l'une sur l'autre. La plus grande s'appelle naturellement *la longueur;* celle des deux autres que je suppose, comme la première, horizontale, se nomme *largeur*, et la troisième, qui est verticale, se nomme *hauteur*, *épaisseur* ou *profondeur*. Quand elles sont toutes égales, comme cela arrive dans un *cube*, elles peuvent se prendre indifféremment l'une pour l'autre. L'art de trouver le rapport de tous les solides avec le cube, celui de toutes les surfaces avec *le carré*, et celui de toutes les lignes avec *la ligne droite*, forment le but de la géométrie élémentaire et transcendante.

face plane : cette même idée résulte également d'un mouvement semblable d'une ligne droite, le long d'une autre droite, ou le long de deux lignes, formant un angle. On sent que la quantité idéale, engendrée de cette manière, est l'expression et la mesure naturelle de cette enveloppe extérieure que nous présentent tous les corps, et qui est sur-tout sensible dans ceux à qui la nature ou l'art ont imprimé une forme régulière (comme une nappe d'eau tranquille, un globe poli, une pyramide, une table de marbre; enfin, cette multitude de corps, auxquels le travail du tourneur, du menuisier, de l'architecte, etc. donnent naissance); et nous jugeons, par le rapport des parties uniformément croissantes de ce signe superficiel, qui est notre ouvrage, du rapport qu'ont entre elles les parties de l'étendue superficielle des corps ou de l'enveloppe en question, que l'on conçoit formée par la répétition d'élémens uniformes; comme nous avions jugé du rapport des distances, par celui des parties du fil ou de la ligne droite, consacrés à nous les représenter : et c'est ainsi qu'il faut distinguer la *surface idéale* ou de convention, de la *surface matérielle*, dont elle est le signe et la mesure.

Notre surface, mue parallèlement à elle-même, le long d'un fil ou ligne droite, dirigés par l'un quelconque de ses points, balaye ou trace un volume idéal, dont les élémens, uniformément croissans, ont entre eux le même rapport que les corps ou portions de matière que l'on peut imaginer correspondre à chacun d'eux : ainsi, nous concevons clairement un espace ou volume déterminé, comme formé d'espaces partiels, répétés un certain nombre de fois, et le corps qui l'occupe, comme résultant de corps partiels, correspondans à chacun d'eux, et le rapport des volumes mathématiques, inaccessible aux sens, nous donne le rapport des capacités matérielles des corps homogènes que nous voulons mesurer; de sorte que, pour évaluer exactement la quantité de matière qu'ils renferment, il ne s'agit plus que de multiplier l'unité matérielle, par le nombre des unités de volume; comme, pour avoir leur poids total, il suffit de se procurer celui de cette unité: c'est ainsi que connoissant le poids d'un pied cube d'eau de mer égal à 72 livres, et le nombre de pieds cubes contenus dans la carène d'un vaisseau (ou son volume), on a de suite le poids total du vaisseau, et celui de la masse d'eau qu'il déplace, par le produit de cés deux nombres.

Le mouvement d'un point dans l'espace, considéré sous tous ses rapports, peut donner naissance à toutes sortes de lignes géométriques, (droites, courbes, ou à double courbure); le mouvement de ces lignes peut engendrer, à son tour, les surfaces de tout genre, et celui des surfaces, les solides de toute espèce: mais ne pouvant me livrer ici au développement de tous les cas particuliers, je renvoie la génération détaillée de ces divers élémens, qui sont la base de la géométrie élémentaire et transcendante, à la quatrième Section, offrant l'analyse des langues mathématiques, et à laquelle ce chapitre-ci est une introduction.

Du Tems et de sa Mesure.

Nous avons déjà remarqué que la durée étoit un élément commun à toutes nos sensations, comme à tous les êtres: un son qui se prolonge, le mouvement d'un corps qui roule sur un plan, qui tourne sur un axe, qui se balance à l'extrémité d'un fil ou d'une verge; un fil qui se développe (1), un flambeau qui brûle, un fleuve qui s'écoule; un sablier, un bassin qui se vident; un vase, un réservoir qui se remplissent, l'allongement ou le raccourcissement des ombres, le flux et le reflux des mers, la révolution apparente des astres; en un mot, toute espèce de sensations et de mouvemens qui se succèdent par parties égales et uniformes, nous donnent l'idée nette de *la durée* et *du tems*.

Le tems est une portion fixe et déterminée de la durée indéfinie, comme le volume est une portion fixe de l'espace ou étendue mathématique.

La durée, cet être si abstrait, à qui l'on ne conçoit pas plus de bornes qu'à l'espace, qui est inséparable de l'espace et de la matière, (tous deux éternels) est donc une quantité illimitée, qui s'écoule avec une uniformité parfaite, et dont les élémens successifs sont rendus sensibles par une suite de mouvemens égaux uniformément répétés. En supposant que tout mouvement s'arrête tout-à-coup dans l'espace, il resteroit toujours l'existence de l'espace et des corps; et l'idée de cette existence continuée ou répétée à chaque instant, cette idée qui nous peint la majestueuse immobilité de l'univers, devient celle de la durée elle-même

(1) Cette fiction ingénieuse qui représente les trois Parques, filant ou dévidant sur leurs fuseaux la vie de chaque individu, qui commence, se prolonge et finit avec le développement du fil, est moins une agréable erreur de l'esprit humain, que l'expression d'une vérité par une image noble et simple; car il y a un rapport frappant entre la formation et l'allongement uniforme de ce fil, et l'écoulement naturel du tems et de la vie.

que l'on conçoit toujours clairement, lors même qu'on n'a plus le pouvoir de la mesurer par le mouvement.

Tout mouvement uniforme est propre à mesurer la durée, c'est-à-dire, à nous faire connoître le rapport de ses différentes parties ou celui des tems écoulés; car, puisque notre esprit conçoit clairement la génération uniforme de la durée, dès que nous saurons former une suite de mouvemens égaux, nous serons sûrs qu'à des nombres égaux de ces mouvemens, correspondront des parties égales de durée; de sorte que nous aurons toujours cette équation : *le rapport des tems égal au rapport de ces mouvemens artificiels évalués en nombre*; et l'exactitude de nos mesures dépendra de l'exacte égalité et uniformité de succession, que l'art aura su établir entre eux.

Les plus simples de ces mouvemens naturels que nous avons le pouvoir de reproduire, sont celui d'un corps traversant l'espace, sans changer de direction, ou tournant sur un axe uniformément, c'est-à-dire, les mouvemens uniformes rectilignes et circulaires. Le premier s'exprime naturellement par la génération uniforme d'une ligne droite, et le second, par la génération uniforme d'un arc de cercle, (ou la trace d'un point quelconque de cette droite, supposée tourner sur l'une de ses extrémités et dans un seul et même plan). La génération uniforme de l'angle ou du secteur circulaire, balayé par le rayon, peut également servir de mesure, parce que l'un et l'autre se conçoivent comme des quantités uniformément croissantes.

Maintenant pour mesurer les mouvemens des corps et leur durée par des mouvemens de convention droits ou courbes, engendrés à l'aide de nos machines, (pendule, montre, horloge, etc.) je désigne par ces signes abrégés N et n, le nombre des mouvemens de convention, pris pour unité de mesure et correspondans à deux espaces quelconques, E et e parcourus uniformement durant les tems T et t; et j'ai les proportions ou équations suivantes : *le rapport des tems est égal au rapport des espaces, qui, lui-même est égal à celui de nos mouvemens artificiels évalués en nombres*, ou algébriquement parlant $\frac{T}{t} = \frac{E}{e} = \frac{N}{n}$ (1).

---

(1) Comme avant de passer à l'analyse des langues mathématiques, il m'arrivera encore plus d'une fois de parler algèbre, voici les conventions fondamentales de cette langue.

Ce trait horizontal — qui sépare deux quantités ou deux nombres placés l'un sous l'autre, désigne leur rapport ou leur quotient. Ce double trait $=$ placé entre eux, marque leur égalité. Ce signe $+$ qui répond au mot français *plus*, exprime leur addition, comme dans cette équation ou phrase algébrique $3 + 4 = 7$, (en françois *trois plus quatre égale sept*). Ce signe — interposé entre deux quantités, exprime la soustraction de la seconde, comme dans cette phrase ou équation $12 - 8 = 4$ (en françois *douze moins huit égale quatre*). $\times$ est le signe de la multiplication ; ainsi $A \times B =$ A multiplié par B $=$ le produit des deux nombres ou quantités A et B, que l'on nomme aussi les facteurs de ce produit. Par une convention encore plus simple, ce produit peut s'exprimer comme il suit AB, sans aucun signe intermédiaire. La division ou le quotient indiqué de A divisé par B, s'exprime comme leur rapport par $\frac{A}{B}$; ainsi $3 \times 6 = 18$ et $\frac{24}{6} = 4$.

Quand il est question des produits formés de plusieurs facteurs égaux *aa*, *aaa*, *aaaa*, *aaaaa*, etc., comme en algèbre, on a constamment pour but d'abréger ou de simplifier le plus possible, on substitue à ces expressions les suivantes, a^2, a^3, a^4, a^5, etc., c'est-à-dire, qu'au lieu d'écrire 2, 3, 4, 5 fois, etc. la même quantité, on ne l'écrit qu'une fois, et l'on place au-dessus et un peu à droite, un chiffre qui désigne le nombre des lettres ou des facteurs égaux. Ces produits successifs a^1, a^2, a^3, a^4, a^5, etc. a^n s'appellent les *puissances* de la quantité a, et les chiffres ou nombres 1, 2, 3, 4, 5, etc.... n, en sont les *exposans*.

Nota. On ne peut exprimer le produit de deux nombres, sans l'in-

Si dans cette double équation on suppose $n = 1$, ou si l'on suppose qu'un de nos mouvemens artificiels (par exemple, la vibration d'un pendule) réponde exactement à la portion de durée t, alors on a $\frac{T}{t} = \frac{E}{e} = N$, d'où l'on conclut $E = e \times N = e \times \frac{T}{t}$. Ou en observant que t est l'unité de durée, comme $n = 1$ est l'unité de mouvement artificiel qui la mesure, c'est-à-dire, faisant $t = 1$, on a l'expression $E = e\,T$, qui signifie que dans le mouvement uniforme, l'espace quelconque, parcouru par un corps, se compose de l'espace partiel répondant à l'unité de tems, répété autant de fois qu'il y a de ces unités. D'où l'on voit que la grandeur de l'espace parcouru, dans un tems déterminé, ou durant un nombre de vibrations ou d'oscillations $= N$, ne dépend plus que de celle de l'espace e, parcouru dans l'unité de tems ou pendant le mouvement de convention qui la représente, et la mesure.

Cet espace e, est ce qu'il faut appeler *vitesse*, de sorte que la vitesse d'un corps mû uniformément est censée double, triple ou quadruple de celle d'un autre, si l'espace répondant à l'unité de tems, est deux, trois ou quatre fois plus grand : ainsi, par exemple, un corps qui, durant chaque seconde, s'avance de cinq

---

terposition d'un signe, parce que cette convention algébrique A multiplié par $B = AB$ se trouve détruite par les conventions fondamentales de l'arithmétique : ainsi $3 \times 4 =$ *douze* ; et $34 =$ *trente-quatre*.

Ce signe $\sqrt[n]{\ }$ est consacré à désigner l'extraction des racines, dont n marque le degré quelconque : ainsi $\sqrt[2]{36} = 6 =$ racine carrée de 36 ; $\sqrt[3]{27} =$ racine cubique de $27 = 3$; $\sqrt[4]{16} =$ racine 4e. de $16 = 2$, etc.

à six pieds dans l'espace, a cinq à six fois plus de vitesse que celui qui ne parcourt qu'un pied.

Pour simplifier ces expressions $E = e \times \frac{T}{t} = e \times \frac{N}{n}$, on peut nommer *tems*, les rapports ou nombres abstraits $\frac{T}{t}$, $\frac{N}{n}$, qui le mesurent, et alors on a cette expression abrégée, mais très-peu correcte, *l'espace est égal au produit de la vitesse par le tems*, ou en algèbre $E = VT$. On peut bien, si l'on veut, conserver par abréviation, cette façon vicieuse de parler, mais alors, il ne faut pas perdre de vue, l'explication nette et précise que je viens de donner *du tems, de la vitesse* et *de l'espace*, en remontant à la génération de ces trois quantités; il faut se souvenir qu'un espace quelconque ne peut se composer que d'espaces partiels répétés un certain nombre de fois, comme un tems quelconque est formé de tems plus petits, et qu'en un mot, toute quantité mesurable, résulte de l'accumulation d'élémens homogènes.

On peut donc toujours, en connoissant deux de ces trois quantités E, V, T, déterminer la troisième; on peut, en comparant ces deux équations $E = VT$, et $e = vt$ exprimant les mouvemens uniformes de deux corps, assigner pour tous les cas la valeur des rapports $\frac{E}{e}$, $\frac{V}{v}$, $\frac{T}{t}$: on peut examiner ce qui arrive, quant $E = e$, quant $V = v$, quant $T = t$; mais tout détail ultérieur excéderoit les bornes de mon sujet, et seroit ici déplacé; je pourrai revenir là-dessus dans l'analyse des langues mathématiques.

Le mouvement arbitraire qui sert d'unité de mesure temporaire, pouvant être divisé en un certain nombre de parties égales, ces nouvelles parties sont des unités fractionnaires correspondantes à des fractions égales de l'espace et du tems, et au moyen desquelles on obtient dans la mesure de ces deux quantités, une plus grande exactitude. Si ces nouvelles unités étoient encore sensiblement composées ou divisibles, on les partageroit en unités plus petites, et l'on obtiendroit encore plus de précision.

C'est ainsi que le bel art de l'horlogerie est venu à bout, par la combinaison et la multiplication des rouages, de diviser et de subdiviser le mouvement principal correspondant à une révolution du globe, ou la durée d'un jour, en vingt-quatre mouvemens égaux, correspondans à la vingt-quatrième partie du jour, appelée *heure*, et chacun de ceux-ci en *soixante* parties égales, nommées *minutes*; chaque minute en *soixante* parties, nommées *secondes*; et chaque seconde en *soixante* nouvelles parties idéales, appelées *tierces*, etc.

De même, si le mouvement principal mesuré par la révolution d'une aiguille autour d'un cadran, au lieu de correspondre à un jour ou à une rotation du globe de la terre sur son axe, correspondoit à la révolution annuelle de ce même globe autour du soleil, alors on pourroit, par un second rouage et une nouvelle aiguille, mesurer la révolution de la lune autour de la terre; par un troisième, la révolution de la terre sur elle-même; et par un quatrième, telle portion que l'on voudroit de celle-ci, comme la dixième, la centième, la millième, etc. en suivant le système de la division décimale, ou tel autre que l'on voudra adopter, comme on avoit suivi celui de l'ancienne division du jour en heures, minutes, etc.

On peut également faire ou imaginer une machine dans laquelle le mouvement principal répondant à une

une révolution de Jupiter, de Saturne, etc. les mouvemens secondaires répondront les uns aux révolutions de leurs satellites, d'autres à celle de la planète principale sur son axe, d'autres à la durée d'une année, d'un mois, d'un jour, etc. Enfin, l'on peut concevoir une mécanique encore plus compliquée, et qui, par un certain nombre de rouages multiplié en raison du nombre des corps célestes composant le système du monde, représente tous les mouvemens respectifs des parties de ce système. Et c'est ainsi que le génie imitateur de l'homme peut retracer en petit, et mesurer avec précision les mouvemens de ces grands corps, qui, dans l'espace céleste, sont eux-mêmes la mesure naturelle et primitive de la durée et de toute espèce de mouvemens.

Du poids et de sa mesure.

Le poids des corps sur la terre, est l'effet général de cette force invisible nommée *pesanteur*, agissante sur toutes les parties de la matière, en tous sens, en tous tems et à toutes distances, et rendue fort sensible par son action sur notre corps, qu'elle tient collé sur la surface du globe, dont il ne peut se détacher que de quelques pieds, par la force élastique et musculaire dont il est doué en vertu de son organisation, ou de quelques centaines de pieds, au moyen de la pression atmosphérique sur un corps beaucoup plus léger que l'air, nommé *ballon*, dont les expériences sont connues de tout le monde.

Chaque corps a son poids particulier, dont (quand il n'est pas fort grand) la main, comme une balance naturelle, apprécie le degré d'intensité, par la difficulté qu'elle éprouve à le remuer, à le soulever, ou par l'espèce de sensation que produisent sur elle divers fardeaux ou portions de matière ; mais ce premier moyen n'a pas tardé à être remplacé par un autre, auquel une expérience, aussi simple que familière, a donné lieu.

On s'est apperçu, 1°. qu'en appuyant une verge ou levier dans un de ses points, et suspendant un poids à l'une de ses extrémités, ce poids tendoit à les faire tourner avec d'autant plus d'énergie, qu'il étoit plus grand et plus éloigné du point d'appui, parce qu'alors la main, appliquée à l'autre bout du levier, étoit obligée, pour le retenir, de faire un plus grand effort ; 2°. l'on a vu également qu'en substituant à la main un second poids, appliqué à une certaine distance du point d'appui, d'autant plus grande qu'il étoit plus petit, ou d'autant plus petite qu'il étoit plus grand, on maintenoit le levier en équilibre, ou dans une position horizontale ; 3°. que la même chose avoit constamment lieu, lorsque des poids égaux quelconques étoient fixés à égale distance, de part et d'autre, du point d'appui, ou placés aux deux bouts d'un levier, suspendu par son milieu : cela posé, l'on a conclu aisément le moyen de mesurer le poids de toute espèce de corps.

Pour cela, on en a choisi un d'un volume déterminé en plomb, en fer, en cuivre, etc. qu'on a pris pour unité de mesure, et ensuite amalgamant ou fondant ensemble plusieurs corps égaux à celui-là, on en a eu qui pesoient 2, 3, 4, etc..... n fois autant que le premier (n désignant par abrégé, un nombre quelconque). Ces poids qui avoient avec le premier un rapport déterminé, ont formé de nouvelles unités destinées à évaluer ou mesurer les poids les plus considérables.

C'est ainsi, par exemple, qu'après avoir déterminé ou choisi un poids qu'on a nommé livre, on a trouvé des poids de 2, 3, 4, etc. *n* livres pour peser les grands fardeaux.

De même on a trouvé le moyen de mesurer tous les poids moindres que celui d'une livre, en partageant la livre en un certain nombre de parties égales, en subdivisant ces premières fractions de livre en parties plus petites, et celles-ci encore en d'autres, etc. C'est ainsi qu'on a divisé la livre en seize *onces*, l'once en huit *gros*, et le gros en vingt-quatre *grains*, etc. et chaque grain en parties décimales d'autant plus petites, que l'on vouloit obtenir une plus grande précision. Enfin, en fixant aux deux extrémités d'un levier suspendu par son milieu, deux appareils égaux destinés à contenir ou à saisir les corps qu'on vouloit peser, l'on a formé la machine très-simple connue sous le nom de *balance*; et construisant des balances de toute grandeur et de toute solidité, l'on a pu peser toute sortes de corps avec une exactitude proportionnée au talent qui a présidé à leur exécution mécanique, ainsi qu'à la subdivision des poids.

C'est ainsi que l'on est venu à bout de former un tableau général des poids de toutes les substances qui composent le globe (l'or, le fer, le mercure et tous les métaux; les animaux, les végétaux, les terres, les pierres, les sels, les acides, l'eau, les gaz, etc.), enfin, de tous les corps naturels ou artificiels.

En dressant l'état des poids respectifs, correspondans à la même unité de volume, on a formé celui des *densités*, car ce mot *densité* n'exprime que le poids d'un volume pris pour unité de mesure : ainsi, si cette unité est un pied cube, ou un pouce cube, la densité de l'eau sera le nombre de livres, ou fractions de livre qui répondent à un pied ou un pouce cube d'eau : il en sera de même du plomb, du cuivre, etc.

En répétant un certain nombre de fois un pouce cube d'or, d'argent, etc., ou de matière quelconque, on en forme une masse homogène d'autant plus grande, que l'unité de volume a été plus répétée, c'est-à-dire, que la masse des corps homogènes, ou la somme totale des parties matérielles dont ils sont composés, est égale à la densité multipliée par le volume, ou en algèbre $M = DV$. (M = la masse, D = la densité, V = le volume). — On aura pour mesurer la masse d'un autre corps, une expression semblable $m = dv$: ce qui donne un moyen de comparer, sous tous les rapports, les quantités M, D, V; m, d, v, et d'assigner dans chaque formule, la valeur de chacune d'elles, quand on connoît celle des deux autres, et de voir ce qui a lieu quand $M = m$, quand $D = d$, ou $V = v$, etc. dans l'équation $\frac{M}{m} = \frac{DV}{dv}$, qui prend alors les trois formes suivantes $\frac{D}{d} = \frac{v}{V}$; $\frac{M}{m} = \frac{V}{v}$; $\frac{M}{m} = \frac{D}{d}$. D'où l'on voit que dans les corps homogènes, le rapport des poids est égal à celui des masses et à celui des volumes; ce qui cesse d'avoir lieu pour les corps hétérogènes formés par la réunion de plusieurs molécules ou petites masses de densité différente : le seul moyen de les comparer dans ce cas-là, est de les peser, ou d'assigner le nombre des unités de poids en livres, onces, etc.

Des forces et de leur mesure.

Ce que je viens de dire sur le volume, la vitesse, le poids, la densité, la masse, me conduit naturellement à l'analyse du mot *force* qui se compose de tous ces élémens-là.

Ce mot *force* n'exprime que l'effet bien senti, bien connu, d'une cause inconnue; car nous ignorons vraiment pourquoi et comment le mouvement se communique d'un corps à un autre, et comment il est imprimé à toutes les parties de l'univers.

Ainsi, nous nommons *pesanteur* la cause ou force qui tient les animaux comme attachés à la surface du globe, qui, quand un corps détaché de sa masse s'en trouve écarté, et ensuite abandonné à lui-même, le fait retomber sur sa surface par une ligne verticale, et suivant un mouvement accéléré; qui fait couler les fleuves, et rouler les rochers sur le penchant des collines et des montagnes; qui, par le gonflement périodique des eaux de l'Océan, produit le flux et le reflux des mers; qui tient réunis en une seule masse de forme sphérique les élémens matériels composant la terre, la lune, le soleil, les planètes, les comètes et les étoiles; qui, enfin, enchaîne et fait circuler les planètes autour du soleil, et les satellites autour de leurs planètes, et lie ainsi, par d'invisibles nœuds, toutes les parties de la matière errantes dans l'espace.

Cette force universelle ne préside pas seulement à la formation et aux mouvemens des grands corps composant le système de notre monde; c'est elle encore qui, combinée avec la force du calorique, etc., produit et entretient sur le globe (et sans doute aussi sur les autres planètes) les phénomènes de la végétation et de la vie. Sous le nom d'*affinité* ou d'*attraction chimique*, elle contribue à former des animaux, des végétaux et des minéraux, et joue le plus grand rôle dans toutes les compositions et décompositions artificielles ou naturelles et spontanées.

On a pareillemeut nommé force *la volonté*, ou cette puissance qu'ont tous les êtres organisés et sensibles de se mouvoir d'après les lois de leur organisation, qui n'est encore elle-même qu'un effet très-caché, très-compliqué de l'affinité de toutes les parties composant les machines vivantes, combinée avec la force centrale du globe et l'action de tous les objets extérieurs.

Ces mots *pesanteur* et *volonté* expriment donc deux grandes forces, dont la première se mesure par la somme des mouvemens qu'elle imprime, ou tend à imprimer à toutes les parties de la matière, en tous sens, en tout tems et à toutes distances; et la seconde, par la somme des mouvemens qu'elle imprime, ou tend à imprimer à tous les corps sensibles et vivans. Quel est le rapport entre ces deux forces ? Il en est un sans doute, mais nous l'ignorons. Sans doute la seconde n'est, en grande partie, qu'un effet de la première; mais comment en dérive-t-elle? comment d'une réunion chimique de molécules vivantes, composant un fœtus animal, résulte le mouvement spontané? Je crains que nous ne soyons jamais assez éclairés pour résoudre ce problème. Au surplus, nous connoissons ces deux forces par nos sensations et par les effets dont je viens de parler, et nous mesurons ces effets pour un point de l'espace où ils ont lieu par la quantité de mouvement qu'elles communiquent, ou tendent à communiquer, durant l'unité de tems, à un corps d'un volume et d'un poids déterminé.

Or, cette quantité ne peut dépendre que de deux choses; 1°. du nombre des molécules de ce corps;

2°. de la vitesse de chacune d'elles : et la force totale d'un corps dont je suppose toutes les parties adhérentes et mues parallèlement, se compose de la force de chaque molécule animée de la vitesse commune, répétée autant de fois qu'il y a de molécules, c'est-à-dire, qu'elle s'estime par le produit de la masse et de la vitesse commune. — Ainsi, soit M=la masse du corps en question; V=sa vitesse réelle ou virtuelle (1); et

(1) J'appelle vitesse virtuelle celle que prendroit un corps soumis à une force à laquelle il ne peut obéir, si tout-à-coup on le rendoit libre ; ainsi, un corps suspendu, au bout d'un fil à plomb, est animé d'une vitesse virtuelle dirigée par le centre du globe, vers lequel il tombe, dès que le fil est coupé ou rompu : il en est de même de tous les corps placés à la surface de la terre ; ils tombent vers son centre, dès qu'on ôte l'obstacle qui les empêchoit de s'en approcher. En général, toutes les parties composant chaque planète, sont animées de vitesses virtuelles, par lesquelles elles tendent les unes vers les autres, et toutes vers un centre commun de gravité. En vertu de cette tendance réciproque, il se forme à la surface et dans l'intérieur des planètes, une foule de composés ou productions particulières qui ont lieu, du moment où les molécules de la réunion desquelles résultent les diverses substances, sont assez rapprochées pour que l'obstacle ou la force qui les tenoit écartées, cède à leur vitesse virtuelle ou à leur attraction chimique. Ces composés se forment, s'accroissent, et durent jusqu'à ce qu'une force contraire, (telle est celle du calorique, etc.) divise, écarte et délie leurs parties, au point que l'action centrale du globe, plus forte que leur tendance réciproque, les empêche de se réunir; ou que leur tendance vers les molécules de quelque corps environnant, devenue, par leur écartement, supérieure à la première, les oblige de se réunir pour former un nouveau composé qui se détruira, dès que l'attraction réciproque de ses parties constituantes, sera détruite elle-même par une force contraire et plus grande. Ainsi nous voyons sur une surface polie, deux gouttes de mercure, d'abord trop distantes et vaincues par leur poids, ou l'attraction du globe qui les tient séparées, se rapprocher ensuite, et se fondre en un seul globule par leur attraction mutuelle ; ainsi l'on voit l'aiguille de fer s'élancer vers la pierre d'aimant, dès qu'elle en est assez voisine, pour que son poids

F = sa force. On a, pour la mesurer, l'équation Q=MV=F. On aura de même, pour un autre corps (en désignant, par des lettres analogues, les mêmes quantités) $q=mv=f$; ce qui donne le moyen de comparer les forces de deux corps. Si $M=m$, elles seront dans le rapport des vitesses : si $V=v$, elles seront dans le rapport des masses; et si $F=f$, ou $Q=q$, le rapport des masses doit, en général, être égal au rapport inverse des vitesses, et réciproquement.

Des Nombres et de leur expression.

Nous venons de voir comment la génération des quantités homogènes, par l'accumulation d'élémens uniformes, donnoit le moyen de les mesurer; voyons maintenant comment on peut trouver l'expression commune de cette mesure.

Puisque cette quantité mesurable résulte d'une addition ou réunion successive de parties égales, on peut représenter bien naturellement l'artifice de sa formation par une répétition de signes égaux : ainsi, ce signe isolé *u* me donne l'idée d'un objet quelconque ou *d'une* unité; ces deux signes *u u* me représentent *deux* unités ou deux objets égaux; ces trois signes *uuu* me tiennent lieu de *trois* unités, ou m'expriment la réunion de trois objets égaux; de même, *u u u u* expriment *quatre* unités ou quatre quantités égales; *u u u u u* en représentent *cinq*, etc.

La répétition uniforme d'un quantité quelconque *u*, prise pour unité de mesure, est ce qu'il faut ap-

---

puisse être vaincu par la force attractive de celle-ci : c'est ainsi, en un mot, que se passent tous les phénomènes de la grande chimie de la nature et de celle qu'a créé l'homme.

peler *un nombre*, et les mots *un*, *deux*, *trois*, *quatre*, *cinq*, etc.; *une fois*, *deux fois*, *trois fois*, *quatre fois*, *cinq fois*, etc., qui désignent cette répétition, et les signes correspondans ou équivalens *u*, *uu*, *uuu*, *uuuu*, *uuuuu*, etc., sont une double expression des nombres.

Nous verrons, en traitant de l'analyse numérique, comment il est possible de simplifier cette double expression, en substituant à ces signes d'autres signes plus abrégés (1, 2, 3, 4, 5, etc.), nommés *chiffres*, et d'exprimer, par une quantité limitée de caractères, tous les nombres possibles, ainsi que toutes leurs combinaisons, tous leurs rapports : nous verrons comment on peut représenter toutes les opérations de l'esprit sur la portion mesurable de nos idées par des opérations analogues sur un système de signes arbitraires, dont la composition et la décomposition régulières suivent pas à pas celle des idées dont l'analyse exacte se trouve ainsi réduite à celle des signes en question.

Tant que l'on n'ajoute rien à la suite des mots *un*, *deux*, *trois*, etc., l'esprit, en suspens, ne peut avoir l'idée nette d'aucune grandeur; il ne l'a que de l'instant où l'on désigne une unité d'une certaine espèce, comme, *une toise*, *une lieue*, etc. ainsi, l'expression numérique de toute quantité dépend de deux choses, d'un nombre abstrait et d'une unité.

L'idée abstraite de nombre, exprimée en françois par ces mots *un*, *deux*, *trois*, etc., *une fois*, *deux fois*, *trois fois*, etc. est la même pour tous les peuples; mais l'unité étant une grandeur arbitraire, on sent bien qu'ils ont dû singulièrement varier dans le choix et la détermination de chaque espèce d'unité.

Chacun d'eux, suivant ses besoins, s'est fait un système de mesures, et a eu ses unités de distance, de surface, de capacité, de poids et de monnoie, etc. —Du moment où l'on a eu partagé les terres, chaque individu a eu besoin de constater et de vérifier l'étendue de son terrein : de là, l'arpentage et l'invention des mesures agraires, *la perche*, *l'arpent*, *l'acre*, *le setier*, *le journal*, etc.; chaque ouvrier avoit intérêt de s'assurer du prix de son travail, et bientôt le tisserand, le charpentier, le menuisier, le maçon, etc., ont imaginé le moyen d'en constater la quantité par un mesurage exact : de là, l'invention de l'*aune*, du *pied*, de la *toise*, etc. Pour naviguer sûrement sur les fleuves et la mer, il falloit toujours être à même de mesurer à volonté la profondeur de l'eau : de là, l'usage de la *sonde*, et de la *brasse*, etc.

L'homme, se comparant naturellement à tous les êtres, et les rapportant tous à lui, a dû choisir dans l'origine les dimensions de son propre corps, pour mesurer celles de tous les objets : de là, *le pouce*, *le pied*, *le pas*, *la coudée*, *la brasse*, *la toise*, (qui sont l'une et l'autre à peu près égales à la hauteur de l'homme). Il a dû exister d'abord un peu d'arbitraire dans ces mesures, parce que la grandeur des parties du corps humain n'est pas la même par-tout; mais on a, dans chaque pays, remédié à cet inconvénient, en fixant une grandeur moyenne que l'on a rendue invariable, au moyen d'un étalon en cuivre, en fer, en bois, etc. : de là, *la toise* et *le pied françois*, *anglois*, *suédois*, etc.

De même que, pour mesurer les petites distances, l'on avoit subdivisé la toise en pieds, pouces, lignes, points, etc., on l'a multipliée ou répétée un certain nombre de fois pour mesurer les grandes : c'est ainsi que l'on a formé *le stade, le mille, la lieue*, etc., unités commodes pour évaluer les grandes distances sur terre et sur mer, ou la superficie du globe en lieues carrées, et son volume en lieues cubiques ; et, comme ces unités sont encore trop petites, quand il est question de calculs astronomiques, on emploie, pour évaluer les distances célestes, le rayon du globe terrestre (d'environ 1500 lieues), le diamètre du soleil, ou même le rayon de l'orbite annuelle, qui est d'environ 35,000,000 de lieues. L'invention de ces grandes unités procure l'avantage d'exprimer par de petits nombres, et de pouvoir comparer aisément les volumes, les distances et les mouvemens de ces vastes corps auxquels on les applique.

Les mesures linéaires trouvées ont donné les mesures de superficie et de solidité : ainsi, le pouce, le pied, la toise, la lieue, etc., ont fourni le pouce carré, le pied carré, la toise carrée, la lieue carrée, etc., pour l'évaluation des surfaces ; et le pouce cube, le pied cube, la toise cube, etc., pour celle des solides.

A mesure que les relations commerciales se sont multipliées dans un pays, on a senti d'abord que, pour remédier à l'irrégularité des premiers échanges, pour ne point faire de dupe, et ne pas l'être soi-même, il falloit, au lieu de juger les objets à la vue ou à la main, recourir à des mesures de capacité et de poids : on l'a fait ; alors les échanges ont eu plus de facilité et de régularité, parce qu'étant à même de diviser chaque espèce de denrée en petites portions, on pouvoit aussi mieux les comparer, et tomber plus aisément d'accord pour le prix. L'on n'a pas tardé ensuite à sentir le besoin et l'avantage de comparer promptement les prix de toutes sortes d'objets, en les soumettant à une mesure uniforme, et l'on a déterminé une *unité de prix*. Pour cela, l'on a choisi les métaux (l'or, l'argent, le cuivre, le fer, etc.); et, de l'instant où il a été convenu qu'une certaine portion d'or ou d'argent étoit équivalente à tel poids ou volume déterminé de chaque denrée, par une suite nécessaire de cette convention, la moitié, le quart, le dixième, etc. en un mot, une fraction quelconque de cette portion de métal, ou unité monétaire, s'est trouvé être le prix de la moitié, du tiers, du quart, etc., en un mot, de la fraction correspondante de la denrée en question. Subdivisant donc les premières pièces de monnoie en d'autres pièces plus petites, et qui étoient, avec l'unité principale, dans le même rapport que les subdivisions des unités de poids et de volume, etc., on a eu le moyen de comparer entre elles toutes les marchandises et toutes les monnoies du globe.

CONCLUSION *de la première Section.*

De la matière, de l'espace, du tems, du mouvement, et des forces; des corps sensibles, des sensations, des idées, des sentimens, et des habitudes (élémens de nos facultés); tels sont les premiers matériaux de la combinaison desquels résultent pour nous le monde physique et le monde moral, la totalité des ouvrages de la nature, et celle des productions de l'esprit humain.

Le nombre de ces matériaux est petit sans doute, mais chacun d'eux est susceptible d'une variété indéfinie; et rien ne peut épuiser les combinaisons, les transformations de l'étendue matérielle et idéale.

La preuve en est, 1°. dans cette prodigieuse quantité d'animaux, de végétaux et de minéraux, que nous offre la surface du globe: ils sont tous différens par la couleur, la forme, la grosseur ou le volume, le poids, comme par leur génération, leur organisation, le nombre et la qualité de leurs sens, et le degré de leurs facultés morales. Plusieurs (les individus de la même famille ou de la même classe, auxquels on a donné le même nom) sont semblables, mais il n'en existe pas deux égaux en tout, tant la nature a pris à tâche de nous convaincre de son inépuisable fécondité et variété. 2°. Cette preuve existe dans l'ensemble des sciences et des arts créés par l'homme, dans cette foule de productions en sculpture, peinture, poésie, etc.; dans cette brillante collection de statues, de tableaux, de poëmes et de livres de toute espèce faits pour nous instruire ou nous divertir; enfin, dans tous ces ouvrages d'architecture civile, navale et hydraulique, d'où résulte ce brillant amas de maisons, de palais, de jardins, de châteaux, de forteresses, de villages et de villes; ces canaux qui font circuler la vie et l'abondance dans toutes les parties d'un État; ces ports couverts de vaisseaux et de citadelles (j'ai presque dit de villes) flottantes, superbes et terribles instrumens de la force, de la vengeance et de la gloire, destinés, en parcourant les mers, à faire circuler partout le globe les produits de l'industrie humaine, à montrer partout la puissance du talent et du génie, et à attester que l'homme, malgré sa petitesse et la courte durée de son existence, est, dans ses travaux, le rival de la nature, qu'il sait faire concourir à ses besoins et à ses plaisirs, imiter avec succès, et souvent perfectionner et embellir.

C'est avec ces élémens si simples que l'imagination, imitatrice et rivale de la nature, a enfanté tous ses tableaux; c'est avec eux qu'elle a créé, d'un côté, l'Olympe et ses dieux, le brillant Élysée avec tous ses charmes, ses plaisirs sans mèlange de peines, ses jours purs et sereins, sa brillante lumière, son immortalité et cette félicité enchanteresse, éternel partage des héros et des hommes justes qu'elle y a placés; de l'autre, l'enfer et ses démons, ses parques, ses furies, ses ombres, ses supplices, ses fleuves et ses montagnes de feu, sa nuit sans fin, et son horrible silence : c'est avec eux qu'elle a formé les harpies, les sphynx, les centaures, les sirènes et tous les monstres de la mythologie et de la fable; en un mot, cette foule de divinités, d'esprits et de génies supérieurs, mitoyens et subalternes, qu'elle a répandus dans les cieux, sur la terre et sous les eaux : c'étoit avec eux que le vieil Homère composoit ses dieux, ses demi-dieux, ses héros, peignoit leurs combats et le théâtre de leurs exploits, et produisoit ces couleurs fraîches, ces images vraies, naïves et majestueuses qu'il a su répandre dans son *Iliade* et son *Odissée :* c'est de leur réunion que le gigantesque Milton a composé son *Paradis perdu ;* Virgile son *Enéide;* Le Tasse sa *Jérusalem délivrée ;* Fénélon son *Télémaque*, etc. : en un mot, c'est de leur mèlange et de leur combinaison, plus ou moins heureuse, que les poëtes, les peintres, les sculpteurs, les musiciens, enfin, tous les artistes et compositeurs célèbres, ont su tirer ces belles images, ces traits sublimes, ces modèles du beau, du grand, du riant, du sombre, du terrible, qui, nous montrant tantôt la nature et l'homme tels qu'ils sont, et plus souvent la nature et l'homme tels que l'on conçoît qu'ils pourroient être ou devroient être, produisent en nous tous les plaisirs de l'illusion. Ce sont eux encore qui ont fourni aux chefs des sectes les fondemens de leur doctrine et de leurs rêveries métaphysiques ; aux prêtres ceux de leur théologie, de leur religion et de leurs dieux; et aux philosophes les matériaux de leurs systêmes. « Donnez-moi de la matière et du mouve- » ment, disoit Descartes, et je vous ferai un monde ». C'est en réfléchissant profondément sur ce trois idées, l'*étendue,* la *pesanteur* et le *mouvement,* que le grand et sage Newton est venu à bout d'appercevoir le premier ressort, et de nous dévoiler le mécanisme du monde. —Enfin, l'on a beau composer ou décomposer toutes les productions de la nature, et celles de l'homme, tous les êtres réels ou imaginaires, et parcourir les diverses régions du monde intellectuel, comme les diverses parties du globe, ce sont ces élémens, si simples et si féconds que l'on retrouve partout en dernière analyse.

Tels sont les premiers, les principaux matériaux et instrumens de nos connoissances; tels sont les faits et les idées que la nature offre constamment à l'observation et aux méditations de tous les hommes. Le nombre de ces élémens primitifs est déterminé par elle ; il dépend du nombre, de l'énergie et de la portée des sens dont elle nous a doués; et il n'est pas plus au pouvoir de l'homme de se donner rien au-delà de ces idées, que je nomme *fondamentales*, que d'augmenter le nombres de ses sens, de les changer, de se créer de nouveaux organes, etc.

Le cerveau est donc passif dans la réception de

ses premières idées, et son activité ne se montre que dans le pouvoir qu'il a de se les retracer, de les ajouter, de les retrancher, de les multiplier, de les diviser, de les exprimer, de les mesurer, en un mot, d'en former toutes sortes de rapprochemens, de combinaisons et d'analyses, à l'aide des signes naturels ou de convention : c'est sur-tout dans ce dernier talent, qui embrasse l'exercice de toutes nos facultés intellectuelles, que consiste la netteté, la force, l'étendue et la profondeur des esprits, ainsi que leur prodigieuse variété, comme je me propose de le faire voir dans les Sections suivantes.

SECONDE

SECONDE SECTION.

Des diverses opérations de l'esprit et des idées naissantes de ces opérations. Génération des facultés intellectuelles.

CHAPITRE PREMIER.

Solution de la première question proposée par l'Institut. Des signes naturels et de convention.

Nos premières idées ne supposent point essentiellement le secours des signes, ou il est faux que les sensations ne puissent se transformer en idées que par le moyen des signes.

En effet, il est évident que tout ce que j'ai dit des sens dans la Section précédente, s'applique également à toutes les classes d'animaux, qui, comme on voit, ont tous (indépendamment de toute espèce de signes de convention) un système plus ou moins étendu de sensations ou d'idées, car les idées ne sont que les sensations du cerveau, sens multiple faisant corps avec tous les autres, et recevant, conservant et comparant les sensations transmises par chacun d'eux, et dont le mécanisme à-peu-près semblable dans chaque classe d'animaux, mais variable dans chacun d'eux, comme l'organisation, donne à tous des idées avec le pouvoir de les retracer, de les comparer, etc., ou un certain degré de mémoire et d'intelligence, en un mot, de facultés intellectuelles.

Ce degré varie suivant la construction primitive de chaque animal, et l'exercice de ses sens, à raison de son expérience ou de la somme des objets qu'il a vus, touchés, flairés, etc. Mais la nature donne directement à tous les animaux qu'elle a doués des mêmes sens, le germe des mêmes connoissances, des mêmes facultés ; et comme leurs sensations se répètent journellement par l'habitude où ils sont de satisfaire à leurs besoins, il se forme nécessairement (*a priori*) une assez grande liaison entre les objets qui les ont fait naître, et qui chaque jour les leur retracent.

La première liaison des idées se forme donc par la répétition immédiate des mêmes sensations ; à force d'en recevoir on a dans la tête une série d'images analogue à la série des objets extérieurs qui l'a produite, et ces images se succèdent et sont placées dans le cerveau comme les objets extérieurs l'étoient entre eux.

En se rappelant les objets, on se rappelle donc aussi l'ordre dans lequel on les a vus, touchés, etc. ; alors la chaîne des idées retrace la chaîne des objets, et réciproquement. Ces deux suites se réveillant mutuellement, sont donc des signes naturels l'une de l'autre ; et ce n'est qu'après avoir remarqué que l'une des suites étoit équivalente à l'autre, et pouvoit en quelque sorte lui être substituée, que les hommes ont imaginé des signes factices pour représenter leurs idées. Ils ont senti que si la suite des idées retraçoit celle des objets, et réciproquement en attachant un signe ou *étiquette* à chacun de ces objets, et par conséquent aussi à l'idée correspondante, la série de ces nouveaux signes (lorsque leur liaison avec les idées et les objets seroit bien établie), seroit également propre à retracer dans le même ordre les deux séries précitées ; car ces trois séries forment dans l'esprit comme trois empreintes d'un cachet sur une même cire.

C'est ainsi que les hommes ont été amenés insensiblement à l'invention du langage, de l'écriture, etc. par l'imitation de la nature : d'où l'on voit que l'existence des idées sensibles, et même celle des premières opérations de l'esprit, a précédé l'invention des signes, et que bien loin qu'elles aient eu besoin de leur secours pour se former, les hommes ne les ont imaginés, qu'en répétant un procédé que leur indiquoit la nature, en plaçant elle-même dans leur tête des tableaux ou systèmes d'idées rangées et liées entre elles comme l'étoient les objets extérieurs ; car le cerveau réfléchit à peu près comme une glace les images qu'il reçoit par l'œil, et la main est comme invitée à les copier : c'est ainsi que la nature, en rendant les hommes peintres et imitateurs, leur a fait d'abord employer les signes naturels (le dessin, les sons imitatifs, etc.), premiers élémens du langage pittoresque qui a dégénéré peu à peu en hiéroglyphes, et par une suite d'altérations, a fini par se changer en signes purement artificiels ou arbitraires.

Donc, je le répète, *nos premières idées ne supposent point essentiellement le secours des signes, ou il est faux, etc.*

Le fond des idées sensibles ou élémentaires appartient donc en commun à la grande famille des animaux, qui ne sont, à proprement parler, que *des machines à sensations construites par la nature*, et qui en reçoivent d'autant d'espèces différentes, qu'elle leur a donné de sens divers. Il est évident que ceux qui ont à peu près les mêmes sens que l'homme, reçoivent aussi (quoique dans un degré d'intensité peut-être différent) les mêmes sensations primitives, tant intérieures qu'extérieures : ils voient, entendent, touchent, flairent et goûtent; ils distinguent, se ressouviennent, jugent et raisonnent jusqu'à un certain point : ils s'attachent à l'homme et le servent fidèlement quand il les traite avec douceur, et souvent même malgré sa dureté et son ingratitude : ils ont les mêmes besoins primitifs que lui, ils mangent, boivent, digèrent, dorment et s'engendrent comme lui; ils ont même une langue, celle des cris et des mouvemens par lesquels ils manifestent leur joie, leur impatience, leur douleur et la sensibilité aux coups qu'ils reçoivent, tant des corps animés qu'inanimés; leur attitude humiliée exprime leur crainte ou leurs regrets; ils pleurent d'affection, de plaisir et de reconnoissance; ils se livrent aux emportemens de la fureur et du désespoir; ils soupirent de tendresse, d'amour et de volupté, et souvent meurent de tristesse.

La matière première de la sensibilité et de l'intelligence dans les animaux (au moins dans beaucoup d'espèces), est donc la même que dans l'homme. Assurément il faudroit, pour nier cette conséquence, et refuser au chien de chasse, à presque toutes les espèces de chiens et à beaucoup d'oiseaux et de quadrupèdes susceptibles d'éducation, les brillantes qualités dont je viens de parler, et les regarder comme des machines; il faudroit, dis-je, être d'une nature beaucoup inférieure à la leur et plus machine qu'eux, ou, pour parler sans exagération, il faudroit être bien mauvais raisonneur ou de bien mauvaise foi. Mais tous ne tirent pas le même parti de ces matériaux primitifs, comme tous ne sont pas doués du même genre et du même degré de sensibilité : la plupart n'ont qu'un petit nombre de besoins, ils ne connoissent guère que les objets propres à les satisfaire, les lieux où ils peuvent les trouver, et les moyens de les obtenir; leur cerveau n'est qu'une glace qui conserve ou retrace fidèlement les images souvent et long-tems reçues, mais qui n'en conserve qu'un petit nombre, et presque toujours dans le même ordre où le hasard les a offertes. Privés du secours des signes de convention, ils ne font presque point de déplacemens d'idées, de combinaisons, de comparaisons et d'abstractions; or, c'est sur-tout par le pouvoir d'inventer des signes, de comparer, de combiner et d'abstraire que l'homme est distingué des autres animaux : organisé avec plus de besoins, il l'est aussi pour recevoir plus d'idées premières; il connoît donc un bien plus grand nombre d'objets, et il trouve dans les facultés dont je viens de parler le moyen de se créer une foule de vues et de notions nouvelles.

Des Signes en général, et d'abord des Signes naturels.

L'emploi que je viens de faire et que je ferai souvent dans la suite du mot *signe*, m'engage à analyser cette expression : elle a une signification fort étendue, et il est bon de la fixer ici; d'ailleurs l'invention des signes étant une des principales et des plus importantes opérations de l'esprit humain, cette discussion trouve naturellement ici sa place.

Il y a des signes naturels, il y en a de convention. Ainsi parmi les premiers, la fumée est le signe du feu l'ombre est le signe du corps, et l'éclair celui de la foudre; la gelée et la glace sont les signes naturels du froid; certains météores annoncent le beau ou le mauvais tems; certains nuages présagent la pluie et l'orage, etc. Les cris, les pleurs, les gémissemens sont les signes naturels de la tristesse et de la douleur: chaque passion, chaque sentiment, chaque habitude de l'ame a ses signes sur lesquels un habile physionomiste ne se méprend pas; enfin presque tous les élémens du langage d'action sont (sur-tout dans l'enfance) des signes naturels de nos idées et de nos affections. Le dessin, la peinture, la sculpture, qui copient ou imitent la nature, sont encore des signes naturels; il en est de même jusqu'à un certain point de la musique, de la danse et de la pantomime: je dis jusqu'à un certain point, car s'il y a dans ces arts beaucoup d'expressions naturelles, souvent il y en a aussi un très-grand nombre d'arbitraires et d'insignifiantes.

La plupart de nos idées sont signes naturels les unes des autres. Ainsi toutes les parties des objets composés que nous avons l'habitude d'embrasser d'un même coup d'œil; toutes les idées que l'attention et l'imagination ont liées et associées, servent à se réveiller mutuellement et à se retracer à l'esprit. Par exemple, quand un objet faisant partie d'une belle campagne, d'un beau paysage, dont les détails me sont familiers, vient s'offrir à mon esprit, il réveille ou retrace ordinairement tout le groupe des objets environnans. Quand je songe à une belle femme, un seul de ses traits (ses yeux par exemple), me retracent toutes les parties de sa figure, et de plus son costume, son maintien, sa démarche, le son de sa voix, ses grâces, son esprit, etc.; parce que l'habitude de voir cette personne m'a fait lier ensemble toutes ces choses-là : toutes les images et les idées analogues se tiennent par une association naturelle, elles semblent s'indiquer et se déceler les unes les autres; et chez les hommes d'une imagination vive et d'une intelligence prompte, il n'en faut qu'une ou deux pour en réveiller une foule d'autres. Cette vue nette et rapide qui montre au poëte, au peintre et au philosophe la liaison naturelle des images, ou l'enchaînement des vérités, forme le vrai génie des beaux-arts et des sciences; plus on possède de cette faculté qui sait grouper et analyser avec justesse de grandes masses d'idées, plus on sait allonger le fil précieux de l'analogie et des conséquences, plus on a de pénétration et de génie.

Dans l'univers tous les effets sont liés avec leurs causes, ils en sont donc les signes naturels, et l'on peut conclure l'un de l'autre : ainsi que le soleil au milieu d'un ciel pur vienne à perdre tout à coup sa clarté, et s'obscurcisse en tout ou partie, j'en conclus qu'il est éclipsé par la lune.

Malheureusement on n'a pas toujours su appercevoir la liaison véritable des objets et des faits, et la déplorable aptitude qu'ont les peuples enfans, ignoraus et superstitieux, à juger de tout avec précipitation et à adopter tout aveuglément, leur fait former ou recevoir dans tous les tems une foule d'associations d'idées fausses, bizarres et ridicules, et de là est résulté une multitude de signes *imaginaires et faux*. C'est ainsi que l'apparition des comètes, les éclipses, un coup de tonnerre, le vol ou le cri des oiseaux, la rencontre de certains animaux, etc. ont été regardés par le peuple comme les signes d'évènemens heureux ou malheureux, qui n'avoient pas la moindre liaison avec ces phénomènes. On se rappelle ici les poulets sacrés des Romains, l'oracle de Delphes, celui de Dodone, l'antre de Trophonius, et tant d'autres oracles menteurs : les prêtres fouillant dans les entrailles des victimes pour y lire l'avenir ; enfin ces devins, ces magiciens, et cette foule de charlatans dont l'adresse à su tarifer la crédulité de tous les peuples, et même par fois faire acheter chèrement leurs mensonges aux premiers hommes de l'État, qui avoient besoin d'un oracle conforme à leurs vues, et propre à en imposer au peuple et aux armées. On se sent ému tout à la fois d'indignation et de pitié, quand on songe que de pareilles jongleries ont souvent décidé du succès d'une bataille et même du sort de la République. Ce qu'il y a de plus étonnant, c'est de voir que ces fables grossières se conservent durant des siècles chez des peuples policés : il semble que dans tous les pays le vulgaire (et que de gens compris dans ce mot !) étranger à la vérité, n'ait d'aptitude que pour l'erreur, et malheureusement les premières erreurs des peuples amalgamées avec leurs constitutions et protégées par les Gouvernemens, paroissent devoir être éternelles.

Tels sont les signes naturels et l'abus qu'on en a fait.

Signes de convention.

Ceux-ci ne sont pas moins nombreux que les précédens ; presque tout est convention et signe arbitraire chez les hommes : c'est par-là que tout se distingue et se classe dans la société : le paysan et le citadin ; le prêtre, le magistrat et le militaire ont chacun leur costume qui les fait reconnoître ; l'habit et le langage désignent un Grec, un Romain, un Turc, un François, etc.; un sceptre, une couronne, un diadème sont les signes de la royauté, comme une houlette est le signe de la vie pastorale; les cocardes noires, blanches, bicolores, tricolores, etc. sont des signes distinctifs de différens corps militaires ou civils, employés quelquefois comme signes d'insurrection ou de ralliement, et par fois aussi comme l'expression des sentimens de tout un peuple. De même les croix, les cordons bleus, rouges, noirs, etc. sont des signes de convention censés être celui du mérite dont on suppose qu'ils sont la récompense. Les rois, les princes, le duc, le comte, le marquis, le prélat, le simple gentilhomme, etc. ont chacun leurs armoiries qui sont des signes distinctifs du degré de noblesse, de dignité et de vanité, et dont l'ensemble donne naissance à la langue et à l'art du blason. Dans nos villes les artisans, les marchands, etc. ont sur leurs boutiques des enseignes, c'est-à-dire, certains objets, des figures naturelles ou de convention, et des inscriptions qui sont des signes de leur état, de leur condition. De même les édifices publics, les temples ont des signes et des ornemens analogues à leur destination : ainsi chez nous une croix désigne la religion de Jésus et ses temples, comme en Turquie un croissant caractérise celle de Mahomet et ses mosquées. Chaque peuple navigateur a son pavillon et un système de pavillons, dont la combinaison produit la langue assez compliquée, ou si l'on veut, la science des signaux de mer : chaque armée, chaque corps de troupes a ses drapeaux : enfin, chaque nation a ses coutumes, ses usages, ses modes, son gouvernement, sa religion, ses lois, son langage, en un mot, sa forme civile et morale, qui, comme sa forme physique, sert à la faire reconnoître; et le recueil des conventions qui entrent dans leur formation, embrasse la vaste collection des signes arbitraires en usage chez tous les peuples.

Chaque nation ayant sa manière de combiner ses idées, et l'étendue possible de ces combinaisons (qui renferment la raison et les préjugés, la vérité et l'erreur) étant immense, on sent qu'il doit régner une grande variété dans chacun des objets précités; mais c'est sur-tout dans les langues que règnent l'arbitraire et la diversité.

A la vérité, l'alphabet des langues parlées, a dans les divers pays, plus d'élémens communs, que celui des langues écrites, parce que les organes de la voix étant sensiblement les mêmes chez tous les hommes, les sons primitifs et élémentaires ont dû différer peu, et ne varier (sur-tout dans les mêmes climats) que par le nombre, suivant la flexibilité et l'exercice des organes en question; mais la série des combinaisons, dont un petit nombre d'élémens est susceptible, étant presqu'inépuisable, il a dû en résulter des différences à l'infini. Elles existent, et doivent exister bien plus encore dans les langues écrites; car chaque peuple, en les formant, a traduit son alphabet vocal par une suite de figures ou caractères imaginés à volonté, d'où est résulté son alphabet écrit; et il a dû naturellement arriver que tous ces alphabets (grecs, latins, hébreux, chinois, égyptiens, etc.) n'avoient rien, ou presque rien de commun entr'eux: de là l'accroissement prodigieux des différences résultant des combinaisons arbitraires d'élémens aussi divers.

Tous ces caractères une fois trouvés, on leur a attaché (ainsi qu'à leurs combinaisons) des idées, comme on avoit fait pour les sons de la voix, et chaque peuple s'est proposé, et a résolu à sa manière ce double problème : *Exprimer avec le plus petit nombre possible de sons et de lettres, l'ensemble de nos idées et de leurs combinaisons.* Alors on a vu que les lois de la formation de ce double langage, étoient les mêmes que celles de la formation des idées, et leur influence réciproque est devenue manifeste. Mais il est évident que l'existence des idées a précédé l'usage de toute espèce de signes (car il faut en avoir avant d'imaginer des signes pour les représenter) : or, de l'instant où l'on est organisé, du moment où l'on a des sens, et un cerveau, on a des sensations, des idées, et même le germe des facultés intellectuelles.

CHAPITRE II.

Nécessité des signes, pour la formation des idées abstraites, complexes, et généralement pour toutes les notions dues aux opérations de l'esprit.

Si les idées individuelles, données *a priori* par la nature, ont une existence indépendante des signes (quoique les signes soient devenus entre nos mains un moyen précieux de nous les rappeler et de les faire renaître pour ainsi dire à volonté, en maintenant la liaison établie entr'eux et ces idées, ce qui se fait en parcourant fréquemment la série des signes que nous leur avons attachés) ; il n'en est pas ainsi des idées complexes ou notions, qui sont le produit des distinctions, comparaisons, abstractions et combinaisons quelconques de l'esprit. Elles n'ont d'existence que celle qu'il leur a donnée, elles ne renferment que les élémens dont il les a composées : il nous faut donc absolument pour celles-ci des signes qui, les retraçant à l'esprit, lui montrent en même tems le nombre et la qualité des élémens dont il les a formées, leur génération, ou la marche qu'il a suivie dans leur composition, et le mettent à même de les comparer avec exactitude.

Ces signes exprimant des propriétés communes à un grand nombre de corps, et développant les élémens égaux ou inégaux qui entrent dans chaque faisceau d'idées, donnent le moyen de faire une foule de comparaisons neuves et générales, et d'appercevoir ainsi un grand nombre de rapports, qui, sans cela, nous seroient demeurés cachés. C'est par la puissance d'abstraire et de combiner, et d'exprimer toujours par de nouveaux signes de nouvelles idées complexes, formées par la réflexion, que l'homme a créé l'édifice des sciences : si l'on veut s'en convaincre, et connoître tout ce qu'elles doivent à cette faculté, il n'y a qu'à retrancher du dictionnaire général des connoissances humaines, la somme des termes exprimant les idées simples et individuelles données par la nature, le reste exprimera la somme des idées complexes dues à l'esprit et au travail de l'homme.

Distinguer.

J'ai déjà remarqué que presque toutes nos idées sensibles étoient complexes, et que celles qu'on nomme simples ne sont que les moins composées ; que nos sens, et sur-tout l'œil, en faisant passer dans notre tête l'image des objets extérieurs, ne nous offroient que des tableaux plus ou moins compliqués, mais dont nous avons le pouvoir de distinguer les parties, en les regardant ou les touchant l'une après l'autre. Cette faculté primitive de *distinguer* les élémens des objets et de nos idées, conduit à celle de les comparer et de les abstraire.

Comparer.

Comparer les objets et les idées, c'est les voir en même tems, et sentir leur égalité ou leur différence: chacune de ces vues simultanées, de ces sensations multiples, donnent l'apperçu d'un rapport exact ou juste, si l'on a bien vu; inexact ou faux, si l'on a mal vu.

Abstraire.

Parmi les idées simples dont les objets naturels nous présentent toutes sortes de réunions, et dont j'ai fait ci-devant un dénombrement sommaire, l'esprit en détache souvent une seule, dont il examine à part la génération, le développement et les variations, qu'il cherche à mesurer dans tous les états successifs par où elle peut passer, etc. et telles sont les idées de *nombre*, de *distance*, de *surface*, de *volume*, de *mouvement*, etc.; idées mesurables ou réductibles, chacune a des élémens homogènes, et que l'on a nommées *quantités*, parce qu'on a pour but d'assigner par le calcul, au moyen d'une mesure ou unité déterminée, *combien* elles contiennent de ces unités dans tous les changemens, en plus et en moins, dont on les conçoit susceptibles: ces idées, considérées seulement comme variables et indépendantes de toute espèce de corps, sont ce qu'on nomme des idées *abstraites*; et l'on nomme *abstraction* l'opération de l'esprit séparant ainsi les idées simples des faisceaux d'idées plus ou moins composés qu'offrent chaque objet naturel ou chaque notion créée par l'esprit. Si ces idées sont communes à tous les corps, comme l'existence, l'étendue, la durée, etc., elles sont à la fois abstraites et générales.

Composer et décomposer.

Lorsqu'au lieu de considérer à part, et l'un après l'autre, les divers élémens des idées complexes, l'esprit s'occupe ou s'amuse à les réunir, alors il *compose* toutes sortes de notions de sa façon, telles que celles exprimées par ces mots : *astronomie*, *géométrie*, *physique*, *beauté*, *laideur*, *bonté*, *prudence*, *vertu*, *vice*, *bonheur*, *malheur*, *éducation*, *morale*, etc. Quand ensuite il veut vérifier les élémens dont il les a formées, il fait une opération en sens inverse, ou défait son premier ouvrage, alors il *décompose* : mais dans cette double opération, il a ou doit toujours avoir pour but de s'assurer du nombre juste et de la qualité des élémens entrant dans chaque notion, et de les comparer avec exactitude; il compose et décompose bien, dès qu'il voit avec précision tous les élémens qu'il a rassemblés et liés par un même signe, après avoir désigné chacun d'eux par un signe différent : ces deux opérations n'en font donc pour ainsi dire qu'une, et toute leur différence, c'est qu'en composant les idées, l'esprit forme une chaîne A, B, C, D, etc., dont il parcourt les anneaux croissans, en allant de gauche à droite, ou de bas en haut, tandis qu'en décomposant, il revient sur ses pas de droite à gauche, ou de haut en bas.

Combiner.

La combinaison des idées embrasse la presque totalité des opérations que l'esprit fait sur elles ; elle comprend tous les arrangemens et les déplacemens dont elles sont susceptibles, prises deux à deux, trois à trois, quatre à quatre, etc., ainsi que tous les produits et les rapports distincts qui en résultent : mais toutes ces opérations peuvent en général se ramener aux deux précédentes (*composer* et *décomposer*).

Cette vérité est bien sensible en arithmétique ; car les cinq à six opérations principales qu'on y considère, *l'addition*, *la soustraction*, *la multiplication*, *la division*, *la formation des puissances* et *l'extraction des racines*, se réduisent au fond à ajouter et à soustraire, ou à composer et à décomposer des nombres : en effet, la multiplication n'est qu'une addition répétée, et la division une soustraction multiple ; et l'extraction des racines revient à la division, comme la formation des puissances, à la multiplication. Il en est de même de l'usage des logarithmes, il n'embrasse que les opérations précitées, qui, par leur moyen, se trouvent réduites, en dernière analyse, à l'addition et à la soustraction, ou même à l'addition seule.

Classer.

Au nombre des principales notions construites par l'esprit, sont celles *de classe*, *de genre* et *d'espèce*, etc. Le procédé par lequel il leur donne naissance, mérite une attention toute particulière, et je vais en conséquence examiner, avec quelques détails, la marche qu'il a suivie dans leur formation.

Le volume, le poids, la forme, la couleur, etc., étant les qualités les plus frappantes des corps naturels, c'est par elles que l'homme a d'abord classé tous les êtres, en se servant des seuls instrumens à sa portée (ses sens).

Il s'est apperçu, en parcourant le globe qu'il habite, qu'il est composé de trois grandes masses bien distinctes (la terre, l'eau et l'air) : il a vu, 1°. que parmi les différens êtres que renferment ces trois élémens, les uns étoient sans forme régulière, sans mouvement propre, et sans accroissement sensible : de la somme de tous ces corps, privés en apparence de toute activité, il a fait *le règne minéral* ou *les minéraux*.

2°. Que d'autres, quoique sans mouvement de translation, quoique fixement attachés au même point du globe, avoient une forme plus ou moins régulière, augmentoient sensiblement de volume, par un accroissement annuel et périodique, se développoient dans l'air par leurs rameaux, comme ils s'étendoient dans la terre par leurs racines, et s'engendroient ou se reproduisoient par leur graine, etc. : de la somme de ces corps, il a fait *le règne végétal* ou *les végétaux*.

3°. Que d'autres, doués d'une parfaite symétrie, d'un accroissement successif, avoient de plus la faculté de se mouvoir eux-mêmes, et de se transporter à volonté d'un lieu à un autre, et de se transmettre la vie par une génération directe, etc. : de la somme de ces corps est résulté *le règne animal* ou *les animaux*.

Les animaux, les végétaux, les minéraux, ont tous des qualités qui leur sont communes (la forme, la couleur, le volume, etc.), et qui ne varient que par la quantité, le degré ou les nuances; mais ils ont trois différences frappantes, dans la puissance de se mouvoir et de sentir, dans la forme symétrique et dans l'accroissement annuel et régulier : ce sont donc ces trois différences fondamentales qui ont dû présider à ces trois grandes divisions des corps naturels.

En excluant à la fois de la somme totale des propriétés

priétés apperçues dans la masse générale des corps (ou la matière) le mouvement spontané accompagné de sensibilité et d'intelligence, la forme symétrique, et l'accroissement régulier (ou le mouvement de vegétation), l'on a eu l'idée complexe des minéraux.

En retranchant seulement le mouvement spontané et la sensibilité, on a eu l'idée complexe des vegétaux, où il entre, comme l'on voit, un élément de plus.

Enfin, réunissant le mouvement spontané, la sensibilité et l'intelligence, à la somme des autres qualités apperçues dans les corps naturels, on a eu l'idée complexe d'animaux, la plus étendue et la plus compliquée de toutes, parce que soumis, comme les minéraux et les végétaux, à la loi générale de la pesanteur, ils le sont encore à la loi particulière et très-variable de cette force nommée *volonté*, départie à tous les êtres vivans.

Trois ou quatre différences principales apperçues dans les objets, nous ont donné trois grandes divisions; d'autres différences vont nous en fournir de nouvelles.

Parmi les animaux doués d'une force motrice, les uns peuvent l'exercer dans l'air où ils vivent, et qu'ils parcourent en tous sens, ayant reçu pour cela un degré de vigueur et un mécanisme convenable; ce sont *les oiseaux*.

D'autres l'exercent dans l'eau, où ils vivent et se meuvent dans toutes sortes de directions, en vertu d'une construction particulière; ce sont *les poissons*.

Il en est d'autres qui ne peuvent s'élever dans l'air, ni vivre habituellement dans l'eau, mais seulement parcourir la surface de la portion sèche et solide du globe, nommée *terre*; tels sont l'*homme*, *les quadrupèdes*, *les reptiles*, etc.

Voilà donc la grande famille des animaux subdivisée en trois grandes classes; 1°. celle des oiseaux ou *animaux aériens*; 2°. celle des poissons, ou *animaux aquatiques*; 3°. celle des quadrupèdes, etc. ou *animaux terrestres*. Mais comme, parmi eux, il s'en trouve qui, participant plus ou moins des qualités de tous les autres, ont la faculté de parcourir à la fois deux élémens, ou même les trois élémens et d'y vivre, on en a fait une quatrième classe, connue sous le nom *d'amphibies*: tels sont le castor, le poisson volant, la chauve-souris, etc. Le premier est pour ainsi dire un composé de poisson et de quadrupède, le second, de poisson et d'oiseau, et le troisième, d'oiseau et de quadrupède. De même l'autruche, le casoard, le manchot, privés de la faculté de voler, participent en même tems de l'oiseau et du quadrupède, et forment encore une sorte de classe mitoyenne.

Cette division des animaux, obtenue par une seconde classification, est due comme l'on voit à la différence de l'élément où s'exerce le mouvement spontané, et à la différence correspondante d'organisation, qui produit celle de leurs besoins et de leurs facultés.

En considérant maintenant chacune de ces nouvelles classes, sous les rapports de la forme extérieure, de l'organisation ou du mécanisme intérieur, de la faculté génératrice, de la grandeur, de la couleur, etc. (comme on l'a fait sous le rapport de la faculté motrice), l'on appercevra une série de nouvelles différences, et l'on formera une série de nouvelles classes nommées *genre*, *espèce* ou *variété*, suivant l'étendue de chaque division.

Ayant donc fixé, une fois pour toutes, le nombre

des propriétés communes qui doivent composer chaque classe (ou tracé les limites dans lesquelles elle doit être renfermée), on désignera leur somme par un seul mot, et ce mot (notre ouvrage, comme la classification des êtres), sera applicable, d'après la convention, à tous les corps qui, après un mûr examen, réuniront, à peu près dans le même degré, la somme des qualités ou propriétés précitées. Ainsi, par exemple, ayant fixé le nombre des idées et qualités qui doivent composer la notion complexe de cheval, tous les quadrupèdes dans lesquels nous les appercevrons, se nommeront chevaux : de même, j'appellerai aigle ou moineau, ceux des oiseaux qui se trouveront réunir la somme d'idées dont nous aurons formé la notion d'aigle ou de moineau. Voilà à quoi se réduit tout l'artifice de la formation de ce genre d'idées complexes et générales.

On a beaucoup disputé sur la préférence que l'on devoit donner aux diverses méthodes de classification pour la zoologie, la botanique, la minéralogie, et les autres branches d'histoire naturelle, et je ne sais pas trop pourquoi. En effet, 1°. ou l'on ne veut que ranger les objets dans l'ordre de leur plus grande ressemblance, et alors il faut, en suivant le procédé indiqué par la nature et le bon sens, les classer par leurs propriétés principales (la grandeur ou le volume, la forme intérieure et extérieure, la génération, et tout ce qui y a rapport, la durée de la vie, etc.), de sorte que l'on placera d'abord dans la même classe tous les êtres qui réuniront le plus de ces propriétés fondamentales ; et quand la somme des différences principales l'emportera sur celle des ressemblances, alors on tracera (comme je le ferai voir tout à l'heure) une ligne de démarcation, et l'on formera une nouvelle classe. 2°. Ou bien, ayant déjà composé un dictionnaire exact ou tableau descriptif des diverses substances animales, végétales, etc., l'on ne veut plus que résoudre ce problème : » Imaginer un moyen facile et prompt de retrouver dans ce dictionnaire » l'endroit où l'on a placé la description d'un animal, » d'une plante ou d'un minéral que l'on vient à rencontrer sur le globe «. Alors, il est à peu près indifférent laquelle de leurs propriétés l'on choisisse pour savoir dans quelle classe on les a rangés, ou, ce qui est la même chose, quel nom il faut leur donner, et dans quelle partie du dictionnaire existe leur description : ainsi, on peut classer les plantes par la description du tronc, des rameaux et des racines ; par celle des feuilles, des fleurs ou des fruits ; en distinguant le nombre des pétales, des étamines, etc. De même on peut classer les oiseaux par le plumage, le bec, ou les jambes et les pieds, etc. Toutes ces méthodes seront bonnes, pourvu qu'elles remplissent le but qu'on se propose, celui de fournir un moyen sûr et commode de retrouver dans le dictionnaire général des plantes et des oiseaux, la plante ou l'oiseau qui nous tombe sous la main, et d'y lire, à la suite de son nom, sa vraie description, de même que, dans les dictionnaires des langues, on trouve tous les mots classés par ordre alphabétique, et suivis de cette analyse plus ou moins exacte, nommée *définition*, presque toujours aussi mal faite qu'elle est difficile à bien faire.

Mais la meilleure de toutes les méthodes de classification sera toujours celle qui est fondée sur les caractères les plus essentiels, les plus frappans et les plus invariables. Au reste, il ne faut jamais perdre de vue que ces dénominations communes ne sont que l'ouvrage de l'esprit (1), et que les êtres auxquels il juge à propos de faire porter le même nom, ne sont pas pour cela les mêmes : c'est (qu'on me permette cette comparaison) une sorte d'habit de sa façon, qu'il applique sur tous les corps qu'il juge faits pour le porter ; mais cette espèce d'uniforme qui sert à les distinguer et à les grouper, ne détruit point les différences que la nature a mises entre les individus d'un même genre, d'une même espèce, parmi lesquels il n'en existe pas deux d'égaux en tout ; souvent même il sont très-différens, et ne se ressemblent que par un très-petit nombre de propriétés communes, qui ont servi à leur faire donner le même nom, ou à les ranger dans la même classe ; mais souvenons-nous que savoir classer les objets ne suffit point pour les connoître ; pour cela, il faut savoir en faire une description exacte, ou une analyse aussi complète qu'il est possible.

Je suppose donc que, pour chaque corps naturel, on ait pu former des dessins exacts, des plans et des états bien détaillés, montrant la forme, la couleur, le mécanisme intérieur, etc. ; le nombre, les dimensions et la position respective des parties ; enfin, les mouvemens, les habitudes et les mœurs (s'il est question

(1) Ces classifications ne sont pas pourtant tout à fait arbitraires : la nature, en formant de nombreuses familles d'animaux et de plantes, nous a offert une foule de modèles en ce genre. Il étoit tout simple de ranger dans la même classe, et d'appeler d'un nom commun, tous les êtres qui contiennent en eux le germe d'êtres semblables, et qui se communiquant avec la vie une grande conformité physique et morale, semblent, pour ainsi dire, jetés dans un même moule : c'est en généralisant ce procédé qu'on l'a ensuite appliqué à toutes sortes d'objets et d'idées.

d'animaux) : alors, on pourra déterminer la somme des qualités communes à tous les individus, ainsi que la somme des qualités différentes, et la classification des corps sera facile.

En effet, je suppose que tous ces tableaux, offrant une description exacte de chaque individu, soient placés à la suite l'un de l'autre, de façon que chacun ait plus de ressemblance avec celui qui le précède qu'avec celui qui le suit, on aura la grande chaîne des êtres rangés dans l'ordre le plus naturel, celui de leur *maximum* de ressemblance. Si maintenant l'on suppose cette chaîne coupée à chaque endroit où la somme des ressemblances du dernier chaînon avec le premier, commence à devenir moindre que celle des différences, on aura un moyen naturel de fixer le nombre des classes, et de n'en faire ni trop, ni trop peu, ce qui seroit également dangereux et contraire au but qu'on se propose, de soulager la mémoire et de mettre dans ses idées et notions complexes un *maximum* d'ordre et de netteté, en rangeant les divers systèmes de nos sensations ou les corps dans la suite de leur plus grande liaison naturelle.

Ainsi, soit la série des objets naturels, représentée par la formule suivante : $s = a + b + c + d + e \mid + f + g + h + i + k + l + m \mid + n +$ etc. dans laquelle les lettres de l'alphabet représentent une suite de corps dont la somme est désignée par s, et qui sont rangés de façon que b ressemble plus à a qu'à c ; c à b plus qu'à d ; et ainsi de suite jusqu'à f, qui, par hypothèse, diffère plus de a qu'il ne lui ressemble. J'élève devant f une ligne de démarcation qui me donne une première classe, que je désigne par le signe suivant, C : de même n différant plus de f qu'il ne lui ressemble, j'élève une nouvelle ligne de démarcation, et j'ai une nouvelle classe désignée par un nouveau caractère C'. Je puis, par la répétition du même procédé, en former autant qu'il me plaira; alors, au lieu d'embrasser d'une seule vue toute la série des objets *a*, *b*, *c*, etc., ce qui seroit souvent très-fatiguant, et fort souvent impossible, je la repose sur un certain nombre de chaînons principaux, C, C', C'', C''', etc., que j'ai la facilité de comparer entr'eux, comme je comparois chacun des individus *a*, *b*, *c*, etc. lui-même.

Ce procédé s'applique également à la classification de toutes nos idées, et l'on peut, en les rangeant dans l'ordre de leur plus grande liaison, de leur plus grande analogie, composer des groupes d'idées homogènes, comme on avoit formé des groupes de corps semblables; et partant créer toutes ces grandes notions nommées sciences, comme la géométrie, la mécanique, l'astronomie, etc., dont chacune n'est que la solution d'un ou de plusieurs problêmes relatifs au même objet, ou à un même systême d'objets.

L'on peut donc représenter le corps entier des sciences (*ou la somme des idées données par la nature, plus la somme des idées créées par la réflexion*) par une grande série algébrique formant le deuxième membre d'une équation, dont le premier sera, ou exprimera en masse le systême total des sciences elles-mêmes.

Le second membre renfermera autant de termes principaux que nous aurons formé de branches distinctes dans le systême général, par le triage et le rapprochement des idées homogènes.

Chacun de ces premiers termes se décomposera en autant de termes secondaires, que nous jugerons devoir faire de nouvelles divisions dans chaque branche d'une science.

Chacun de ces termes secondaires se développera de même en une série de nouveaux termes, dont le nombre sera fixé par celui des nouvelles subdivisions que nous aurons faites des termes secondaires; et en allant ainsi de subdivisons en subdivisions, nous arriverons insensiblement vers les sensations ou les idées élementaires, dont la somme, plus celle de leurs combinaisons, forme le système général de nos connoissances.

Nous pourrons de même, en partant des premiers élémens, et des combinaisons les plus simples, remonter vers les plus compliquées, en formant des collections d'idées simples, que nous désignerons par un seul terme; en continuant de rassembler plusieurs de ces faisceaux d'idées en un seul, et de désigner cet assemblage par un terme nouveau, nous formerons les principaux chaînons de nos connoissances, et par une répétition du même procédé, nous arriverons insensiblement aux premières branches de la science, et même au corps entier des sciences, que nous aurons réformé par un procédé inverse de celui par lequel nous l'avions décomposé.

L'analyse, méthode universelle.

J'appelle *analyse*, ou méthode analytique, cette double opération par laquelle nous composons et décomposons nos idées complexes et les divers systêmes de nos connoissances : elle enveloppe toutes les opérations et les facultés de l'esprit. Nous lui devons la facilité avec laquelle nous nous rappelons, nous parcourons les divers chaînons des idées composant chaque science, chaque branche de science, et même la chaîne générale de nos connoissances. C'est à cet artifice, par lequel nous séparons et classons nos idées, que nous devons (quand la division est bien faite) la marche prompte, méthodique et sûre de l'esprit, la force et l'étendue de ses facultés, la clarté, la beauté et le mérite de ses productions. Au contraire, quelle confusion, quel chaos dans la tête d'un homme qui n'a point appris à classer et à analyser ses idées! quelle incertitude dans sa marche, quelle inexactitude dans son langage, et souvent quelle obscurité, quelle foiblesse dans ses productions!

L'analyse est donc un sûr moyen pour acquérir toutes sortes de connoissances; c'est même la seule marche que nous suivons tous, comme sans nous en appercevoir, toutes les fois que nous nous formons des idées nettes. Car, que faisons-nous quand nous voulons acquérir l'idée d'un corps, d'une machine, etc. Nous dirigeons l'œil ou la main sur les diverses parties qui les composent, en commençant par les plus grandes ou les pièces fondamentales, descendant par degrés jusqu'aux plus petites, et remontant ensuite de celles-ci aux premières. Qu'arrive-t-il? A force de regarder successivement chaque partie, d'en remarquer à part la forme, la grandeur, la position, enfin, sa liaison ou son engrenage avec les autres, on a l'idée nette de chacune; et à force d'aller et de revenir de l'une à l'autre, on les lie toutes ensemble, on apperçoit tous leurs rapports: alors, on a dans l'esprit une idée complexe, ou un tableau représentant l'objet ou la machine tels qu'ils sont, et formé d'autant d'idées ou images distinctes, que nous avons remarqué successivement de parties avec l'œil ou la main.

Maintenant, si nous donnons des noms à chacune de ces parties, après avoir fixé sur un tableau ou plan (comme elles le sont dans notre tête et dans la réalité) leur forme, leur position et leurs dimensions respectives; car c'est plutôt le rapport de ces dimensions qu'il nous faut, que leur grandeur absolue (le plus petit modèle pouvant représenter fort exactement la plus grande machine, même le système du monde); nous aurons en notre puissance un double moyen toujours subsistant de les revoir, de les analyser de nouveau, et de les fixer si bien dans l'esprit, qu'elles ne puissent plus s'en échapper. C'est ainsi que nous acquérons, conservons et renouvellons toutes nos connoissances : au moyen du dessin et des signes de convention, les objets déposés dans nos registres, sont en notre puissance presque autant que si nous les voyions ou touchions encore.

Tous les objets étant ainsi analysés ou décomposés en parties bien distinctes, désignées chacune par un signe particulier, en comparant les signes, nous comparons les objets eux-mêmes et leurs parties composantes, et nous pouvons faire autant de ces comparaisons, qu'il y a de combinaisons possibles deux à deux, trois à trois, etc. pourvu que nous ayons soin d'attacher de nouveaux signes à chacune de ces combinaisons, ce qui est sur-tout nécessaire lorsqu'elles deviennent fort compliquées.

Le pouvoir que nous avons de fixer à volonté, par des signes naturels et arbitraires, les parties élémentaires des objets, et leurs diverses collections, nous donne donc le moyen de les considérer sous toutes les faces et les rapports possibles; mais comme nous ne pouvons les comparer que par les idées, les propriétés ou parties qui leur sont communes, et que nous ne pouvons également comparer à la fois toutes celles qui le sont, nous détachons pour un moment ces élémens du corps, ou faisceau de sensations dont ils faisoient partie, sans faire attention aux autres, que nous reprenons ensuite pour les traiter de la même manière, en les comparant chacun à leur tour.

L'ensemble de ces opérations, et leurs résultats, forment le système général des connoissances humaines, système qui n'auroit jamais pu s'élever qu'à une bien foible hauteur, sans le secours des signes et des notions complexes et abstraites, que ceux-ci représentent avec tant de commodité et de soulagement pour la mémoire. C'est une vérité actuellement démontrée, qui le sera mieux encore dans les Sections suivantes, et dont on pourra se convaincre par la pratique, en essayant de résoudre, sans le secours des signes, les plus simples problèmes de l'arithmétique, de la mécanique et de l'astronomie ; l'on verra clairement, par l'impossibilité où l'on sera de le faire, que notre esprit ne pense, ne calcule et n'opère qu'à l'aide et par le choix des signes ; de même que, dans les arts mécaniques, on n'opère qu'à l'aide d'un certain nombre d'outils choisis et adaptés au travail que l'on veut faire : en un mot, les signes sont pour lui ce que les couleurs et les pinceaux sont pour le peintre, les ciseaux, etc. pour le sculpteur, les cordes et l'archet pour le musicien, et les matériaux de toute espèce pour le constructeur et l'architecte. Sans ces instrumens, ces outils précieux, avec lesquels on pense et l'on s'élève (par l'analyse) à toutes sortes de connoissances, l'on n'auroit que très-peu d'idées, et peu de moyens pour les combiner, comme on le voit par l'exemple des animaux, des sauvages, et de tous les hommes privés d'éducation, qui, bornés au soin de se nourrir, et ne sachant ni lire, ni écrire, ni dessiner, etc. ne peuvent accroître leurs idées, les analyser, et multiplier à volonté leurs connoisssances.

Analyse des objets extérieurs par les sens, comparée à celle des idées par le cerveau.

De même qu'il y a deux classes d'idées, les unes naturelles (celles des corps), les autres factices, ou formées par l'esprit, avec les élémens fournis par eux, il y a aussi deux sortes d'analyses (eu égard à l'organe auquel on les doit); l'une, des objets naturels, ou sensations extérieures; l'autre, des objets intellectuels ou tableaux intérieurs, représentant, soit des êtres réels, soit des êtres créés par la réflexion ou l'imagination : la première analyse se fait par l'œil et la main, etc.; la seconde, par le cerveau.

En dirigeant les deux premiers organes tour à tour et plusieurs fois sur chaque partie d'un objet, d'une machine, nous acquérons le pouvoir d'appercevoir distinctement, et d'un coup d'œil, l'ensemble des parties que nous ne voyons d'abord que confusément, et nous avons devant nous un tableau de sensations dont nous saisissons rapidement toutes les parties dans l'ordre où elles existent. Si tout-à-coup nous fermons les yeux, ce tableau, quoique n'agissant plus sur l'organe de la vue, ne s'évanouit cependant pas pour nous; nous le voyons encore intérieurement, nous y distinguons les mêmes parties occupant la même place; nous avons la faculté de les parcourir, de comparer et de combiner les diverses portions de ce tableau intérieur et idéal, comme nous le faisions pour le tableau extérieur.

Le cerveau, en passant par une suite d'impressions et de mouvemens qui lui ont été transmis par l'œil, la main, etc., et qu'il a le pouvoir de conserver ou de faire renaître, vient donc à bout d'analyser l'objet intérieurement, comme l'œil ou la main l'avoient analysé extérieurement : et puisque, en général, chaque mouvement sur nos organes y produit une sensation, et que les mêmes mouvemens sur les mêmes organes reproduisent constamment les mêmes sensations; puisque d'ailleurs le tableau des idées ou sensations intérieures est formé des mêmes parties que celui des sensations extérieures, j'en conclus que ces deux tableaux de sensations, qui ne diffèrent que par le degré de vivacité, sont produits par deux suites de mouvemens semblables, qui ne diffèrent que par le degré d'intensité : car rien de plus naturel en pareille circonstance que de rapporter aux mêmes causes les mêmes effets, ou à des causes semblables des effets semblables.

Il est évident que le cerveau répète nos sensations, à peu près comme une glace réfléchit les images, et qu'il a la faculté de se diriger, par une suite de mouvemens, sur une galerie d'idées et de groupes d'idées dues à la nature ou à ses propres combinaisons, comme le faisoit l'œil sur les objets et groupes d'objets extérieurs; et les divers signes de nos idées, joints à l'action continuelle des objets environnans, ne cessent de provoquer son activité, qui souvent se prolonge jusque dans le sommeil, ce qui donne lieu aux songes ou *idées nocturnes*.

Le travail, l'exercice et les fonctions de l'œil et du cerveau, dans l'analyse de leurs sensations, sont donc à peu près les mêmes ; le cerveau réfléchit d'idées en idées, comme l'œil et la main d'objets en objets : en un mot, les mouvemens, les opérations et les habitudes de l'œil, de la main et des autres sens, impriment au cerveau une suite de mouvemens, d'opérations et d'habitudes analogues, qui lui communiquent peu à peu la faculté de conserver, ou de faire renaître et de combiner les cinq séries de sensations transmises par eux.

La somme des premières opérations et habitudes, compose les facultés des sens et du corps ; et la somme des dernières, les facultés du cerveau. On appelle ordinairement celles-ci *facultés morales*, et celles-là *facultés physiques* ; mais cette distinction, comme on voit, est assez peu fondée. Le cerveau est un organe matériel comme l'œil, l'oreille, etc., mais qui, par son organisation plus compliquée, plus parfaite, a la puissance de recevoir et de reproduire, etc. autant d'espèces de sensations qu'il y a de sens qui les lui transmettent : toute la différence qu'il y a, c'est que, dans un cas, le mouvement qui engendre les sensations est extérieur, tandis que, dans l'autre, il est intérieur. En un mot, l'œil, l'oreille et les autres sens ne sont que les ramifications du cerveau, organe central, qui se décompose en autant de parties distinctes qu'il y a de sens précités ; et il ne me paroît pas plus étonnant de voir dans les corps sensibles un centre de sensibilité (ou point par où passe et où réside la résultante de toutes leurs sensations), que d'appercevoir, dans tous les objets matériels, un centre de gravité (ou point où se concentre tout l'effort de la pesanteur).

De quelque manière donc que nous considérions ce

qui se passe en nous, soit par l'action réciproque des corps extérieurs sur nos organes, et de nos organes sur eux, soit par l'action réfléchie de l'organe intérieur (le cerveau), nous n'appercevrons jamais qu'une suite de mouvemens et de sensations reçues, conservées ou retracées, comparées, combinées et analysées.

Voyons maintenant comment de ce petit nombre d'opérations des sens et du cerveau résulte le systême général de nos facultés intellectuelles. Le tableau de ces facultés ne sera, pour ainsi dire, que la conséquence et la récapitulation de ce qui précède.

CHAPITRE III.

Génération des facultés intellectuelles.

Le premier degré de connoissance a lieu de l'instant où l'un de nos organes est touché par un corps; on éprouve une sensation dont le moindre degré peut se nommer *perception :* (ce mot s'applique sur-tout à l'œil, mais on peut le généraliser).

En ouvrant les yeux la lumière et les couleurs s'y précipitent avec les images de cette foule de corps que ma vue peut embrasser, et j'apperçois un tableau ou systême d'objets figurés et colorés : j'éprouve donc à la fois une foule de perceptions ou *sensations initiales.* Mais quoique ce tableau soit peint en entier sur la rétine, et que toutes ses parties y soient nettement dessinées, un coup d'œil ne me suffit pas pour les distinguer; j'ai besoin, comme je l'ai dit plus haut, de les regarder l'une après l'autre, ou de diriger successivement l'œil et la main sur chacune d'elles, et je n'obtiens l'idée nette et complette du tableau qu'après avoir examiné à plusieurs reprises tous ses élémens à part. Alors j'ai la vue simultanée du tableau, j'en vois à la fois toutes les parties d'une manière aussi claire et aussi prompte que j'en appercevois chacune séparément, et je puis aisément et rapidement les comparer, etc. De même quand les objets sont absens ou ont disparu, le cerveau qui conserve le tableau précité, sait, par une suite de mouvemens qui lui sont propres, retracer à volonté chaque idée partielle, se porter successivement sur toutes, et former les mêmes comparaisons, etc.

J'appelle *attention* cette direction de l'œil et des autres sens sur chaque objet présent, ou du cerveau sur chaque idée; et la direction successive et répétée des organes de l'œil, de la main, etc., et du cerveau, sur les objets et les idées, je la nomme *réflexion :* d'où l'on voit que la réflexion n'est qu'une répétition et une continuité d'attention, et que si la première ne donne par un seul acte qu'une comparaison, un rapport, la seconde fournit une suite de comparaisons et de rapports.

L'attention prend le nom de *contemplation,* lorsqu'elle est fixée long-tems et sans interruption sur un même objet qui d'ordinaire est censé nous plaire, nous frapper, nous étonner, ou nous intéresser beaucoup.

Le résultat naturel de l'attention est donc de nous montrer dans chaque objet ou chaque idée complexe, la différence ou plus généralement le rapport des élémens qui les composent : l'apperçu ou le sentiment de ce rapport entre deux idées ou deux objets, s'appelle *jugement.*

Si un seul acte d'attention produit un jugement ou

l'apperçu

l'apperçu d'un rapport par la vue simultanée de deux choses; l'attention répétée ou la réflexion produit une suite de jugemens dont la somme forme le *raisonnement*. (Ce mot se dit aussi de l'opération qui, par une analyse ou démonstration rigoureuse, fait voir plusieurs jugemens renfermés les uns dans les autres, et montre, par une suite de propositions identiques, le fil caché qui les lie).

Je nomme *raison* l'ensemble de tous les raisonnemens exacts qu'il est possible de faire, quand je les considère existans dans la tête de l'homme, ou exprimés par des signes et un langage de sa façon : et *vérité*, quand je les considère indépendamment de l'existence du genre humain, de l'écriture et de la parole, en un mot, seulement comme possibles.

La *vérité* indépendante de l'homme est donc la raison éternelle, universelle et invariable.

La raison individuelle (car on peut en distinguer de deux sortes, et l'envisager sous plusieurs aspects différens) est la faculté qu'a chaque homme (d'après les lois de l'humaine organisation) d'appercevoir ou trouver, de dire et d'écrire la vérité, en exprimant par des signes naturels ou de convention les vrais rapports des choses et les choses elles-mêmes. (*N*[a]. Ce mot *chose* est extrêmement général, il s'applique à toute espèce de corps, de sensations et d'idées).

La raison actuelle de l'espèce humaine, considérée comme produit de cette faculté élémentaire (individuelle), se mesure par la somme totale des propositions vraies en physique, en mathématiques, en morale, en politique, en histoire naturelle et civile, etc., exprimant les jugemens et raisonnemens exacts déposés dans ce grand nombre de registres nommés *livres*, existans chez tous lés peuples civilisés.

La raison future ou possible du genre humain est la somme de tous les jugemens, raisonnemens et propositions vraies qui pourront exister par la suite des tems dans la tête de tous les hommes, ou être consignés dans leurs annales.

La vérité et la raison, considérées par rapport à l'homme, ne sont donc pas, comme on pourroit d'abord le croire, des quantités constantes ou invariables; il n'y a de tels que les opérations et les procédés mathématiques de l'esprit qui leur donnent naissance; mais la dose ou le degré de raison et de vérité varie dans chaque tête, dans chaque pays, dans chaque siècle, suivant le climat, le génie des peuples, leur degré de civilisation, enfin suivant les plans d'instruction, d'éducation, de législation et de gouvernement. Le moyen de connoître la portion de raison que contient un mémoire, un ouvrage, une bibliothèque, etc., est de les décomposer en propositions élémentaires, vraies ou fausses; une fois la vérité ou la fausseté de chaque proposition bien constatée, on saura à quoi s'en tenir.

Les vrais élémens de la raison humaine ne sont donc que les élémens des arts et des sciences; et travailler à créer ceux-ci avec la plus grande perfection, c'est engendrer et perfectionner la raison humaine par la recherche et le développement rigoureux du vrai, du juste et du beau en tout genre. Cette vérité si simple a été et est encore si méconnue, même par nombre de philosophes, ou gens soi-disant tels, qu'elle pourroit passer pour une découverte (1).

Ainsi donc les *jugemens* sont composés de sensations; les *raisonnemens* sont composés de jugemens; la *raison* est la somme des raisonnemens justes; la *vérité* est la somme des rapports exacts, existans ou possibles, apperçus ou non apperçus.

L'*intelligence* est dans l'homme la faculté de les appercevoir; et l'on peut dire que si la vérité est composée des vrais rapports des choses, l'intelligence l'est de la vue nette de ces rapports : elle est le prin-

(1) L'exercice journalier (ou la pratique) de la raison s'appelle tour à tour *justice*, *sagesse*, *prudence*, *philosophie*, etc. il renferme l'ensemble des vertus (ou de nos passions bien dirigées). Il n'y a donc qu'une vraie justice, une vraie sagesse, une vraie prudence, une vraie philosophie, et une vraie vertu, etc. comme il n'y a qu'une vraie raison. Par malheur tous ces noms augustes ont été dans tous les tems et sont journellement encore usurpés et profanés par les individus, les gouvernemens et les peuples. A les entendre, ils sont tous raisonnables, justes, sages, bienfaisans, etc. mais en les voyant agir, on s'apperçoit clairement qu'esclaves ou jouets de leurs passions et de leurs intérêts, ils se moquent souvent de la raison et de la justice, et que ces beaux noms ne servent qu'à colorer et pallier le vice, l'injustice, la superstition, le fanatisme, le droit odieux de la force, etc. qu'enfin ils couvrent fréquemment un amas d'absurdités et d'horreurs. Mais, malgré les efforts que l'on a faits pour obscurcir, dénaturer ou avilir ce qu'il y a de plus sublime et de plus respectable, la *raison*, la *justice* et l'*immuable vérité* n'en brillent pas avec moins de pureté et d'éclat aux yeux du vrai philosophe, dont l'œil d'aigle planant sur l'univers, voit les hommes et les choses tels qu'ils sont, et les apprécie ce qu'ils valent. Il voit clairement la source des maux du genre humain dans l'ignorance ou le mépris de ce qui est vrai, raisonnable et juste, et il sent qu'ils ne peuvent finir (ou du moins s'adoucir beaucoup) qu'autant que la raison et la philosophie, devenues familières aux hommes, seront les législateurs de notre misérable petit globe, depuis trop longtems en proie aux passions féroces, à la folie et à l'erreur.

cipal instrument de la raison, (résultat général de la faculté pensante bien conduite.)

La *mémoire* est le pouvoir de conserver ou de faire renaître les sensations et les idées reçues. La *réminiscence* est le premier acte et le commencement de cette faculté, comme la perception est un premier degré de sensation et le premier acte de la sensibilité extérieure; car avant d'avoir de la mémoire, il faut bien commencer par *se ressouvenir*, comme avant d'analyser les objets par l'œil, la main, etc., il faut commencer par les sentir, les appercevoir.

L'*imagination* est le pouvoir de retracer vivement, de rapprocher, de rassembler et de combiner des images quelconques, ou les sensations de la vue (les couleurs, la forme, le volume des corps, etc.)

La *sensibilité*, faculté générale de sentir, contient toutes les précédentes, dans lesquelles il n'entre définitivement que des sensations; car les idées ne sont que les sensations du cerveau, et la copie des sensations extérieures, comme les facultés intellectuelles sont les habitudes de cet organe principal.

Enfin, l'*entendement* (expression vaste qui comprend tout ce qui existe, ou peut exister dans les têtes humaines), est *la somme totale de nos sensations, de nos idées, des opérations de l'esprit, et des facultés précitées.*

D'où l'on voit que la sensation est la base et la matière première de toutes nos connoissances et de nos facultés intellectuelles, qui sous un très-grand (et trop grand) nombre de noms, n'expriment que les formes variables d'une faculté unique, *la force pensante.* Ainsi, par exemple, ces mots *intelligence*, *mémoire*, *imagination*, sont les trois noms principaux par lesquels on la désigne, et sous lesquels elle manifeste son activité et ses produits : je vais essayer de les comparer, et d'en bien faire sentir les nuances communes et les différences.

1°. Quand la force pensante s'occupe des sciences mathémathiques, des arts mécaniques, et en général de toutes les quantités qui peuvent se soumettre au calcul, des objets susceptibles d'une description exacte, etc. c'est l'*intelligence* proprement dite.

2°. Lorsqu'elle combine les idées de tout genre sans distinction, qu'elle crée tous les êtres fantastiques, fabuleux et imaginaires, et qu'elle donne naissance à toutes les grandes compositions originales en poésie, en peinture, en sculpture, en musique, etc., elle s'appelle alors plus particulièrement *imagination*. Mais c'est toujours la même force; car avant de construire ou d'analyser une machine, il faut en avoir dans la tête toutes les parties nettement dessinées, comme avant de soumettre au calcul les lignes, les surfaces et les solides géométriques, etc., il faut se les représenter clairement, ou ce qui revient au même, les *imaginer*. Ainsi on pourroit dire que l'intelligence n'est qu'une imagination régulière.

Dans le premier cas, la force pensante s'occupe à déterminer le rapport de toutes les choses mesurables et variables; à rechercher et à exprimer par des formules analytiques (ou des équations) les lois de leurs changemens; à former avec précision des notions complexes, abstraites et générales; à analyser les idées de forme, d'étendue et de pesanteur; et en poussant cette analyse jusque dans ses derniers développemens, à trouver des résultats aussi utiles qu'étonnans, tant dans la théorie que dans la pratique. Dans le second cas, peu occupée de rapports et de considérations abstraites, elle parcourt et décompose tous les objets naturels, elle en extrait les sensations qui nous plaisent le plus, et forme en tout genre ces compositions originales qui nous divertissent, nous étonnent et nous flattent. Tantôt saisissant avidement, et réunissant dans les êtres qu'elle crée les divers élémens du beau épars dans les productions du globe, elle en forme la belle nature, ou ce systême de corps plus parfaits que les objets naturels, à l'imitation desquels on les doit : tantôt elle dépèce, pour ainsi dire, les membres des animaux, et les parties des autres corps naturels, puis combinant ensemble tous ces élémens de sa façon, elle en forme une masse d'êtres bizarres, monstrueux ou sublimes; c'est ainsi qu'elle produit des sphinx, des griffons, des harpies, des centaures : par le même artifice elle enfante les dieux, les déesses, les anges, les démons, le ciel, l'enfer, etc.; en un mot, cette foule d'êtres *imaginés*, qui sont ensuite le sujet de la peinture, de la sculpture, de la poésie, et dont la somme compose le domaine particulier de la fable et de l'imagination. (Ainsi, par exemple, Newton avoit une grande intelligence, et Homère une grande imagination).

Mais lorsqu'après ces grands écarts la force pensante vient à réfléchir sur les causes, qui dans ses productions en peinture, poésie, etc., produisent l'attendrissement, l'admiration, le plaisir ou la peur, etc.; lorsqu'elle veut soumettre à des règles les beaux-arts qu'elle a créés, alors elle redevient l'intelligence. On voit donc combien est légère la nuance qui sépare ces deux facultés, au premier coup d'œil, assez différentes, et comment après s'être si fort écartées, elles se rapprochent jusqu'à se confondre : c'est toujours la même faculté qui pense et se réfléchit d'objets en objets ; elle ne varie que par la nature de ces objets et par celle de ses opérations. En général, il n'y a guère d'intelligence sans imagination, et il ne doit point y avoir d'imagination sans intelligence.

3°. Souvent beaucoup d'idées se retracent à l'esprit, sans qu'il ait d'aptitude à les comparer, à les combiner, etc. ; elles y restent froidement immobiles et comme en dépôt : ce sont de simples matériaux qui attendent l'heure du génie qui doit leur donner le mouvement, la chaleur et la vie. Souvent le cerveau ne nous présente les choses qu'en masse, il ne fait que nous *accuser réception* de nos idées et de leurs signes ; il ne nous rappelle que le nom, la qualité des sensations, le lieu où nous les avons reçues, etc., sans en réveiller l'intensité, sans nous montrer les couleurs, les formes, l'étendue, etc. Quand la faculté pensante se borne là, elle conserve ordinairement le nom de *mémoire*. Mais quand les images des corps sont aussi nettement et régulièrement dessinées dans notre tête que si les objets étoient présens, et que nous pouvons comparer et analyser, etc. les idées retracées aussi exactement que les sensations elles-mêmes subsistantes, alors la mémoire devient l'imagination et en prend le nom.

Ainsi donc la force pensante (dont tous les actes ont été classés et renfermés sous trois grandes dénominations, pour la commodité même de l'esprit humain, qui en se décomposant ainsi, peut mieux s'appercevoir et juger de son énergie et de son étendue) s'appelle tantôt *intelligence*, tantôt *imagination*, tantôt *mémoire*, suivant la qualité, la précision, le degré d'énergie, de vivacité et de netteté de ses opérations : mais quelles que soient ces opérations, quelque nom qu'on veuille leur donner, suivant les divers changemens de la pensée, elles se réduiront toujours aux quatre suivantes : 1°. *Recevoir des sensations et des idées*; 2°. *les conserver ou les retracer*; 3°. *les exprimer par des signes*; 4°. *les combiner avec ou sans le secours des signes*. Voilà en dernière analyse à quoi se réduisent les quatre élémens généraux et bien distincts de cette grande faculté.

La suivante, la *volonté* ou *force motrice des corps sensibles*, forme la seconde partie du moral de l'homme. Elle naît, comme la première, de l'organisation, se fortifie avec elle, et est mise en jeu par l'action continuelle des objets extérieurs sur les sens et le cerveau, ainsi que par l'exercice des facultés intellectuelles. L'intelligence et la volonté produisent tous les mouvemens de l'homme, etc.; la première voit ce qu'il faut faire, et la seconde l'exécute.

Si à l'entendement on ajoute la volonté avec le système des sentimens et habitudes relatifs à celle-ci (le plaisir, la douleur, le besoin, le malaise, l'inquiétude, la crainte, l'espérance, l'amour, la haine, etc.), on aura l'AME formée de l'entendement et de la volonté, et qui n'est, comme l'on voit, que *la somme totale de nos sensations, de nos idées, de nos sentimens, de nos habitudes et de nos facultés*.

C'est ainsi que par degrés l'on peut, sans s'égarer, s'élever de la simple sensation jusqu'à la plus sublime des notions morales, mais en même-tems la plus obscure, la plus difficile à analyser, et la plus mal analysée jusqu'ici. C'est au lecteur impartial à juger si l'analyse rapide que je viens d'en faire, et qui se trouve développée dans tout le cours de l'ouvrage, ne seroit pas plus exacte qu'aucune de celles qui l'ont précédée.

A ces premiers et principaux noms, consacrés à exprimer la dissection morale de l'homme, ou les pièces fondamentales de l'entendement humain, je crois devoir ajouter les suivans, qui ont, quoique moins directement, le même but.

La *pensée* est l'action même de la force pensante, considérée comme étant en activité, ou (dans son sens le plus étendu), c'est la somme des opérations intellectuelles: alors elle renferme l'attention, la réflexion, le jugement, le raisonnement, etc., tous les produits de l'intelligence et de l'imagination, et en général toute espèce de combinaison d'idées. D'autres ont réuni sous ces mots *pensée* et *penser*, toutes les opérations de la force pensante et de la volonté; alors, selon eux, les désirs, l'inquiétude, la crainte, l'espérance, etc., feroient partie de la pensée; mais il vaut mieux, ce me semble, restreindre l'étendue de leur signification, en la bornant à exprimer l'exercice de nos facultés intellectuelles, les opérations de l'esprit sur les idées: cette ligne de démarcation est assez naturelle, et cette division me paroît beaucoup plus nette que l'autre.

L'*esprit* considéré dans l'individu est *la faculté de penser*, plus *celle de bien exprimer sa pensée*, ou c'est *la force pensante manifestée par les signes*; le talent de la parole et de l'écriture, et plus généralement l'art de transmettre ses idées par un système de signes quelconques, en forment donc une partie essentielle: l'art de penser en fait le principal élément, mais il a besoin, pour se développer et se manifester, du secours des signes dans lesquels il resteroit, pour ainsi dire, en prison et dans une enfance éternelle.

L'esprit considéré par rapport à l'espèce humaine, est la somme totale des productions de la faculté pensante ; il comprend tous les produits de l'intelligence, de la mémoire et de l'imagination, par conséquent la raison et les absurdités, la vérité et l'erreur, l'évidence et les préjugés, l'histoire naturelle et la mythologie, en un mot, tout ce qu'il y a de bon et de mauvais, de vrai et de faux dans les têtes humaines, l'ensemble de nos bibliothèques, et les annales du genre humain. L'esprit étant toujours proportionné à l'activité de la force pensante, il arrive souvent que l'on prend l'un pour l'autre; mais il me semble qu'on peut les distinguer, et je crois avoir indiqué ici la nuance qui les sépare : au reste, je reviendrai sur cet objet dans la Section suivante.

Souvent le mot *esprit* est encore employé pour exprimer le *cerveau*, qui en est le principal instrument ou organe, puisque ses habitudes forment les facultés dont se compose l'esprit ; et c'est dans ce sens-là que par fois il m'arrive à moi-même d'en faire usage ; alors les vues, les opérations, les productions de l'esprit ne sont que celles du cerveau, qui, comme l'œil, a sa manière de sentir, d'agir et de voir. Si l'on disoit en pareil cas, les vues, les opérations, etc. du cerveau, on parleroit avec plus de justesse ; mais par malheur l'usage est un tyran, qui ne permet pas toujours d'être aussi exact qu'on pourroit l'être. C'est sur-tout en traitant des matières pareilles à celles qui m'occupent, que l'on sent cette vérité.

Parmi cette multitude prodigieuse de formes, dont l'esprit est susceptible, je crois devoir distinguer encore les suivantes, le *bon sens*, le *sens commun*, le *talent*, le *goût*, le *génie*.

Le *bon sens* n'est que le pouvoir naturel de sentir avec exactitude (comme font tous les hommes bien organisés) : c'est celui d'appercevoir nettement les rapports les plus apparens des choses, et de former les combinaisons d'idées les plus simples. On a du bon sens quant on sait bien voir, bien regarder, bien entendre, et bien se conduire dans les cas les plus ordinaires de la vie, en un mot, bien se servir dans l'analyse des corps, ou objets sensibles, de ces premiers instrumens (les sens), que la nature nous a donnés pour veiller à notre conservation, à nos besoins, ainsi qu'à l'acquisition du petit nombre d'idées élémentaires, et du degré de facultés intellectuelles nécessaires pour cela. Le bon sens (trop dédaigné de beaucoup de gens qui souvent ne le possèdent pas) n'est donc que le premier degré ou le germe du bon esprit, du talent et du génie : c'est la base sur laquelle doit reposer l'édifice de nos connoissances, et il est bien difficile d'avoir de l'esprit ou du génie, quand on est dépourvu de bon sens, ou qu'on est mal organisé ; car avoir *du bon sens* ou *de bons sens*, c'est à peu près pour moi la même chose.

Le *sens commun* n'est pas toujours le bon sens (qui comme on sait n'est pas si commun) ; c'en est tout au plus une fraction, un premier degré : c'est la plus petite portion d'idées et de facultés intellectuelles, considérée comme propriété commune de l'espèce humaine, et qui chez tous les hommes, passablement organisés, est le résultat nécessaire de cette communauté d'organes qu'ils tiennent de la nature. Le sens commun est donc la première base des rapports sociaux existans entre toutes les nations, comme entre tous les individus d'une même nation ; c'est cette possession commune d'organes semblables, qui fait que nulle part sur le globe, un homme n'est tout à fait étranger pour un autre homme ; elle met les hommes de tous les pays à même de se rapprocher par le secours du langage d'action, cette expression naturelle de la physionomie et des gestes, qui partout a précédé ou fait naître l'usage des langues parlées ou écrites.

Le talent s'étend à la fois à toutes les opérations de l'œil, de la main et de la tête, bien conduites : c'est, à proprement parler, l'art de bien diriger ses facultés physiques et morales, celui de faire bien tout ce que l'on peut faire ou entreprendre : ainsi, l'on dit également d'un bon géomètre, d'un bon administrateur, d'un bon orateur, d'un bon peintre, d'un bon poëte, d'un bon musicien, d'un bon acteur, etc., même d'un bon ouvrier ou habile artisan, *il a du talent.* Des idées, avec la faculté de les exprimer et de les combiner, composent l'esprit ; mais le talent embrasse de plus les mouvemens des différentes parties du corps, ainsi que le pouvoir de les former, de les varier avec précision, avec grace, et de produire, avec plus ou moins d'adresse, toutes ces brillantes combinaisons dont le développement donne naissance à la danse, à la musique, à la déclamation, etc.

Le goût réside sur-tout dans l'analyse des beaux-arts et de leurs productions : c'est l'habitude de voir ou de produire le beau qui le forme ; le bon goût doit donc se trouver sur-tout dans les villes capitales, dépositaires du plus grand nombre de chefs-d'œuvres et de modèles précieux en tout genre : voilà pourquoi il a successivement habité Athènes, Rome et Paris.

Ces entiment rapide du vrai, du bon, du beau, du médiocre et du mauvais dans les sciences, les lettres et les arts, est le juge naturel du talent et du génie dans presque tous les genres; il en analyse les productions d'une façon plus ou moins heureuse et prompte, suivant qu'il a été formé par une plus ou moins longue habitude de bien voir et de bien opérer. Cette faculté est, pour l'esprit et ses ouvrages, ce que la langue est pour les alimens du corps : c'est pourquoi elle a reçu le nom de *goût*.

Le génie consiste sur-tout dans la puissance fort étendue de combiner les idées, d'appercevoir leurs rapports les plus éloignés, et par-là, de donner naissance à toutes sortes de productions nouvelles en mathématiques, en morale, etc., en poésie, peinture, sculpture, etc.; car le génie, comme l'esprit et le talent, prend, sous un même nom, autant de formes différentes qu'il y a d'applications possibles et de branches dans le système de nos connoissances; mais dans quelque partie que ce soit, il réside toujours dans la faculté de créer de nouvelles combinaisons d'idées. Celui qui ne sait que répéter et délayer les idées d'autrui, n'a point de génie, il n'a que de la mémoire, et tout au plus de l'esprit, du talent, quand il exprime bien des idées reconnues pour appartenir à d'autres, ou qu'il sait lui-même avoir puisées chez les autres : car, à la rigueur, on peut avoir du génie, quoique les choses qu'on a trouvées ne soient pas neuves; on peut appercevoir et découvrir soi-même, par la seule force de sa tête, une foule de choses déjà découvertes par ses prédécesseurs, et qui n'en sont pas moins neuves pour un auteur. Nous avons en ce cas le même mérite qu'eux dans ce genre d'invention, mais ils ont l'avantage d'avoir vécu avant nous, d'avoir regardé et vu les premiers, et on leur attribue l'honneur des découvertes. Au surplus, il est assez rare, quand on a du génie, que parmi le grand nombre de combinaisons et de réflexions qu'on ne doit qu'à soi, il ne s'en trouve pas un certain nombre de nouvelles, qui, reconnues pour telles, nous classent parmi les inventeurs, et nous associent à leur gloire.

CHAPITRE IV.

De l'imperfection des langues vulgaires et de ses causes : conclusion de la seconde Section.

LES mots *esprit*, *talent*, *génie*, etc., sont du nombre de ces expressions très-complexes, très-variables, dont on a tant et si vaguement parlé, et sur lesquelles on n'est encore si peu d'accord que parce qu'on ne connoît pas au juste le nombre et la qualité des élémens que chacune doit renfermer. Il en est de même de presque toutes les notions intellectuelles et morales : elles sont tombées dans un chaos qui ne peut être éclairci et débrouillé que par un penseur aussi pénétrant que profond, qui, s'élevant au-dessus de cet amas d'idées contradictoires, nées de la confusion des opinions, des religions et des institutions humaines, sait remonter, pour ainsi dire, jusqu'à la *racine* de la raison et de la vérité, se voir et s'analyser lui-même tel qu'il est, et de l'analyse exacte des facultés de l'individu, conclure ensuite celles de l'espèce.

Comme il n'y a point eu jusqu'ici de ligne précise de démarcation tracée entre les notions précitées (ce qui, je l'avoue, est souvent très-difficile, et quelquefois impossible dans les langues actuelles), il est résulté de là que chaque individu ignorant ce qui doit être ou n'être pas du ressort de chacune d'elles, ou ne pouvant appercevoir leur vraie différence, a pris le parti de l'établir à sa manière : de là des disputes de mots, des variations et des contradictions sans fin : et c'est ce qui arrivera toujours pour les notions complexes mal déterminées, mal *construites*. Chacun les construit à sa manière, et ce genre de construction diffère chez presque tous ; l'un y met plus, l'autre y met moins d'élémens, ou des élémens divers ; alors, qu'arrive-t-il ? le même mot se trouve consacré à exprimer en même tems une infinité de choses différentes : il a presque autant de significations qu'il y a de têtes ; comment saisir la vraie ? Chacun croit, en employant ce mot, qu'il doit (parce qu'il est le même) dire ou exprimer la même chose pour tous ; il trouve plaisant qu'un autre y attache des idées qui ne sont pas les siennes, et c'est de la meilleure foi du monde que l'on s'accuse réciproquement de ridicule, d'ignorance et d'absurdité : on s'aigrit, on s'emporte, on se hait, on se fuit, et souvent l'on s'égorge.

Quel remède à cela, direz-vous ? Je n'en vois qu'un, c'est de bien construire sa langue, de former un dictionnaire analytique, tel qu'à la suite de chaque mot composé, ou exprimant une idée complexe, on voie rangés sur une même ligne, sous une même accolade, dans une même colonne verticale ou horizontale, enfin, dans un même tableau, tous les termes qui entrent dans sa formation, et dont chacun désigne une des idées partielles formant la notion que l'on veut analyser. Un pareil dictionnaire une fois arrêté et bien composé, doit devenir la première base de toute instruction, comme étant le dépôt précieux des idées, des notions et des conventions élémentaires en tout genre : quiconque veut s'instruire à fond, doit être tenu de l'apprendre, de se le rendre familier; il faut du moins qu'il sache bien s'en servir, afin que, quand on ne sera pas d'accord, on puisse y recourir, et savoir qui a tort ou raison, en voyant combien d'idées et quelles idées exprime un mot composé.

Il existe encore beaucoup de mots relatifs à l'esprit et à la force pensante, dont je n'ai point parlé dans le Chapitre précédent; 1°. parce qu'ils peuvent tous se rapporter d'une façon plus ou moins directe à ceux dont j'ai donné l'analyse; 2°. parce que j'aurai occasion de revenir sur cet objet dans la section suivante : d'ailleurs, ils ne sont, pour la plupart, que des expressions multiples d'une même chose, des synonymes dont les nuances variables n'ont guère qu'une existence fugitive, fixée par un usage passager, incertain, et très-changeant : tels sont les mots *sagacité*, *pénétration*, *discernement*, *naïveté*, *finesse*, *légèreté*, *délicatesse*, *agrément*, *justesse*, *sublimité*, *profondeur*, etc., dont chacun exprime une des formes très-multipliées, dont l'esprit et le génie sont susceptibles, ou caractérise la variété de leurs productions.

Il est extrêmement difficile d'assigner rigoureusement les petites différences de valeur et d'énergie existantes entre plusieurs expressions regardées comme synonymes; mais cette difficulté cesseroit d'avoir lieu, si nos dictionnaires étoient mieux construits : alors, 1°. nous n'aurions qu'un signe pour exprimer une seule chose; 2°. nous n'exprimerions point par un même signe beaucoup de choses différentes; 3°. il y auroit entre les signes des différences analogues à celles des idées.

idées. A la suite de chaque mot complexe, l'œil verroit les signes élémentaires dont on l'auroit formé, de même que l'esprit voit dans l'idée complexe désignée par le signe principal, les idées simples qu'elle renferme, et correspondantes à chacun des signes précités. Alors, on appercevroit sans peine la différence de tous les termes comme de toutes les idées : il n'y auroit qu'à retrancher l'un de l'autre en effaçant les parties communes, le reste de la soustraction exprimeroit la différence, comme cela a lieu en arithmétique et en algèbre.

Par malheur, il s'en faut bien que les choses soient ainsi. Les langues des peuples ne ressemblent point à ces édifices régulièrement bâtis d'un seul jet, dont le plan a été conçu, et l'exécution dirigée par une seule tête, ou par un petit nombre de têtes pensantes. Ce sont de vieux bâtimens élevés lentement, à la suite des années et des siècles, formés d'abord (pour la plupart) de matériaux de toute espèce, pris au hasard, qui ont eu successivement une infinité d'architectes différens, dont chacun a, en quelque sorte, posé sa pierre : de là ce défaut d'ensemble, cet air gothique, cette bigarrure et cette irrégularité choquante que la plupart d'entr'elles (même les plus philosophiques, les plus perfectionnées) conservent encore malgré les efforts des hommes célèbres, qui tous ont, chacun dans sa partie, plus ou moins contribué à les corriger, à les refondre, en les faisant en quelque sorte passer par la *filière* et le *creuset* de leur génie. De là cette foule de défauts d'inexactitudes, et cette difficulté d'analyse que ne présenteroit point une langue rigoureuse, inventée et géométriquement construite par une société de savans et de philosophes, ou même par un seul homme de génie, si la chose étoit possible.

Consacrées à exprimer les premiers besoins très-simples et les idées peu compliquées des sociétés naissantes, les langues n'ont d'abord renfermé qu'un petit nombre de termes exprimant assez nettement le petit nombre des objets connus. A chaque nouvelle découverte, à chaque nouveau besoin, on a inventé de nouveaux signes, et c'est ainsi que croissantes avec les connoissances, la population, l'industrie et les arts, elles ont suivi dans leurs changemens successifs en plus ou en moins, toutes les variations des peuples qui les employoient, et que les progrès de leur perfectionnement ont constamment accompagné ceux de la civilisation, dont elles représentent, d'une façon plus ou moins marquée, les époques et les diverses nuances.

Les langues des peuples naissans ont pu et dû être grossières, car c'est assez là le sort des premiers essais de l'homme en tout genre,

> D'abord il s'y prend mal, puis un peu mieux, puis bien,
> Puis enfin il n'y manque rien.
>
> (LA FONT.)

mais nées de la nécessité et des besoins les plus pressans, elles ont dû être très-claires, et bien entendues de tous ceux qui les parloient : il en est encore de même aujourd'hui de cette portion du langage consacrée à l'expression des idées sensibles, des premiers besoins et des usages les plus ordinaires de la vie. Chaque meuble, chaque outil ou instrument a son nom bien distinct, et tous les termes relatifs aux arts mécaniques exprimment toujours assez nettement et pour tout le monde, les mêmes idées. Ce précieux avantage n'auroit pas cessé d'avoir lieu, si l'homme eût continué (comme la nature l'avoit fait commencer) à n'inventer des mots qu'à mesure qu'il auroit eu de nouvelles idées, de nouveaux besoins. Mais après avoir donné des noms aux objets qui l'entouroient et frappoient ses sens, il en a donné de même à des choses invisibles, à des fantômes : son imagination, plus forte que son intelligence, lui a fait créer cette foule d'êtres fantastiques, avec lesquels il a voulu ensuite (en les distribuant partout à son gré) expliquer les divers mouvemens de la nature. Son impatience a substitué les produits de son cerveau aux données précieuses (mais lentes) du tems et de l'observation : il a mêlé les élémens de l'univers réel avec ceux du monde imaginaire, et confondu la fable et la mythologie avec la vérité. Alors le langage a perdu sa pureté; et les erreurs, les écarts, les préjugés du genre humain se sont multipliés en foule, ainsi que ses malheurs, car l'un ne va jamais sans l'autre.

Un des plus grands obstacles à l'exactitude des langues vulgaires provient de ce que formées d'abord, pour la plupart, des débris du langage de plusieurs peuples, et soumises continuellement à l'influence réciproque que toutes les nations du globe exercent les unes sur les autres, en se mêlant par la voie du commerce, etc., elles ne nous offrent presque plus rien de cette génération régulière, de cette analogie qui, dans les langues que l'on peut se créer soi-même (comme celles de la musique, de l'algèbre, etc.), sait d'un certain nombre d'expressions déjà trouvées, en faire découler d'autres, et montre ainsi, dans le rapport sensible qu'offre la composition de tous les termes, le rapport exact qu'ont entre elles les idées qu'ils expriment.

L'homme est naturellement imitateur et singe; il adopte volontiers, et trop souvent sans examen, tout ce qui lui paroît nouveau, et change ainsi peu à peu son costume, son langage, ses habitudes et ses mœurs, en même tems qu'il échange par le commerce ses denrées (ou le produit de son sol et de son industrie) contre celles d'un autre peuple. Cette influence que le commerce exerce en grand et à la longue sur les nations, a pareillement lieu, et devient plus sensible encore dans les petites sociétés composant un même peuple; tous les habitans d'un même pays, d'une même ville ; tous ceux que le besoin des mêmes passions, des mêmes plaisirs, réunissent dans les mêmes cercles, se copient tous, plus ou moins, les uns les autres, et presque toujours, par malheur, sans raison, sans réflexion. Souvent une expression, un systême d'expressions deviennent à la mode, sans qu'on sache pourquoi; on les reçoit sans les analyser, on les répète de même, on les ajoute au dictionnaire de sa langue, qui se compose ainsi d'élémens inexacts, en même tems que les têtes se forment d'idées mal déterminées. Voilà une des principales sources de l'imperfection des langues, un des plus puissans obstacles qui s'opposent et s'opposeront éternellement peut-être à ce qu'elles acquièrent une précision mathématique (1).

---

(1) Il en est des nations qui forment sur le globe le systême des peuples policés, comme des planètes composant le systême du monde, et dont l'action mutuelle et continuelle dérange peu à peu les orbites par des perturbations réciproques, ou les empêche de les parcourir

Cette disposition à se copier mutuellement, qu'ont presque tous les individus et les peuples, devient à la vérité, pour eux, un moyen réciproque d'acquérir de nouvelles idées ; car alors, les connoissances de chaque peuple, comme celles de chaque individu, se composent de celles de tous les autres ; mais il résulte de là peu de fixité dans les idées et les expressions, etc. La liaison mutuelle des idées et des signes, qu'il est aussi important de conserver qu'il l'est de la bien établir, se néglige, varie et s'oublie : on adopte de préférence des mots étrangers qui plaisent, et dont on ne sait pas au juste la signification. C'est ainsi que peu à peu, le langage, les habitudes, les usages, les mœurs et les lois d'une nation, s'altèrent par la fréquentation continuelle des nations voisines. De la multiplicité des penchans résulte une foule de goûts passagers et variables, nés de la curiosité et de la passion des nouveautés : les modes naissent, se succèdent et se détruisent rapidement, et, par malheur, leur empire s'étend sur tous les genres : le trop grand nombre d'opinions fait qu'il n'y a plus d'opinion publique ; ou qu'elle est sans consistance : souvent la guerre vient joindre à ces causes puissantes son influence désastreuse ; souvent le vaincu reçoit avec la liberté ou les fers le langage du vainqueur, auquel par

---

avec cette constante régularité qui auroit lieu sans cela : de même les nations, par leur influence mutuelle, se nuisent, se troublent et s'empêchent réciproquement de suivre invariablement le système de leurs lois, de leurs langues, de leurs usages et de leurs habitudes, comme cela auroit lieu (au moins pendant long-tems) sans les changemens, les dérangemens occasionnés par leur voisinage et leur mélange, et qui sont d'autant plus grands, que les sociétés sont plus étendues et plus rapprochées.

fois il donne le sien. Un peuple alors ne conserve plus de physionomie prononcée ; il perd son caractère original ; il est tout à la fois François, Anglois, Italien, etc., et n'est précisément ni l'un ni l'autre. La même chose a lieu pour sa langue : elle se forme peu à peu du mélange et des débris de celles de tous les autres peuples : cette précieuse analogie, qui, dans les langues originales ou régulièrement construites, laisse subsister la trace de la génération de tous les termes, et montre la subordination de toutes les expressions comme de toutes les idées, s'efface tout à fait : il ne reste plus qu'un ramas de mots grecs, latins, saxons, allemands, françois, italiens, espagnols, etc.

Les langues parvenues à ce point de désordre et de confusion, ne sont plus que des méthodes analytiques extrêmement imparfaites, et si l'on veut en tirer tout le parti possible, il faut absolument les *reconstruire ;* mais si une fois un peuple est assez heureux pour venir à bout de l'exécution de ce grand et difficile ouvrage, s'il possède une fois une langue exacte, il ne sauroit prendre assez de précautions pour la conserver intacte : loin d'adopter le langage des autres peuples, il doit leur donner le sien ; il doit le défendre avec autant de chaleur que sa liberté et ses lois, en empêchant qu'on y porte la moindre atteinte, car les altérations qu'il éprouve en produisent nécessairement dans les lumières et les mœurs.

C'est ainsi que le Législateur de Sparte avoit interdit à son peuple toute communication avec ses voisins. Il sentoit que ses institutions n'auroient toute leur force, et l'éducation tout son empire, qu'autant qu'elles ne seroient pas croisées par le mélange, ou affoiblies par l'exemple et l'imitation des peuples voisins. Il en est de même du langage; sa pureté ne peut se conserver qu'en le préservant du mèlange et de la confusion des langues étrangères.

TROISIÈME SECTION.

De l'expression analytique des idées et des opérations de l'esprit; ou *fondemens d'une grammaire philosophique et d'une langue exacte.*

CHAPITRE PREMIER.

Génération des Langues vulgaires.

INTRODUCTION.

POUR traiter parfaitement cette matière, il faudroit pouvoir remonter jusqu'à la génération de l'homme lui-même, il faudroit pouvoir assister à la naissance de cette étonnante espèce humaine, que, d'après Ovide, j'appelerois volontiers *prolem sine matre creatam*, en suivre les développemens successifs, et parcourir les divers anneaux de cette chaîne de variations, par où elle a pu et dû passer avant d'arriver à l'état actuel où nous l'offre le globe qu'elle habite, et qui, sans doute, l'a fait naître à une certaine époque de ces changemens brusques ou insensibles, auxquels il est lui-même subordonné par sa conformation et l'organisation générale du monde : de même que nous voyons encore certains animalcules (vers, insectes, etc.) se développer dans divers corps, suivant leur état de fermentation, de putréfaction et de décomposition, et former une classe plus ou moins passagère ou durable d'êtres vivans, doués de la faculté de se reproduire.

Ce phénomène de la naissance et de la destruction des espèces vivantes, n'a rien qui doive nous étonner; si nous avions de meilleurs yeux, si nous pouvions les armer de meilleurs microscopes, nous verrions se passer en petit une foule d'évènemens dont nous conclurions une multitude de faits qui ont pu ou peuvent se passer en grand : d'ailleurs, ces mots *grand, petit*, qui signifient beaucoup pour nous, ne sont, pour la nature, que l'expression d'un rapport, et comme elle a toujours à sa disposition *la matière, l'espace* et *le tems*, il n'en coûte pas plus à cette force créatrice de faire naître des espèces vivantes, qui durent dix ou cent mille ans, etc., que d'en produire qui ne durent qu'un jour, un mois, un an, un siècle, etc. Ce qui n'existe point sur notre globe, ou ce qui s'y passe sans que nous l'appercevions, existe sans doute dans quelques-uns de ces corps célestes, dont la masse auguste, imposante, a formé et formera, durant tous les siècles, l'immense laboratoire de la nature, et le théâtre de sa toute-puissance : mais nous manquons d'instrumens qui puissent les rapprocher assez de notre vue pour nous mettre à même de voir ce qui s'y passe, et nous sommes réduits à observer de près ce globule matériel auquel nous sommes attachés, et d'après lequel il ne seroit pas du tout raisonnable de prononcer sur l'univers, dont il est un si petit élément, un si foible échantillon.

Ne concluons donc point que les espèces vivantes

sont invariables, parce que nous ne les avons point vu changer; ce raisonnement seroit aussi mauvais que celui de la rose à l'égard du jardinier, qu'elle jugeroit éternel et immuable, parce que durant les douze à quinze jours qu'elle a vécu, il ne lui a point paru changer.

Il est évident que les différentes espèces d'animaux terrestres, considérées dans le point actuel de leur existence, ne sont qu'une suite de machines organisées, qui se transmettent le mouvement et la vie par la voie de la génération. Il est donc naturel de se demander à quelle époque a commencé cet ordre de choses; car les machines en question étant périodiquement périssables, il est clair que toutes les familles animales et végétales ont dû recevoir (par un de ces moyens que nous ne connoissons pas, que nous n'imaginons même pas, mais que la nature qui peut tout, qui fait tout, sait employer) une organisation primitive, indépendante de la puissance actuelle qu'elles ont de s'engendrer, et dont celle-ci n'est que l'effet. Mais il n'est pas aisé de répondre à ces questions que tout le monde se fait : *Quand et comment l'homme est-il né? Quand ont commencé toutes les espèces vivantes?* etc. il est même très-probable qu'elles ne seront jamais résolues. Il n'existe pas encore, je crois, dans l'histoire du globe et les annales du genre humain, des données suffisantes pour cela.

L'homme ne veut pas se mettre dans la tête qu'il n'a vécu et observé qu'un instant, et que les cinq à six mille ans auxquels il a la bonhomie de fixer l'existence de l'espèce humaine et du globe terrestre, ne sont qu'une minute dans l'âge de cette planète, et sans doute aussi dans la durée du genre humain; cette minute est tout pour lui, il juge tout d'après elle, par suite de cette constante habitude de rapporter tout à lui. Aussi, presque tout ce que l'on a dit sur l'origine de l'homme, n'est-il qu'un tissu d'absurdités et d'extravagances théologiques, n'offrant que trop souvent le tableau des persécutions exercées contre les hommes de génie qui ont voulu raisonner sur cette matière, et qui seuls étoient capables de le bien faire, puisque les problèmes relatifs à la NATURE, à la théorie du globe, à la génération de l'homme qui en dépend, aux lois de son intelligence et de sa volonté, etc. sont les plus difficiles à résoudre, et les derniers dont on doive tenter la solution avec la force victorieuse d'une bonne tête, remplie de tous les faits historiques, physiques, chimiques, géographiques et astronomiques : Newton avoit à peine le génie suffisant pour résoudre de tels problèmes (et la folie de son Commentaire sur l'Apocalypse, est la preuve de ce que j'avance). Quel sentiment doivent donc inspirer ces petits hommes qui ne sont connus que par leur ignorance, leur entêtement et leur haine aveugle contre cette classe d'hommes sublimes, l'honneur des êtres pensans, et l'ornement de l'espèce humaine ?

Sans vouloir essayer de fixer dans l'âge du globe le point précis où le genre humain a commencé, ce que je ne crois pas plus possible aux efforts réunis du genre humain, qu'il ne l'est aux individus de se rappeler le tems où ils étoient dans le sein de leur mère, ou les premiers jours de leur enfance; je me contenterai d'observer que, très-vraisemblablement, il y a eu, dans les révolutions successives de la terre (que je regarde comme une émanation du soleil, cet immense foyer qui l'éclaire, l'échauffe, et autour duquel elle est forcée de faire ses révolutions) un moment où , par suite de la fermentation et du rapprochement des molécules organiques, semées avec profusion sur le globe, les germes de l'homme mâle et de l'homme femelle (et de même pour les autres animaux) se sont formés ou développés à l'aide d'une chaleur convenable , etc.; et en passant d'une façon plus ou moins lente ou rapide , par une suite d'accroissemens et de métamorphoses irrévocablement perdue pour nous dans la nuit des tems , sont parvenus enfin à l'état où nous voyons toutes les familles vivantes et végétantes.

De cette multitude presqu'infinie de combinaisons organiques , naissantes des attractions ou affinités chimiques , peut-être est-il résulté d'abord une foule d'êtres informes , éphémères , des espèces de monstres qui , privés des facultés suffisantes, n'ont pu ni conserver , ni transmettre la vie ; il se peut faire que , sur un globe encore en désordre , la nature ait long-tems formé un grand nombre d'essais inutiles (1) , avant

(1) Il est même possible que cet état de choses ait duré nombre de siècles ; la Nature étant éternelle, les siècles ne sont rien pour elle : peu lui importe le temps employé à créer un être ou une espèce, pourvu qu'à la longue elle en vienne à bout. Et , (pour comparer les petites choses aux grandes) si un sculpteur ne fait pas du premier coup un Apollon du Belvedère, ou une Vénus de Médicis ; si l'homme dans les arts et les sciences n'arrive à des chef-d'œuvres , à la perfection , qu'après de longs travaux , et des essais multipliés, ne peut-on pas dire que la nature qui fait tout avec une majestueuse lenteur , a préparé de loin les matériaux et travaillé long-tems les germes des êtres les plus parfaits.

Mais , dira-t-on , pourquoi ne voyons-nous plus cette production singulière de nouvelles espèces , ou la destruction de quelques-unes des espèces vivantes ? pourquoi la nature et l'univers paroissent-ils assujétis à une immuable régularité ? J'ai répondu tout-à-l'heure ,

d'arriver à un ordre de productions régulières : mais enfin, parmi les êtres de tout genre qu'enfantoit cette puissance, essentiellement et éternellement créatrice, il s'en est trouvé de plus forts, de mieux organisés, et doués de toutes les facultés nécessaires pour se conserver et se reproduire, et ceux-là ont formé des espèces : car la gravitation universelle étant la plus grande des forces et la plus générale des loïs connues, rien de plus naturel et même de plus habituel que de voir se rapprocher le plus possible, se confondre ou se combiner, les êtres le plus semblablement organisés; éclos pour ainsi dire côte à côte, et doués du ressort intérieur de cette puissance attractive qui les porte l'un vers l'autre, comme deux gouttes de mercure ou d'une même liqueur, qui, placées sur une table l'une près de l'autre, tendent à se réunir, et finissent par se confondre. Il est donc assez raisonnable de penser que, dans l'origine des espèces animales, les germes déjà suffisamment développés du mâle et de la femelle, se sont rapprochés par une suite nécessaire de cet antique amour des élémens de la matière, et de leur union la plus intime, il est résulté un être semblable à eux, dont les parens ont été forcés de prendre soin, par cette autre loi générale des êtres animés (l'amour de soi), qui, par l'attrait et l'aiguillon du plaisir, les presse de s'unir de nouveau pour perpétuer leur espèce, et qui, en s'étendant sur leurs petits, ne fait, pour

---

à cette objection. Nous vivons trop peu, et nous n'avons pas d'assez bons yeux. Si, par exemple, la Nature emploie huit à dix mille ans à produire un phénomène dont nous voudrions être témoins, ou si ce phénomène échappe à la puissance de nos sens et de nos instrumens, quel moyen nous reste-t-il de nous en instruire? aucun.

ainsi dire, que continuer à s'étendre sur eux-mêmes, puisqu'ils leur ressemblent, sont émanés de leur sein, et formés de leur substance.

C'est cette attraction mutuelle des sexes, lien créateur et conservateur des espèces vivantes, que, sous le nom de Vénus physique, on trouve si noblement décrite dans les beaux vers formant le début du poëme de Lucrèce (1).

Il paroît que cette force générale d'organisation a agi et continue d'agir partout, car la portion solide de la surface du globe est couverte d'animaux et de végétaux de toute espèce; l'atmosphère, ou la zône fluide qui l'environne de toutes parts, est pleine d'oiseaux et d'insectes qui l'habitent et la traversent en tous sens;

---

(1) Æneadum genitrix, hominum, Divûmque voluptas
Alma Venus, cœli subter labentia signa
Quæ mare navigerum, quæ terras frugiferentes
Concelebras; per te quoniam genus omne animantum
Concipitur, visitque exortum lumina solis;
Te, dea, te fugiunt venti, te nubila cœli
Adventumque tuum; tibi suaves Dedala Tellus
Summittit flores; tibi rident æquora ponti
Placatumque nitet diffuso lumine cœlum
Nam simul ac species patefacta est verna diei
Et reserata viget genitalis aura favoni
Aeriæ primum volucres te, diva, tuumque
Significant initium percussæ corda tuâ vi:
Inde feræ pecudes persultant pabula læta
Et rapidos tranant amneis: ita capta lepore
Illecebrisque tuis omnis natura animantum
Te sequitur cupide quo quamque inducere pergis.
Denique per maria ac montes fluviosque rapaces
Frondiferasque domos avium, camposque virentes,
Omnibus incutiens blandum per pectora amorem
Efficis ut cupide generatùm sæcla propagent.

et l'Océan général, (ou la masse totale des mers) est rempli et sillonné, dans toutes les directions, par une foule innombrable de poissons. Elle a dû varier suivant les divers points du globe, qui, dans l'origine, ont tous eu leur genre particulier d'animaux et de végétaux, en raison de la quantité de molécules vivantes qu'ils contenoient, de la nature des matrices propres à développer ces germes primitifs, etc. Elle a varié et varie encore dans chaque portion des trois grandes masses solides, liquides et fluides dont se compose le globe, en raison de leur position, du degré de leur inclinaison sous les rayons solaires; de la quantité de lumière et de calorique qu'elles reçoivent du soleil, de celle dont elles sont toujours plus ou moins pénétrées, de la qualité de l'air, de l'eau, des terres et des sels, etc., tous élemens constitutifs des machines animales et végétales, lesquelles, en se reproduisant perpétuellement par la voie de l'attraction chimique et de la génération, ne font que parcourir, dans leur circulation continuelle, le cercle des formes vivantes, dont l'ensemble forme le brillant spectacle de la matière animée sur le globe, et nous donne une idée de ce qui peut se passer dans les autres planètes, et même sur presque tous les grands corps de l'univers : car il seroit, ce me semble, presqu'aussi ridicule de borner la fécondité de la Nature à notre petit globe, qu'il l'étoit de croire, comme on l'a fait si long-tems, que des milliers de mondes avoient été faits pour réjouir les yeux de ses habitans, et décrire chaque jour des cercles immenses autour de cette petite masse supposée immobile, au centre de tous ces mouvemens.

Il y a donc eu un moment, sans doute, à jamais inconnu pour nous, où l'homme a été organisé par cette force productrice et variable du globe; il a pu n'être pas d'abord tel que nous le voyons, peut-être n'est-ce qu'avec le laps des siècles qu'il est parvenu à la forme actuelle, sous laquelle se présentent aux navigateurs ces familles ou peuplades sauvages éparses sur ces grandes masses solides ou sommets de montagnes *sous-marines*, qui, s'élevant au-dessus de la masse liquide du globe, ont reçu le nom d'*îles*; et probablement, il n'y est arrivé que par une suite de variations que le peu de durée de notre existence individuelle et sociale, ainsi que les grandes révolutions du globe, produites par l'action mutuelle des corps célestes, par le mouvement général des mers, les explosions volcaniques, les grands affaissemens, etc., ne nous permettent pas de déterminer.

L'unique moyen que nous ayons de remonter le plus près possible vers l'enfance de l'espèce humaine, est donc de la considérer dans cet état de peuplade sauvage, où elle n'offre que le moindre degré de civilisation et de connoissances, mais où elle a déjà inventé des armes pour la chasse et la pêche, quelques arts grossiers relatifs au vêtement, au logement, à la nourriture, et un certain nombre de sons articulés, destinés à communiquer ses idées, et formant le premier élément d'un langage (1).

---

(1) Cette digression ne sera peut-être pas du goût de tous les lecteurs, et sur-tout des demi-savans; mais j'espère que les profonds penseurs me la pardonneront, et même m'en sauront gré : toute discussion propre à faire penser est utile, sur-tout lorsqu'en montrant à l'homme ses vraies dimensions et sa valeur réelle, elle l'empêche d'être la dupe de son orgueil.

Des premiers mots inventés par l'homme.

Du moment où l'homme, suffisamment organisé, a pu faire usage de ses sens, ses premiers regards ont dû se porter sur lui-même, et sur la sphère des objets environnans : les premiers objets connus, les plus voisins, les plus apparens, ont été les premiers nommés, cela est évident; donc le corps humain et ses différentes parties ont dû avoir les premiers des noms chez tous les peuples, parce que ce sont les premiers instrumens de nos besoins, les plus à la portée de notre vue, et les premiers outils dont nous nous servions pour agir sur les autres corps. L'homme sauvage a nommé ensuite sa femelle, ses enfans, sa cabane, sa pirogue ou nacelle, son arc, ses flèches, ses filets, enfin, toutes ses armes, qui lui sont presqu'aussi utiles que ses bras et ses jambes, pour combattre et saisir sa proie; les produits de sa chassse, de sa pêche, les quadrupèdes et les poissons voisins des lieux qu'il habite, tant ceux auxquels le besoin de se nourrir, ainsi que sa famille, le force de déclarer la guerre et de donner la mort, que ceux plus forts, plus dangereux, contre lesquels il est forcé, pour se défendre, ainsi qu'elle, de faire usage de tous ses moyens, la force, la ruse, les armes, les pièges, etc. Les divers lieux où il rencontre habituellement ces animaux utiles ou nuisibles, ceux où existent les arbres qui peuvent le nourrir de leurs fruits, ces arbres eux-mêmes, ainsi que les fruits destinés à le désaltérer ou à calmer sa faim; l'île où il a bâti sa cabane ou creusé sa grotte, le bois, la montagne ou le rocher qui la renferme, le ruisseau qui coule auprès; les îles voisines, leurs habitans, avec qui il a des échanges à faire et des combats à soutenir;

soutenir; les bêtes fauves, qui, dans l'origine des choses, ont disputé à l'homme, encore foible, isolé, et mal armé, l'empire du globe qu'ils ont partagé avec lui; en un mot, tout le système des objets environnans son habitation, plus ou moins étendu, suivant qu'il a plus ou moins voyagé et observé, ont ensuite, peu à peu et tour à tour, reçu des noms.

Cette grande masse sur laquelle la pesanteur nous retient attachés, cette mère commune, nourrice féconde de tous les êtres animés (*la terre*), a dû encore être un des premiers objets nommés. De même ce *soleil*, ame du monde, cette vaste sphère de lumière et de feu, ce père des jours et des nuits, des saisons, de la chaleur, de la végétation et de la vie, opéroit sur notre globe des effets trop grands, trop frappans, trop continuels, pour n'avoir pas été un des premiers objets de l'attention d'un être sensible et intelligent, et un des premiers qui aient reçu un nom : la même chose a dû avoir lieu pour la *lune*, dont la douce lumière nous dédommage si agréablement de l'absence du grand astre. Aussi voyons-nous dans l'histoire et les relations des voyageurs, que ces trois grands corps ont été les premiers dieux de tous les peuples enfans.

Non seulement ils ont nommé les objets sensibles dont ils ressentoient l'influence, et les effets dont les causes leur étoient connues; ils ont aussi donné des noms aux causes imperceptibles d'effets connus, et peuplé la terre de divinités, pour expliquer les mouvemens visibles de l'air, de l'Océan, des fleuves, le bruit de la foudre, etc. De là le partage de l'univers entre trois grands dieux, Jupiter, Neptune et Pluton; de là le règne d'Éole, de Borée, de l'Aquilon et des Zéphyrs; de là les Nymphes, les Naïades, les Néréïdes, etc.; de là, en un mot, toutes ces fictions (mèlange de douces erreurs, d'agréables chimères, et de fantômes hideux) dont le recueil compose la fable, prise dans son sens le plus étendu, et fournit des couleurs à la poésie, à la peinture, etc., et des matériaux à tous les beaux-arts. D'où l'on voit que, dès les premiers momens de son existence, l'homme est déjà superstitieux, poëte et théologien, parce qu'il est ignorant, et qu'il joint à beaucoup de sensibilité et d'imagination, très-peu d'intelligence, de réflexion et d'observation. Ne nous étonnons donc pas de voir les religions et les préjugés de toute espèce jouer un si grand rôle dans l'enfance de tous les peuples; c'est une suite nécessaire de l'organisation humaine.

Après les objets de l'utilité la plus immédiate et de l'usage le plus fréquent, après le soleil, la lune, la terre et les grandes masses qui la composent (l'air, l'eau, etc.), on a nommé les planètes et les étoiles, sur-tout les plus brillantes; la preuve en est dans l'étymologie fort ancienne des mots dimanche, lundi, mardi, mercredi, jeudi, vendredi, samedi, qui répondent à ceux-ci: *jour du Soleil, jour de la Lune, jour de Mars, jour de Mercure, jour de Jupiter, jour de Vénus, jour de Saturne,* dénominations dans lesquelles on retrouve le nom de sept planètes principales. La révolution de la lune, et l'intervalle égal qui sépare ses quatre phases principales, ont tout naturellement formé le *mois* et la *semaine* de tous les peuples: douze révolutions lunaires successives, désignées chacune par un nom différent, ont composé par approximation *l'année*, dont les observations astronomiques ont ensuite fixé plus exactement la durée.

Le mouvement alternatif du soleil d'un tropique à

l'autre, et son double passage par l'équateur, en donnant quatre points également distans et quatre intervalles de tems à peu près égaux, ont déterminé la division naturelle de l'année en quatre parties nommées *saisons*, (*le printems*, *l'été*, *l'automne* et *l'hiver*,) offrant le tableau des principales révolutions produites par l'action du soleil sur les divers points du globe, la naissance de la verdure et des fleurs, la formation des fruits, la chute des feuilles, le tems des frimats, de la neige et des glaces; enfin (du moins dans la plupart des contrées), cette mort apparente et passagère du règne végétal, suivie d'une sorte de résurrection.

C'est ainsi que ces grands corps de l'univers, si frappans pour tous les yeux, et leurs mouvemens périodiques (mesure naturelle de la durée et de la vie), en attirant dans tous les tems les premiers regards de l'homme, n'ont pu tarder à en recevoir des noms; aussi trouvons-nous partout, en remontant dans la plus haute antiquité, un commencement de connoissances et de langage astronomiques (chez les Égyptiens, les Chinois, les Arabes, les Chaldéens, etc.) Revenons maintenant du ciel sur la terre.

Comment les progrès du langage ont suivi ceux de la population et de la civilisation.

L'homme, d'abord uniquement occupé du soin de se nourrir des fruits, des poissons, des quadrupèdes que lui offroit spontanément la terre, a sans doute été long-tems borné là; il fouloit aux pieds les métaux, l'or, l'argent, etc., et les pierres précieuses, qui, pour lui, étoient alors sans prix; il laissoit pourrir les chênes et tous les grands végétaux, dont il ne savoit pas tirer parti : mais enfin, un heureux hasard, *c'est-à-dire*, *quelqu'évènement naturel, nouveau ou non prévu, quelqu'une de ces leçons de la nature, que l'on reçoit sans les chercher, et qu'elle donne sans qu'on les demande*, lui ont appris à se servir du feu, à l'allumer, à l'éteindre, le conserver, le renouveller, etc. Armé de ce puissant agent, bientôt il a su fondre les métaux et les façonner en outils; alors il a connu tout le prix d'un clou, d'une hache, d'une coignée, d'une bèche, etc.; il a travaillé le bois, il s'est construit une cabane plus commode, plus solide, plus salubre, plus propre à le défendre des injures du tems et de l'attaque des bêtes fauves; il a donné à sa cabane de mer ou sa pirogue, plus de grandeur, de solidité et de force. Avec de nouvelles armes, il a acquis un nouvel empire sur tous les animaux qui l'environnoient : il a retenu par des chaînes et dompté les moins dociles : il a renfermé dans des étables, dans des pâtis entourés de cloisons, les plus foibles, les plus doux, les plus aisés à apprivoiser, ceux dont la chair flattoit le plus son goût, et il les a nourris et conservés vivans pour y recourir au besoin.

Une heureuse expérience lui a appris que la terre, remuée par le fer ou le bois, et mêlée avec les débris d'animaux et de végétaux, connus sous le nom de *fumier*, devenoit plus fertile et plus propre à reproduire abondamment ces mêmes végétaux et animaux qui avoient contribué à engraisser le sol; bientôt il a inventé la charrue; et l'homme, d'abord *chasseur*, qui étoit déjà l'homme *pasteur*, est ainsi devenu l'homme *cultivateur*.

La peuplade et les troupeaux allant toujours en croissant, il a fallu songer à augmenter les moyens de subsistance; pour cela, on a multiplié et perfectionné les instrumens du labourage; on a défriché de nouvelles terres, et les progrès de l'agriculture ont ainsi augmenté les commodités de la vie, l'accroissement progressif de la population, l'abondance, un certain superflu, joints à ce besoin toujours croissant de nouvelles jouissances que poursuit nécessairement l'homme qui avance dans la carrière de la civilisation, n'ont pas tardé à faire naître les échanges et le commerce.

La peuplade augmentant toujours en raison des produits du sol et de la facilité des consommations, il y a eu plus de bras pour agir et plus d'yeux pour voir: les travaux, les observations, les découvertes se sont multipliés, de nouveaux arts ont pris naissance; le nombre des chaumières et des hameaux s'est accru, et cet essaim d'heureux enfans que nourrissoit abondamment une terre reconnoissante, continuant à se reproduire suivant une progression régulière et rapide, s'est vu forcé de jour en jour de se répandre sur un plus grand espace de terrein. Alors cette masse d'habitans, trop grande pour ne plus composer qu'une seule réunion, s'est insensiblement partagée en de nouvelles peuplades qui ont bâti çà et là des cabanes, et formé de nombreux villages: quelques-uns de ces villages, agrandis, embellis, perfectionnés, sont devenus des bourgs et même des villes. L'ensemble de toutes ces peuplades, de ces hameaux, de ces bourgades et de ces villes, a formé un peuple civilisé, une nation dont toutes les parties, liées d'abord par une commune origine, et les nœuds de la parenté, ont continué de l'être par leurs mutuels besoins, leurs usages, leurs habitudes; enfin, par les mêmes opinions, les mêmes préjugés et la même raison, ainsi que par les relations du commerce et de l'industrie.

Plus le peuple étoit étendu, industrieux, etc., plus le conflit des intérêts et des passions s'est accru, et plus aussi l'on a senti le besoin d'avoir des lois, des magistrats, et le secours d'une force publique, qui, dirigée par l'intelligence, la raison et la justice, maintînt chacun dans sa propriété, et protégeât les droits de tous contre les atteintes de toute puissance ennemie, extérieure ou intérieure.

Cet exposé naturel et laconique de la génération des grandes sociétés, qui maintenant se partagent le globe, sous le nom de François, d'Espagnols, d'Anglois, d'Allemands, de Suédois, de Russes, de Turcs, de Chinois, d'Arabes, etc., nous montre en même tems les progrès du langage : ces progrès ont suivi pied à pied ceux de la population, de la civilisation et des découvertes.

On a nommé d'abord, comme je viens de le dire, tous les objets les plus apparens, les plus voisins, ceux dont on faisoit un usage fréquent ou continuel, enfin, tout ce qui étant utile ou nuisible, méritoit de fixer l'attention. D'abord chaque individu a pu avoir son nom particulier ; mais on n'a pas tardé à s'appercevoir qu'il y avoit une foule de ces individus qui se ressembloient trop pour porter un nom différent : de l'instant où l'on a eu imaginé un nom pour un premier objet connu, on l'a tout naturellement appliqué ensuite à un second objet semblable, qui ne paroissoit être qu'une répétition du premier, un membre de la même famille ; on l'a de même, et par la même raison, appliqué à un troisième, à un quatrième, etc. ; et c'est ainsi que toutes les mêmes familles d'animaux et de végétaux, les quadrupèdes, les oiseaux, les poissons, les arbres et les plantes, enfin, tous les objets doués de a faculté de se reproduire par le moyen de la semence, se sont trouvés naturellement porter un nom commun. (*Voyez* Section II, Chapitre II.) Il en a été de même des métaux et de tous les objets ayant les mêmes propriétés, servant aux mêmes fins, aux mêmes usages, ou qui, obtenus par les mêmes procédés, étoient pour ainsi dire, jetés dans un même moule. Ainsi, tous les outils, les instrumens pour la chasse, la pêche, l'agriculture et les usages de la vie domestique ont porté le même nom, quoique pouvant être multipliés indéfiniment suivant le nombre des chasseurs, des pêcheurs, des cultivateurs, des artisans de toute espèce, et les besoins de chaque société naissante. Du moment où l'on a nommé *flèche, pique, fusil*, etc. certaines armes offensives et défensives, on a dû, à mesure que l'on en a fait de nouvelles sur le modèle des premières, leur donner aussi le même nom, par la raison toute simple qu'étant des objets tout à fait semblables par leurs formes et leur destination; il n'y avoit aucun motif pour leur en faire porter un différent, et qu'il est extrêmement commode pour le soulagement de la mémoire de n'employer que le plus petit nombre possible de signes pour représenter les objets.

Comme ces armes, ces outils, ces instrumens plus ou moins compliqués, renfermoient plusieurs parties qu'il étoit utile de distinguer, chacune de ces parties a eu aussi successivement son nom. En un mot, le besoin qui a présidé à toutes les premières nomenclatures dans les arts et les sciences pratiques, a fait multiplier les noms et les signes autant qu'il étoit utile ou nécessaire de le faire, et par-là a fait analyser chaque objet avec une précision et un développement suffisans. Chaque artisan, chaque artiste a fait lui-même la langue de son métier, de son art; et si cette langue a d'abord été simple et grossière, elle a du moins été claire, avantage que n'a pas toujours eu celle de certains philosophes qui se croyoient savans, et qui, au lieu de posséder l'art heureux d'analyser nettement les choses dont ils s'occupoient, n'ont eu souvent que le déplorable talent de les embrouiller par des mots sans idées, défaut majeur, source éternelle d'erreurs, de disputes et de déraison, et qui ne se rencontre ni dans les arts et métiers, ni dans les sciences mathématiques, parce que l'artisan, l'artiste, l'algébriste, le vrai savant, créateurs de leur propre langue, n'inventent de nouveaux signes qu'à mesure qu'ils en ont besoin, pour désigner des parties nouvelles, inventées ou apperçues dans leur art, de nouvelles quantités introduites dans le calcul, de nouveaux produits de l'industrie, enfin, de nouveaux résultats de leurs opérations.

De même que l'on avoit employé des termes généraux pour désigner toutes ces grandes familles de substances naturelles, dont on avoit formé toutes sortes de classes (*ordres, genres, espèces* ou *variétés,*), on a pareillement classé et désigné par des termes généraux et communs, tous les arts, les états, les professions, etc., et formé les noms de charpentier, de menuisier, de charron, de maçon, d'architecte, de cordonnier, de tailleur, d'orfèvre, d'horloger, d'imprimeur, de graveur, de peintre, de sculpteur, d'arithméticien, de géomètre, d'astronome, de physicien, de chimiste, de naturaliste, d'administrateur, de ministre et de législateur; et par-là complété la mappemonde, ou l'arbre encyclopédique des arts et des sciences, par le même procédé qui avoit présidé à la classification et à la nomenclature générale des substances.

Sans doute les arts et les sciences ont d'abord été fort peu de chose, et sont restés dans une sorte d'enfance et de stagnation, tandis que chaque peuplade, encore trop peu nombreuse, répandue sur une trop petite surface, confinée dans une île, resserrée par la mer, par de grands fleuves, par de hautes montagnes, étoit privée des moyens de faire de longs voyages; mais enfin, la population s'augmentant toujours, et la même étendue de terrein ne pouvant plus fournir à tous leur subsistance, le besoin et la nécessité, (mère de l'audace et de l'invention), joints au puissant aiguillon de la curiosité, ont fait franchir à l'homme tous ces obstacles; peu à peu l'architecture navale s'est perfectionnée; au lieu de troncs d'arbres flottans qu'offroit le hasard, et sur lesquels on traversoit les rivières, on a façonné des pirogues, qui, bientôt, ont fait place à des bâtimens de mer plus grands, plus solides, plus capables de résister aux vagues et aux vents : il s'est trouvé des hommes plus entreprenans, plus déterminés, qui, joignant à plus de génie naturel un courage plus froid, plus intrépide, se sont chargés de les diriger au loin, en tentant des voyages d'un plus long cours. Le succès ayant couronné leur audace, ils ont, de retour dans leur pays, enflammé la curiosité et l'avidité de leurs compatriotes, parmi lesquels ils ont bientôt trouvé une foule d'imitateurs. Avec le tems, et par suite de nouveaux perfectionnemens dans l'art de construire, des navires de toutes grandeurs, ont traversé les mers en tous sens, et ont formé, entre toutes les contrées du globe, comme une chaîne de ponts volans, destinés à établir une foule de points de communication entre tous les peuples. Alors, les nations ont cessé d'être isolées, et bornées chacune à leur portion d'industrie et de connoissances locales; alors les idées, les découvertes, les coutumes, les modes, les lois, les langues, etc., ont été mises en commun, ainsi que toutes les denrées; alors le penchant naturel de l'homme à l'imitation, a multiplié les arts et agrandi le domaine de l'industrie; alors on a connu tous les principaux points de la surface du globe, on s'est assuré de sa forme: au moyen d'une relation mieux connue et plus suivie entre le ciel et la terre, l'on a déjà pu former, avec une certaine exactitude, une carte (ou globe) céleste et terrestre, parce que l'homme, placé successivement sur tous les points du globe de la terre, a pu appercevoir tous les points de l'espace céleste qui l'environne, ainsi que les astres qui s'y trouvent placés; alors on a formé la liste des terres, des mers, des îles, des presqu'îles, des détroits, des golphes, des promontoires, des montagnes, des lacs et des fleuves; alors on a imaginé une foule de mots nouveaux pour désigner cette multitude toujours croissante de substances naturelles ou de productions agricoles et manufacturées, qui sont la base du commerce: et c'est ainsi que la navigation a contribué à étendre, à perfectionner la géographie et l'astronomie, qui, à leur tour, ont agrandi et perfectionné la navigation.

A mesure que l'homme, plus avancé dans la civilisation, a pu ajouter à ses sens le secours d'instrumens plus parfaits, à mesure qu'il a mieux observé, mieux vu, mieux calculé, il a découvert de nouveaux corps et de nouvelles propriétés dans les corps déjà connus. Il a fait de nouveaux usages des métaux, des végétaux, des terres, des sels, des acides, etc., et le domaine des arts et des sciences a pris de nouveaux accroissemens, ainsi que le nombre des termes ou signes consacrés à représenter chaque nouvel élément ajouté à telle ou telle branche de nos connoissances, à laquelle on a eu soin de le rapporter, suivant qu'il avoit plus de rapport avec elle qu'avec toutes les autres.

Comment la plupart des termes généraux et complexes ont une valeur variable et indéterminée, et une double signification.

L'on voit donc que l'étendue de chaque terme général exprimant une notion complexe de substance, d'art ou de science, etc., est indéterminée, variable, et susceptible de croître continuellement par l'addition de nouvelles idées, naissantes de nouvelles découvertes : ainsi, chacun de ces noms généraux, or, fer, argent, etc.; quadrupèdes, oiseaux, poissons, etc.; astronomie, physique, chimie, botanique, horlogerie, gravure, peinture, morale, éducation, législation, etc., ont deux sens, l'un désignant la somme de nos connoissances actuelles, l'autre la somme totale des connoissances qu'il est possible à l'homme d'acquérir sur chacun des objets précités, somme que l'on ne peut déterminer, et dont il est impossible de fixer la limite, parce que l'on ne sauroit deviner les nouvelles données que le tems, l'observation, les efforts de l'homme, et l'action toujours variable (quoique lentement changeante) de la Nature, peuvent ajouter à la masse des faits déjà connus.

On voit donc que nos notions complexes d'histoire naturelle, d'anatomie, de métallurgie, de lithologie, etc., sont incomplètes, et susceptibles de plus ou de moins (ce sont des cercles dont le rayon reste indéterminé); mais elles peuvent toujours être exactes, pourvu que dans la tête de tous les hommes bien organisés et également instruits, elles expriment les mêmes élémens et le même nombre d'élémens. Or, c'est ce qui arrive rarement, parce que presque tout le monde se contentant de connoître à peu près les idées simples les plus communes, que, dans l'usage ordinaire de la vie, l'on a coutume d'attacher à ces mots très-complexes, presque personne aussi ne recourt aux livres (ces livres eux-mêmes existent à peine ou n'existent pas) renfermant l'état actuel de nos idées, de nos connoissances sur chaque objet, pour savoir au juste ce qui a été découvert, et voir ce qui peut rester encore à découvrir. Ainsi, les personnes qui n'ont point ou qui ont peu cultivé leur esprit, n'attacheront à ces mots, or, argent, cuivre, fer, etc., que les idées simples de couleur et de poids, etc., apperçues par le seul secours des sens; et ils n'exprimeront pour elles qu'un très-petit nombre des propriétés de ces métaux, ou des idées qu'y attachent le chimiste, l'orfèvre, etc., en un mot, tous les savans, les artistes et les artisans occupés, par état ou par goût, du soin de reculer, par des productions neuves, de nouvelles découvertes (dues à des observations plus fines ou plus étendues, à une meilleure méthode, à une analyse plus exacte), les bornes des arts et des sciences utiles à l'homme. C'est ainsi que chacun, suivant le degre d'instruction qu'il possède, attache aux signes des notions complexes et générales, plus ou moins d'idées partielles, et que presque personne n'attache aux memes mots les mêmes idées et le même nombre d'idées : puissant obstacle à l'exactitude du langage, à l'accroissement des lumières et des sciences, ainsi qu'au précieux avantage d'entendre les autres, et d'en être entendu sans peine et sans dispute.

Cette indétermination du langage a lieu bien plus encore dans la morale et la législation, que dans les arts et l'histoire naturelle: les mots vice, vertu, crime, justice, droits, devoirs, bonheur, malheur, gloire, réputation, etc., enfin, tous les mots relatifs à l'esprit et au cœur de l'homme, ou ceux exprimant ses idées, ses sentimens, ses passions, et ses facultés intellectuelles et morales, ont un sens si différent dans la tête de presque tous les hommes, que ce seroit une sorte de phénomène d'en rencontrer deux qui pensent là-dessus de la même manière, sur-tout si on les prend dans différens pays; parce que les termes consacrés à désigner les qualités bonnes ou mauvaises de l'homme vivant en société, les divers produits des passions en bien ou en mal renferment beaucoup d'élémens de convention, variables la plupart dans chaque pays, et dont, dans aucun, on n'a pris la peine de fixer le nombre et la qualité, ce qui fait que chacun les forme vaguement à sa manière, et d'une manière différente, suivant son état ou sa condition, l'éducation reçue, le gouvernement établi, la religion dominante, enfin, suivant les lumières, les préjugés et l'opinion de sa secte, de son corps, de ses sociétés et de sa nation; car chaque nation a ses préjugés favoris, ses erreurs sacrées, son point d'honneur, etc.

Voilà pourquoi la morale a, et, sans doute, aura long-tems encore tant de peine à devenir une science régulière. Ce n'est pas que je ne la croie susceptible d'une assez grande exactitude; car si le nombre des élémens qui doivent composer chaque notion générale étoit une fois fixé, on pourroit toujours s'assurer si une action ou une habitude que l'on voudroit nommer, classer et rapporter à la gloire, au vice, à la vertu, etc., en fait réellement partie : il n'y auroit, pour cela, qu'à compter ou recenser les élémens dont, par une convention solemnelle, on auroit formé chacune des notions précitées ; et si l'action ou l'habitude dont il s'agit s'y trouve renfermée, elle fera partie de la gloire, du vice ou de la vertu, et devra en conséquence être réputée glorieuse, vicieuse ou vertueuse.

Mais le point difficicile est, 1°. de pouvoir bien former *a priori* les notions complexes, telles que celles de grandeur d'ame, de courage, de prudence, de bonté ou de cruauté, parce qu'il faudroit une tête très-vaste pour voir d'un seul coup tous les sentimens, les actions et les habitudes élémentaires, dont la réunion doit leur donner naissance; on ne les compose que peu à peu et successivement, à mesure que le tems et les passions des hommes vivans en société amènent de nouvelles actions, de nouveaux faits, et donnent naissance à de nouvelles vertus ou à de nouveaux vices (1). 2°. Pour bien former les notions relatives à la morale,

---

(1) Voilà pourquoi les langues de chaque peuple sont si variables dans tous les pays ; pourquoi le dictionnaire de certains peuples renferme nombre d'expressions qui n'existent pas encore dans celui des autres. Et c'est là ce qui rend si difficile et souvent si douteuse la traduction des anciens auteurs grecs et latins, etc. dans nos langues modernes. Leurs usages, leurs lois, leurs connoissances, etc. étant différens des nôtres, ils avoient des idées et des termes que nous n'avons pas, ou qui n'ont pas chez nous des synonymes rigoureux : il arrive de là que nous ne les traduisons qu'à peu près, et que souvent nous les traduisons mal : cette difficulté très-embarrassante a lieu pour toute espèce de traduction.

il faudroit que les puissans, les gouvernans, les rois, les prêtres voulussent y consentir : mais malheureusement, leur intérêt personnel, souvent peu d'accord avec l'avancement des sciences et les progrès de la raison, les porte à jeter un voile mystérieux sur tous ces objets ; la plupart d'entr'eux, bien loin d'ouvrir les yeux du peuple, ont la plus grande attention de les tenir fermés, et de boucher les voies de l'entendement humain par tous les moyens qui sont en leur pouvoir (1); presque tous les systèmes d'éducation, depuis

---

(1) Ce que je dis là, n'est pas sans exception : il a existé, il existe encore des souverains amis des lumières, sans lesquelles ils sentent qu'il est impossible de bien gouverner. Louis XIV, le grand Fréderic, Catherine II, impératrice de Russie, etc. aimoient les sciences et la philosophie : ils appeloient près d'eux et honoroient les gens de lettres, les savans et les philosophes. Le roi de Prusse vivoit familièrement avec eux, il se plaisoit à philosopher avec les Voltaire, les Dalembert, les Maupertuis, etc. et il n'a été un des plus grands rois, et un des plus grands hommes de son siècle, que parce qu'il étoit roi philosophe. Tous les bons rois, tous les princes éclairés, tous les gouvernemens justes, pensent maintenant ou doivent penser comme Fréderic, etc. ils doivent sentir que la qualité de chef d'une nation libre, instruite, puissante et généreuse, est de beaucoup préférable à celle de *tyran* ou despote d'un peuple foible, abruti par l'ignorance et la servitude.

Heureusement le règne des ténèbres semble toucher à sa fin : la France et l'Angleterre, les deux nations les plus éclairées du globe, et en même tems les plus puissantes et les mieux gouvernées, me paroissent devoir exercer leur influence sur tous les autres peuples. Le progrès de la raison et des lumières doit à la longue obliger les gouvernemens de tous les pays, à se contenter d'une autorité fondée sur les lois, et à préférer à tout, le titre glorieux de premiers magistrats d'une nation sensée, estimable, heureuse et florissante. Les peuples éclairés et bien gouvernés, sont les seuls qui savent aimer et estimer leurs souverains : et quel monarque pourroit être insensible à l'amour et à l'estime de plusieurs millions d'hommes raisonnables dont il a fait le bonheur?

long-tems en usage dans l'Europe, sont la preuve de ce que j'avance.

Ainsi, l'on voit que si la morale n'est pas une science plus avancée, plus régulière, cela ne provient ni de sa nature, qui la rend susceptible d'une assez grande perfection, ni de la faute des vrais savans, qui, tous, voudroient (pour le bonheur du genre humain) la voir élevée ou l'élever à la dignité de science exacte, mais de celle des régnans et des gouvernans, qui n'ont pas voulu qu'elle le fût, dont peu veulent encore qu'elle le soit, et qui, il faut le dire, n'ont pas toujours eux-mêmes des idées fort nettes sur l'objet en question, ce qui répand sur leurs lois, leurs institutions, leurs réglemens, leurs ordonnances, une obscurité et une contradiction aussi souvent funestes à eux-mêmes qu'au peuple gouverné par eux.

Voyons maintenant comment l'homme, placé sur un globe, errant dans l'espace, avec la faculté de le parcourir en tous sens; l'homme, entouré d'animaux, de végétaux, de minéraux, des terres, des mers, et d'un immense amas de corps célestes; l'homme, environné des produits multipliés de sa propre industrie; l'homme enfin, constamment assailli d'une foule de sensations, d'idées et de sentimens, naissans de l'action des objets extérieurs et de sa propre organisation, a pu, débrouillant ce chaos, former la nomenclature et tenir registre de tout ce qui se passoit hors de lui et au-dedans de lui-même; en un mot, peindre par des sons ou des figures, ses rapports avec tous les êtres, et les rapports de tous les êtres entr'eux.

CHAPITRE

CHAPITRE II.

Elémens généraux du langage.

TANDIS qu'il n'est question que de la description ou de la décomposition matérielle des objets, le plus prompt, le meilleur moyen de la représenter est de tracer autant de figures séparées, égales ou semblables, qu'il y a de parties dans un objet, et de les lier les unes aux autres, précisément comme ces parties le sont entr'elles. C'est ainsi qu'en jetant les yeux sur le dessin exact d'une machine, par exemple, sur un plan de vaisseau, sur celui d'un moulin, etc., on voit une suite, un enchaînement de petites figures ou dessins partiels représentant chaque objet, chaque pièce à la place réelle qu'ils occupent dans le système, avec sa vraie forme, et dans des dimensions égales ou proportionnelles. Au moyen de cette analyse descriptive (la première et la plus naturelle des langues), la liaison, la situation et le rapport de toutes les parties sautent aux yeux, et font porter à l'esprit une foule de jugemens, d'une manière aussi sûre que rapide, en lui offrant à la fois une foule de choses très-distinctes. Mais comment remplacer ou traduire, dans le langage ordinaire, cette liaison évidente de toutes les parties entr'elles, et avec le tout, comment substituer au dessin

. . . . Cet art ingénieux
De peindre la parole et de parler aux yeux ;
Et par les traits divers de figures tracées,
Donner de la couleur et du corps aux pensées.

Solution de ce problême : exprimer toutes nos idées avec un nombre limité de caractères ou figures de convention.

Pour mieux résoudre cette question, et développer l'artifice de la formation d'un langage, j'aurai d'abord recours à l'hypothèse suivante. Je suppose un homme bien organisé, c'est-à-dire, ayant tous ses sens, et sachant s'en servir : je suppose, 1°. que cet homme parcourt successivement les diverses parties de la surface du globe, et qu'à chaque objet remarquable qu'il rencontrera, il attache une étiquette ou un signe propre à le reconnoître ; 2°. qu'après l'avoir bien examiné, regardé, touché, goûté, odoré, etc., en un mot, analysé avec tous ses sens et les instrumens qu'il peut avoir à sa disposition, il désigne par un nombre N de figures de sa façon, le nombre égal de sensations et d'idées qu'il fait naître en lui, ou le nombre N de parties, qualités ou propriétés qu'il y apperçoit ; il aura un nombre N d'idées élémentaires, naissantes d'un corps nommé C, ou ayant l'étiquette C ; et comme d'ailleurs ce corps n'est pour lui que la somme des parties, etc. qu'il y remarque, ou celle des idées qu'il produit, il conclura naturellement (en désignant ces parties par les signes abrégés p, p', p'', p''', p^{IV}, etc., ou les sensations équivalentes par ceux-ci, s, s', s'', s''', s^{IV}, etc.), il conclura, dis-je, que C est égal à p, plus p', plus p'', plus, etc., ou est égal à s, plus s', plus s'', plus, etc. ; ou en employant les signes algébriques que $C = p + p' + p'' + p''' + p^{\text{IV}} +$ etc. $= s + s' + s'' + s''' + s^{\text{IV}} +$ etc., c'est-à-dire, qu'il désignera, par une expression double, le corps et l'ensemble des parties, qualités ou propriétés qu'il y apperçoit. De même f, f', f'', f''', etc. étant les élémens qu'il distingue dans un nouveau corps, désigné par l'étiquette C', il conclura que $C' = f + f' + f'' + f''' +$ etc., l'analyse d'un troisième corps, étiqueté C'', lui fournira une troisième phrase descriptive, ou formule analytique, $C'' = \sigma + \sigma' + \sigma'' + \sigma''' + \sigma^{IV} +$ etc. De même, et par la même raison, pour un quatrième corps étiqueté C''', il obtiendra la suivante : $C''' = \Sigma + \Sigma' + \Sigma'' + \Sigma''' +$ etc. ; les lettres grecques σ et Σ désignant, dans ces deux dernières phrases ou formules, les mêmes choses que s et f dans les deux premières.

Quoique mon observateur n'ait encore analysé que quatre corps, on voit combien d'étiquettes ou signes différens il a déjà été obligé d'employer ; à force d'en imaginer de nouveaux, il s'appercevra bientôt qu'il ne se souvient plus des premiers ; d'ailleurs, son imagination épuisée bientôt ne lui en fournira plus ; il se trouvera donc forcé d'employer les premiers, sauf à les écrire dans une situation renversée ou différente, afin de les distinguer par la position ; mais le nombre des positions bien distinctes, ne tardera pas à se trouver épuisé, et mon observateur, à force de chercher à se retourner, verra qu'il ne lui reste plus d'autre parti à prendre que de réunir, de combiner 2 à 2, 3 à 3, 4 à 4, etc., les premiers signes inventés, afin d'en faire comme un nouveau magasin d'étiquettes à sa disposition, pour tous les corps qu'il rencontrera sur sa route. Il se trouvera donc insensiblement, et comme malgré lui, conduit à la solution de ce problème : *Représenter ou étiqueter tous les corps possibles, avec la totalité ou une partie des caractères que j'ai déjà employés.* Après plusieurs essais et tâtonnemens inutiles ou peu commodes, il arrivera peu à peu à ce raisonnement assez simple : Si N représente un certain nombre de signes rangés sur une même ligne, chaque signe pouvant être combiné avec lui-même et avec tous les autres, il en résultera donc un nombre de combinaisons 2 à 2 $= N \times N = N^2$ (je suppose, comme l'on voit, que mon observateur est un peu géomètre).

Maintenant, pour avoir toutes les combinaisons 3 à 3, il faut combiner successivement chacun des signes dont le nombre est $= N$, avec toutes les combinaisons 2 à 2, dont le nombre $= N^2$, donc le nombre des combinaisons trois à trois sera $= N^2 \times N = N^3$, de même, et par la même raison, le nombre des combinaisons 4 à 4 sera $= N^4$; celui des combinaisons 5 à 5 $= N^5$, et celui des combinaisons N à N $= N^N$.

Si l'on avoit égard à la position des lettres, et qu'on voulût la faire entrer dans les combinaisons, alors, soit n le nombre des situations dont chacune d'elles est susceptible, et qui, comme on voit pour le signe suivant A, peut très-bien, et sans confusion, être de quatre au moins, A, ᗒ, V, ᗕ; alors, le nombre des caractères, au lieu d'être N, seroit en général $= N \times n = nN$; et, en se bornant à quatre renversemens ou positions différentes, seroit $= 4N$, par la raison qu'un caractère renversé, ou qui occupe une position différente, doit être regardé comme un caractère différent. On voit quel accroissement recevroit alors le nombre total des combinaisons : ce nombre est en général exprimé par la série $N + N^2 + N^3 + N^4 + N^5 + \text{etc.} \ldots\ldots + N^N$.

On pourra donc, en mettant pour N un nombre fixé et déterminé, trouver combien, avec ce nombre, on peut former de combinaisons ou d'étiquettes différentes, et voir s'il est suffisant pour la quantité d'objets que l'on veut étiqueter ou représenter. Ainsi soit $N = 1$, on ne pourra évidemment désigner qu'un objet, à moins qu'on ne renverse ce caractère unique : soit $N = 2$, on en désignera $2 + 2^2 = 6$: soit $N = 3$, on en désignera $3 + 3^2 + 3^3 = 39 =$ (on exprimeroit la même chose avec un seul caractère écrit dans trois situations différentes, ou avec deux, dont l'un seroit renversé une fois seulement). Si $N = 4$, on en désignera 340 (on obtiendroit le même nombre, 1°. avec trois caractères, dont l'un seroit renversé une fois, ou occuperoit une double position; 2°. avec deux, dont chacun seroit renversé une fois, ou dont l'un seulement le seroit deux fois; 3°. avec un seul qui le seroit trois fois, ou qui occuperoit quatre positions différentes) : si $N = 5$, on aura 3905, nombre que l'on peut également obtenir avec un, deux, trois ou quatre caractères : si $N = 6$, on aura 55986, résultat auquel on peut encore arriver de quatre à cinq manières, soit avec deux lettres, susceptibles chacune de trois positions, ou l'une de 4 et l'autre de deux; soit avec trois lettres, susceptibles chacune de deux positions, etc. : Si $N = 7$, on a 960799, nombre que l'on obtient également avec 1, 2, 3, 4, 5 et six caractères, en employant la diversité des positions d'un même caractère : Si $N = 8$, on a 19,173,960, nombre qui peut également résulter des combinaisons de 2, 3, 4, etc. caractères, en ayant recours à l'artifice du renversement ou des diverses positions des lettres.

On voit donc qu'avec huit signes ou figures distincts, on peut déjà représenter plus de dix-neuf millions d'objets ou d'idées, et qu'on peut arriver au même résultat avec 1, 2, 3, 4, etc. signes. On pourroit donc, avec 4, 6, 8 ou 10 caractères seulement, remplacer les 24 lettres de l'alphabet, et sans doute le nombre des combinaisons qu'ils pourroient fournir, est supérieur au nombre total des idées existantes dans la tête de tous les hommes épars sur le globe, ou à la somme des connoissances élémentaires de tous les peuples (1); d'où je conclus que ces mêmes peuples, au lieu d'employer 24 à 25 lettres ou signes, pour exprimer leurs idées, auroient pu se borner à un beaucoup plus petit nombre; et comme la simplicité d'une langue dépend beaucoup de la simplicité des signes élémentaires qui forment les mots, il est évident qu'alors les langues eussent été plus simples, plus faciles à écrire et à apprendre. Le langage ayant plus de laconisme, auroit aussi été plus propre à rendre la vitesse et l'énergie de la pensée : en facilitant les opérations de l'intelligence, il en eût augmenté la force et l'étendue par un levier plus avantageux, et multiplié ainsi les productions de l'esprit (car ce sont là, comme on sait, les propriétés distinctives des langues exactes, en usage dans l'arithmétique, l'algèbre, la géométrie, la musique, etc.) Mais les langues vulgaires ont eu le sort de toutes les premières inventions, foibles et grossières dans leur naissance, et qui ne se perfectionnent qu'à la longue : elles n'avoient guère, en naissant, que le mérite de la clarté, et il étoit impossible qu'elles ne l'eussent pas, puisque celui qui, pressé par le besoin,

---

(1) 10 caractères sont susceptibles de 11,111,111,110, ou *onze milliards, cent onze millions, cent onze mille, cent dix combinaisons* directes, sans avoir égard à celles qui peuvent naître de leur situation renversée.

se fait une langue à lui-même, doit nécessairement s'entendre, à moins qu'il ne se contredise ou qu'il n'oublie ses propres conventions; or, les premiers hommes créateurs du langage, étoient évidemment dans ce cas-là.

Il est probable que c'est le plus grand nombre des sons que peut proférer l'organe de la voix, qui a détermine celui des lettres ou caractères alphabétiques avec lesquels on les a liés; et si le grand nombre des touches vocales a contribué à compliquer un peu les langues écrites, on ne peut se dissimuler qu'il a enrichi les langues parlées, en les rendant plus douces, plus abondantes, plus sonores, plus musicales, en un mot, plus variées; et peut-être ces avantages compensent-ils, en partie, le laconisme qui eût pu résulter de l'emploi d'un plus petit nombre de caractères.

C'est ainsi que l'art de combiner les signes élémentaires, a simplifié la nomenclature : voyons comment elle a pu l'être encore par la classification des substances.

L'on conçoit que si, après avoir mis des étiquettes sur tous les objets accessibles aux sens (au moins sur les plus remarquables, placés à l'extérieur ou extraits de la portion connue de l'intérieur du globe), et mis la même étiquette sur les mêmes objets, ou du moins, sur des objets très-semblables (car, à la rigueur, rien d'égal peut-être sur la terre, et même dans l'immensité des cieux), on remplace par une seule étiquette toutes celles posées sur les individus de même espèce *épars dans le grand muséum du globe*, et qui trouvés trop ressemblans pour porter des étiquettes différentes, ont, en conséquence, reçu la même, alors on formera ces grandes classes et familles de corps naturels (animaux, végétaux, minéraux; quadrupèdes, oiseaux, poissons, etc.; éléphans, lions, chevaux, etc.; aigle, autruche, cigne, pigeon, serin, etc.; baleine, cachalot, requin, carpe, brochet, etc., expressions complexes, servant à désigner un certain nombre indéterminé d'êtres naissant les uns des autres, suivant des lois à peu près constantes, ou jugés trop semblables pour porter un nom différent, et que pour cela, l'on a réunis sous le même, parce que d'ailleurs, sans cet artifice, il eût été impossible de se souvenir du nombre presqu'infini des noms ou étiquettes posés sur chaque individu, et par conséquent, de classer et de se rappeler ses idées. (*Voyez* Section 2, Chapitre 2.)

Ainsi donc, les premiers signes employés par les hommes, ont été, comme je l'ai déjà observé, les noms des substances. Doués de la faculté de distinguer les objets, le premier usage qu'ils en ont fait, a été de reconnoître les principaux, de les séparer et de les distinguer par des signes, comme ils l'étoient dans la nature, par leur forme, leur couleur, leur grandeur, leur situation, etc., en un mot, par leurs propriétés les plus apparentes et les plus frappantes; il est résulté de là une première analyse assez grossière, ou fort incomplète; mais l'œil, en repassant de nouveau sur les mêmes objets, a mieux vu ce qu'ils renfermoient, y a apperçu de nouvelles parties, de nouveaux mouvemens, enfin de nouvelles propriétés, qu'il a désignées par de nouveaux signes, et la nomenclature s'est ainsi augmentée et perfectionnée peu à peu.

Le premier usage du langage a été de dessiner et de peindre, comme la première fonction du génie a été d'imiter, pour créer ensuite : mais l'imagination, en parcourant les tableaux qu'elle avoit copiés ou enfantés, étoit forcée de les décomposer, pour s'assurer qu'ils ne contenoient rien d'outré et de contraire à la nature, et qu'ils renfermoient toutes les parties des objets qu'on vouloit imiter ou embellir, et c'étoit là un commencement d'analyse. A mesure que les productions des beaux-arts et du génie se sont multipliées, le nombre des observateurs et des connoisseurs s'est accru, et l'esprit de recherche et d'analyse s'est étendu. Une classe d'hommes lettrés s'est uniquement occupée à rechercher les élémens du beau, en peinture, en sculpture, en poésie, enfin dans les ouvrages de tous les grands artistes et des grands écrivains : par-là, le nombre des gens d'esprit et de goût s'est multiplié. Après avoir fixé les règles du bon goût, après avoir reconnu les élémens du beau, on a voulu s'assurer de ceux du vrai. Après s'être long-tems occupé à crayonner, à peindre la nature, on a voulu la suivre dans le dédale de ses mouvemens, la prendre sur le fait, et la soumettre au calcul, après l'avoir soumise aux expériences : afin d'examiner chaque corps de plus près, on a appelé au secours de ses sens, celui des instrumens qu'offroient les arts mécaniques. Pour mieux observer, on s'est partagé le vaste domaine de l'intelligence; alors, les physiciens, les astronomes, les géomètres, les moralistes, etc., sont nés en foule; alors, les idées abstraites et complexes se sont multipliées en tout genre, et par suite, le nombre des termes généraux s'est prodigieusement accru; enfin, après bien des écarts, des erreurs et des découvertes, l'esprit d'analyse se répandant sur le globe entier des sciences, perfectionnant toutes les parties du langage, et posant les bases d'une langue philosophique universelle, est venu à bout de fixer les lois de l'intelligence, de la vérité et de la raison, comme il avoit fixé celles de l'imagination.

Voyons présentement comment l'on a ramené tous les élémens des langues à un petit nombre de classes ou termes généraux, (*noms, adjectifs, verbes, adverbes*, etc.) qui renferment l'expression complète des vues de l'esprit et des sentimens du cœur.

Noms substantifs.

Il étoit tout simple, comme je l'ai fait voir ci-devant, que l'homme commençât par donner des noms à cette foule de corps en repos ou en mouvement autour de lui, et qui, tour à tour actifs et passifs, produisent par leur action réciproque tous les phénomènes naturels. Après l'examen de chaque objet, pris en entier, vient naturellement celui des parties dont les objets sont formés. De là cette foule de termes nommés substantifs, parce que leur emploi est de désigner les *substances* (ou ce vaste ensemble de corps formant l'univers), ainsi que les parties ou pièces dont se compose chaque objet naturel ou artificiel. Ainsi, le corps de l'homme et des animaux se divise en *tête*, en *tronc* et en *extrémités* : la première partie renferme le cerveau, l'œil, l'oreille, le nez, la bouche, la langue, etc. ; la deuxième, la poitrine, le cœur, les poumons, l'estomac, les intestins, etc. ; la troisième, les bras, les mains, les doigts, les cuisses, les jambes, les pieds, et ainsi de suite pour tous les termes formant la nomenclature des os, des muscles, des artères, des veines, des nerfs, etc., en un mot, de toutes les substances solides ou liquides dont se composent les machines vivantes. Même chose a lieu pour les diverses parties d'une machine ou d'une mécanique (comme fusil, montre, moulin, vaisseau), et en général, pour toutes les productions industrielles, auxquelles le besoin et l'analyse ont donné un nom distinct. Il en a été de même des diverses parties du globe, et de ses divisions naturelles ou arbitraires. De là, 1°. les noms des *continens* (divisés en Europe, Asie, Afrique, Amérique), et ceux des États (empires, royaumes ou républiques), provenant de leur partage entre les divers peuples, comme la France, l'Espagne, la Russie, etc.; 2°. ceux des *mers* (l'Océan indien, la Méditerranée, la Baltique, la mer du Sud, la mer glaciale, etc.); 3°. ceux des *isthmes* (de Suez, de Corinthe, de Panama, etc.); 4°. ceux des *détroits* (de Gibraltar, du Sund, de la Sonde, de le Maire, etc.); 5°. ceux des *montagnes* (les Alpes, les Pyrénées, les Cordilières, le Pic de Ténériffe, et autres expressions désignant les principales inégalités de la surface du globe); 6°. ceux des *fleuves* (la Seine, la Tamise, le Rhin, le Danube, etc.); 7°. ceux des *îles* (portions de terre sèche ou sommets de montagnes plongées en partie dans l'Océan et entourées d'eau de toutes parts); 8°. ceux des *lacs* (ou portions d'eau dans l'enceinte des terres où elles sont contenues comme dans un bassin); 9°. ceux des *promontoires* ou *caps* (c'est-à-dire, des angles saillans, des terres dans la mer); 10°. ceux des *golfes*, *baies*, etc. (c'est-à-dire, des angles saillans de la mer dans les terres, dont elle occupe les angles rentrans). L'ensemble de ces termes forme la nomenclature géographique, comme les suivans (le Soleil, Mercure, Vénus, la Terre, Mars, Jupiter, Saturne, Uranus, etc.; le Bélier, le Taureau, les Gémeaux, l'Écrevisse, le Lion, la Vierge, la Balance, le Scorpion, le Sagittaire, le Capricorne, le Verseau, les Poissons; la grande Ourse, la petite Ourse, les Pléïades, la Chaire de Cassiope, le Bouvier, Syrius, l'Aigle, la Lyre, etc.; enfin, tous les noms donnés aux planètes et à leurs satellites, aux comètes, aux étoiles simples et aux groupes d'étoiles (appelés *constellations*), composent la nomenclature céleste, celle du grand corps de l'univers, au moins de cette portion accessible aux regards de l'homme, secondés par ses instrumens.

Tous ces termes désignant les principales pièces de la grande machine du monde, et les diverses parties du globe, sont ce qu'on appelle des noms *propres*. Ceux-ci ne désignent qu'un objet; les suivans sont applicables à des collections d'individus de même espèce.

Noms spécifiques.

Les relations sociales exigeant que chaque homme ait son nom propre, les noms des individus humains se sont multipliés dans chaque société, à raison du nombre des citoyens; la même chose a eu lieu pour toutes les réunions d'hommes et d'habitations composant les hameaux, les villages, les villes, etc. Les animaux, compagnons de nos plaisirs et de nos travaux, *le chien, le bœuf, le cheval*, etc. ont aussi reçu, dans l'état de domesticité, des noms propres qui les distinguent et les rendent dociles à la voix de leur maître, de leur guide, des personnes qui les appellent, et cette nomenclature s'est étendue autant que le besoin et l'amusement l'exigeoient; mais tous les objets n'ont pas ainsi reçu chacun un nom particulier. 1°. La plupart des êtres sont trop passagers, ont une existence trop fugitive ou trop peu utile pour nous, pour qu'on prenne la peine de les *nommer;* et ce ne sont que les espèces vraiment durables de ces individus, la plupart aussi rapidement détruits que formés, qui ont mérité d'être désignées par des noms généraux; encore, combien d'espèces qui, par leur petitesse ou leur éloignement, échappent à nos sens et à nos instrumens, ont pu ne pas recevoir des noms, parce qu'elles sont demeurées inconnues à l'homme. 2°. C'eût été un travail infini que de vouloir donner des noms à tout ce qui existe; la plus heureuse mémoire n'eût pu suffire à une pareille nomenclature; la confusion des signes eût entraîné celle des idées, et l'esprit humain eût été entravé et arrêté tout à coup dans sa marche. Heureusement, les noms spécifiques sont venus remédier à cet inconvénient, et à l'aide de ces mots (*animaux*, *végétaux*, *minéraux*; *quadrupèdes*, *oiseaux*, *poissons*, *reptiles*, *insectes*, etc.; *hommes*, *chevaux*, *lions*, *éléphans*, *aigles*, *colombes*, etc.; *chênes*, *pommiers*, *poiriers*, *pruniers*, etc.) l'esprit a pu envisager tous les corps naturels, par groupes plus ou moins étendus, qui lui ont permis d'agrandir ou de retrécir à volonté ses vues, en portant ses regards du simple individu sur l'univers entier, et les arrêtant sur telle portion qui lui plaît de cet univers; comme en embrassant d'un seul regard *la somme totale des corps*, plus *la somme des forces dont ils sont animés*, il s'est élevé jusqu'à la grande et belle idée de la NATURE.

Adjectifs.

Chaque corps se présentant toujours à nos sens avec une certaine forme ou figure, avec telle grandeur, telle couleur, tel poids, tel mouvement, telle consistance, telle température, etc., en un mot, avec un cortège de propriétés distinctes, constantes ou variables, qui sert à le faire reconnoître, on sent que, pour exprimer chacune d'elles, il nous faut un pareil nombre de termes distincts : de là les mots *grand*, *pe-*

tit, *gros*, *long*, *large*, *haut*, *rond*, *oval*, *carré*, *cubique*, *cylindrique*, *sphérique*, *conique*, exprimant les dimensions et la forme ; les mots *rouge*, *jaune*, *vert*, *bleu*, *violet*, *blanc*, *noir*, *gris*, *brun*, etc., exprimant les couleurs et leurs nuances ; les mots *grave*, *aigu*, *doux*, *moëlleux*, *fort*, *foible*, etc., désignant la qualité des sons ; les mots *doux*, *amer*, *aigre*, *acerbe*, *salé*, *âcre*, etc., exprimant les saveurs ; les mots *chaud*, *froid*, *tempéré*, *dur*, *mou*, *élastique*, *solide*, *liquide*, *fluide*, *pesant*, *léger*, destinés à rendre les sensations de la main et autres organes du tact ; enfin, tous les termes (fort nombreux) consacrés à l'expression des habitudes et des qualités de l'esprit et du cœur.

Tous ces termes qualificatifs offrant le développement des substances, ou l'analyse d'un objet quelconque, ont été nommés *adjectifs*, sans doute parce que, quand on a prononcé ou écrit le nom d'un corps, ce qu'il y a de plus simple pour le faire connoître, est d'*ajouter* à sa suite tous les termes exprimant ses propriétés : ainsi, quand je dis l'*or*, j'exprime bien, d'un seul mot, une substance distincte de toutes les autres ; mais jusque là, l'esprit de l'homme qui n'est pas encore instruit de la signification de ce mot reste en suspens, et attend quelque chose. Si j'*ajoute*, à la suite de ce mot, les suivans : *jaune*, *brillant*, *fusible*, *très-pesant*, *très-ductile*, *peu ou point oxidable*, *dissoluble dans l'eau-régale*, *formant la monnoie*, *les bijoux*, *les étoffes précieuses*, etc., alors je développe l'idée d'or, en offrant à l'esprit ses propriétés élémentaires, dont la réunion forme l'idée complexe *or*.

Nous avons vu ci-devant que l'étiquette C, considérée comme signe représentatif d'un corps dans lequel l'œil apperçevoit les parties ou propriétés p, p',

p'', etc., retraçoit à l'esprit l'ensemble de ces propriétés ; ainsi le signe, le mot par lequel on désigne un corps connu et analysé (ou son nom), contient ou est censé contenir au moins implicitement tous les signes ou mots partiels consacrés à cette analyse, comme le corps lui-même renferme toutes les parties ou propriétés, de la somme desquels il résulte ; il les soutient, en quelque sorte, comme les diverses portions de matière, nommées substances, soutiennent l'ensemble des propriétés que les sens y apperçoivent : ainsi, par exemple, prononcer ce mot *fer*, c'est même chose que de dire *substance blanchâtre, fibreuse, tenace, dure à fondre, malléable, combustible, attirable par l'aimant, décomposant l'eau, formant un oxide jaunâtre vulgairement appelé* rouille; *produisant l'acier par son union avec le charbon*, etc.

Les propriétés ou qualités des corps étant liées avec eux d'une manière si intime et souvent inséparable, les adjectifs qui les expriment devroient donc aussi être étroitement liés avec les substantifs, ou ne devroient point en être séparés : ainsi, dans la formation d'un langage philosophique, ce qui se présente de plus naturel, lorsqu'on a inventé le signe représentatif d'un corps, est d'y renfermer ou d'y joindre les signes partiels ou les adjectifs, comme on voit dans les deux figures ci-jointes, dans lesquelles le caractère O,

de forme circulaire, contient les caractères *a*, *b*,

c, *d*, etc., ou est lié avec eux par de petites lignes droites; alors, chaque signe total d'une idée complexe, est un petit tableau, composé d'autant de signes partiels et visibles, qu'il y a de parties dans l'idée.

Les formules analytiques, dont j'ai déjà fait usage, ne sont guère moins propres à retracer à l'œil et à l'esprit la notion d'un corps, ou les élémens d'une idée complexe : ainsi, si je désigne en abrégé, par *a*, *b*, *c*, *d*, etc., les qualités successives d'un objet, de l'or, par exemple, désigné lui-même par le signe O, la phrase précitée, l'*or est jaune, pesant, fusible, ductile*, etc., se trouvera traduite par cette expression plus abrégée, $O = a, b, c, d$, etc., ou $O = a + b + c + d$, etc., dans laquelle le signe $+$ placé entre les caractères, et tenant lieu de virgule, sert tout à la fois à distinguer et à lier entr'eux les signes élémentaires *a*, *b*, *c*, *d*, etc., dont l'ensemble est lié avec le signe principal O, par le signe $=$, et c'est là le tableau de la pensée, réduit à sa plus grande simplicité.

Mais que veut dire ce signe ($=$)? Il est évident qu'il remplit le même rôle que le mot *est* dans cette phrase descriptive : l'*or est jaune, pesant, fusible, ductile*, etc. : il est d'ailleurs évident que cette phrase n'est que la double expression d'une même substance, d'une même idée : ainsi, le signe $=$ marque à la fois l'identité d'un objet doublement exprimé, et l'égalité de cette double expression ; car, puisque c'est à l'ensemble de ces qualités, jaune, pesant, fusible, etc., qu'on a donné le nom d'*or*, il est clair que la phrase précédente peut se réduire à celle-ci : *l'or est l'or*, ou *l'or* = *l'or*, ou $O = O$.

Expressions

Expressions comparatives.

Tant qu'on ne compare point les objets entr'eux, et leurs qualités entr'elles, les adjectifs simples sont suffisans, mais ils cessent de l'être, du moment où l'on veut établir des comparaisons : de là une nouvelle classe de termes nommés *comparatifs*.

Lorsqu'il est question d'idées mesurables, les nombres nous servent à assigner avec précision les rapports : mais nous ne sommes pas toujours assez heureux pour obtenir une telle exactitude. Comme nous manquons d'unités précises pour évaluer les qualités morales, les sentimens, les passions, les plaisirs et les peines, les vertus et les vices; ainsi qu'une partie de nos sensations primitives, les sons, les odeurs, les couleurs, les saveurs, etc., nous ne pouvons, dans une foule de cas, porter que des jugemens vagues à l'aide des mots *autant*, *aussi*, *plus*, *moins*, *le plus*, *le moins*, *très* ou *fort*, *extrêmement*, *infiniment*, etc. Ainsi, nous disons, *aussi* savant, *moins* savant, *plus* savant, *très* ou *fort* savant, *extrêmement* poli, *infiniment* honnête, etc.; *aussi* jaune que l'or; *aussi* profond que Newton; *aussi* bon peintre que Raphaël c'est ainsi que nous fixons nos idées, en les rapportant à un objet connu, pris pour terme de comparaison.

Mais ces expressions approximatives et variables, *aussi* ou *autant*, *plus*, *moins*, *le plus*, *le moins*, correspondantes à cinq degrés principaux de sensations ou qualités non mesurables, étant les seuls moyens que nous ayons de comparer une grande partie de nos idées, il reste toujours bien du vague dans les jugemens que nous portons en pareil cas, et les propositions qui les expriment sont souvent indéterminées. Il en est de même des expressions *au-dessus*, *au-dessous*, *à droite*, *à gauche*, *en avant*, *en arrière*, *avant*, *après*, *en-deçà*, *au-delà*, dont l'homme se sert pour fixer les objets, par rapport à lui ou à tout autre point fixe de son choix : ce n'est qu'en leur ajoutant un certain nombre d'unités linéaires (*toises*, *pieds*, *pouces*, *brasses*, *coudées*, etc.), qu'ils acquièrent une signification déterminée, comme quand on dit, vingt *toises* au-dessus de l'horizon; cinq *brasses* au-dessous du niveau de la mer; une *lieue* de distance à droite ou à gauche de ce fleuve; un *mille* en-deçà ou au-delà de ce clocher, de cette borne. C'est ainsi que, dans l'espace invisible du tems, l'on détermine et l'on fixe les évènemens passés, présens ou futurs, en interposant un certain nombre de siècles, d'années, de jours, d'heures, etc. entre l'évènement en question et une portion de durée que l'on prend pour époque fixe.

Quand on ne considère que deux objets, l'on trouve qu'ils sont égaux ou inégaux (en grandeur, par exemple); de là les trois premiers degrés de comparaison, *aussi grand*, *plus grand*, *moins grand* : mais si l'on compare successivement chaque objet à plusieurs objets formant avec celui-ci un même groupe, il peut s'en trouver un qui soit supérieur ou inférieure à tous les autres; de là deux nouveaux degrés comparatifs, exprimés par ces mots, *le plus*, *le moins*, comme dans ces phrases. La tour la *plus* élevée de cette ville; le *plus* gros chêne de la forêt; la *plus* belle femme de Paris; le *plus* habile homme de l'Europe; le *moins* instruit des citoyens François; etc. Outre ces cinq degrés, il en est encore deux autres fort vagues, exprimés par les mots *très* ou *fort*, et *peu* ou *fort peu* : comme *très-grand*, *très-petit*, *peu raisonnable*, *fort peu raisonnable* : *très* et *fort*, marquent les deux extrêmes (ou les limites des variations dont on conçoit qu'une qualité est susceptible) ; *peu* et *fort peu* sont des diminutifs a des adoucissans : ainsi, au lieu de dire d'une personne qu'elle est bête ou très-bête, on dit qu'elle est *peu* ou *fort* peu spirituelle : on adoucit par-là la dureté de la première phrase.

Les comparatifs et superlatifs des Latins, étoient de vrais adjectifs, dérivés d'une même source : ainsi, de *magnus* (grand), ils avoient fait *major* (plus grand) ; *minor* (plus petit) ; *maximus* (très-grand, ou le plus grand) ; et *minimus* (très-petit ou le plus petit) : de même, de *sapiens*, ils formoient *sapientior*, *sapientissimus* ; de *fortis*, *fortior* et *fortissimus* ; c'est-à-dire, qu'en variant la terminaison des adjectifs, ils en concluoient ces nouveaux termes. Les Italiens, à leur exemple, ont formé beaucoup de mots ampliatifs et diminutifs, qui, dans leur langue, ont une grace toute particulière : mais nous autres François, nous suppléons presque toujours à cette invention, par l'emploi de ces petits mots additionnels, *plus*, *moins*, *le plus*, *le moins*, *très* ou *fort*, etc., qui, placés devant les adjectifs primitifs, leur donnent la même valeur que chez les Latins (1).

Pour bien saisir la vraie valeur de toutes ces ex-

(1) Il me semble que c'est à tort que ces élémens ou particules ont été nommés *adverbes* ; ils n'ont point, comme les adverbes, de valeur préci se par eux-mêmes ; ils demandent après eux, un mot qui la leur donne (*un complément*) ; en un mot, ce ne sont que des signes abstraits indicateurs des rapports, et par conséquent de vraies *prépositions*, comme nous le verrons bientôt.

pressions comparatives, il faut observer qu'en tout pays, les hommes ont chacun dans leur tête une collection d'idées qui composent pour eux l'unité, ou terme de comparaison dont ils se servent pour mesurer le grand, le petit, le beau, le laid, l'esprit et la sottise, etc. Plus les êtres approchent de cette unité, plus ils sont grands, beaux, spirituels, etc.; et ils le sont d'autant moins qu'ils s'en éloignent plus.

La grandeur est un rapport qui surpasse l'unité en question; la petitesse est un rapport moindre que cette unité : ainsi, un homme de 5 pieds 6 pouces est grand par rapport à un homme de 5 pieds, et petit par rapport à un homme de 6 pieds; parce que, dans le premier cas, l'homme de 5 pieds est l'unité à laquelle on compare l'homme de 5 pieds 6 pouces; tandis que, dans le second, l'homme de 6 pieds est cette même unité. Les choses sont donc grandes ou petites, suivant la quantité fixe à laquelle on les compare (1); tant que cette unité (ou terme de comparaison) n'existe pas, il n'y a ni grandeur, ni petitesse. On se sert de l'expression *très-grand* ou *très-petit*, suivant que le rapport des quantités ou qualités comparées à la même unité, est très-grand ou très-petit lui-même, et en général, la grandeur et la petitesse sont proportionnelles à ce rapport qui leur sert de mesure.

---

(1) Le globe de la terre comparé à l'homme et à ses travaux les plus hardis, est une masse énorme; comparé au soleil, ce n'est plus qu'un très-petit élément matériel, dont le rapport avec cette grande masse est sensiblement mesuré par la fraction $\frac{1}{1,300,000}$; comparé à tout l'univers, ce c'est presque rien : et qu'est-ce que le soleil lui-même dans le vaste tableau des êtres! fort peu de chose; ce n'est plus qu'une de ces étoiles semées avec tant de profusion dans l'espace céleste.

On juge assez de la beauté et de la laideur (1), comme de la grandeur et de la petitesse par comparaison. Ainsi, dans une ville qui ne renfermeroit que de laides femmes, une personne d'une beauté très-médiocre seroit la plus belle, et elle seroit la moins belle dans une autre ville qui ne posséderoit que de belles personnes : beaucoup de gens la nommeroient belle dans le premier cas, et laide dans le second; elle seroit donc belle ou laide, suivant les objets auxquels on la compare. C'est par une suite de la même façon de juger, qu'un homme d'esprit n'est plus tout à coup qu'un sot, ou qu'un sot devient tout-à-coup un homme d'esprit, suivant les juges auxquels l'un et l'autre ont affaire.

On peut, cela posé, se rendre compte de la différence des opinions, en fait de beau, etc. Les impressions des objets naturels, et les effets de l'éducation n'étant pas les mêmes sur tous les hommes différemment organisés, ou soumis à des habitudes différentes,

---

(1) Les idées de beauté et de laideur sont dues à l'imagination : cette puissante faculté a, pour ainsi dire, extrait de tous les modèles que lui présente la nature, tous les traits épars, qui dans tous les tems et chez tous les peuples fort civilisés, ont agi puissamment sur l'esprit et le cœur de l'homme; puis réunissant, liant et fondant ensemble tous ces élémens dans les êtres qu'elle crée, elle fait naître tous ces monumens des beaux arts et du génie, dont l'ensemble forme la notion de la beauté et de la belle nature, (c'est-à-dire, la nature imitée, mais embellie et perfectionnée par le génie de l'homme).

De même et par un procédé semblable, l'imagination a recueilli tous les défauts de forme ou de proportion, sous les traits qui excitent en nous des sensations d'autant plus désagréables que notre sensibilité est plus exquise, et notre goût plus perfectionné : de l'assemblage de tous ces traits, de tous ces défauts elle a formé l'idée complexe de laideur, comme par la réunion des belles formes, des belles proportions, etc. elle avoit enfanté celle de la beauté.

il s'ensuit qu'ils ne font pas tous entrer dans l'idée complexe du beau, qu'ils prennent pour unité de mesure en ce genre, les mêmes élémens et en même nombre; d'où il arrive que la comparaison qu'ils font de divers objets avec cette unité, donne un rapport ou jugement différent. Il en sera de même dans toutes les parties de nos connoissances, où l'on juge des choses avec une unité différente : voilà pourquoi il y a eu, dans tous les tems et dans tous les pays, sur le vice et la vertu, le bonheur et le malheur, etc., presque autant d'opinions que de têtes. Ces quatre idées étant extrêmement complexes, il n'est presque jamais arrivé que deux individus y aient fait entrer le même nombre d'élémens, ni les mêmes élémens : ainsi, chaque individu se servant d'une unité différente, a dû mesurer différemment ces quatre quantités, par la même raison qu'en toisant un corps avec un pied françois, suédois ou anglois, l'on doit trouver des résultats différens, puisque l'unité de mesure n'est pas de même longueur.

Le premier pas qu'il faut donc faire, en traitant les matières de morale, d'économie politique, et toutes les parties contentieuses des sciences, est de se former une unité commune, composée d'un même nombre d'élémens bien déterminés; sans cette précaution, l'on ne parviendra jamais à s'entendre, et les hommes qui disputeront sur ces objets, seront dans le cas de deux arpenteurs, qui, avec des mesures linéaires différentes, voudroient trouver le même nombre d'unités carrées dans le même terrein.

Noms abstraits naissans de la variation indéfinie des adjectifs.

Dans l'examen que nous venons de faire des termes comparatifs, nous n'avons distingué dans les adjectifs servant à les former que quelques degrés variables et principaux; mais chaque propriété ou qualité exprimée par un adjectif, est une quantité indéfiniment variable, qui peut passer par une foule de nuances successives, tels sont le *rouge*, le *verd*, le *blanc*, le *noir*, etc.; le *doux*, l'*amer*, etc; le *chaud*, le *froid*, etc.: en un mot, toutes nos sensations, susceptibles de plus ou de moins, ont leur degré d'*intensité*, compris dans de certaines limites: il a donc fallu inventer des termes pour exprimer à peu près l'intervalle de ces limites, ou l'étendue des variations dont chaque qualité ou sensation étoit susceptible: de là les mots très-abstraits et fort vagues de *blancheur*, de *verdure*, de *douceur*, d'*amertume*, de *chaleur*, de *froidure*, etc., dérivés des adjectifs précités, *blanc*, *verd*, etc.

L'on voit que l'on a eu le plus grand tort de comprendre, parmi les noms substantifs, cette classe de termes qui exprimant (au lieu de substances) des *abstractions généralisées*, sont beaucoup mieux nommés *abstractifs*, ou noms dérivés d'adjectifs abstraits. Vouloir en faire des substantifs, c'est une absurdité et un impardonnable contre-sens.

Des genres.

Les familles vivantes, l'homme, les animaux et tous les êtres qui se transmettent l'existence par la voie de la génération, étant divisés, par leur nature, en deux grandes classes (*sections* ou *sexes*, du mot latin *secare*), celle des mâles et celle des femelles; l'analogie a fait diviser pareillement tous les termes consacrés à les désigner, en deux classes ou genres, l'un *masculin*, l'autre *féminin* : et tout le reste des noms relatifs aux objets qui n'ont point de sexe, aux êtres inanimés, a été compris dans un troisième genre, appelé *neutre* (du moins c'est là ce qui devroit avoir lieu dans toute langue bien faite); par une suite de la même analogie, tous les adjectifs désignant les qualités relatives à ces trois genres ont subi trois grandes divisions et classifications pareilles : ainsi, par exemple, après avoir dit, *equus*, *fœmina*, *astrum*, on a dit, *magnus equus*, *magna fœmina*, *magnum astrum* : c'est-à-dire, que les noms ont imprimé à leurs adjectifs leur forme et leur genre; ils les ont, pour ainsi dire, moulés sur eux. (*Voyez* le tableau des déclinaisons latines.)

Mais ce qui étoit raisonnable pour tous les êtres qui ont un sexe, a cessé de l'être pour ceux qui en sont dépourvus; et il est évident qu'on n'eût pas dû former *des classes mâles et femelles d'objets inanimés et d'idées abstraites* : les propriétés et qualités des corps pouvoient fort bien être exprimées, pour les trois genres, par un seul terme : tel est, en anglois, le mot *great*, dont la terminaison ne varie point, comme cela arrive, en latin et en françois, pour les mots équivalens, *magnus* et *grand*. Malheureusement, la raison et la philosophie n'ayant point présidé, dans l'origine, à la formation du langage, on a fait un étrange abus de l'analogie. Après avoir désigné, par des terminaisons différentes, les différences des sexes, on a continué à former les noms de tous les objets inanimés, sur le modèle de ceux que l'on avoit donné d'abord aux êtres vivans ; l'on a supposé des sexes partout ; en françois, tout a été substantif masculin ou féminin ; on n'a pas même excepté les noms abstraits dont je viens de parler. On a dit *une belle ame*, *une belle verdure*, *un beau rouge* ; comme on avoit dit, *une belle femme*, *un beau cheval* (1).

Pareillement, après avoir inventé des mots pour exprimer les objets et les effets sensibles, on a trouvé commode de les appliquer ensuite à désigner les idées, les passions, les facultés intellectuelles et morales ; toutes les idées abstraites ont été rendues par des images, des comparaisons et des métaphores ; on a dit, d'un homme courageux et fort, *c'est un lion* ;

---

(1) Cette bizarrerie n'a point lieu dans la langue anglaise, une de celles dont la construction est à bien des égards, la plus philosophique : elle n'a donné des *sexes* qu'aux êtres vivans, et ces deux signes généraux *he*, *she* ont servi à désigner; le premier, le masculin; et le second, le féminin ; tous les êtres inanimés n'ont point de sexe, et forment une classe commune. Les adjectifs anglais sont invariables ou de tout genre et de tout nombre : il en est de même de leurs articles *the* qui remplace *le*, *la*, *les* ; et *a* ou *an* (en français *un*, *une*), ils s'appliquent indistinctement à tous les êtres.

Nota. He et *she*, placés devant les noms anglais, s'appliquent non-seulement à l'espèce humaine, mais encore à toutes les espèces d'animaux : ainsi on dit *a he cat* (un chat); *a she cat* (une chatte) : mais devant les verbes, *he* et *she* ne peuvent plus s'appliquer qu'à l'homme et à la femme, et le pronom *it*, qui ne devroit tenir lieu que des êtres inanimés, sert encore à remplacer le nom des animaux, que l'on suppose privés de raison. Cette distinction dans laquelle peut être il entre plus de vanité que de philosophie, ne me paroit point indispensable ; et *he*, *she*, auroient pu, ce me semble, devant les verbes, comme devant les noms, s'appliquer aux animaux ; mais comme souvent l'on n'a pas besoin de distinguer le sexe de ceux-ci, en parlant d'eux, l'on a apparemment trouvé plus commode de leur appliquer le signe général (*it*) des êtres ou objets privés de sexe, à qui l'on fait jouer un rôle quelconque.

d'un homme doux et foible, *c'est un mouton*; d'une personne tendre et fidèle, *c'est une colombe*, *une tourterelle*; d'un beau visage, *c'est un teint de lis et de roses*. Les mots *étendu*, *lumineux*, *profond*, *pénétrant*, etc., qui expriment des qualités matérielles, ont aussi exprimé autant de qualités de l'esprit : on a dit la *fureur* des passions, le *feu* de l'imagination et du sentiment, l'*éclat* du génie, les *lumières* de la raison, etc.; et c'est ainsi qu'en transportant, en quelque sorte, le monde physique dans le monde moral, en répandant sur-tout les images, le sentiment et la vie, on est parvenu d'abord à se faire une langue figurée, poétique et brillante, plus propre à rendre les produits de l'imagination que ceux de l'intelligence pure, dont peut-être elle a retardé les progrès.

Ce penchant naturel à faire des comparaisons, à se servir d'expressions métaphoriques, est le même que celui qui nous porte à donner le nom d'une chose connue et nommée, à une autre qui ne l'est pas, lors même que celle-ci n'a, avec la première, qu'une assez foible analogie : c'est ainsi que nous voyons les enfans, les paysans, les sauvages, appliquer les signes d'objets connus, à tout objet qui a avec ceux-ci quelque ressemblance.

Cette manière de s'exprimer, la première que souvent l'on emploie quand on veut se faire entendre, sans le secours des démonstrations et de l'analyse, et à laquelle on est par fois réduit, quand une analyse rigoureuse est impossible, se présente d'elle-même à l'esprit; c'est le premier langage des peuples, et l'on en fait assez volontiers usage dans le commerce de la vie, parce qu'elle n'a rien de pénible; elle nous plaît sur-tout dans les compositions poétiques, dont elle est l'ame. L'homme, naturellement peintre et imitateur, a plus d'imagination que d'intelligence; voilà pourquoi l'on a d'ordinaire, en chaque pays, de bons poëtes, des peintres et des sculpteurs habiles, avant d'avoir de grands analystes ou de bons philosophes.

De quelques termes abstraits relatifs aux noms.

Jusqu'ici, nous avons imaginé des signes pour peindre, 1°. tous les objets qui peuvent donner ou recevoir le mouvement; 2°. les classes sous lesquelles on les a rangés; 3°. les qualités des objets; 4°. les degrés comparatifs de ces qualités; 5°. l'étendue des variations dont on les conçoit susceptibles. Maintenant, je pourrois passer à cet élément important et fondamental (*les verbes*), sans lequel tout est mort dans la nature, avec lequel tout s'anime, tout sent, tout agit; avec lequel enfin l'on peut peindre tout l'univers en mouvement : mais auparavant, disons deux mots de ces élémens ou termes abstraits (*nombres*, *articles*, *pronoms*), qui accompagnent presque toujours les noms, ou qui les remplacent.

Nombres.

Les *nombres*, exprimés par ces mots, *un*, *deux*, *trois*, *quatre*, etc.; *une fois*, *deux fois*, *trois fois*, *quatre fois*, etc., ou par les signes équivalens, 1, 2, 3, 4, etc.; 1 *fois*, 2 *fois*, 3 *fois*, 4 *fois*, etc., marquent en général une addition, une réunion successive d'objets égaux ou semblables, ou bien une répétition uniforme des mêmes mouvemens, des mêmes actions. Chaque action est désignée par le mot *fois*, et les signes fort abstraits (les vrais nombres), un, deux trois, etc., ou 1, 2, 3, etc., fixent avec précision la série des objets ou des actions, ou le *combien* de l'un et de l'autre. (*Voyez* page 120, Section première, ce que j'ai dit des nombres). Leur expression, en langue vulgaire, pouvant se traduire analytiquement, par des signes abréviatifs, nommés chiffres, alors, leur génération, leur décomposition, enfin, l'ensemble des opérations de l'esprit sur eux, donnent naissance à une science particulière (*l'arithmétique*), mais dont je ne dois pas m'occuper ici.

Articles.

Ces mots, *un*, *une*, nommés *articles* par les grammairiens, annoncent que, parmi une foule d'objets d'une certaine espèce, l'esprit en détache un seul qu'il considère à part, comme quand on dit, *un homme*, *un canard*, *un chêne*, *un couteau*, etc. Ils sont uniquement consacrés à désigner les unités (ou termes de comparaison) de tout genre et de toute espècce.

Les mots, *ce*, *cet*, *cette*, *ces*, indiquent un objet présent, sur lequel on dirige les yeux, que l'on montre du doigt, en général, qui fixe actuellement l'attention.

Les articles *le*, *la*, *les* (dont le premier est pour le masculin, le second pour le féminin, et le troisième pour le pluriel des deux genres), servent sur-tout à déterminer ou *préciser* les espèces et les classes, comme *ce*, *cet*, *ces*, indiquent avec précision chaque individu. Ainsi, cette expression *les hommes*, sert à séparer ou détacher l'espèce humaine du tableau des espèces vivantes; il en est de même des suivantes, *les oiseaux*, *les poissons*, *les chênes*, *l'or*, *l'argent*, *le fer*; *les vaisseaux*, *les frégates*; *la géométrie*, *la phy-*

sique, etc., qui, dans le tableau général des êtres (naturels ou industriels), dans celui des arts et des sciences, nous présentent des groupes distincts d'objets ou d'idées, autour desquels ils tracent, pour ainsi dire, un cercle, afin de les soumettre séparément et plus nettement aux regards de l'esprit.

Au reste, ces articles ne s'appliquent pas toujours aux choses prises dans un sens général et illimité : l'étendue de leur signification se trouve souvent restreinte par ce qui suit, comme dans cette phrase : *le bonheur des peuples dépend du génie et de la vertu des rois ou de ceux qui gouvernent.* Ici, les mots *bonheur* et *vertu* sont restreints par les suivans, *peuples*, *rois* ; tandis qu'ils ont toute leur latitude dans la phrase suivante : *le bonheur est l'objet du désir de tous les hommes, mais tous ne songent pas à l'obtenir par la vertu.*

Nota. En pareil cas, les Anglois suppriment leur article général *the*, et disent simplement *virtue* (la vertu) : ce n'est que dans le premier qu'ils écrivent *the virtue of kings*, etc. (la vertu des rois, etc.); et c'est ce qu'ils font toutes les fois que le sens général des mots se trouve particularisé, ou limité par quelque phrase accessoire, incidente, explicative, etc., comme dans cette expression, *les hommes qui*, etc.

Ces articles, joints aux prépositions *à* et *de*, ont servi à composer les suivans, *de*, *du*, *de la*, *des* ; *à*, *au*, *à la*, *aux*, qui, comme on voit, sont un mélange de prépositions et d'articles; car *du* est pour *de le* ; *au* pour *à le* ; *des* pour *de les* ; et *aux* pour *à les*. 1°. Il est clair que, par la même raison qu'on dit *de la*, *à la*, on peut dire aussi *de le*, *à le* ; il semble même que l'analogie auroit dû autoriser ces expressions, préférablement à celles-ci, *du* et *au*, qui ne sont guère plus simples, et sont peut-être moins douces. 2°. La chose devient plus évidente encore, par la comparaison du françois et de l'anglois : dans cette dernière langue, *du* et *des* sont presque toujours traduits par *of the*, ou *from the*; et *au*, *aux*, par *to the*; (*of* et *from* remplacent *de*, le premier au génitif, le second à l'ablatif, et *to* tient lieu de *à*) : cette manière angloise de s'exprimer est plus analytique que la nôtre.

Ces articles expriment les rapports de génération, de posssession, de source ou d'extraction, de cause productrice, etc., comme dans ces phrases : *le père de cet enfant; le maître de ce château; le roi d'Angleterre; l'auteur de ce poëme; c'est de l'ignorance du fanatisme et des préjugés que dérivent la plupart de nos maux.* Ils expriment aussi le lieu d'où l'on vient (*j'arrive de Paris, du Brésil, des Grandes Indes*), et celui d'où l'on part, pour compter ou mesurer les distances, comme dans ces vers de Boileau :

> De Paris au Pérou, du Pérou jusqu'à Rome,
> Le plus sot animal, à mon avis, c'est l'homme.

De, *du*, *des* servent encore à exprimer une certaine quantité ou portion de denrées et autres objets, ou un nombre indéterminé d'agens, comme quand on dit, *de la viande*, *du pain*, *des fruits*, *des couteaux*, etc.; *des philosophes pensent*, etc; *de bonnes gens croient*, etc. : c'est comme si l'on disoit, une certaine quantité de viande, de pain, de fruits, un certain nombre de couteaux, etc.; quelques philosophes pensent, etc.; ceux qui croient, etc. font partie du nombre des bonnes gens; l'emploi de ces pronoms est, alors, comme l'on voit, une façon abrégée de parler.

Nota. En pareil cas, *de, du, des* sont toujours rendus en anglois par le mot *some* (quelque, quelques) : ainsi, cette phrase, *donnez-moi du pain, de la viande, des fruits*, est traduite par la suivante, *give me some bread, some meat, some fruits*, dans laquelle *some* exprime à la fois *du, de la, des.*

A, à la, au, aux, expriment les rapports d'attribution, de don, de cession ou d'abandon, d'appartenance, d'utilité, de nécessité, etc., comme dans ces phrases : Donner de l'argent *aux* pauvres; en prêter *à* ses amis; céder sa propriété *à* son voisin; la Grande-Bretagne appartient *aux* Anglois; la justice et l'impartialité sont nécessaires *aux* hommes qui gouvernent; la raison est utile et nécessaire *à* tout le monde; l'indépendance, la médiocrité et le repos sont préférables *aux* dignités, *aux* honneurs et *à la* fortune.

Les mots suivans *mon, ma, mes*, etc., *ton, ta, tes*, etc., *son, sa, ses*, etc., qui tous expriment un rapport de possession, sont des expressions abrégées, destinées à tenir lieu de plusieurs mots : ainsi, au lieu de dire *le* champ, *la* maison qui appartiennent à cet homme, on dit *son* champ, *sa* maison; cela est aussi clair, et bien plus court. Ces mots nommés *pronoms* (1), sans doute parce qu'ils servent à prévenir la répétition désagréable et trop fréquente de certains noms dont ils tiennent lieu, me paroissent devoir appartenir à la classe des *adjectifs*, plutôt qu'à celle des articles : ce

(1) Je parlerai à l'article suivant des vrais pronoms (ceux qui remplacent les personnes ou les acteurs qui jouent un rôle quelconque dans les phrases, et qui, en les rendant plus laconiques, répandent aussi dans le discours plus de simplicité, de douceur, d'élégance et de variété.)

sont donc des *adjectifs possessifs*, ou si l'on veut, des *pronoms adjectifs.*

Il en est de même, 1°. des mots *premier*, *second*, *troisième*, etc., qui marquent l'ordre, le rang, la succession des objets, ce sont des *adjectifs ordinaux*; 2°. des suivans, *tout, toute, tous, toutes*, qui annoncent que les yeux ou l'esprit embrassent d'une seule vue l'ensemble ou la collection entière des objets soumis à leurs regards; *chaque*, *chacun*, *chacune*, qui servent à considérer ces objets en détail, et, pour ainsi dire, à les passer en revue; *quelque*, *quelqu'un*, *quelqu'une*, qui désignent vaguement un objet ou un agent pris indifféremment et à volonté dans une collection, une espèce; *quelques*, *certains*, *plusieurs*, qui expriment un nombre vague ou indéterminé d'objets ou d'agens: tous ces termes sont des *adjectifs numériques*; 3°. d'*aucun*, d'*aucune*, etc., ce sont des *adjectifs négatifs*; 4°. *de qui*, *que*, *lequel*, *laquelle*, *lesquels*, *lesquelles*, ce sont des *adjectifs unitifs*, servant à fondre ensemble plusieurs propositions ou phrases simples, pour en former une phrase complexe, une période. Par exemple, cette phrase ou proposition: *le livre que vous m'avez envoyé est profondément pensé et bien écrit*, renferme ces trois-ci: Vous m'avez envoyé un *livre*; ce *livre* est profondément pensé; ce *livre* est bien écrit. Mais en se conformant toujours au principe d'abréger, de resserrer et de simplifier, le plus possible, l'expression de nos pensées, on a réduit ces trois propositions à une seule, à l'aide de ces deux mots conjonctifs, *que*, *et*, qui offrent à l'esprit la même chose en moins de termes, et avec autant ou plus de clarté. Il faut en dire autant de *qui*, *lequel*, *laquelle*, etc.

Nota. Nous nous servons en françois de ces petits mots,

mots, *le*, *la*, *les*; *de*, *du*, *des*; *à*, *au*, *aux*, etc., pour exprimer les différentes relations des êtres, et leur action réciproque, ou la manière dont le sujet, le verbe et l'attribut peuvent être liés l'un à l'autre dans une proposition : la même chose a lieu en anglois, en italien, etc., mais il existe une autre manière, aussi simple et plus élégante peut-être, d'exprimer les rapports précités par les différentes terminaisons d'un même mot, comme faisoient les Grecs et les Latins, qui, en faisant subir au même terme six variations au singulier, et autant au pluriel, exprimoïent, pour chacun de ces deux nombres, six rapports différens (*voyez* les grammaires grecque et latine), et correspondans à ces six termes abstraits, *nominatif*, *génitif*, *datif*, *accusatif*, *vocatif*, *ablatif*. Ils avoient un certain nombre de déclinaisons (c'est ainsi qu'on appelle le tableau des variations de chaque nom) archétypes, auxquelles ils rapportoient tous les noms semblables, comme à un patron ou modèle. Dans les langues qui ont des articles, ces variations sont remplacées par ceux-ci, et une seule lettre (*s* ou *x*, par exemple) distingue le pluriel du singulier.

Les Verbes.

Dans l'univers, tout agit, tout se meut ou tend à se mouvoir, une grande partie de la matière est animée ou sensible; de là cette foule de termes nommés *verbes*, consacrés à peindre l'action, le mouvement, le sentiment, la vie, l'existence et l'état des corps, comme *marcher*, *nager*, *voler*, *tomber*, *rouler*, *couler*, *dessiner*, *chanter*, *aimer*, *haïr*, *jouir*, *souffrir*, *naître*, *vivre*, *mourir*, *dormir*, *pleuvoir*, *venter*, *neiger*, *grêler*, *glacer*, etc.

Tous ces mots nommés *infinitifs*, mais que j'aimerois mieux appeler *indéfinitifs*, présentent les actions ou l'état des êtres d'une manière tout à fait abstraite ; ils ne montrent ni l'individu ou le corps qui produit le mouvement et l'action, ni celui qui les reçoit ; ils n'offrent que des faits dégagés de toutes circonstances de lieu, de tems et de personnages ; de sorte qu'en les entendant prononcer, on se fait naturellement ces questions : *Qui aime ? qui est aimé? qui hait? qui est haï ?* etc.

Parmi les verbes, il en est un, le plus abstrait de tous, qui exprime la simple existence des choses, c'est le mot *être*; on peut même dire qu'il est l'élément générateur de tous les autres, dans lesquels il entre toujours explicitement ou implicitement, (car il faut bien exister avant de se mouvoir, de sentir, de penser ou d'agir); ainsi, ces expressions, *aimer*, *haïr*, *marcher*, etc., ne sont donc que la traduction abrégée de celles-ci : *être aimant*, *être haïssant*, *être marchant*, etc. (1) (ce sont là des verbes *actifs*) : *être aimé*, *être haï*, etc. sont des verbes *passifs* ; les uns désignent l'objet d'où part l'action, et les autres, celui sur lequel

---

(1) Cette tournure de phrase n'est point usitée chez nous dans la forme active, mais elle l'est beaucoup chez les Anglais, qui disent, *I am loving*, (j'aime ou je suis aimant); *I am coming from the country*, (je viens ou je suis venant de la campagne).

Nota. Ces deux expressions *j'étudie*, *je suis étudiant*, ne sont pas rigoureusement les mêmes ; la première peut exprimer une action habituelle, comme dans cette phrase : *j'étudie tous les jours durant* 4 *à* 5 *heures* ; la seconde exprime toujours une action, un sentiment ou un fait actuel qui coïncident avec l'instant de la parole ; ainsi, *je suis étudiant*, ou *écrivant*, veut dire, *j'étudie* ou *j'écris actuellement*.

La forme anglaise qui exprime cette différence est donc une richesse qui manque à notre langue.

elle se dirige; les uns marquent la cause, et les autres l'effet.

Ainsi, l'on voit déjà que l'on peut concevoir tous les verbes comme formés, 1°. d'un élément invariable (c'est le verbe *être*); 2°. d'une sorte d'ajectif nommé *participe* (actif comme *aimant*, ou passif comme *aimé*), qui varie pour chacun d'eux, et est susceptible d'engendrer autant de verbes qu'il peut donner de sens distincts à ce mot *être*, qui reçoit de lui sa forme et sa valeur. On voit que ce n'est pas sans raison que ce verbe primitif *être* a été nommé *auxiliaire*, puisqu'avec son secours on peut former tous les verbes possibles, et que le mot de *participe* convient également bien à l'adjectif qui l'accompagne, puisqu'il participe ou contribue réellement avec lui à la formation de tous les verbes.

1°. Quand l'action se porte d'un objet sur un autre, le verbe qui l'exprime peut être actif et passif, ou recevoir une double forme comme en latin, *amo* (j'aime), *amor* (je suis aimé); *amare* (aimer), *amari* (être aimé).

2°. Quand l'action se concentre dans un seul objet, comme dans ces mots, *nager*, *voler*, *dormir*, *graviter*; alors les verbes n'ont que la forme active, et sont assez mal nommés *neutres*.

3°. Enfin, il y a des verbes qui expriment un fait simple, sans en montrer la cause, comme *pleuvoir*, *neiger*, *venter*, *glacer*, *tonner*, etc. Ce mot *pleuvoir*, exprime l'état d'un nuage qui se fond en eau tombante, nommée *pluie*; les suivans, *neiger* et *grêler*, la chûte de cette même eau, plus ou moins durcie par le froid; le mot *venter* peint l'état de l'atmosphère, agitée par le concours de diverses causes; et *glacer*, l'état des eaux qui deviennent solides par le froid, etc. Les causes de tous ces phénomènes naturels et familiers sont assez mal connues et difficiles à expliquer; il faudroit d'ailleurs, pour les développer, plusieurs phrases assez compliquées : alors, on se borne à peindre un fait sensible par ces formules abrégées, *il pleut*, *il neige*, *il grêle*, *il vente*, etc., et l'esprit satisfait ne songe à faire aucune de ces questions (*qui pleut? qui vente? qui neige?* etc.), et encore moins celles-ci, (*qui* ou *quoi est venté? est neigé?* etc.); soit parce qu'elles sont inutiles, inintelligibles, ou parce qu'on ne sait comment y répondre (1). Ces verbes, qui n'admettent point devant ou après eux (comme les verbes actifs), un objet d'où part l'action, et un autre sur lequel elle se dirige, ont été assez bien nommés *impersonnels*: (ce mot convient aussi à l'infinitif de chaque verbe).

Quand un corps agit sur lui-même, ou quand il est à la fois la cause et le terme d'une action, le verbe qui l'exprime s'appelle *réciproque*; mais ce n'est pas là, comme on voit, une nouvelle classe de verbes,

---

(1) La seule manière raisonnable dont il semble que l'on pût traduire ces expressions, *il pleut*, *il neige*, etc. est celle-ci: *est la pluie*, *est la neige*, etc. ou *la pluie tombe*, *la neige tombe*, phrases qui remplissent également le but qu'on se propose, celui d'annoncer l'existence actuelle d'un fait naturel; mais l'on a jugé convenable et plus simple de leur préférer ces formules, *il pleut*, *il neige*, dans lesquelles ce monosyllabe *il* ou n'exprime rien, ou exprime la cause inconnue d'un effet visible : on diroit qu'il n'est conservé là que par analogie, ou par suite de cette règle générale qui place ce pronom devant la troisième personne du singulier des verbes. Mais quelle est ici cette personne? c'est un agent inconnu; et cette formule hardie et laconique, *il pleut*, *il tonne*, etc. semble n'être que la traduction abrégée de cette phrase, *un agent inconnu produit la pluie*, *le tonnerre*, *etc.*

puisque tout verbe actif peut devenir réciproque, du moment où il représente l'action d'un sujet sur lui-même.

Quand deux corps agissent l'un sur l'autre, l'état passif de l'un est une conséquence nécessaire de l'état actif de l'autre : ainsi, cette phrase, *le soleil éclaire les planètes*, contient implicitement ces deux-ci : *le soleil est éclairant* ⟓ *les planètes sont éclairées ;* ou *le soleil éclairant* ⟓ *les planètes éclairées ;* et ce signe ⟓ qui joint les deux phrases, peut servir à marquer la liaison naturelle de la cause à l'effet. De même la proposition, *Pierre aime Paul,* contient en abrégé ces deux-ci : *Pierre être aimant* ⟓ *Paul être aimé ;* ou *Pierre aimant* ⟓ *Paul aimé ;* et telle a dû être, sans doute, la première expression de nos jugemens, ou la forme primitive du langage. Mais l'on n'a pas tardé à s'appercevoir que dans ces phrases et autres semblables, une partie de la seconde proposition étoit inutile, comme étant une conséquence nécessaire de la première, et qu'il suffisoit, pour l'intelligence de la phrase, d'en conserver le premier mot, exprimant le corps qui reçoit l'action : on l'a donc supprimée, et l'on a dit, *le soleil être éclairant*, ou *est éclairant* ⟓ *les planètes ;* ensuite, à ces mots *est éclairant*, on a substitué l'expression équivalente et plus abrégée, *éclaire*, et l'on a eu la forme actuelle de la proposition simple, *le soleil éclaire* ⟓ *les planètes ; Pierre aime* ⟓ *Paul ;* ou (en supprimant encore le signe de la liaison de la double proposition, parce que le simple rapprochement des termes est suffisant pour la désigner) *le soleil éclaire les planètes*, etc.

L'on ne s'est point borné à cette première simplification; on a senti constamment le besoin d'abréger, le plus qu'il a été possible, l'expression de la pensée, et de ne rien négliger pour arriver à la forme la plus simple. Ainsi, quand on a voulu exprimer une suite d'actions d'un même agent sur un corps, ou la même action sur une suite de corps, on s'est apperçu qu'on pouvoit éviter une répétition inutile et fatigante; et au lieu de dire, *le soleil attire la terre, le soleil échauffe la terre, le soleil éclaire la terre*, etc., on a dit, *le soleil attire la terre, il échauffe la, il féconde la*, etc.; ou (en transposant le mot *la*) *le soleil attire la terre, il la échauffe, il la éclaire, il la féconde*, etc.; ou (effaçant la lettre *a*, afin d'éviter le choc désagréable des voyelles *a, e*) *il l'éclaire, il l'échauffe*, etc., phrase qui est déjà beaucoup plus simple que la première; et en abrégeant encore, on a eu celle-ci (*le soleil attire, échauffe, éclaire, féconde la terre*), qui ne contient plus rien de trop.

De même, au lieu de dire *le Soleil attire Mercure, le Soleil attire Vénus, le Soleil attire la Terre*, etc., on a exprimé plus simplement l'action de ce grand corps sur toutes les planètes, en disant, *le Soleil attire Mercure, Vénus, la terre, Mars, Jupiter, Saturne*, etc., phrase réduite à sa plus simple expression, et que l'on obtient en supprimant cette inutile répétition, *le Soleil attire*.

Dans les verbes réciproques, où la cause et l'objet de l'action sont les mêmes, comme dans cette phrase, *Paul aime Paul*, on simplifie et on adoucit l'expression par l'emploi de ce petit élément, *se*, (comme on a fait tout à l'heure, en substituant *il* et *la* à ces mots, *le soleil, la terre*), et l'on écrit, *Paul aime se*, ou *Paul se aime*, ou *Paul s'aime*.

Invention des Pronoms personnels.

En un mot, c'est pour remédier à l'inconvénient de la répétition monotone et horriblement dure de tant de noms employés dans le discours, qu'on a substitué à ces noms (actifs ou passifs) les mots plus courts *je*, *me*, *moi*; *tu*, *te*, *toi*; *il*, *elle*, *lui*, *eux*; *nous*, *vous*, *ils*, *elles*, justement nommés *pronoms*, parce qu'ils tiennent la place des noms, et sont destinés à représenter en abrégé les divers acteurs qui sont sur la scène (1).

Je, désigne la personne qui parle ou qui agit, et *me*, *moi*, expriment l'action qu'elle exerce sur elle-même, ou qu'elle reçoit d'un objet étranger: *tu*, est le signe représentatif de la personne à qui l'on parle; et *te*, *toi*, sont, par rapport à *tu*, ce que *me*, *moi*, sont, par rapport à *je*. *Il*, *elle*, marquent la personne ou l'objet dont on parle, et *se* et *soi* ont la même valeur que (*te*, *toi*) (*me*, *moi*) dans les deux cas précédens.

Dans un cercle (une compagnie, une assemblée), celui qui a la parole, au lieu de parler de lui seul, à une

(1) C'est dans la même vue qu'on a imaginé ces expressions *elliptiques*, ou abréviatives, *mon*, *ma*, *mes*; *ton*, *ta*, *tes*; *son*, *sa*, *ses*; *leur*, *leurs*; *le mien*, *la mienne*; *les miens*, *les miennes*; *le nôtre*, *le vôtre*; *les nôtres*, *les vôtres*; *le sien*, *la sienne*; *les siens*, *les siennes*, etc. qui toutes expriment un rapport de possession, et tiennent lieu de plusieurs mots. Alors au lieu de dire, *Pierre aime les enfans de Pierre*, on a dit: *Pierre aime ses enfans*, etc. C'est encore d'après le même principe que l'on emploie tous ces petits mots nommés *articles*, *prépositions*, *conjonctions*, qui exprimant les divers rapports des êtres et les vues fort abstraites de l'esprit, servent aussi à simplifier, varier, adoucir et embellir le langage dont ils lient agréablement toutes les parties.

seule personne, ou d'une seule personne, peut, 1°. parler à la fois de lui et d'un autre ou de plusieurs autres; alors, il exprime par le mot *nous*, cette action simultanée de plusieurs acteurs, parmi lesquels il se comprend; 2°. ou il parle simplement à plusieurs individus, et se sert du mot *vous* (1); 3°. ou il parle de plusieurs individus, parmi lesquels il n'est pas compris; alors, il emploie les mots *ils* et *elles*; le premier, pour le sexe masculin, et le second, pour le féminin. Les pronoms passifs, *nous*, *vous*, *se*, *soi*, expriment l'action des objets sur eux-mêmes, ou celle qu'ils reçoivent d'ailleurs.

Ces mots, *je*, *tu*, *il*, *elle*, forment ou servent à former ce que les grammairiens appellent le *singulier* des verbes (dont *je* est la première personne, *tu*, la seconde, et *il* ou *elle* la troisième); *nous*, *vous*, *ils* ou *elles* composent de même la première, la seconde et la troisième personne de ce qu'ils ont nommé le *pluriel*: dans le singulier, le tableau de la pensée ne renferme qu'un acteur; dans le pluriel, il en renferme plusieurs.

Les pronoms personnels ne sont pas un élément nécessaire dans toutes les langues; les *Latins* savoient s'en passer, en donnant, pour chaque tems au verbe abstrait, ou à l'infinitif des verbes, autant de terminaisons qu'ils avoient de personnes, c'est-à-dire, six.

---

(1) Le mot *vous* dans la langue française, etc. s'emploie aussi pour une personne seule, dans le style de la politesse et des égards ou dans celui du dépit, de l'indifférence et de la froideur; et cette convention, toute contraire qu'elle est aux règles d'un langage philosophique, doit être respectée, parce que les langues ne sont qu'un grand recueil de conventions humaines, et que l'usage et la valeur des termes font partie de ces conventions-là.

Ainsi, après avoir trouvé le mot abstrait *amare* (aimer), ils en ont conclu ou formé les suivans : (*amo*, j'aime, *amas*, tu aimes, *amat*, il aime; *amamus*, nous aimons, *amatis*, vous aimez, *amant*, ils aiment.) dans lesquels ces terminaisons *o*, *as*, *at*, *amus*, *atis*, *ant*, qui expriment la différence matérielle de six mots, ayant l'élément commun *am*, ont la même destination et la même valeur que ces petits mots français correspondans *je*, *tu*, *il*, *nous*, *vous*, *ils*, etc. Ils avoient de même, comme nous avons vu, évité l'usage de nos articles, en imprimant aux noms des substances une forme variable, et leur donnant autant de terminaisons différentes, qu'ils vouloient exprimer de rapports généraux.

La suppression des pronoms et des articles rendoit les langues anciennes moins monotones : chaque mot (substantif, adjectif ou verbe) avoit, d'après sa terminaison, une fonction marquée, exprimoit un rapport déterminé ; et, quelque place qu'on lui fît occuper dans une phrase, il conservoit toujours son caractère et sa valeur, dépendans de sa forme. Les langues anciennes étoient donc plus propres aux inversions que les modernes ; leurs phrases, leurs périodes, susceptibles d'un plus grand nombre de formes analogues aux divers arrangemens des idées, se prêtoient mieux à la vivacité et aux caprices de l'imagination : elles avoient donc, sous ce rapport, un avantage sur ces dernières, où chaque phrase n'a guère qu'une forme déterminée et presque invariable; mais celles-ci ont, par cette raison même, quelque chose de plus analytique, et elles gagnent peut-être en clarté ce qu'elles perdent en variété. Avec plus de roideur et d'uniformité dans leur marche, moins de flexibilité et d'aptitude aux tournures poétiques et oratoires, et partant avec moins de moyens pour flatter l'oreille et faire briller l'éloquence, elles sont plus propres aux sciences exactes et aux matières philosophiques ; et il n'est pas inutile de remarquer ici que les deux peuples (les François et les Anglois) qui ont fait le plus de progrès dans la philosophie et l'analyse, sont aussi ceux dont la langue est le plus analytique.

Tableau des principales formes dont le verbe abstrait est susceptible.

Je viens de parler des six cas principaux relatifs aux personnages en action ; je vais maintenant essayer d'analyser les différens temps où une action, un évènement, un fait peuvent avoir lieu, ainsi que la manière dont ils peuvent se passer.

En considérant le point actuel de notre existence (celui de la pensée ou de la parole) trois cas principaux s'offrent d'abord à l'esprit, *le présent*, *le passé*, *l'avenir*. Ces trois tems, considérés d'une manière abstraite, nous présentent une première division de la durée en deux grandes parties illimitées, dont la première (*le passé*) exprime, en général, la durée écoulée, et la seconde (*l'avenir*), la durée restant à écouler : on ne conçoit de bornes ni à l'une ni à l'autre, et l'esprit se les représente volontiers par une ligne droite ou un fil tendu, prolongés indéfiniment dans l'espace, à droite et à gauche ; le point qui sépare et réunit à la fois les deux parties illimitées de cette droite, est l'image du vrai présent, qui n'est qu'un instant indivisible, ou le moindre élément possible de la durée ; on peut lui appliquer ce vers d'un de nos poëtes :

Le moment où je parle est déjà loin de moi.

Pour classer et placer les faits dans le tems, comme les corps le sont dans l'espace, nous avons eu recours à des points fixes et bien déterminés, nommés *époques :* une portion de durée, comprise entre deux époques, se nomme *période*. La Nature nous offre des modèles de l'un et de l'autre; car une rotation du globe nous donne *les jours ;* une révolution de la lune autour de la terre, *les mois ;* et celle de la terre autour du soleil, *les années*, qui, réunies au nombre de cent, forment *les siècles :* et de plus, l'industrie humaine a su, par une invention des plus curieuses et des plus utiles, diviser les jours en heures, l'heure en minutes, la minute en secondes, etc. Alors on a pu dire tel fait, tel phénomène (une éclipse de soleil ou de lune, par exemple) sont arrivés dans tel siècle, dans telle année, tel mois, tel jour, à telle heure, etc. ce sont là autant de périodes ou portions égales de durée, dont les rapports sont bien déterminés (*voyez page 106 et suiv.*) et auxquels nous rapportons tous les évènemens, tous les phénomènes. C'est d'ordinaire un de ces évènemens ou phénomènes (comme un déluge, une éclipse totale de soleil, la naissance ou la mort d'un grand homme, la fondation d'une ville, le règne d'un prince juste, etc.) qui nous sert de point de départ ou d'époque fondamentale, nommée *ère ;* c'est ainsi que dans presque toute l'Europe nous comptons les années depuis la naissance du Christ, et que les Arabes et les Musulmans les comptent depuis l'évasion de Mahomet de la Mecque, de laquelle ils datent leur *hégire*.

L'instant de la parole ou de la pensée (le vrai présent) étant un point fixe naturel, et comme une sorte de premier méridien, d'où l'on part pour compter le tems écoulé et la durée à venir, on doit regarder comme *passé*, et nommer ainsi tout ce qui est antérieur à ce point fixe, et comme *futur*, tout ce qui lui est postérieur : mais l'on peut en outre considérer deux nouvelles époques, l'une antérieure, l'autre postérieure à cette époque fondamentale, et chaque fait peut arriver de trois manières, par rapport à chacune de ces trois époques (*avant, en même-tems, après*); c'est-à-dire, qu'il peut être *antérieur, simultané* ou *postérieur*; et de là résulte tout le système des notions grammaticales sur les tems, réduit à neuf cas principaux. Essayons d'en former le tableau, et tâchons de substituer aux termes barroques ou inintelligibles de la plupart des grammaires, des expressions plus justes et plus philosophiques.

Les trois tems primitifs ou généraux, dégagés de toute considération d'époques ou de périodes, nous présentent les trois formes suivantes : *je fais, j'ai fait, je ferai*; et en appliquant à ces tems abstraits, illimités ou indéterminés, les six personnes ou acteurs dont il a été fait mention, il en résulte déjà dix-huit variations du verbe *faire*, dont il est aisé de former le tableau.

La langue des premiers hommes a dû, ce me semble, être long-tems bornée là ; mais dans une société plus civilisée, on n'a point tardé à s'appercevoir que l'on avoit souvent besoin d'exprimer la simultanéité de deux actions, de deux évènemens dans une période passée, actuelle ou future, ou relativement aux trois époques du même nom : de là ces trois nouvelles formes : *je sortois quand vous entriez; j'avois fini quand vous commenciez; j'aurai achevé ce travail quand vous reviendrez.* Mais comment les nommer ou les désigner avec précision ? D'abord, il est clair que la première, exprimant la coïncidence de deux faits, présente à l'esprit une chose faite (par rapport à l'époque fondamentale de la parole), c'est donc un *passé simultané*; la deuxième exprime de même un passé, mais qui diffère de celui-ci, en ce que le premier est simple, tandis que l'autre est antérieur et *composé* (comme l'indique l'emploi du verbe auxiliaire *j'avois*); ainsi ces mots *simple* et *composé* me serviront à les distinguer : la troisième, exprimant une action ou un fait, terminés avant une époque à venir, est un futur antérieur composé : comme, *je partirai quand vous arriverez*, est un futur simultané (simple); et *j'arriverai deux jours après vous*, est un futur postérieur (simple).

De plus, un fait peut avoir lieu durant une période actuelle, passée ou future; de là un présent périodique, un passé périodique, un futur périodique, comme on voit dans ces phrases : *je chasse aujourd'hui*; *je fis hier une longue promenade*; *j'irai demain à Versailles*; *je travaillai beaucoup l'an dernier*; *j'ai peu travaillé cette décade, ce mois, cette année, parce que j'ai toujours été mal-portant.* Ces expressions *j'ai fait*, *j'ai peu travaillé*, *j'ai sorti ce matin*, etc., sont toutes l'expression d'un passé dans une période encore existante; mais ces mots, *je fis*, *je travaillai*, *je sortis*, et leurs analogues dans chaque verbe, sont spécialement consacrés à l'expression d'un fait relatif à une période écoulée : de là une nouvelle forme du verbe abstrait, susceptible, comme chacune des précédentes, de six variations distinctes.

Tous ces tems peuvent être antérieurs, simultanés, postérieurs ou périodiques; et ces expressions *avant*, *après*, *quand* ou *lorsque*, *hier*, *demain*, *l'an passé*, *l'an prochain*, etc. servent à les rendre tels, comme ils servent à les déterminer ou à leur ôter cette signification vague qu'ils reçoivent par la suppression de ces mots-là : c'est pourquoi je ne crois pas qu'on puisse se servir heureusement de ces termes, *antérieur, simultané, postérieur*, etc. pour caractériser les tems ; ils ne sont point assez distinctifs, puisqu'ils conviennent à tous : c'est ce qui m'a déterminé à adopter une nomenclature qui, j'espère, sera trouvée préférable à la moins obscure ou à la moins déraisonnable de celles que l'on trouve dans presque toutes les grammaires. Par exemple, je ne crois pas que l'on puisse classer, parmi les présens, les tems exprimés par ces mots, *je louois, je louerai; je portois, je porterai;* l'un est un passé, l'autre est un futur : prétendre le contraire, c'est, je pense, abuser des mots et dénaturer, d'une façon étrange, la notion primitive et vraie du tems.

Nota. Quelquefois on emploie le présent pour peindre un fait passé et rendre la narration plus vive, plus rapide, comme *j'arrive, je le cherche des yeux, je le vois, je vole vers lui, je le presse contre mon sein* et *j'arrose son visage des larmes de la joie, de la tendresse et de la reconnoissance.*

Mais par cette liberté poétique ou oratoire, on ne fait que transporter le présent dans le passé ; et c'est plutôt là un abus qu'une nouvelle forme du langage. De même, quand on dit *je pars demain, je vais ce soir à la comédie* ; il est évident, qu'à la rigueur, *je pars* et *je vais*, sont là pour *je partirai, j'irai.* L'usage a consacré ces formes, dont la vivacité de l'esprit et de l'imagination s'accommodent assez volontiers ; mais l'on ne peut raisonnablement dire qu'il y ait des *présens passés* et des *futurs présens.* Néanmoins, le présent, considéré par rapport à certaines époques prises dans une même période, peut recevoir les noms d'*antérieur*, de *simultané* et de *postérieur*, comme dans ces phrases : *je travaille tous les matins, jusqu'à midi ; à midi je dîne*, et *je me promène ensuite jusqu'à cinq heures*. Midi est ici l'époque à laquelle on rapporte ces trois actions.

On apperçoit de plus dans ces phrases et les suivantes une double signification, un double emploi du mot *présent*, qui tantôt exprime un fait relatif à l'instant même de la parole, comme, *je souffre, je pense, j'écris*, etc. ; et tantôt un fait habituel et périodique, comme, *je passe mon tems à lire, à méditer, à pêcher, à chasser, et chaque jour j'emploie une heure ou deux à faire de la musique.*

Souvent même la forme du présent s'étend à tous les tems; elle embrasse à la fois le passé et l'avenir : ainsi quand je dis, *la terre est ronde*, cette vérité embrasse tous les tems (du moins toute la durée du globe sous sa forme actuelle, à laquelle, comme à son mouvement de rotation et de révolution autour du soleil, l'esprit ne voit guère de bornes). Toutes les vérités géométriques sont éternelles ; ainsi il est éternellement vrai *que le rapport de la circonférence d'un cercle quelconque à son diamètre est invariable, et que la surface de tout cercle est égale au produit du carré de son rayon par ce rapport constant, ou en algèbre* $c = \varpi r^2$ (*en nommant* c *le cercle ;* ϖ *le rapport en question, et* r *le rayon*) ; *que le rapport des surfaces semblables est égal au carré du rapport de leurs lignes homologues ; que la solidité des piramides et des prismes de même base et de même hauteur, est indépendante de leur forme et constam-*

ment égale, etc. Toutes ces propositions ou équations, et autres semblables, expriment des vérités éternelles. Celle-ci, *nous sommes tous mortels*, est encore dans ce cas; car il est plus que probable que la médecine ne nous donnera jamais l'immortalité, et que tant qu'il y aura des hommes, le sort de l'espèce humaine sera naître, vivre et mourir. Ainsi dans tous ces cas, etc. ces mots *est*, *sont*, et les autres élémens du présent du verbe fondamental *être*, embrassent toutes les périodes, toutes les époques, en un mot, tous les tems.

Mais il y a beaucoup de propositions exprimant aujourd'hui des vérités physiques, chimiques, géographiques, astronomiques, qui n'embrassent qu'une certaine durée, et qui, au bout d'un certain nombre de siècles, peuvent devenir fausses; car l'univers est une immense machine formée d'élémens variables et tous en mouvement; et quoique le drame auguste de la Nature soit joué bien lentement, quoique toutes les scènes en soient placées dans l'espace et le tems à de grandes distances, leurs changemens successifs et éternels sont incontestables. Si nous ne pouvons en appercevoir qu'un très-petit nombre, c'est que le genre humain a encore trop peu vécu, trop peu observé, trop peu et trop mal enregistré ses observations : qu'est-ce que trois ou quatre mille ans dans la durée éternelle, sinon une goutte d'eau dans un océan sans bornes? Il faut en convenir, pour qui saisit et contemple toute la majesté de la Nature, les hommes, leurs travaux, leur histoire, et même celle du petit globe qu'ils habitent, sont bien peu de chose.

Je reviens à l'analyse des tems : il n'y a donc chez

nous

nous (1) qu'une forme distincte, *je fais*, pour exprimer le présent (actuel, habituel, etc.); il y en a deux, *je ferai*, *j'aurai fait* pour le futur, et quatre (2), *je faisois*, *j'avois fait*, *j'ai fait*, *je fis* pour le passé; et comme chacune est susceptible de six changemens, cela forme en tout 42 variations principales, dont je joins ici le tableau. (*Voyez* pag. 262.)

Cette réunion de formes, ce *mode* ou *tableau* des variations du verbe abstrait, a été nommé *indicatif*, sans doute, parce qu'il a sur-tout pour but d'indiquer ou de retracer à l'esprit tous les faits et les différentes époques, périodes ou circonstances dans lesquelles une action peut se passer: on pourroit augmenter le nombre de ces variations, en considérant, 1°. des passés prochains, comme *je viens de faire*, *j'allois vous chercher*, etc. 2°. des futurs prochains (intentionnels ou nécessaires), comme, *je vais faire*, *je dois faire*, *je devrai faire*, *j'aurai dû faire*; mais observons que ces verbes sont formés de deux parties, l'une invariable, qui est *faire*; l'autre composée des verbes auxiliaires *venir*, *aller*, *devoir*, et soumise aux mêmes variations, aux mêmes lois que le verbe *faire*. En se servant de tous les tems du verbe auxiliaire *avoir*, on obtiendroit encore ces nouvelles formes, *j'ai eu fait*, *j'eus eu fait*, *j'avois eu fait*, *j'aurai eu fait*,

(1) Les Anglais en ont trois, et pour exprimer *je marche*, ils disent *i walk*, *i dowalk*, *iam walking*. Les deux premières formes expriment un présent habituel ou indéterminé, et la troisième un présent actuel ou qui coïncide avec l'instant de la parole. Le pouvoir de distinguer ainsi des choses réellement différentes, est une richesse qui manque à notre langue

(2) Du moins dans notre langue, car en anglais le mot *had* exprime à la fois les deux tems françois, *j'avois* et *j'eus*; ou *loved*, *j'aimois* et *j'aimai*.

mais qui sont peu en usage dans le discours; on trouve assez rarement l'occasion de les employer, et les autres formes peuvent suffire aux besoins des sociétés les plus civilisées.

Ce mode est purement expositif ou narratif; il sert à classer les faits, par rapport aux diverses parties de la durée; mais les suivans expriment de plus les ordres de la volonté, les élans du désir, les vœux, les secrets penchans du cœur, la nécessité de faire une chose, etc.

Mode Impératif.

Cette formule, *je ferai cela*, suppose ou exprime une volonté, un désir, une promesse, une intention, etc., subordonnés aux évènemens, aux obstacles imprévus ou insurmontables; mais celles-ci, *fais*, ou *je veux que tu fasses*; *faites*, *faisons*, sont l'expression d'une volonté forte à qui il semble que tout doive céder: c'est la forme du commandement, c'est pourquoi l'on a donné le nom *d'impératif* à ce mode qui n'a qu'un tems (le présent), car le commandement coïncide toujours avec l'instant de la parole.

L'impératif véritable et direct ne doit, ce me semble, renfermer que ces trois élémens, *fais*, *faites*, *faisons*; car, 1°. l'ordre d'agir qu'on se donne à soi-même est tacite, et reste caché intérieurement, comme la volonté qui nous imprime le mouvement; 2°. ces deux élémens, *qu'il fasse*, *qu'ils fassent*, relatifs à des personnes absentes, ou auxquelles on ne s'adresse point directement, à qui l'on ne commande que par une personne intermédiaire, appartiennent à un autre mode dont je vais bientôt parler.

Mode Optatif, conditionnel ou intentionnel.

Nous sommes loin de faire toujours ce que nous voulons; l'expérience nous apprend que souvent nos désirs, nos projets sont contrariés ou traversés par mille obstacles. Alors, on se sert de ces expressions nouvelles, *je ferois, je devrois faire, j'aurois*, ou *j'eusse fait, si*, ou *sans, mais......* qui expriment que les vues de l'esprit et les souhaits du cœur, nos desseins et nos actions sont subordonnés à des forces supérieures, à des accidens, à des entraves qui peuvent en empêcher ou en retarder le succès; enfin, à des conditions sans lesquelles ils ne peuvent avoir lieu : de là la formule, ou mode conditionnel dont il s'agit, contenant les deux tems suivans, *je ferois, j'aurois*, ou *j'eusse fait:* le premier est relatif à l'avenir sur lequel se dirigent nos vœux, nos projets, nos espérances et nos craintes; le second appartient au passé, sur lequel se portent nos regards, nos souvenirs et nos regrets : ce mode est donc, à raison de cette double forme, susceptible de douze variations au moins.

Mode Subjonctif.

Nous sommes subjugués par les forces de la Nature, par les lois civiles, par la volonté d'un maître, par l'opinion, par l'usage, par les circonstances, par nos passions et celles d'autrui, en un mot, par cet ensemble de puissances composant la nécessité physique et morale : de là ces expressions, *il faut que je fasse, que nous fassions, que vous fassiez*, etc.; *la loi ou le roi ordonne que les choses soient ainsi; la raison et la justice exigent que l'on vous comprenne avant de vous juger, que l'on vous entende avant de vous condamner; plût au Ciel que je vous eusses cru!* Tous ces cas, et autres semblables, composent le mode subjonctif et ses variations : l'on voit que dans toutes ces phrases, formées de deux propositions, la seconde est dépendante de la première ; elle est déterminée et comme *subjuguée* par elle, et de là sans doute l'expression *subjonctif*.

Nous n'avons point d'empire sur le passé, qui peut en avoir beaucoup sur nous par les instructions qu'il nous donne : la volonté ne peut agir que sur le présent et sur l'avenir ; enfin, nos désirs et nos devoirs ne roulent que sur ces deux tems-là ; il semble donc d'abord que le subjonctif ne doive avoir qu'un présent, (comme, *je veux qu'il agisse à l'instant*), et un futur, (comme, *je souhaite qu'il ait fini cette affaire dans un mois*) : mais souvent on reconnoît avec douleur qu'on s'est trompé ; qu'on eût pu mieux calculer, mieux se conduire, mieux réussir ; enfin, souvent après les orages des passions, la vérité tardive vient nous offrir sa terrible lumière quand il n'est plus tems de s'en servir ; de là ces deux nouvelles formes consacrées à l'expression des vains souhaits, des regrets, des remords, etc. *Plût au ciel que j'eusse pris plutôt ce parti ! Il falloit qu'il m'en prévînt.* On connoît le fameux *qu'il mourût* du vieil Horace (dans Corneille), lorsqu'il répond à cette question : Que vouliez-vous *qu'il fît* contre trois ? Ce mode est donc susceptible de vingt-quatre variations à raison des quatre formes précitées.

Mode Infinitif.

Souvent on se borne à considérer ou à montrer une action comme possible ; alors on dépouille le verbe qui l'exprime, des acteurs, du tems, du lieu, enfin, de toutes les circonstances concomitantes. Le verbe ainsi envisagé d'une vue abstraite, laisse, comme on voit, beaucoup de questions à faire : *d'où part l'action ? qui la reçoit ? où se passe-t-elle ? quand et comment est-elle arrivée ?* etc. Il n'est donc point alors déterminatif, point définitif, ou, comme on a dit (peut-être avec moins de justesse qu'on eût pu le faire), il est *infinitif.*

L'infinitif a aussi ses formes, qui toutes sont abstraites.

Présent. . . .	Faire.	
Passé.	Avoir fait.	*Première forme.*
Futur.	Devoir faire.	

PARTICIPE.

Présent. . . .	Faisant.	
Passé.	Ayant fait.	*Deuxième forme.*
Futur.	Devant faire.	

GÉRONDIF.

En faisant. . . . . *Troisième forme.*

J'ai déjà donné la raison de cette dénomination *participe*, appliquée à un élément du verbe qui joint la forme active à la forme adjective, et contribue, avec le verbe *être*, à la formation de tous les verbes.

Le *gérondif*, mot dérivé de la langue des Latins, marque l'état d'un corps, les circonstances d'une action, ou le moyen d'arriver à un but, comme dans ces phrases : *chacun songe en veillant, il n'est rien de si doux :* LAFONT. *Ce général fut tué en formant le siége de Mayence : on s'instruit en voyageant, en lisant, en méditant*, c'est-à-dire que les voyages, la méditation et la lecture, sont les moyens d'arriver à une vraie instruction : ainsi le gérondif est une manière abrégée et commode de s'exprimer, qui tient lieu d'une phrase plus compliquée, elle en remplit les fonctions (*vices gerit*), et c'est de là peut-être qu'il a reçu son nom.

Les Latins avoient encore une autre forme de l'infinitif, *le supin*, mais qui n'est point en usage chez nous.

On s'est servi, je ne sais trop pourquoi, du mot *conjuguer*, pour exprimer l'art de faire subir ainsi aux verbes autant de changemens et de terminaisons différentes qu'il y avoit de vues dans l'esprit relativement au nombre des acteurs, au tems de l'action, etc., et le tableau général de ces variations a été nommé *conjugaison*.

On voit donc que si les langues avoient été construites philosophiquement, une seule conjugaison eût pu servir à former toutes les autres : alors tous les verbes imaginés et composés sur le même modèle, terminés de la même manière, auroient pu se réduire à une seule classe générale ; mais il s'en faut bien que les choses soient ainsi, et l'on trouve, en faisant le dépouillement des verbes contenus dans les dictionnaires des langues anciennes et modernes, qu'au lieu d'une seule terminaison, ils en ont un plus ou moins grand nombre; (ainsi le latin en a quatre, le françois sept, etc.) On a donc formé dans chaque langue autant de classes de verbes qu'il y avoit de terminaisons diverses; alors, les verbes nouveaux que l'on vient à former, se rapportent à l'une de ces classes, ou, comme disent les grammairiens, à telle ou telle conjugaison, et sont assujétis aux mêmes variations, aux mêmes formes, en un mot, soumis dans leur géné-

TABLEAU des principales formes et variations du verbe *Faire*, applicable à tous les verbes actifs et réguliers.

MODE INDICATIF, ou EXPOSITIF.

Ire. FORME.	Je fais. Tu fais. Il fait. Nous faisons. Vous faites. Ils font.	*Présent.*
IIe. FORME.	Je faisois. Tu faisois. Il faisoit. Nous faisions. Vous faisiez. Ils faisoient.	*Passé simple.*
IIIe. FORME.	J'avois fait. Tu avois fait. Il avoit fait. Nous avions fait. Vous aviez fait. Ils avoient fait.	*Passé composé.*
IVe. FORME.	J'ai fait. Tu as fait. Il a fait. Nous avons fait. Vous avez fait. Ils ont fait.	*Passé dans une période actuelle.*
Ve. FORME.	Je fis. Tu fis. Il fit. Nous fîmes. Vous fîtes. Ils firent.	*Passé dans une période écoulée.*
VIe. FORME.	Je ferai. Tu feras. Il fera. Nous ferons. Vous ferez. Ils feront.	*Futur simple.*
VIIe. FORME.	J'aurai fait. Tu auras fait. Il aura fait. Nous aurons fait. Vous aurez fait. Ils auront fait.	*Futur composé.*

MODE IMPÉRATIF.

FORME UNIQUE.	Fais. Faites. Faisons.	*Présent.*

MODE OPTATIF, ou CONDITIONNEL.

Ire. FORME.	Je ferois. Tu ferois. Il feroit. Nous ferions. Vous feriez. Ils feroient.	*Futur.*
IIe. FORME.	J'aurois, *ou* j'eusse fait. Tu aurois, *ou* tu eusses fait. Il auroit, *ou* il eût fait. Nous aurions, *ou* nous eussions fait. Vous auriez, *ou* vous eussiez fait. Ils auroient, *ou* ils eussent fait.	*Passé.*

MODE SUBJONCTIF. (*Nota.*)

Ire. FORME.	Que je fasse. Que tu fasses. Qu'il fasse. Que nous fassions. Que vous fassiez. Qu'ils fassent.	*Présent et futur.*
IIe. FORME.	Que j'aie fait. Que tu aies fait. Qu'il ait fait. Que nous ayons fait. Que vous ayez fait. Qu'ils aient fait.	*Futur et passé.*
IIIe. FORME.	Que je fisse. Que tu fisses. Qu'il fît. Que nous fissions. Que vous fissiez. Qu'ils fissent.	*Passé simple.*
IVe. FORME.	Que j'eusse fait. Que tu eusses fait. Qu'il eût fait. Que nous eussions fait. Que vous eussiez fait. Qu'ils eussent fait.	*Passé composé.*

MODE ABSTRAIT, ou INFINITIF.

Ire. FORME.	Faire.	*Présent.*
	Avoir fait.	*Passé.*
	Devoir faire. . . .	*Futur.*
	Participe.	
IIe. FORME.	Faisant.	*Présent.*
	Ayant fait. . . .	*Passé.*
	Devant faire. . .	*Futur.*
	Gérondif.	
III. FORME.	En faisant.	

Nota. Les divers tems auxquels les formes du subjonctif sont applicables, me semblent douteux : ainsi la première forme s'applique parfois au présent, comme, *que je meure à l'instant, si*..... ou au futur, comme, *croyez-vous qu'il le fasse ?* de même la deuxième forme se rapporte tantôt au futur, comme, *je veux qu'il ait fini son ouvrage avant votre retour ;* et tantôt au passé, comme, *pensez-vous qu'il m'ait vu ?* — C'est donc la qualité de la phrase qui précède le mot conjonctif *que*, qui détermine les tems de ce mode. Au reste, ce n'est en quelque sorte que pour me conformer à l'usage reçu, que j'ai placé à la suite de chaque forme le tems auquel elle se rapporte ; car ces expressions, première, deuxième, troisième, etc. forme, me paroissent suffisantes pour distinguer les élémens de chaque mode.

Nota. 2°. Quant aux *verbes passifs*, leur formation est la même que celle des verbes actifs, elle résulte de la combinaison de ces deux élémens *être*, *avoir*, avec un troisième élément variable nommé *participe passif* : ainsi avec ces trois mots *être*, *avoir*, *aimé*, on forme le passif du verbe *aimer* : en observant que pour le féminin on dit *aimée*, et pour le pluriel, *aimés*, *aimées* : on peut voir dans les grammaires la conjugaison de ces deux verbes fondamentaux, *être*, *avoir*, très-bien nommés *auxiliaires* ; elle est la même que celle du verbe *faire*.

ration aux mêmes lois que ceux qui ont la même terminaison.

Telles sont les principales modifications dont un verbe soit susceptible : l'analyse en est aussi délicate que difficile, et je trouve qu'elles offrent un des plus grands et des plus heureux efforts du génie de l'homme, dans la création et le perfectionnement des langues, comme elles annoncent toujours un assez haut degré de civilisation.

Adverbes.

Il y a bien des manières de faire une même chose ; on a besoin de classer les faits dans l'espace et dans le tems, d'en fixer le nombre, de les mesurer, etc. ; enfin tous nos mouvemens et nos sentimens sont des quantités variables : il a donc fallu, pour exprimer les différens degrés dont ils sont susceptibles, inventer des élémens modificateurs des verbes. De là les *adverbes*, qui sont les adjectifs des verbes, parce qu'ils remplissent, par rapport à ceux-ci, les mêmes fonctions que les adjectifs par rapport aux noms substantifs.

Les adverbes expriment la qualité des actions, des pensées, etc., comme les adjectifs expriment celle des substances, et la plupart de ceux-ci ont servi à former ceux-là, par l'addition de *ment* en françois, de *mente* en italien, et de *ly* en anglois.

Nous avons donc, 1°. des adverbes de *qualité*, comme, *adroitement*, *sagement*, *prudemment*, *gaîment*, *durement*, *foiblement*, *fortement*, etc.

2°. Des adverbes de *quantité*; comme, *abondamment*, *mesquinement*, *peu*, *beaucoup*, etc.

3°. Des adverbes *numériques* ; *une fois*, *dix fois*, *cent fois*, etc.

4°. Les adverbes de *tems ; hier, aujourd'hui, demain, l'an dernier, le siècle passé, dans dix ans, quand, combien de tems*, etc.

5°. Des adverbes de *lieu ; où, par où, ici, là, par ici, par là*, etc.

6°. Les adverbes d'*affirmation* et de *négation ; oui, non, certainement, assurément, nullement*, etc.

7°. Des adverbes *comparatifs ; plus, moins, autant, aussi, très* ou *fort, également, extrêmement, infiniment*, etc. (dont quelques-uns, à raison de leur signification fort vague, et qui exige un complément pour être déterminée, ne sont que des signes indicateurs de certains rapports, et pourroient en conséquence être classés parmi les *prépositions*).

Nota. Il est à remarquer que plusieurs des termes en question sont des expressions elliptiques ou abréviatives : ainsi, *quand* veut dire, à quelle époque, durant quelle période? *où* signifie dans quel lieu? *oui* remplace l'énoncé d'une proposition affirmative, et *non* celui d'une proposition négative : ainsi certaines formules abrégées ont été rangées parmi les adverbes, quoique ne devant peut-être pas en faire partie, car ce mot convient sur-tout, et semble n'appartenir qu'aux élémens modificateurs des verbes, ou plutôt de l'action qu'ils expriment. On voit donc que la ligne de démarcation entre les adverbes, les phrases adverbiales, les prépositions, etc., n'est pas toujours assez bien déterminée ; au reste, l'essentiel est d'attacher d'abord une idée très-nette à chaque mot, il importe peu ensuite qu'on le place dans telle ou telle classe, du moins cette classification ne me paroît pas mériter autant d'importance qu'on lui en a donné.

Prépositions.

Une préposition est le signe d'un rapport déterminé par deux mots dont l'un la précède et l'autre la suit ; cet élément du discours y remplit à-peu-près les mêmes fonctions que les signes suivans, $+$, $-$, $\times$, $-$, dans les formules algébriques $A + B$; $A - B$; $A \times B$; $\frac{A}{B}$: et comme $\frac{A}{B}$ est l'expression d'un rapport dont A est l'antécédent, et B le conséquent, ces deux mots ont été pareillement appliqués aux prépositions, le premier, pour le terme qui les précède, et le second, pour celui qui les suit. On voit donc que les prépositions ne sont que les élémens indicateurs des rapports; et pour connoître ceux-ci, on a besoin de connoître les termes qui les précèdent et les suivent, comme pour évaluer les rapports $A - B$, $\frac{A}{B}$, il faut connoître les quantités A et B.

Voici en quoi les prépositions me semblent différer des adjectifs avec lesquels on les a trop souvent confondues : un adjectif exprime par lui-même une qualité déterminée, comme, *fortement*, *vraiment*, *clairement*, *sûrement*, etc. En prononçant ces mots, j'y attache une idée nette ; au lieu que ceux-ci, *a*, *de*, *par*, *avec*, etc., n'ont point de valeur fixe par eux-mêmes; ce sont des élémens très-vagues, très-indéterminés, dont la valeur dépend de leurs antécédens et de leurs conséquens ou *complémens* : les premiers peuvent toujours être remplacés par ces expressions équivalentes, *avec force*, *avec vérité*, *avec clarté*, etc. formées de la préposition *avec*, et de son complément, (et c'est même là la marque caractéristique à laquelle on peut toujours reconnoître un adverbe), au lieu que la préposition originelle et vraie, est un élément invariable, qui ne peut se traduire par un autre : les adverbes d'ailleurs sont des dérivés d'adjectifs consacrés à exprimer les qualités physiques et morales, tandis que les prépositions ne font qu'indiquer le lieu, le tems, la position, le mouvement, etc.

Au surplus, toutes les prépositions ne sont pas également abstraites; les suivantes, par exemple, *dessus*, *dessous*, *devant*, *derrière*, *à droite*, *à gauche*, ont une signification bien moins vague que celles-ci, *a*, *de*, *par*, *pour*, *avec*. Les premières, prises dans leur sens littéral, et sans application au moral, expriment constamment la position d'un objet par rapport à un autre, ou la situation des corps environnans par rapport au nôtre, tandis que les autres sont susceptibles de recevoir successivement nombre de valeurs différentes, comme on le voit par les exemples suivans :

A peut exprimer, 1°. un rapport de localité ou de résidence, comme, *à Paris*, *à Venise*; 2°. un rapport d'adresse, *à Monsieur*, *à Madame*, etc.; 3°. un rapport de distance, *à quatre lieues de Paris*; 4°. un rapport de mouvement, *aller à Londres*; 5°. un rapport de durée, *à jamais*; 6°. un rapport de forme, costume, *à la françoise*, *à l'angloise*, *à la grecque*; 7°. des rapports d'utilité ou d'agrément, *ce fruit est bon à manger*; *ce paysage est agréable à la vue*; 8°. des rapports de facilité ou de difficulté, *cela est facile à faire*; *ce que vous demandez est difficile à obtenir*.

De exprime de même une foule de rapports de cause, d'origine, de dépendance, de départ, de distance, comme, *le père de ce prince*; *le fils de Paul*; *je sors de chez vous*; *j'arrive de la campagne*; *il y a 125 lieues de Paris à l'Orient*; (dans cette dernière phrase, *de* exprime l'origine d'une distance, et *à* en marque la fin) : des rapports de grandeur et de dimension, *un saut de vingt brasses; dix toises de longueur, deux de largeur et quatre de profondeur* : des rapports de composition matérielle, *cet instrument est d'or* ou *d'argent*; et en général, des rapports de mesure et de quantité, *une surface de cent pieds carrés; une sphère de vingt pieds cubes; un poids de mille livres; une pièce de quarante-huit francs.*

Ces prépositions élémentaires en se combinant avec les articles *le, la, les*, ont, 1°. donné naissance à ces petits mots *au, aux, du, des*, exprimant des rapports dont j'ai parlé ci-devant; 2°. elles ont servi à former beaucoup d'autres prépositions, comme, *avant, après, à droite, à gauche, au-dessus, au-dessous, vis-à-vis, au-delà*, qui expriment divers rapports de situation; *avec*, qui exprime un rapport de compagnie, (*compère renard avec son ami bouc*, etc.), ou de moyen (*avec le courage, la prudence et la patience on vient à bout de tout*) : *Depuis*, qui marque l'intervalle de deux époques ou de deux distances; *dedans, dehors*, etc. etc.

Pendant, durant, expriment une portion de tems ou période déterminée, *pendant une heure, durant un jour, un mois, une année, un siècle*, etc.

Pour, indique toujours un but vers lequel on tend; il sert à exprimer, 1°. un rapport d'intention, comme, *un prisonnier fait tout ce qu'il peut pour recouvrer sa liberté*; 2°. un rapport de bienfaisance ou de générosité, *un bon père travaille pour ses enfans; c'est pour vous sauver que j'ai couru tant de dangers; il s'est dépouillé pour vous enrichir*, etc.

Par, indique, 1°. un rapport général de cause productrice et de moyen, comme, *être engendré par....*

être échauffé par.... être éclairé par.... s'élever par l'intrigue, le manège et la bassesse ; on n'est vraiment grand que par le génie joint à la vertu : 2°. un rapport de transition et de localité, *je compte passer par Paris :* 3°. un rapport de collection et de division, *compter par dixaines, par centaines*, etc.; *diviser par quatre, par huit*, etc.

Ces prépositions *pour* et *par* ont servi à composer beaucoup de mots, comme, *pour que, parce que, pourvu que, poursuivre, pourvoir, parcourir, pardonner*, etc. : il en est de même d'une foule d'autres qui, dérivés de différentes langues et combinés avec les verbes primitifs, ont produit une multitude de verbes composés, comme, *admettre, demettre, commettre, permettre, apporter, emporter, déporter, importer, exporter*, etc.

Conjonctions.

Tout est liaison ou *conjonction* dans le discours, car les lettres et les sons élémentaires forment en se liant les syllabes ; la liaison des syllabes produit les mots ; les articles se lient avec ceux-ci ; les prépositions en liant deux noms entre eux, ou un nom avec un verbe, etc., servent à déterminer un rapport ; les adverbes se lient aux verbes comme les adjectifs aux noms ; et les verbes (sur-tout le verbe fondamental *être*, dans lequel il ne peut exister ni jugement, ni proposition élémentaire), lient les noms entre eux et avec les adjectifs, les adverbes et les prépositions : enfin une suite de propositions et de phrases élémentaires sont jointes entre elles par des mots abréviatifs que l'on a plus particulièrement nommés *conjonctions* ; tels sont les suivans : *que, et, ou, or, donc*, *mais*, *si*, *car*, *puisque*, *quoique*, etc. Tous ces termes, et beaucoup d'autres expressions composées (*bien que*, *tandis que*, *à condition que*, *c'est pourquoi*, *par conséquent*, *d'ailleurs*, etc.), servent à désigner, par la manière dont les phrases se lient entre elles, celle dont les jugemens se succèdent dans notre esprit, et les sentimens dans notre cœur: tantôt ils offrent l'enchaînement des vues intellectuelles, les conséquences d'un raisonnement; tantôt ils peignent l'opposition des idées, des jugemens et des sentimens; tantôt ils accumulent les qualités dans un sujet, et tantôt ils les en excluent; en un mot, ils se prêtent merveilleusement à toute la flexibilité de nos pensées et de nos affections: plusieurs d'entre eux abrègent ou adoucissent le langage, et complètent l'ensemble et l'harmonie de toutes les parties du discours qui sans eux perdroit beaucoup de sa grace et de sa fécondité, et seroit bien moins propre à rendre dans tous les cas le tableau de la pensée.

Pour se convaincre de cette vérité, et bien sentir jusqu'à quel point les conjonctions sont précieuses dans le langage, on n'a qu'à choisir les plus beaux morceaux des meilleurs écrivains, et désunir ou démembrer leurs périodes, en les convertissant en une simple liste de propositions, et l'on verra combien le tableau de la pensée ainsi décomposée a perdu de son prix; combien la monotonie de l'expression la rend dure et désagréable à l'esprit, ainsi qu'à l'oreille: les idées ainsi séparées ressemblent aux différens morceaux d'un tableau dépecé, et ce n'est qu'en les réunissant par un art heureux, que l'on peut reproduire un tableau naturel, expressif, animé, où chaque chose est à sa place, et acquiert par-là un nouveau mérite.

d'où l'on conclura que l'invention et l'emploi des conjonctions sont un des plus heureux efforts de l'esprit humain, et un des derniers pas qu'il ait fait dans le perfectionnement des langues.

Cet élément de la pensée a dû certainement être trouvé ou perfectionné un des derniers, car son analyse extrêmement fine et délicate, suppose déjà une grande habitude de l'art de penser, de parler et d'écrire, et l'on sent qu'avant d'inventer un moyen de réunir et de grouper les phrases élémentaires pour en faire une période, il falloit savoir analyser très-bien la proposition simple.

Interjections.

Tant que nos jugemens se forment paisiblement, tant que nous n'éprouvons que des sentimens tranquilles, nous procédons froidement à leur analyse, et nous n'omettons rien dans le tableau de la pensée : mais dans les momens d'enthousiasme, d'admiration, de joie excessive, de profonde douleur, de désespoir et d'indignation, en un mot, dans le trouble et la violence des passions, l'expression des idées et des sentimens qui se pressent et sortent avec impétuosité, devient rapide comme la foudre ; alors les mots les plus laconiques ne le sont plus assez, alors on s'écrie : *ô nature ! ô tendresse ! ô vertu !... ô crime ! ô honte ! ah monstre ! quelle horreur !.... dieux ! quel plaisir, quel bonheur, quel espoir ! ô fille infortunée ! ô trop malheureux père ! ô mon fils ! ô ma joie ! ô l'honneur de mes jours !* (CORNEILLE), etc.

Toutes ces expressions rapides peignant l'état de l'ame entraînée par un sentiment, agitée par l'amour ou la haine, transportée de joie, ou absorbée dans la contemplation, etc., rendent par un seul mot ou en très-peu de mots, des tableaux fort composés : ce sont des propositions fortement senties, mais qui ne sont exprimées qu'à demi. Ce premier langage si propre à une imagination ardente, est très-familier aux poëtes, c'est-à-dire, à une classe d'écrivains occupés à peindre les passions de l'homme et les phénomènes de la Nature; il est naturel aux enfans, aux sauvages, et en général à tous les hommes livrés aux agitations d'une vive sensibilité, aux alternatives de l'étonnement, de l'espérance et de la crainte : mais cette manière de s'exprimer est peu usitée dans le train ordinaire de la vie, chez les peuples fort civilisés, et chez tous les hommes qui ayant beaucoup vu, beaucoup senti, ne trouvent plus rien d'étonnant, de divin ou d'horrible, parce qu'ils ont le bonheur (ou le malheur) de voir les choses comme elles sont. Le philosophe qui analyse ne peut l'employer que fort rarement, et elle seroit aussi déplacée que ridicule dans un discours froid et raisonné, ainsi que dans toute discussion méthodique qui ne peut guère admettre que le langage de la pure intelligence.

Pour compléter l'expression de la pensée, il ne me reste plus qu'à parler de quelques signes consacrés à la séparation des phrases ou propositions matérielles, comme nos jugemens le sont eux-mêmes dans l'entendement par autant de vues distinctes ou d'actes successifs de la faculté pensante.

Ces signes sont connus sous les noms de virgule (,), de point-virgule (;), de double point (:), de point simple (.), de point d'admiration (!), de point d'interrogation (?), de points de suspension (....), de parenthèses (()), etc.

En général il doit y avoir dans une période autant de signes de séparation qu'on y peut trouver de phrases élémentaires ou propositions simples; mais la manière de les distribuer ou de les placer convenablement ne peut guère être soumise à des règles: c'est à l'esprit à déterminer la coupe des phrases, comme il divise nos jugemens, et l'on peut dire sans paradoxe que pour savoir *ponctuer*, il faut savoir penser, comme en musique, pour bien marquer la mesure, il faut une oreille faite pour la sentir.

A la suite d'une seule phrase on écrit un point, ou quand deux phrases ne sont point liées entre elles, on les sépare par un point; c'est la marque de la plus petite liaison ou de l'indépendance de deux idées. Le double point annonce entre elles un rapprochement, mais foible; le point et virgule annonce un peu plus de dépendance, et la virgule exprime encore une plus grande liaison ou une moindre séparation; enfin l'absence de la virgule et de tout signe disjonctif, marquant entre tous les mots la plus étroite relation, annonce qu'ils ne forment qu'une proposition ou l'expression d'un seul jugement.

L'alinéa est encore un signe de séparation entre les idées plus expressif que le point, il annonce ordinairement un changement d'idées ou de sujet.

Les points d'admiration et d'interrogation (servant à désigner la curiosité, l'autorité, la plainte, les regrets, la surprise ou l'horreur, etc.), se définissent assez d'eux-mêmes, et se placent comme le point à la fin des phrases.

Les

Les points suspensifs désignent l'expression commencée d'une idée ou d'un sentiment; leur usage est très-commun en poésie, et leur effet, en laissant l'esprit et l'imagination dans un certain vague qui ne leur déplaît pas, est de sous-entendre beaucoup de choses; c'est un voile transparent jeté entre les idées ou les objets et l'œil du spectateur, qui jouit ainsi du plaisir d'entrevoir ce qui est, et d'imaginer ce qui pourroit être.

La parenthèse sert à renfermer une proposition incidente ou explicative, une définition, une réflexion, enfin une idée accessoire à l'idée principale qu'elle développe, qu'elle éclaircit, qu'elle modifie: ce n'est souvent qu'un mot exprimant un trait d'esprit, une saillie; c'est une pensée jetée en passant et comme glissée entre deux autres, et qui sans trop couper ou allonger une période, en explique le sens, l'étend ou le restraint, et souvent précise et abrège le discours en cumulant les idées: cette manière de s'exprimer est assez familière aux gens qui en ont beaucoup.

On se sert encore de ce signe (-) pour unir et comme souder ensemble deux mots qui n'en font plus qu'un, comme dans *chat-huant;* on se sert aussi d'un signe semblable pour séparer dans un dialogue les phrases de deux interlocuteurs, et obvier à la fatigante et inutile répétition de ces mots, *dit-il, répond-il, répondit-il, reprit-il*, etc.

Enfin l'on connoît la cédille destinée à donner au c le son de l'*s;* l'apostrophe, qui empêche le choc désagréable de deux voyelles, en tenant la place de l'une d'elles; les accens (grave, aigu, circonflexe), destinés à varier le son d'une même voyelle, à peu-près comme les signes suivans (*p*, *pp*; *f*, *ff*; <, >, etc.), usités en musique, annoncent qu'il faut adoucir, augmenter, enfler ou diminuer le son, pour produire les effets et les impressions délicieuses que ce bel art ne peut manquer d'exciter chez tous les hommes bien organisés.

Je ne donne point ici d'exemples, parce que tout l'ouvrage peut en servir.

Tels sont, dans l'état actuel de nos connoissances, les moyens employés pour rendre nos idées; telle est la marche que l'on a suivie ou dû suivre pour se créer une langue. C'est ainsi que consultant à la fois les besoins de l'esprit et du cœur, le plaisir de l'oreille, quelquefois la raison, et trop souvent le caprice ou l'usage, on est enfin venu à bout d'abréger, de simplifier, de varier et de polir le langage, en l'amenant insensiblement à la forme qu'il avoit chez les Grecs et les Latins, et qu'il a maintenant chez les François, les Anglois, etc.: et quoique cette forme ne soit pas, à beaucoup près, aussi philosophique qu'elle pourroit l'être, on n'en sent pas moins combien nous sommes redevables à tous les bons écrivains dont le génie et les travaux réunis ont contribué à créer et à perfectionner ce bel instrument, cet admirable véhicule de la pensée.

CHAPITRE III.

Des notions et propositions considérees comme élément fondamental de toutes les langues : bases d'un Dictionnaire analytique (universel).

POUR arriver à cette exacte anatomie de nos idées, qui est la première base d'une langue exacte, il faut dans chaque partie de nos connoissances suivre la méthode d'un habile géographe. Que fait-il? il vous présente d'abord un globe ou une mappemonde sur lesquels sont tracés et séparés par des lignes précises de démarcation les principaux points, les parties principales de la surface de la terre : passant ensuite aux divisions que l'homme en a faites sous les noms de *Royaumes*, d'*Empires*, de *Républiques*, etc., il développe par une carte ou plan plus détaillés l'étendue et la forme de chacune; il en dessine le contour avec les parties saillantes et rentrantes; il y marque les promontoires, les golfes, les presqu'îles, les bayes, etc., et dans l'intérieur il dessine les fleuves ou rivières, les lacs, les chaînes de montagnes, il place dans ce cadre les villes principales, puis traçant de nouvelles lignes de séparation, il détermine l'étendue, la forme et les limites de chaque province ou département, qu'il détache les uns des autres comme il avoit fait d'abord pour les Républiques ou les Royaumes eux-mêmes; ensuite il subdivise, par un procédé semblable, les provinces ou départemens en districts ou arrondissemens plus petits, il trace en détail leurs limites et tout ce qu'ils renferment, les villes, bourgs, villages, les terres, les forêts, les landes, les côteaux, les rivières; par une nouvelle subdivision, il marque les cantons avec les communes, les hameaux, les champs, les bois, les prés, les ruisseaux, et jusqu'aux plus minutieux détails.

Alors on a, au moyen de toutes ces cartes ou plans réunis, une idée nette de chaque localité, de chaque village, de chaque ville, de chaque canton, de chaque district, de chaque province, de chaque pays, de chaque portion de la surface du globe terrestre, et de la surface totale elle-même : et l'exactitude, la netteté de nos connoissances en ce genre, dépend, comme l'on voit, de celle avec laquelle on a formé le signe de chaque idée complexe ou la carte représentant un royaume, une province, un district, un canton, une ville, un village, etc., même un champ, un arbre ou un buisson (lorsqu'on veut pénétrer jusqu'aux derniers développemens).

Si la même chose n'a pas toujours lieu à beaucoup près dans les diverses branches de nos connoissances, cela vient de ce que l'on a mal fait jusqu'ici *la géographie des sciences*. La plupart de nos idées complexes ressemblent à des états, à des provinces ou districts dont les frontières sont mal tracées, mal déterminées : connoissant mal leur étendue, leurs bornes, leurs divisions et subdivisions, il nous arrive de les confondre, et faute de voir au juste les élémens qu'elles renferment, leur analyse nous devient impossible; chacune d'elles devroit toujours être aussi bien composée, aussi nettement développée dans notre tête, que peuvent l'être un tableau, un plan ou carte géographique bien faite, alors nos raisonnemens seroient aussi sûrs qu'en géographie et en mathématiques. Car il en est du système général de nos connoissances (système que j'appelerois volontiers le globe de la science humaine), comme de la surface du globe terrestre. Ce grand corps idéal se divise comme elle en plusieurs parties ou provinces, qui sont l'histoire naturelle, la physique, la chimie, l'astronomie, la mécanique, la géométrie, la musique, etc.; en un mot, les mathématiques, les beaux-arts et les arts mécaniques. Chacune de ces parties se divise en d'autres branches considérables qui se développent en d'autres plus petites, lesquelles se décomposent en de moindres encore, jusqu'à ce qu'on soit arrivé aux dernières ramifications, qui sont les idées simples ou primitives dont les rapports et les combinaisons font naître cet ensemble de propositions d'où résulte (en remontant de proche en proche) chaque notion complexe, chaque branche de science, chaque science, et la somme totale des sciences elles-mêmes; comme le système des signes consacrés à exprimer nos idées s'engendre lui-même par la réunion 1°. d'un certain nombre de lettres ou caractères primitifs; 2°. des mots que l'on forme en les combinant; 3°. des phrases ou propositions résultant de l'assemblage des mots; 4°. des paragraphes produits par une suite de phrases; 5°. de chapitres composés de paragraphes; 6°. de sections ou parties formées de chapitres; 7°. d'ouvrages ou livres dont l'ensemble forme celui de nos bibliothèques, ou le grand registre des connoissances humaines résultant des travaux de tous les hommes de génie, de tous les tems et de tous les pays, présentant l'état actuel de l'esprit humain sur le globe, celui de la raison et de la vérité, comme aussi par malheur celui de nos folies, de nos préjugés et de nos erreurs.

La formation et l'exacte analyse des notions complexes en tout genre, étant donc un objet de la plus haute importance, voyons comment et jusqu'à quel point il est possible de l'obtenir.

Le système entier de nos connoissances ne renferme, comme je l'ai fait voir précédemment, que deux sortes d'élémens, les idées simples (sensibles ou abstraites), et les idées complexes que j'appelle aussi *notions*. Celles-ci en renferment de deux espèces; les unes sont les images exactes des substances ou objets naturels et artificiels formés de parties que l'œil ou la main de tout homme bien organisé peut y reconnoître; telles sont les idées d'un homme, d'un lion, d'un palais, d'une ville, d'une campagne, etc. Les autres sont des tableaux composés de parties rassemblées par l'imagination ou la réflexion. Telles sont, 1°. les idées générales d'animaux, de végétaux, de minéraux; de quadrupèdes, d'oiseaux, de poissons, etc., provenant de la classification, division et subdivision des corps naturels par règnes, ordres, genres, espèces, etc.: 2°. les notions résultantes de la classification et du triage de nos propres idées, (l'arithmétique, la géométrie, l'algèbre, la poésie, la peinture, l'agriculture, l'éducation, la morale, la législation, le commerce et la politique, etc.; le beau, le laid; le grand, le petit; le juste et l'injuste; le bien et le mal; le vice et la vertu, etc.): 3°. tous les êtres fabuleux et poétiques dûs à l'imagination, les dieux, les déesses, les anges et les démons; le ciel ou l'olympe; l'enfer ou le Tartare; les centaures, les sphinx, les harpies, etc., dont l'ensemble compose le monde imaginaire, comme les élémens précités puisés dans la nature et l'intelligence raisonnable forment le monde réel.

Ce sont là autant d'expressions consacrées à désigner des tableaux plus ou moins compliqués, résultant des vues et des combinaisons plus ou moins générales de l'esprit, et du plus ou moins grand nombre d'élémens dont il juge à propos de les former. L'étendue et la complication des notions complexes dépendent de ce nombre; plus il est considérable, plus aussi leur analyse devient pénible par la difficulté de voir tous ces élémens à la fois, ce qui pourtant est aussi nécessaire pour bien comparer et bien juger en pareil cas, que lorsqu'il est question des idées les plus simples ou les moins composées, puisque la comparaison et la combinaison de deux idées complexes, doivent porter en même-tems, et sur chacun de leurs élémens, et sur la totalité. Voilà pourquoi il est si difficile de s'exprimer avec précision, de ne rien dire de trop, et de dire assez, en traitant des matières abstraites et générales, dont la discussion repose presqu'uniquement sur des notions plus ou moins compliquées, plus ou moins inexactes : voilà pourquoi si peu de personnes sont propres à les traiter avec succès, ou même à lire, à entendre et apprécier les ouvrages faits sur ces sujets-là ; voilà pourquoi on a si long-tems déraisonné en morale, en médecine, en politique, etc. Les idées servant de base aux raisonnemens qui roulent sur ces matières-là, renferment tant d'élémens, ces élémens sont eux-mêmes si difficiles à déterminer avec précision, qu'il arrive presque toujours qu'on en néglige ou qu'on en altère quelques-uns, ce qui produit nécessairement de faux résultats.

Expression analytique des notions complexes.

Les idées simples sont très-faciles à exprimer ; il suffit pour cela d'attacher à chacune d'elles un signe ou étiquette aussi simple qu'il est possible de l'imaginer ; et la série de ces signes, rangés à la suite l'un de l'autre, retrace à l'esprit celle des objets et des idées avec lesquels on les a liés, de manière qu'en vertu de cette liaison un même coup-d'œil nous représente toujours

$$\text{la triple série}\left\{\begin{array}{l} o, o', o'', o''', o^{IV}, \text{etc... des objets,} \\ i, i', i'', i''', i^{IV}, \text{etc... des idées,} \\ s, s', s'', s''', s^{IV}, \text{etc... des signes.} \end{array}\right\}$$

Cela posé, soit un objet composé, que je désigne par A, et dont les parties élémentaires sont représentées par les signes successifs a, a', a'', a''', etc., il est clair que la figure première du tableau ci-joint, est propre à représenter le développement de l'idée A, dans ses élémens désignés par les lettres a, a', etc., placées à l'extrémité des rayons ou lignes droites tirées du point A, et que l'on peut multiplier autant que l'on voudra, et autant que l'exige le nombre des élémens qui entrent dans A.

Notez que les caractères $'$, $''$, $'''$, ^{IV}, placés au-dessus de la lettre a, ont cet avantage de pouvoir marquer l'ordre dans lequel se doit faire l'analyse de l'objet ou notion A, celui dans lequel il est préférable de classer ses idées, ou celui qui est reconnu le plus propre à conduire à un certain but, à des certaines comparaisons et recherches qu'on se propose, en un mot, à des opérations analytiques que l'on a en vue. Un second objet (ou idée complexe) B, formé de parties successives, représentées par b, b',

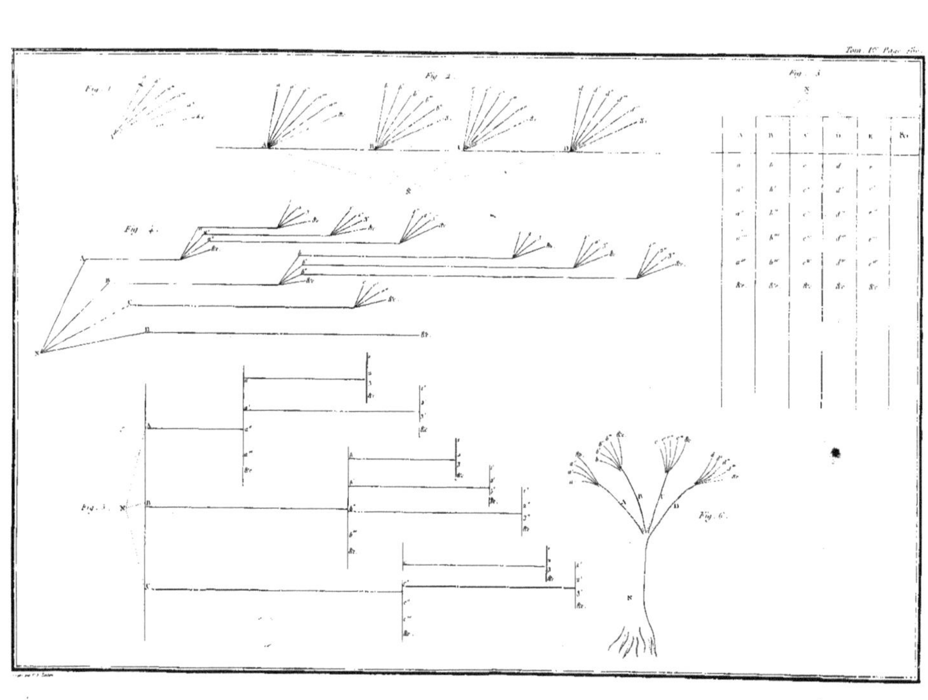
Fig. 1.
Fig. 2.
Fig. 3.
Fig. 4.
Fig. 5.
Fig. 6.

b'', b''', etc., s'analysera de la même manière ; il en sera de même d'un troisième C, etc., de sorte que l'analyse d'une notion N, formée de plusieurs idées complexes A, B, C, D, etc., résultera de celle de toutes ces notions partielles, et se trouvera développée et exprimée comme on voit ici figures 2, 3, 4, 5 et 6.

Cette méthode peut donc servir à nous retracer nettement et en détail, par une suite de chaînons successifs, tous les élémens de nos idées complexes dans chaque science, et les différentes branches des sciences elles-mêmes, résultantes de la réunion des idées complexes et générales comme celles-ci, étoient une somme d'idées moins composées, susceptibles elles-mêmes de se développer en élémens plus simples.

Il est encore une autre manière non moins élégante et laconique d'exprimer la formation des notions complexes, à l'aide des formules algébriques dont j'ai déjà fait usage (pag. 150, 210 et 224). Soit donc en général exprimée par la série s, s', s'', s''', etc., une suite de sensations ou idées produites en nous par l'attention donnée à l'analyse d'un objet, ou d'un système d'objets quelconques; soit aussi leur somme désignée par S, il est évident qu'alors cette somme se trouve représentée par deux signes ou expressions différentes. J'appelle en général équation l'identité cachée sous cette double expression d'une même idée, d'une même quantité; et ce signe = qui veut dire *égale* ou *est égal à*, sert à marquer que cette quantité, quoique doublement exprimée, reste la même, (la chose devient évidente quant à S, s, s', etc., on peut substituer des nombres, car alors cette formule peut toujours être ramenée à celle-ci $1=1$). J'aurai donc l'équation suivante $S = s, s', s'', s'''$, etc., dont la première partie ou membre S désigne en masse un objet, une substance, dont les parties développées s, s', etc. forment le second, ce qui ne veut dire rien autre chose, sinon que l'objet S est composé des parties ou propriétés s, s', s'', etc. pour tous les hommes bien organisés, et qu'il leur présente ou peut leur présenter à tous (d'une façon constante ou passagère) les mêmes sensations ou idées élémentaires s, s', s'', etc. Pour rendre ces parties ou propriétés plus distinctes, et pour marquer plus positivement que je les considère comme ajoutées les unes aux autres, j'emploie au lieu de la virgule ce nouveau signe $+$ traduit en françois par le mot *plus*, et j'ai l'équation $S = s + s' + s'' + s''' +$, etc. (1), qui signifie la substance ou quantité cachée sous ces deux signes, reste la même, quoiqu'ils soient différens, et les signes partiels s, s', etc. développent ou montrent en détail les élémens qui la composent.

Nota. Il est important d'observer que les différentes notions exprimées par la formule générale $S = s + s' + s'' + s''' +$, etc. restent vagues et indéterminées, tant que nous n'avons pas trouvé le moyen de mesurer avec précision chacun des élémens s, s', etc. qui les composent. Ainsi cette phrase, *l'or est jaune, pesant, ductile, fusible*, etc., ne nous donnera une

(1) A cette série l'on peut substituer les deux suivantes, $C = p + p' + p'' + p''' +$ etc.; $N = e + e' + e'' + e''' +$, etc. offrant l'une, les parties ou propriétés dont un corps C est formé, l'autre les élémens e, e', etc., de l'union desquels résulte une notion ou idée complexe N : mais comme tout se réduit toujours au fond à une suite de sensations, soit des organes extérieurs, soit du cerveau, je préfère la première série comme plus générale; au reste, ce que je dis de chacune des trois se trouve applicable aux deux autres.

idée bien précise de l'or, qu'autant que nous saurons mesurer le degré de couleur jaune, de pesanteur, de ductilité, de fusibilité, etc. attaché à l'idée d'or. Si nous supposons mesurables les élémens s, s', s'', etc., on aura (en nommant u, u', u'', etc. leurs unités de mesures respectives, et n, n', n'', etc. les nombres d'unités entières et fractionnaires qu'ils renferment) la nouvelle formule $S = nu + n'u' + n''u''$ +, etc. qui devient mesurable, et est parfaitement déterminée.

Nous n'avons d'idées bien nettes que des quantités formées d'élémens mesurés ou mesurables, et qui sont la base de ce qu'on appelle sciences exactes. La clarté et la précision qui règnent dans tous les ouvrages et productions de l'esprit humain, dépendent donc en grande partie de la nature des idées sur lesquelles il opère, et des matériaux qu'il combine : mais s'il ne lui est pas donné de mesurer toutes les quantités variables, et d'assigner la loi de leurs variations, il peut toujours s'appercevoir quand cet avantage lui manque, et savoir s'arrêter à propos, et s'il sent qu'il ne peut pas tout connoître, il sent aussi qu'il est le maître de ne jamais errer, pourvu qu'il sache ne combiner que des élémens bien connus. Les notions une fois composées d'idées nettes (mesurables ou non) rendront toujours le raisonnement rigoureux dans toutes les parties des sciences, et si elles ne leur donnent pas la précision mathématique de celles qui ont pour base l'évaluation des rapports, elles leur donneront du moins toute l'exactitude dont la nature de leurs élémens et celle des têtes humaines les rend susceptibles. Plusieurs branches de nos connoissances n'ont pu jouir encore de cette vive lumière qu'offrent la géométrie et les sciences physico-mathématiques, mais elles en approcheront d'autant plus que l'on saura mieux observer, et mieux employer, en les traitant, le langage analytique : car il est évident que la méthode qui nous a donné des connoissances exactes dans une partie, peut nous en donner dans toutes, puisque la marche et les opérations de l'esprit humain sont à-peu-près partout les mêmes. Il faut donc se rendre familière la langue éminemment analytique (l'algèbre); enfin il faut se créer une sorte de langue universelle que l'on puisse ensuite appliquer à tout.

Je suppose que l'on soit venu à bout de fixer et de déterminer ainsi tous les élémens des notions relatives à la morale, tous ceux qui doivent entrer dans les idées de vice, de vertu, de bonheur, de malheur, de droits, de devoirs, d'honneur, de gloire, de honte, etc., enfin tous tous ceux dont se composent les sentimens, les passions et les actions, la morale deviendra une science exacte autant du moins que par sa nature elle puisse l'être. Il en sera de même de toutes les parties du système de nos connoissances; chacune recevra le degré d'exactitude dont elle est susceptible, de l'instant où toutes les idées qui lui servent de base seront analysées avec précision ; la principale source de nos erreurs sera tarie, et l'art de penser et de raisonner très-près de sa perfection; car cet heureux artifice, en nous offrant sans cesse la génération de toutes nos idées, nous montre aussi l'état actuel de nos connoissances; il nous met à portée de considérer le rapport de toutes leurs parties, et d'en suivre pas à pas les accroissemens par l'addition successive de nouveaux élémens auxquels on attache de nouveaux signes, à mesure que l'observation, le calcul, le tems, et souvent le hasard, nous les découvrent: car l'on a vu (*pag.* 203) que presque toutes nos idées complexes étoient variables et incomplètes, et que les termes généraux consacrés à les désigner, avoient deux sens, l'un exprimant ce que chacune d'elles étoit présentement pour chaque individu, pour chaque peuple, l'autre tout ce qu'elle pouvoit être; et que ce qui empêchoit les hommes de s'entendre dans les discussions relatives à cette sorte d'idées, c'est qu'ils n'y font pas tous entrer le même nombre des mêmes élémens : le seul moyen de tomber d'accord et de terminer tout d'un coup presque toutes les disputes, seroit donc, avant de s'y engager, de vérifier (en employant la méthode que je viens d'employer ou toute autre analogue) si les idées complexes dont on va s'occuper, sont formées des mêmes parties élémentaires, et du même nombre de ces parties pour tous les individus qui prennent part à la discussion. Avec cette petite précaution très-simple, l'on ne dipuleroit pas, l'on ne s'égorgeroit pas, et l'on raisonneroit toujours bien.

Des propositions considérées comme des équations, et réciproquement.

Il est maintenant assez évident que les propositions qui forment la base du langage, ne sont pour la plupart que des doubles expressions d'une même chose (la même pour tous les hommes également bien organisés et également instruits), c'est-à-dire, de véritables équations.

En effet, quand je dis *trois et deux font cinq*, j'énonce une proposition, et en la traduisant en algèbre, j'ail'équation $3 + 2 = 5$, qui me montre 5 comme formé de 3 et 2 : de même cette phrase *trois fois quatre font douze* se nomme *proposition*, et sa traduction en algèbre $3 \times 4 = 12$, est une équation : même chose a lieu pour les propositions suivantes. La différence entre deux et quatre est huit ou $12 - 4 = 8$; le rapport géométrique de trente-six à neuf, est quatre ou trente-six divisé par neuf, donne quatre, ou $\frac{36}{9} = 4$: trois est la racine cubique de vingt-sept, ou $3 = \sqrt[3]{27}$: la surface d'un rectangle s'obtient en multipliant sa base par sa hauteur, ou $R = BH$ (en nommant R le rectangle, B sa base, et H sa hauteur) : la surface d'un cercle est égal au carré du rayon multiplié par le rapport constant de la circonférence au diamètre, ou $c = \varpi r^2$ (en nommant c le cercle, r son rayon, et ϖ le rapport en question).

Cette identité des mots *proposition*, *équation*, est donc bien évidente en arithmétique, en algèbre, en géométrie, et dans toutes les parties des mathématiques ; mais quoiqu'elle ne soit pas aussi sensible dans les autres branches de nos connoissances, elle n'en existe pas moins dans un très-grand nombre de cas. Ainsi, par exemple, en faisant la description de l'argent, du fer, du cuivre, et des autres métaux ; celles des acides, des alkalis, des sels, des terres, etc., on forme une suite de propositions identiques ou de vraies équations ; c'est-à-dire, qu'après avoir désigné ces substances naturelles par les mots complexes, *argent*, *fer*, etc., et leurs qualités par une suite de termes simples ou particls, (*voyez* Lavoisier, Fourcroy, Linnée, Jussien, etc.), l'on affirme que la somme des qualités exprimées par ces termes, est au fond la même chose que ce que l'on a nommé *argent*, *fer*, *cuivre*, etc. Il faut en dire autant de toutes les substances naturelles (*animaux*, *végétaux*, *minéraux*; *oiseaux*, *quadrupèdes*, etc.), dont les qualités ou propriétés distinctives sont développées par des propositions ou phrases descriptives.

Il en est encore de même des notions morales, le *vice*, la *vertu*, la *raison*, la *beauté*, etc. Les hommes s'étant réunis en société, une expérience journalière, due au développement successif des besoins et des passions, leur a bientôt fait remarquer, dans leur conduite réciproque, des procédés, des actions, des habitudes utiles à tous ou à la majorité des membres de l'association : comme la *bienveillance* ou le penchant qui porte à faire du bien aux autres, à les soulager, à partager avec eux ce que l'on possède : l'*humanité* qui nous fait compatir à leurs peines, qui fait que rien de ce qui intéresse les hommes ne sauroit nous être étranger : l'*indulgence* qui nous ferme les yeux sur leurs défauts, sur leurs torts, et nous dispose à les leur pardonner : l'amour du travail, de l'ordre, d'une sage économie, l'amour des parens, des lois, de la patrie; une noble émulation pour l'étude et l'avancement des arts et des sciences; pour l'acquisition de tous les talens, de toutes les connoissances qui nous rendent meilleurs pour nous et pour les autres; la passion du vrai, du juste, de l'honnête, du bon et du beau en tout genre; enfin ce courage habituel qui ne nous permet de négliger aucun devoir, et nous fait constamment conformer notre conduite à la saine raison. C'est à l'ensemble de ces élémens et de beaucoup d'autres, dont le recensement seroit trop long, qu'on a donné ou dû donner le nom de *vertu*, et l'on a eu cette proposition ou équation morale : *la vertu est égale à la somme des élémens précités* (1), c'est-à-dire, qu'au lieu de faire l'énumération de tous ces élémens à la fois, on a imaginé un mot unique qui en tînt la place, et pût retracer à l'esprit ce qui ne pouvoit être développé que par un discours très-étendu.

Le tems qui a montré aux sociétés tout ce qui peut faire leur bonheur, leur a pareillement fait connoître tout ce qui pouvoit s'y opposer : et en analysant les actions et les habitudes dont l'homme social étoit susceptible, on a distingué et rassemblé toutes celles qui étoient nuisibles à l'individu et à la société (comme la cruauté, la superstition, le fanatisme, l'ignorance, le meurtre, le vol, le viol, la haine, l'envie, la lâcheté, l'avarice, la dureté, l'égoïsme, etc.), on les a proscrites par des lois, au nombre desquelles je mets l'opinion (utile complément des lois) ; et à la somme de ces dangereux élémens, on a donné ou dû donner le nom de *vice*.

C'est ainsi qu'en faisant, pour ainsi dire, le triage de toutes les conceptions humaines (existantes ou possibles), et rassemblant sous un seul mot la totalité des vues exactes de l'esprit humain, on s'élève à la haute et belle idée de la *raison*, qui n'est que la somme totale des jugemens vrais et des bons raisonnemens en tout genre.

(1) C'est comme si après avoir tracé à la suite du mot *vertu* une longue accolade, on y plaçoit la liste de toutes les idées que l'on est convenu de faire entrer dans cette notion sublime, et cette nouvelle manière d'exprimer le développement des idées complexes équivaut aux formules analytiques et aux figures précitées.

L'œil

L'œil et l'esprit qui voient nettement ce qui est dans les choses, voient aussi ce qui n'y est point, et cette double vue donne naissance aux propositions positives et négatives. Les premières sont produites par la réunion ou l'addition de plusieurs élémens (qualités ou quantités, ect.), dans un même objet, une même idée complexe; les autres le sont par le retranchement ou l'exclusion d'un certain nombre d'élémens de l'objet ou notion dont il s'agit. Aussi quand je dis: *cet homme n'est point spirituel, point instruit, point discret, point prudent, point humain, point généreux*, etc., je retranche les qualités de *spirituel*, d'*instruit*, de *discret*, etc. de l'idée que je me fais de l'homme d'un vrai mérite que je prends pour modèle, pour terme de comparaison, et qui est censé réunir toutes les qualités estimables... De même quand je dis: *la vertu n'est point superstitieuse, point fanatique, point cruelle, point orgueilleuse, point ignorante, point intolérante*, etc., j'ôte ou j'exclus de la notion de la vraie vertu tous ces élémens qui n'en font point partie.

L'on voit que l'on peut former sur chaque objet autant de propositions négatives qu'il y a de choses qui n'en font point partie, tandis que celui-ci ne peut donner lieu qu'à un nombre de propositions positives égal à celui des élémens, qualités ou propriétés qu'il renferme, ou à celui des sensations qu'il peut produire en nous; ce qui fait que le nombre des propositions négatives (possibles), est de beaucoup supérieur à celui des propositions positives que comporte une exacte analyse: mais celles-ci ont l'avantage de montrer à l'esprit ce que sont les choses, tandis que celles-là, en nous montrant ce qu'elles ne sont pas, ne nous les font pas connoître et ne nous apprennent rien.

Puisque les élémens E, E', E'', E''', etc., sont regardés comme positifs, en les faisant précéder du signe $+$, qui marque leur addition ou leur réunion; ces mêmes élémens seront censés négatifs en les faisant précéder du signe $-$, qui marque la soustraction ou la négation : de sorte que si je nomme $+N$ une notion composée des élémens positifs $+E+E'+E''$, etc., et $-n$ une notion composée des élémens négatifs $-e-e'-e''$, etc., j'ai $+N=+E+E'+E''+$, etc., et $-n=-e-e'-e''-$, etc., et en les réunissant j'ai la notion ($N-n=E+E'+E''+$, etc., $-e-e'-e''-$, etc.) composée d'élémens positifs et négatifs, laquelle regardée comme proposition complexe, exprime à la fois la double vue, la double opération, le *oui* et le *non* de l'esprit.

Comme il n'y a que des jugemens dans l'esprit, il n'y a et il ne peut y avoir que des propositions dans l'expression de nos idées, et l'analyse d'un discours, d'un mémoire, d'un livre, d'une bibliothèque; même, celle de toutes les productions de l'esprit humain se réduit à celle d'un nombre plus ou moins grand de propositions (1), leur théorie doit être la base de toute bonne

(1) Pour bien juger chacun de ces objets et s'assurer de ce qu'ils contiennent de bon et de vrai, il n'y a donc qu'à en faire la dissection ou dresser le tableau général des propositions qui le composent : si les ayant rangées toutes à la suite les unes des autres on les examine de près, et qu'on biffe toutes celles qui seront trouvées invraisemblables, fausses ou absurdes, le reste exprimera le degré de bonté de l'ouvrage ou la portion de raison et de vérité qu'il contient, et les propositions contradictoires se détruiront d'elles-mêmes, comme les quantités que l'on trouve dans une même expression algébrique avec les signes contraires $+$ et $-$, et que l'on efface, parce qu'elles se réduisent à rien.

grammaire analytique, dont on peut dire que la proposition est l'élément fondamental.

Une proposition simple n'exprime qu'une vue de l'esprit, une propriété, un rapport, en un mot, un jugement : une proposition complexe est résoluble en autant de propositions simples, quelle exprime à la fois de jugemens, rapports, ou propriétés (1). Elle est

---

Si l'on faisoit subir cette petite épreuve à tous les ouvrages philosophiques, il en est peu qui n'y perdissent, et beaucoup d'entr'eux ne laisseroient presque rien au fond du creuset. Le sophisme, le paradoxe et le défaut de jugement voilés par le brillant de l'imagination et de l'éloquence ne pourroient plus échapper à une pareille pierre de touche; mais combien peu de gens ont la patience, le courage et le talent de s'en servir !

Quoi qu'il en soit, on peut supposer écrites sur un immense tableau, toutes les idées des hommes et les propositions contenues dans leurs livres; alors si on efface tout ce qu'il y aura de faux, de hasardé, d'improbable, de contradictoire et d'absurde, etc. ce qui restera sera la petite portion d'idées nettes et justes, où de propositions exactes composant le petit degré de vérité et de raison dont jouit maintenant l'espèce humaine, et qui est encore noyé dans un immense amas de préjugés et d'erreurs.

(1) Une remarque importante à faire, c'est que chacune de ces phrases ou propositions partielles est une définition partielle d'un objet : mais sa définition complète ou sa vraie analyse, ne s'obtient que par l'énoncé général ou la somme de toutes les propositions partielles auxquelles il peut donner lieu : ordinairement on se contente de la propriété ou qualité la plus saillante pour retracer à l'esprit l'objet dont il s'agit, le définir ou le séparer et le distinguer de tous les autres : ainsi on dit qu'un triangle est une surface terminée par trois angles et trois côtés; mais cette analyse sommaire, propre à retracer à l'esprit la forme du triangle et les six parties principales qui le composent, n'apprend point quelles sont les autres propriétés de cette figure, dont on ne peut obtenir l'analyse complète qu'à l'aide de la réflexion et de l'algèbre.

Ceci peut servir à faire sentir le ridicule des anciens philosophes qui avoient la manie de tout définir partiellement, et qui croyoient

vraie, si chacune des propositions ou équations partielles qu'elle renferme exprime un rapport exact ou un fait vérifiable par tous les hommes bien organisés ou assez instruits et assez bons observateurs ; elle est fausse dans le cas contraire : elle est claire, obscure, évidente, certaine, probable ou douteuse, selon qu'elle exprime des rapports ou des jugemens clairs, obscurs évidens, certains ou susceptibles de démonstration, enfin probables ou douteux ; et c'est ainsi que chaque proposition (simple ou complexe), prend le caractère des opérations de l'esprit ou des jugemens et raisonnemens qui lui donnent naissance.

Je nomme *préjugé* en général, toute proposition avancée au hasard, exprimant un rapport ou jugement non vérifiés, non démontrés, dont la vérité ou la fausseté n'est point sentie par celui qui l'avance. Les vérités qu'on nous apprend dans l'enfance sans nous les démontrer, et que nous recevons sans les entendre, peuvent s'appeler des *préjugés respectables*, mais par malheur elles sont en bien petit nombre en comparaison des *préjugés-mensonges*, dont on a grand soin de nous remplir la tête.

Les préjugés peuvent donc à la rigueur n'être pas toujours des erreurs, mais cela arrive le plus souvent ; ce ne sont d'ordinaire que des propositions fausses reconnues pour telles par les penseurs et les gouvernans, et reçues comme vérités par la multitude ou le vulgaire, qui ne raisonnant point adopte

---

connoître à fond les choses, en nommant quelques-unes ou même une seule de leurs propriétés : souvenons-nous donc qu'il n'y a qu'une bonne définition, c'est-à-dire, une analyse complète ; qu'elle le soit du moins autant que peut le permettre l'état actuel de nos connoissances.

tout aveuglément : d'où il suit que pour détruire les faux préjugés un moyen sûr est d'apprendre aux hommes à raisonner, comme pour les rendre à coup sûr imbéciles, stupides et fanatiques, il n'y a qu'à leur apprendre de bonne heure à *croire*, c'est-à-dire, à adopter indistinctement toute espèce de formules et de propositions, sans pouvoir s'en rendre compte et s'assurer si elles sont vraies ou fausses.

Tout le monde sait jusqu'à quel degré de raffinement et de perfection cet art machiavélique a été porté dans tous les tems et dans tous les pays : mais comme il est impossible d'ôter à l'homme tous ses sens, sans lui ôter la vie, on ne sauroit non plus lui ravir tout-à-fait sa raison, fondée sur son organisation et le bon exercice de ses sens. Il pourra donc arriver tôt ou tard (malgré les efforts combinés de certaines classes de gens), ce jour où le genre humain ne sera simplement que raisonnable, et où tous les peuples n'offriront que des sociétés d'hommes sensés gouvernés par des hommes supérieurs, au lieu de présenter par fois des troupeaux de brutes, conduits par des chefs souvent plus vicieux et méchans qu'éclairés. Tout le monde, il est vrai, ne sera pas également instruit, ce seroit un mal, et d'ailleurs la nature des machines sociales ne le permet pas, car chacun doit avoir, suivant sa place, son degré d'instruction et de raison analogue ; mais tout le monde pourra être à-peu-près sans préjugés, sans erreurs grossières, et c'est beaucoup, pour qui songe que ce sont-là les dangereux, et pour ainsi-dire, les seuls élémens dont presque partout on compose en grande partie les têtes humaines.

Je ne sais ce que l'on pensera de ce rapprochement

des équations et des propositions, de cet essai sur une traduction algébrique des langues vulgaires; mais je crois pouvoir assurer quelle est très-propre à jeter une grande lumière sur l'analyse pénible et délicate du langage; je pense que les grammairiens philosophes pouroient en tirer grand parti, et je le ferois moi-même, si cela ne m'écartoit pas trop de mon sujet.

Cette manière d'exprimer par une seule lettre chaque élément de nos idées est très-propre, par son laconisme, à représenter nettement leur formation; et cette sorte de langue analytique est vraiment la langue de l'esprit : c'est la plus propre à rendre ses opérations, parce que c'est elle qui les imite le mieux par sa simplicité et la rapidité de sa marche; mais elle a l'inconvénient d'exiger un caractère différent pour chaque idée; l'alphabet, qui serviroit à la parler, devroit donc s'étendre pour ainsi dire à l'infini, comme le nombre de nos idées; et nous avons vu, *page* 210, etc., que pour remédier à cette multiplication indéfinie de caractères, qui auroient surchargé ou accablé la mémoire, l'on avoit eu recours à la solution de ce problême fondamental : *Exprimer toutes les idées possibles par un nombre limité de caractères ou figures de convention.*

On ne peut se dissimuler néanmoins qu'une langue qui, pour chaque idée élémentaire, emploieroit une figure simple et distincte, n'eût de bien grands avantages. Tout seroit idée dans une pareille langue (1), on ne pourroit guère l'apprendre et l'em-

---

(1) Je pense que ce qui donne aux Lettrés Chinois une si grande supériorité sur la masse de leurs compatriotes, c'est la possession d'une langue semblable : il est vrai que pour l'écrire, ils emploient

ployer sans s'instruire parfaitement et à fond de chaque chose : on seroit constamment guidé par le fil de la plus précieuse analogie : car, lorsqu'après avoir exprimé une suite d'idées élémentaires, par une suite de signes A, B, C, D, E, etc., l'on voudroit exprimer une idée formée des élémens, désignés par A, B, C, etc., rien de plus naturel que d'employer les signes composés AB, AC, AD; ABC, ABD; ABCD, ABCDE, etc., pour représenter les combinaisons de ces idées simples deux à deux, trois à trois, quatre à quatre, etc.; par ce moyen, le signe de chaque notion présentant les signes élémentaires des idées simples qu'elle renferme, offre toujours à l'œil et à l'esprit l'analyse de cette idée, et l'on juge du rapport toutes les notions, de leur différence, etc., par le nombre des élémens communs qui entrent dans chacune : de même qu'en algèbre, chaque formule présente à la fois, dans un tableau très-raccourci, toutes les quantités, leurs transformations, leurs diverses combinaisons nommées *fonctions*, en un mot, la trace régulière de toutes les opérations de l'esprit sur elle.

Cette chaîne d'élémens communs formant la liaison de tous les mots comme de toutes les idées, et montrant comment tous leurs signes représentatifs dérivent les uns des autres, est proprement ce qu'on doit appeller l'*analogie des langues*.

Cette analogie seroit toujours sensible dans une lan-

---

environ quatre-vingt mille caractères, et certes ce n'est pas un mince travail que celui de se les approprier : mais aussi on peut avec cela avoir 80,000 idées nettes dans sa tête : et quel est l'Européen qui peut se flatter d'en loger autant dans la sienne avec nos langues babillardes.

gue philosophique que l'on formeroit régulièrement et comme d'un seul jet, par la solution du problême précité, *exprimer*, etc., et le raisonnement y seroit presqu'aussi simple qu'en arithmétique, en algèbre, en musique, etc.; mais on a vu par ce que j'ai dit précédemment sur l'imperfection des langues vulgaires, et la manière dont elles se sont formées, combien il s'en faut que les choses soient ainsi. La plûpart des mots ont été formés au hasard et faits signes de nos idées de la manière la plus arbitraire : on les a employés d'une façon isolée sans considérer le rapport des idées entre elles, ce qui fait qu'on n'a mis presqu'aucun rapport entre eux, et que ce précieux guide (*l'analogie*) n'existe guère dans aucune de nos langues, (la langue grecque est celle où l'analogie paroît le plus; environ 300 mots ou racines primitives ont servi à la composer) : voilà pourquoi leur étude est en général si ingrate, si difficile, pourquoi elles sont si peu propres au raisonnement, pourquoi enfin elles ne sont que des méthodes analytiques très-imparfaites, tandis que les langues du calcul sont des méthodes analytiques par excellence.

Voici une remarque que j'ai souvent faite, et que peuvent faire les penseurs qui écrivent sur des matières épineuses et d'une fine métaphysique : ils s'apperçoivent que leurs conceptions ne sont jamais plus faciles et plus lumineuses que quand dans la solution de leurs questions, ils substituent en quelque sorte dans leur tête, des expressions ou formules algébriques à la place des mots et des phrases ordinaires que l'usage les force d'employer, mais qui ne sont qu'une traduction traînante et grossière de cette belle langue de l'intelligence, qui a présidé d'abord aux opérations de leur esprit, qu'elle continue de surveiller ou de diriger, et la seule qui se prête merveilleusement à la netteté et à la vivacité des combinaisons de la force pensante.

Il suit de ce qui précède, que toute idée ou notion est réductible à un certain nombre d'images ou sensations élémentaires que tout le monde peut éprouver ou vérifier, et que l'on peut toujours se représenter nettement par un signe de convention avec lequel on les lie, ou par lequel on les note, lorsqu'il n'est pas possible de les dessiner (comme cela a lieu pour les idées morales, les sensations du tact, les odeurs et les saveurs). Les sensations de la vue ou les formes et les couleurs sont celles dont la liaison avec les signes est la plus forte, parce qu'elle se renouvelle continuellement; et dont l'analyse est la plus facile et la plus sûre, parce qu'outre la ressource ordinaire du langage, nous avons le moyen de les fixer par le dessin, la gravure, la peinture et la sculpture : mais la nature ayant donné à tous les hommes les mêmes organes, les mêmes sensations, la faculté d'y attacher les mêmes signes et de les combiner de la même façon, il n'est aucune classe de nos sensations et de nos idées complexes qui ne soit susceptible d'une exacte analyse.

On conçoit donc comment il est possible de représenter dans un grand tableau, ou plutôt dans une suite de tableaux synoptiques, les idées et les langues de tous les peuples. Une 1ere. colonne contenant les signes naturels, représentera (toutes les fois que la chose sera possible) chaque objet ou chaque idée, par un petit dessin ou figure en taille douce : la 2de. offrira les caractères ou mots de convention usités chez un peuple (les mots grecs je suppose) : la 3e. les mots latins : la 4e. les mots françois : la 5e. les mots anglois : la 6e. les mots allemands : la 7e. les mots italiens : la 8e. les mots turcs : la 9e. les mots persans : la 10e. les mots ou caractères chinois, et ainsi de suite.

Je suppose (et c'est là le point difficile) que l'on ait pu déterminer ainsi dans toutes les langues la correspondance rigoureuse de tous les termes représentatifs des mêmes idées, des mêmes notions, (dévelopées analytiquement par quelqu'un des moyens précités) l'étude des langues deviendroit à la fois la plus simple, la plus aisée, la plus prompte et la plus utile. Un dictionnaire formé d'une suite de pareils tableaux, auroit l'inappréciable avantage d'offrir à l'esprit, sous la forme la plus commode et de la manière la plus rapprochée, l'ensemble et le rapport de tous les termes ainsi que de toutes les idées qu'ils expriment : chaque colonne, chaque tableau partiel présentant les élémens de chaque notion, de chaque branche de nos connoissances, montreroit en même tems en quoi ils diffèrent, soit par le nombre, soit par la qualité : on verroit pourquoi et comment dans différens pays les mêmes mots, ou les mots relatifs aux mêmes idées complexes, n'expriment pas toujours, à beaucoup près, les mêmes choses, parce que les élémens des notions ne sont ni les mêmes ni en même nombre : la division et la classification des idées étant bien faite, leur formation progressive (car la plupart, comme je l'ai fait voir *pag.* 202, etc. sont variables) se continueroit régulièrement. A mesure que l'on découvriroit dans un objet naturel ou artificiel, un nouvel élément, une nouvelle propriété, on l'écriroit à la suite des autres dans la colonne ou sous l'accolade qui en contient la liste. Si dans quelqu'une des notions dues soit à la nature qui les offre, soit à l'imagination qui les crée, on s'appercevoit que l'on a négligé quelque partie, oublié quelques élémens qui s'y rapportent naturellement, en un mot, commis quelque erreur dans leur formation, on seroit toujours à même d'y remédier en vérifiant ses conventions, ses analyses, en analysant mieux, et distinguant avec soin, tout ce qui mérite de l'être ou tout ce qui peut l'être

Chaque idée complexe et générale n'étant plus dans toutes les sciences, même en morale, qu'un tableau plus ou moins étendu d'images sensibles ou d'idées très-nettes, il n'y en aura plus d'inintelligibles, et on les concevra toutes aisément, dès qu'on aura sous les yeux le tableau précité, à-peu-près comme on conçoit une machine en regardant, en examinant attentivement toutes ses parties, d'après nature ou sur un bon dessin. Les raisonnemens les plus abstraits, c'est-à-dire, ceux qui roulent sur les idées les plus complexes, les plus générales, deviendront faciles et justes, parce qu'on aura présens à l'œil et à l'esprit tous les vraies élémens sur lesquels ils portent ou doivent porter : si l'on en avoit oublié quelqu'un, on se le retraceroit bien vite en cherchant dans le tableau général le tableau analytique représentatif de l'idée complexe dont il fait partie (1).

---

(1) Il y a, je le sais, des notions composées de tant d'élémens, que leur liste seule formeroit un volume : il est donc souvent impossible de se les retracer tous à la fois ; mais il faut, et l'on peut toujours se rappeler les principaux : l'on peut, à l'aide d'un bon dictionnaire ana-

Les nouvelles combinaisons d'idées élémentaires (c'est-à-dire, les découvertes) se feront pour ainsi dire d'elles-mêmes, parce qu'ayant toujours sous les yeux et dans la tête l'ensemble des élémens dont la comparaison ou la réunion doit leur donner naissance, on pourra en quelque sorte (avec du tems et de la patience) épuiser le nombre des combinaisons possibles : enfin en voyant sans peine dans chaque idée complexe les élémens communs et ceux qui diffèrent, on pourra en quelque sorte soustraire les idées les unes des autres (comme en arithmétique et en algèbre), et leur différence deviendra palpable, en ôtant ou effaçant les élémens communs exprimés par les mêmes signes.

En voyant ainsi à combien d'objets ou de notions

---

lytique, parcourir rapidement la génération et la filiation de toutes les idées composées, formant les ramifications et le corps de chaque science, et passer rapidement de l'une à l'autre, ce qui est souvent tout ce que l'on peut désirer. Au reste, je ne prétends pas déguiser ici la difficulté d'un travail qui, pour être bien fait, a peut-être besoin de la durée de plusieurs siècles et des efforts combinés des têtes les plus fortes et des meilleurs esprits. Mais il n'en est pas moins vrai qu'on ne peut se créer une méthode générale de raisonnement, et rendre toutes les sciences régulières, autrement qu'en précisant et régularisant la langue de chacune par l'exacte formation et l'analyse rigoureux de toutes les idées complexes qui y sont relatives : et si une fois ce beau projet étoit exécuté, l'exactitude des raisonnemens et la certitude des jugemens auroient lieu partout, l'erreur et les préjugés disparoîroient, ou du moins seroient aussi faciles à reconnoître et à corriger que les fautes de calcul pour un homme qui en connoît à fond les règles : alors les sciences, la raison et la vérité, débarrassées des entraves provenantes du vice des langues et des méthodes, n'auroient plus à redouter que les obstacles naissans de l'organisation même de l'homme, de la volonté des gouvernemens, enfin des forces supérieures qui peuvent bouleverser le globe, et auxquelles l'espèce humaine est subordonnée, ainsi que la durée de ses observations.

une idée appartient, on pourra connoître assez exactement l'étendue de chaque idée abstraite qui dépend du nombre des objets et des notions en question; car les idées abstraites ne sont que des idées plus ou moins simples, formant un élément commun d'une certaine quantité d'idées plus composées, dont on les détache pour les considérer à part, examiner leurs rapports, les lois de leur variation, et les soumettre au calcul s'il est possible : telles sont les idées d'*espace*, de *durée*, de *pesanteur*, etc.; ce sont là des élémens qui appartiennent à presque tout ce qui existe, et d'où naissent des idées abstraites fort générales; mais il en est qui le sont moins, comme celles d'*homme*, d'*oiseau*, de *poisson*, de *quadrupède*, etc. parce qu'elles n'appartiennent qu'à une certaine classe d'êtres.

Comment, dira-t-on, déterminer et rendre sensible ce genre d'idées? Comment peindre l'homme en général, l'oiseau en général, etc.?

A cela je réponds, les mots *homme*, *oiseau*, etc. inventés par la nécessité de simplifier la nomenclature des êtres, et pour cela de classer les corps de la nature par masses ou groupes homogènes, expriment une réunion d'élémens variables il est vrai, jusqu'à un certain point, mais compris dans de certaines limites : alors tout objet qui se trouve renfermé dans ces limites-là, est susceptible de recevoir la dénomination que par supposition l'on a rendue commune à tout ce qui peut y être compris, ou à tout ce qui ressemble plus à ce modèle idéal qu'à toute autre chose. Comme c'est pour sa commodité que l'on classe les objets, et que l'on imagine ces noms généraux, on est bien le maître de réunir sous chacun d'eux, telle ou telle masse d'objets que l'on veut; mais comme il est raisonnable de ne faire porter le même nom qu'à des choses formées à-peu-près des mêmes parties ou de parties semblables, l'on sent que pour donner à ce genre de nomenclature une sorte de précision, il faut ou fixer le nombre des corps auxquels on donne le même nom, et avoir une description exacte de chacun d'eux, ou fixer le nombre des élémens communs à la réunion desquels on convient d'attacher un certain mot, ainsi que les limites de leur variation. Ce n'est que par cette double opération que l'on peut donner de la précision à ce genre d'idées générales, qui se trouvant alors exprimer un nombre fixe d'élémens, rentrent dans la classe ordinaire des idées complexes susceptibles d'analyse : et si cette analyse laisse toujours quelque chose à desirer, cela vient de ce que chaque élément de cette sorte d'idées est, jusqu'à un certain point, indéterminé et variable; tout ce que l'on peut faire de mieux est donc d'assigner autant qu'il est possible les limites de cette variation, en disant tant qu'un objet réunira telles parties et n'excèdera point telles limites, il portera tel nom; dans le cas contraire, il en portera tel autre.

Pour mieux me faire comprendre dans cette matière difficile et délicate, je suppose qu'un peintre ou un sculpteur aient formé une galerie de tableaux et de statues, représentant dans les proportions les plus régulières et les plus belles un homme, un cheval, un lion, un aigle, etc., en un mot, un individu de chaque famille des animaux et des végétaux, à la suite desquels on ait placé un échantillon de chacun des minéraux, cette galerie formera une suite de modèles auxquels on pourra rapporter tous les objets semblables épars sur le globe.

Alors tous ceux qui ressembleront plus à l'homme-modèle qu'à tous les autres objets ou anneaux de cette longue chaîne d'étalons, seront nommés *hommes*, quoiqu'ils aient tous entre eux des différences, et que pas deux peut-être ne soient égaux en tout, de même ceux ressemblant plus au cheval-modèle qu'à tout autre, s'appelleront *chevaux*, et ainsi de tous les corps connus sur le globe : chacun d'eux portera le nom de celui qui dans la chaîne des modèles se trouvera avoir avec lui plus de ressemblance qu'il n'en a avec tous les autres. Tous les individus qui viendront à être découverts par la suite, porteront le nom du modèle auquel ils ressembleront davantage, et si l'on trouvoit qu'ils en diffèrent trop pour porter le même nom, on leur en donneroit un autre, c'est-à-dire, que l'on feroit une classe nouvelle d'après un modèle nouveau.

Telle est la marche que suit naturellement l'esprit dans la formation et l'emploi des dénominations générales. Comme dans ce travail il ne se propose que de mettre de l'ordre dans ses idées, en ne confondant point des êtres qui doivent être distingués, et en se ménageant ainsi un moyen d'appercevoir par grandes masses l'ensemble des objets naturels désignés par un nombre de termes le plus petit possible ' il ne suppose point qu'il doive exister une égalité rigoureuse entre les objets pour leur donner un même nom, il lui suffit qu'ils aient un certain air de famille, une génération commune, enfin une certaine analogie ou ressemblance.

CHAPITRE IV.

Conséquences importantes des chapitres précédens ; utilité d'une langue philosophique ; obstacles qui en empêchent ou en retardent la formation et l'emploi

D'APRÈS ce qui précède, il est donc évident :

1°. Que dans aucune langue on ne pourra raisonner exactement, si l'on ne connoît pas très-bien les choses désignées par les signes s, s' s'', etc. de la formule $S = s + s' + s'' + s'''$, etc. offrant l'expression développée d'une notion ou proposition complexe, ou par les signes p, p', p'', etc. ; e, e', e'', etc. entrant dans les formules équivalentes $C = p + p' + p'' + p''' +$, etc. $N = e + e' + e'' + e'''$, etc. dont j'ai parlé ci-devant.

2°. Que par conséquent le premier pas qu'il faut faire pour en venir là, c'est d'assigner rigoureusement les élémens de ses idées et d'établir une liaison exacte entre elles et les signes destinés à les représenter, c'est-à-dire, qu'il faut d'abord avoir des idées nettes.

3°. Que tant que cette analyse et cette liaison n'auront pas lieu, il est impossible de raisonner : on pourra combiner des signes, mais point d'idées, et si on parle juste, ce sera comme le perroquet, la pie ou le corbeau, sans le savoir, sans le sentir; en un mot, on parlera, mais on ne pensera pas et l'on ne sentira pas sa pensée : car si le discours est la somme d'un certain nombre de phrases et de mots, la pensée est une

une somme d'idées senties existantes dans la tête de l'homme qui écrit ou qui parle, et representées par ces mots-là : or, il est clair (comme le démontre l'expérience journalière de tant de gens) que l'on peut tracer des figures ou prononcer des mots sans avoir les idées qui y sont jointes, ou avoir les idées sans connoître les termes destinés à les rendre; c'est-à-dire, que l'on peut savoir parler sans savoir penser, et savoir penser sans savoir parler, (ce qui au reste est beaucoup plus rare).

4°. Que l'on pensera juste sur toute espèce de matières, lorsqu'ayant commencé par recueillir toutes les idées qui y sont relatives, on les aura bien exprimées par des signes de sa façon. Il seroit impossible qu'un homme qui se seroit fait une langue à lui-même, pût ne pas raisonner juste, à moins qu'il n'oubliât ses propres conventions, et ne se contredît; sa position est alors la même que celle d'un algébriste; il ne doit pas errer plus que lui, ou ne doit se tromper que comme lui.

5°. *L'art de penser seroit donc parfait, si l'art des signes étoit porté à sa perfection :* pourvu que le système des signes repose sur un système de bonnes observations et de faits exacts.

6°. *Dans les sciences où la vérité est reçue sans contestation, cet avantage est dû en partie à la qualité des idées mesurables dont on s'occupe, mais surtout à l'art des signes, dont l'analyse bien faite conduit toujours sûrement à celle des idées préalablement bien liées avec eux.*

La chose est parfaitement claire pour quiconque a étudié les sciences mathématiques, et tout le monde peut s'en convaincre en appliquant le calcul algébrique à toutes les branches de la geométrie, de la mécanique, de l'astronomie, etc.

7°. *Dans les sciences qui fournissent un éternel aliment aux disputes, le partage des opinions est un effet nécessaire,* 1°. *de la qualité des idées immesurables ou irréductibles à des élémens uniformes;* 2°. *de la formation inexacte des idées complexes, ne renfermant, pour la plupart, que des élémens imaginaires, inconnus ou indéterminés;* 3°. *de l'inexactitude correspondante des signes, dont la mauvaise construction et le mauvais emploi expriment mal des notions mal analysées.*

Cela est évident, puisqu'on raisonne nécessairement bien, dès qu'on opère d'une manière juste, à l'aide de signes exacts, c'est-à-dire, représentatifs d'un nombre fixe d'idées bien déterminées. Toutes les sciences sont donc exactes, ou susceptibles de l'être, ou elles ne sont qu'un recueil de chimères, de faussetés et d'erreurs, et alors ne méritent plus le nom de sciences.

8°. *Il n'y a donc que deux manières de raisonner juste, ou en se créant à soi-même une langue, ou en vérifiant, reconstruisant et perfectionnant celle que nos pères nous ont transmise.*

Cette dernière méthode consiste à rechercher scrupuleusement quelles idées et combien d'idées ils ont attachées ou dû attacher à chaque signe; en un mot, à retrouver autant de formules semblables à celles-ci $\left\{\begin{array}{l} S = s + s' + s'' + s''' +, \text{etc.} \\ C = p + p' + p'' + p''' +, \text{etc.} \\ N = e + e' + e'' + e''' +, \text{etc.} \end{array}\right\}$, qu'il y a de choses connues en Europe et dans les diverses parties du globe, et en composer un tableau exact formant ce que j'appelle le dictionnaire original d'un peuple offrant le recueil de ses idées élémentaires, ou des matériaux primitifs de ses connoissances.

C'est là l'unique moyen de corriger les signes mal faits, et de rendre toutes les sciences susceptibles de démonstration : Je ne dis pas également susceptibles, car, comme je l'ai fait remarquer plusieurs fois, la clarté et l'élégance des démonstrations tiennent en partie à la nature des idées dont on s'occupe, et dont plusieurs ne sont pas mesurables. Mais si l'on ne peut pas toujours démontrer, comme en géométrie, on peut toujours et dans toutes les parties des sciences, imprimer à ses raisonnemens l'exactitude la plus rigoureuse, en ne combinant que des élémens bien connus, bien déterminés.

9°. *L'art de penser et de raisonner se trouvent donc, en dernière analyse, réduits à savoir écrire ou parler, en un mot, analyser avec précision une langue exacte ou bien faite.*

Mais il ne faut pas s'y tromper, *une langue bien faite* est une traduction d'idées nettes et bien déterminées : la formation d'une pareille langue suppose donc l'acquisition préalable de ces idées, et par conséquent le talent de bien voir, de bien observer, etc. Et ce n'est que dans ce sens-là qu'il est vrai de dire que l'art de penser et de raisonner, se réduit à celui de savoir bien faire la langue des sciences. Or c'est à quoi l'on ne peut arriver sans la justesse et la profondeur des vues de l'esprit, sans la précision et l'étendue des observations. Le langage étant une peinture fidèle et générale des opérations de l'esprit, peut aussi bien exprimer l'erreur que la vérité, ou traduire les jugemens faux comme les vrais, et les mauvais raisonnemens comme les bons ; il faut donc commencer par préparer avec soin le sol sur lequel on élève l'édifice d'une langue, c'est-à-dire, s'assurer que l'on a bien vu par un examen approfondi et des observations réitérées.

Pour bien faire la langue d'une science, il faut en connoître tous les détails, tous les faits, et ce n'est qu'aux hommes les plus instruits dans chaque partie, et les meilleurs observateurs, qu'il appartient d'en créer, d'en perfectionner, ou d'en réformer le langage : ainsi c'étoit à Lavoisier à refaire la langue de la chimie, et il l'a fait avec succès, parce qu'il étoit (ainsi que ceux qui l'ont si bien secondé) plus grand chimiste que tous ceux qui l'avoient précédé. Il a mieux observé ; il a fait de nouvelles expériences, de nouvelles découvertes, et appercevant ou établissant entre tous les faits chimiques, une nouvelle liaison, il a senti le besoin d'imprimer à la nomenclature cette analogie qu'avoient obtenue les élémens de la science. De même, Euler, Dalembert, Lagrange et Laplace, sont les géomètres qui ont écrit la belle langue de l'algèbre avec le plus d'élégance et de pureté, parce qu'ils possédoient dans un degré supérieur l'esprit analytique, cet esprit de lumière qui doit présider à la création ou au perfectionnement des méthodes dans toutes les branches de nos connoissances. Il n'est permis de songer à la réforme du langage, qu'à celui qui possède à fond la science, ou qui a sur chaque objet un système complet d'idées nettes. C'est aux Horace et aux Boileau qu'il appartenoit de composer l'art poétique, parce que l'un et l'autre étoient deux grands poëtes, qui ont su mettre la raison et la philosophie en beaux vers.

Il résulte de là, 1°. que le perfectionnement de toutes les sciences comme de toutes les langues (car l'un tient à l'autre de la manière la plus étroite), ne peut résulter que du concours et des travaux combinés des premiers savans, et des plus grands philosophes de tous les pays. 2°. Que pour faire de bons élémens de philosophie, qui n'embrassent rien moins que les élémens de toutes nos connoissances, il faut un esprit juste, perçant, vaste, et pour ainsi dire universel. 3°. Que si jamais l'on songe sérieusement à exécuter le projet d'une langue philosophique applicable à toutes les sciences, on ne pourra y parvenir que par la réunion de toutes les lumières.

C'est donc à l'*auguste aréopage des législateurs de la pensée* (je veux dire, les vrais savans de tous les pays), à se réunir avec l'autorisation et la protection de leurs gouvernemens respectifs, pour travailler en commun à la création de ce dictionnaire unique, qui devra présenter l'analyse de tous les corps naturels, celle de toutes les idées complexes et abstraites; la fixation ou détermination du nombre et de la qualité des idées élémentaires qu'on sera généralement convenu d'y faire entrer; la division des sciences, ou la classification de toutes nos connoissances rangées dans leur *maximum* de rapprochement et de liaison; un tableau des problèmes résolus jusqu'à ce jour dans chaque science; enfin, un tableau des problèmes à résoudre.

Toutes nos connoissances peuvent se réduire à quatre points principaux : 1°. *Description exacte de tous les objets naturels*; 2°. *description des arts*, ou *des combinaisons que les hommes ont su faire de ces premiers objets adaptés à leurs besoins ou à leurs usages*; 3°. *la théorie complète des lois de l'étendue et du mouvement*; 4°. *enfin la théorie de la sensibilité dans les corps organisés* (et sur-tout l'homme), *sur laquelle doivent reposer les fondemens de la société, ceux de la morale, de l'éducation et de la législation.*

Les trois premiers objets commencent à être assez bien connus, et leur développement forme réellement la somme de nos connoissances exactes. S'il nous reste encore beaucoup de choses à découvrir en ce genre, nous savons du moins comment il faut procéder à de nouvelles découvertes, nous avons une marche sûre pour y arriver, et accroître continuellement cette belle portion du domaine de l'intelligence, qui comprend l'histoire naturelle, les arts et métiers, et les sciences mathématiques ou physico-mathématiques; mais il s'en faut bien que l'on connoisse de même les lois de la sensibilité, et de cette force connue sous le nom de *volonté*.

Nos notions complexes en géométrie et en mécanique, sont assez bien déterminées, mais en morale et dans la science de l'entendement, presque tout en ce genre est à faire ou à refaire.

Le système général de nos idées n'en renferme que deux grandes classes bien distinctes : 1°. *La somme des idées représentatives de tous les objets de la nature et des arts qui subsistent encore* (au moins dans les livres, les dessins, les gravures, etc.), *et au moyen desquels nous pouvons en faire la vérification, et rétablir la liaison de chaque idée avec le signe qui lui appartient*; 2°. *la somme des notions complexes et des idées abstraites créées par la réflexion.* Celles-ci n'ont malheureusement pas d'existence par elles-mêmes, elles ne représentent aucun être subsistant; elles n'existent que par le signe dont on s'est servi pour désigner la collection des élémens primitifs que leurs auteurs y ont fait entrer. Mais ces premiers créateurs du langage ayant négligé de nous transmettre la liste du nombre et de la qualité de ces élémens, nous sommes évidemment dans l'impossibilité de les analyser comme eux.

Il ne nous reste donc qu'un parti à prendre à cet égard, c'est de faire ce que n'ont pas fait nos prédécesseurs, et de bien former le tableau des idées élémentaires qui (d'après une convention solemnelle des savans et des gouvernemens de tous les pays, ou au moins d'un même État) doivent entrer dans chaque notion complexe. Alors le système général de nos connoissances, ne renfermant plus que des idées exactes ou bien déterminées, toutes les combinaisons que l'on en pourra faire avec exactitude, seront nécessairement exactes, ou l'on raisonnera nécessairement bien sur chaque matière, dès que l'on aura acquis dans le dictionnaire analytique précité, la connoissance des idées élémentaires relatives à l'objet dont on s'occupe, et alors, mais alors seulement, toutes les parties de nos connoissances seront susceptibles de démonstration.

Mais pour hâter cette belle et grande époque de la propagation des lumières, de la destruction complète des erreurs et des préjugés, de l'accroissement illimité des sciences et des derniers développemens de l'intelligence humaine, il faudroit que les gouvernans fussent assez généreux pour faire (au bénéfice du genre humain) le sacrifice de leur intérêt particulier, qui s'oppose presque chez tous à l'accroissement des lumières et de la raison, résultat nécessaire d'un dictionnaire qui ne présenteroit sur tout sujet que des idées nettes et bien déterminées.

L'exécution d'un si beau, d'un si noble projet, ne peut donc être tentée que par des peuples déjà très-éclairés, et dans un pays où règne la liberté de penser, d'écrire et d'imprimer : aussi c'est aux François et aux Anglois qu'il appartient d'en donner l'exemple au monde. C'est sur-tout de la France que doit sortir ce flambeau destiné à éclairer l'Europe, et qui par la suite des tems doit communiquer sa lumière à tous les peuples du globe. Elle possède déjà deux *Encyclopédies*, dont chacune renferme une partie des matériaux qui doivent servir à la construction de ce superbe édifice. Les progrès que la liberté et les lumières ont faits en Europe depuis un demi-siècle, en présagent de nouveaux, et peut-être touchons-nous au moment de mettre la main à l'ouvrage.

La nouvelle face que vient de prendre la chimie par la réforme et la correction de l'ancien langage chimique, et la faveur toujours croissante que cette science obtient chaque jour, me paroissent être un sûr garant du succès qui doit couronner les efforts des savans dans l'analyse générale de nos idées, comme dans l'art chimique : la division uniforme du territoire françois, l'uniformité de législation et d'administration pour tous les départemens, enfin la fixation et l'établissement d'un système uniforme de poids et de mesures pour toute la République, sont de nouveaux pas vers le but ; mais il faut pour l'atteindre fixer dans chaque science l'uniformité des notions complexes et générales, *espèce d'unité* qui n'est pas moins nécessaire aux hommes pour s'accorder sur les principes de l'éducation, de la morale et de la législation, que les autres sont indispensables pour juger exactement et uniformément du poids et de la capacité des corps, ou mesurer les parties de l'étendue linéaire, superficielle et solide.

Mais quelque grand, quelqu'évident que soit l'avantage d'avoir une langue éminemment analytique, organe de l'intelligence pure, et uniquement consacrée aux progrès de la philosophie, de la raison et de la vérité, on ne peut guère se flatter de jouir de longtems d'un pareil bienfait.

1°. Il est impossible de se dissimuler les difficultés attachées à sa formation, qui suppose, comme on l'a vu, une nouvelle analyse ou une refonte générale de presque toutes nos connoissances : une seule génération pourroit à peine suffire à cet immense travail, qui semble devoir être celui de tous les génies et de tous les siècles ; car les sciences tendent sans cesse à s'accroître, à se perfectionner, et leurs changemens séculaires entraînent nécessairement celui du langage, dont l'étendue et les perfectionnemens sont proportionnels à ceux de nos connoissances.

2°. Comme il dépend du plus fort d'empêcher ce que veut le plus éclairé, la plupart des gouvernemens, esclaves de leurs passions et de leurs intérêts (bien ou mal entendus), ne manqueroient pas de se liguer pour étouffer dans sa naissance le plus terrible ennemi des mauvaises lois, des mauvaises institutions, de l'injustice, du fanatisme, en un un mot, des absurdités, des erreurs, et des préjugés en tout genre.

3°. Je suppose l'existence de la langue en question, son influence sur la masse d'une nation seroit d'abord peu sensible ; car ne pouvant guère être que le partage des savans de profession, et d'un petit nombre de personnes livrées par goût à l'étude de la philosophie et des sciences, elle resteroit long-tems concentrée parmi eux, et ce n'est qu'en agissant sur la masse entière des peuples, en pénétrant autant que possible dans presque toutes les classes de la société, que les lumières peuvent produire de grands effets, changer les opinions et les coutumes vicieuses, et substituer à la longue l'habitude du bon sens, de la réflexion, de la raison et des sentimens honnêtes, à l'habitude de la crédulité, de l'ignorance de ses droits et de ses devoirs, enfin de la grossièreté et de la sottise.

Le principal avantage que les savans (philosophes) retireroient de l'emploi de cette langue, est d'être beaucoup plus en état de perfectionner les langues vulgaires : habitués à se servir d'une langue parfaite, ils sentiroient mieux les irrégularités des autres, ils seroient plus à même d'y remédier, et peu-à-peu ils viendroient à bout d'imprimer aux langues de chaque peuple la forme et les avantages du langage philosophique; au moyen de bons ouvrages élémentaires à la portée d'un très-grand nombre d'esprits, ils suppléeroient à l'impossibilité dans laquelle seroient la plupart des hommes (même les gens instruits), d'apprendre la langue universelle : car c'est déjà un assez grand travail de s'instruire à fond de sa propre langue, et ordinairement les hommes qui reçoivent une éducation soignée, y joignent la connoissance de deux ou trois langues étrangères, connoissance agréable, utile et même nécessaire aux voyageurs, aux négocians, aux diplomates, aux grammairiens philosophes, ainsi qu'à toutes les personnes qui par leur naissance, leur état ou leur fortune ont des relations fort étendues. Ce seroit donc un assez grand surcroît de travail de joindre à toutes ces études celle de la langue philosophique : comme pourtant une telle connoissance seroit une précieuse introduction à toutes les sciences, les personnes destinées à occuper des places importantes, toutes celles dont l'esprit est susceptible d'une culture soignée et d'un assez grand développement, toutes celles qui éprouvent ce besoin d'une nouvelle existence que donne la possession de connoissances nouvelles, n'auroient rien de mieux à faire que de consacrer à son acquisition une partie du tems qu'elles donnent d'ordinaire à l'étude des langues mortes et des langues vivantes.

Cette langue n'étant point faite pour flatter l'oreille et remuer l'imagination par des compositions brillantes, originales, mais pour décrire soigneusement tous les objets, et analyser avec précision les idées de tout genre, auroit une marche sévère, méthodique et uniforme, qui la rendroit peu propre aux productions poétiques et littéraires : mais ce seroit là, selon moi, un assez petit inconvénient; le géomètre, le physicien, le chimiste, enfin l'analyste, dans quelque partie que ce soit, doit avoir une langue toute différente de celle du poëte, du romancier et de l'orateur; il n'a pas besoin, comme ceux-ci, de peindre ou d'émouvoir les passions : ministre de la raison, il doit se borner à offrir clairement à l'esprit les choses telles qu'elles sont, à exposer froidement les faits et les vérités premières, à en déduire des conséquences rigoureuses, etc. : il est très-rare qu'il puisse employer la langue des images, et s'il le fait, ce doit toujours être avec autant de précaution que d'économie. Le monde fabuleux et chimérique est le domaine de l'imagination et de la poésie; l'univers réel est celui de l'intelligence pure, des expériences et de l'analyse : or, je trouve qu'il est très-avantageux de ne les point confondre; je crois même qu'il est nécessaire d'élever un mur de séparation entre le pays des fictions et des chimères, et le domaine de la nature ou de la réalité : rien de plus dangereux que de mêler l'un avec l'autre, comme on l'a toujours fait, et rien de plus propre à répandre le désordre dans les idées, et la confusion dans les têtes humaines. Ainsi donc, il faut avoir deux langues, l'une pour exprimer l'ensemble des faits et des vérités, l'autre pour peindre tous les produits de l'imagination.

La première seroit cette langue philosophique dont j'aimerois tant à voir les savans occupés : peut-être un jour les sciences et la raison auront fait assez de progrès, auront assez d'empire pour trouver des partisans et des protecteurs parmi tous les hommes qui gouvernent ; alors l'exécution de ce beau projet ne sera peut-être pas impossible : on peut l'attendre du perfectionnement progressif de l'esprit humain. Mais sans vouloir percer dans un avenir objet des vœux et des espérances du philosophe, ainsi que de ses craintes, on peut se consoler en songeant au grand nombre de savans distingués et à la multitude des bons esprits maintenant occupés à perfectionner les méthodes d'instruction, les élémens des sciences, et par suite ceux du langage ; malgré les défauts des langues actuelles, le génie peut en tirer un assez grand parti, en les pliant à l'analyse ; il peut insensiblement les adoucir, les corriger, et parvenir à la longue à effacer ce qu'elles ont de vicieux, et c'est en produisant beaucoup de bons écrits en tout genre, qu'il en viendra à bout.

L'amélioration progressive et toujours croissante des langues vulgaires pourra donc suppléer en partie à l'existence d'une langue parfaite, et peut-être est-ce là tout ce que, durant plusieurs siècles, nous pouvons espérer des efforts réunis des philosophes, de l'état actuel de nos connoissances, de la situation présente de l'Europe, et de la nature humaine; car on ne peut se dissimuler la force extrême avec laquelle les homme tiennent à leurs opinions, à leurs préjugés, à leur passions, en un mot, à leurs habitudes. Le tems seul peut vaincre une pareille ténacité; c'est de lui qu'il faut attendre une heureuse révolution dans les connoissances et les langues des peuples. Pour être durable ou même possible, elle doit s'opérer lentement:

> L'homme est de glace aux vérités,
> Il est de feu pour les mensonges.

La lumière brille en chaque pays dans la tête de quelques êtres privilégiés, mais la très-grande majorité de notre espèce est encore plongée dans les ténèbres: les passions, les erreurs et les préjugés ont des ailes pour parcourir le monde, voyagent avec fracas, avec pompe et en grande compagnie, tandis que la philosophie, la raison et la vérité cheminant à pas lents et sans bruit avec la foible escorte du petit nombre des sages, restent méconnues du vulgaire, sont négligées ou méprisées par les uns, persécutées par les autres, et partout assez mal reçues.

La création d'une langue embrasse le système général des idées et des conventions humaines; or, comment faire adopter tout-à-coup à une nation cette immensité de conventions nouvelles tendantes à fixer irrévocablement la composition des idées et les lois du langage? Comment engager les peuples à renoncer subitement à un système d'habitudes contracté dès l'enfance, à un idiôme qu'ils ont sucé avec le lait, et avec lequel ils se sont en quelque sorte identifiés;

à une langue qui leur a toujours servi à exprimer leurs idées, leurs sentimens, leurs besoins et leur passions; à laquelle se rattachent comme à un centre immobile leurs plus chers souvenirs, leurs plaisirs, les grands événemens, l'amour de la patrie, la gloire et cet orgueil national qui persuade aisément à un peuple que sa langue est la première langue du monde, et qu'il est le premier des peuples (1)? Un pareil prodige ne peut s'attendre que du tems, qui en substituant peu à peu de nouvelles habitudes aux anciennes, finit à la longue par détruire entièrement celles-ci, et vient à bout de les remplacer par celles-là. Continuons donc à méditer, à observer, à per-

---

(1) Il y a des parties où la réforme du langage seroit impossible : par exemple, la langue de la marine est très-imparfaite, très-grossière; c'est celle des matelots et des charpentiers qui en ont été les premiers créateurs. C'est un édifice sans régularité; il n'y a presqu'aucune analogie entre tous les termes extrêmement barroques qui en composent la nomenclature, mais ces termes sont consacrés par le tems et la longue habitude de gens qui n'en changent pas aisément; et on paralyseroit tout le service maritime si on s'avisoit de vouloir refondre la langue de l'architecture navale et de la navigation. Il faut donc l'employer telle qu'elle est, malgré son irrégularité et ses défauts : loin de pouvoir donner un nouveau langage aux charpentiers et aux marins, on est forcé d'adopter le leur, si l'on veut s'en faire entendre, et c'est ce qui a lieu dans presque tous les arts et métiers, dont les inventeurs, souvent simples ouvriers, ont fait la langue. Sur ce point, des hommes sans lettres, sans éducation, nous font la loi; nous ne pouvons les obliger à penser comme nous, et ils nous forcent de parler comme eux.

Les langues dans chaque pays sont l'ouvrage du peuple, des cours et des académies; or, le peuple est trop grossier, les cours ne connoissent guère que le style des affaires, des intrigues et des plaisirs, et les académies ne sont pas toujours assez philosophes; *inde mali labes*. Le précieux dépôt d'une langue nationale ne devroit jamais être confié qu'à une société formée des premières têtes pensantes.

fectionner, et reposons-nous sur le tems, qui fera le reste.

10°. Dans l'état actuel de nos langues et de nos connoissances, les hommes, pour la plupart, raisonnent moitié bien, moitié mal, en ce qu'ils ont une partie de leurs idées exacte ou assez bien déterminée, que la plupart du tems ils combinent avec celles qui ne le sont pas; ils mêlent souvent dans leurs raisonnemens et leurs écrits le connu avec l'inconnu, et de là résulte le vaste recueil des préjugés et des erreurs, qui par malheur n'occupe que trop de place dans le dictionnaire des vérités, avec lequel il se trouve fondu en masse, ce qui lui communique sa mauvaise qualité, et forme une espèce de tout amphibie, où le faux n'est que trop souvent amalgamé avec le vrai.

Il faut donc commencer par faire le triage et la séparation de toutes les idées nettes, et en composer un dictionnaire à part qui sera celui de la *vérité*. Il contiendra toutes les choses évidentes ou susceptibles de démonstration; toutes les propositions reconnues pour vraies en géométrie, en mécanique, astronomie, physique, etc.; tous les faits bien constatés: il contiendra en outre les arts mécaniques et ceux d'agrément, parce que chacun d'eux étant assujéti dans sa marche à une suite de procédés réguliers et souvent mathématiques, est susceptible d'une description exacte, et par conséquent fait partie du domaine des sciences régulières ou de nos vraies connoissances. Il présentera, comme l'on voit, la somme des problêmes jusqu'ici résolus, ou celle des découvertes faites dans les sciences et les arts; il sera susceptible d'accroissement à mesure que l'on fera de nouvelles découvertes, que l'on ajoutera aux choses déjà trouvées et vérifiées.

Ce premier triage ou départ étant fait, on procédera à un second qui renfermera tous les systèmes, l'art de conjecturer, la théorie des probabilités, etc. On y placera tous les faits, tous les raisonnemens qui ne sont pas évidens, ou susceptibles d'être rendus tels par une démonstration rigoureuse; il offrira l'histoire du génie et de l'imagination, et présentera la marche de l'esprit humain dans les efforts qu'il a faits pour la solution de tous les grands problèmes, regardés jusqu'ici comme insolubles, ainsi que la liste de ceux qui n'ont pas été résolus, quoique pouvant l'être. Comme l'impossibilité de résoudre un problème vient presque toujours de ce que parmi les données nécessaires pour cela, il en manque un certain nombre (*les inconnues*), on commencera par fixer le nombre de ces inconnues ou données manquantes, ensuite on procédera à leur recherche: on s'occupera des moyens de les découvrir en examinant de nouveau, dans le dictionnaire de la vérité, tous les faits déjà trouvés relatifs au même objet; il se fera par-là de nouvelles liaisons et combinaisons d'idées, qui pourront, par des rapprochemens, faire trouver les données manquantes, ou conduire à la solution du problême.

On pourra ensuite se contenter de mettre en ordre ou de classer la masse d'idées restantes après ces deux extraits, et composant le domaine d'une imagination irrégulière, de la fable, etc. des erreurs, préjugés, faussetés, mensonges, etc. inventés dans tous les tems et dans tous les pays, par une classe d'hommes qui vouloit dominer et gouverner l'autre; souvent occasionnés et adoptés par l'ignorance et la peur, ou reçus, affermis et consacrés par la superstition et la crédulité,

crédulité, après avoir été dictés par la force et la ruse : l'on en formera un troisième dictionnaire contenant la Mythologie, la Théologie, les Religions, le recueil des rêveries métaphysiques, l'Histoire des Prêtres, des Devins, des Magiciens, des Sorciers, des Charlatans de toute couleur et de tout nom, en un mot, la théorie et la pratique des choses absurdes : l'on aura par ce moyen tracé la ligne de démarcation qui sépare la raison de la folie, et l'erreur de la vérité (1).

---

(1) Nos dictionnaires actuels renferment un très-grand nombre de mots exprimant des êtres inconnus, inintelligibles, des notions absurdes ou ridicules, nées de la fureur des systèmes, des disputes scolastiques et de l'ignorance des vrais élémens de la raison. Toutes les fois donc qu'en parcourant le dictionnaire de sa langue, on trouvera quelques-uns de ces termes qui désignent des fantômes, des idées formées d'élémens contradictoires, ou dont une analyse raisonnable est impossible, il faudra les noter avec soin et les retrancher du dictionnaire analytique ; car si on les y laissoit subsister, ils deviendroient un levain d'erreurs, une source de préjugés, de mauvais raisonnemens ou de faux calculs. Il faut à cet égard imiter le jardinier attentif à sarcler toutes les mauvaises herbes qui, par leur mélange avec les plantes utiles, tendent sans cesse à les étouffer en s'appropriant les sucs destinés à les nourrir. Faisons donc une soigneuse revue, un recensement complet de nos idées et de leurs signes ; éplucnons-les (si j'ose ainsi parler) avec attention, élaguons sévèrement tout ce qui d'après un mûr examen se trouvera être préjugé, fausseté, notion mal déterminée ; ce sont de dangereux élémens, qui, si on leur laissoit prendre racine dans la tête et s'affermir par l'habitude, la rempliroient de mots au lieu de choses, et finiroient par étouffer le bon sens, l'esprit, le génie, la raison et la vérité.

Nos langues (anciennes et modernes) sont trop riches à certains égards, et trop pauvres à plusieurs autres. L'extrême clarté et l'extrême précision exigeroient que le nombre des termes fût toujours égal à celui des idées, mais il n'en est pas ainsi : 1°. un grand nombre de mots différens ne signifient au fond qu'une même chose, ils sont en tout ou en partie *synonymes* ; 2°. un même mot exprime souvent

Ce dernier ouvrage, bien moins propre que les deux autres à servir à l'instruction directe de l'homme, ne sera conservé que comme un monument des écarts de l'imagination ou des productions irrégulières et monstrueuses de la force pensante, montrant les sources et les résultats de nos erreurs : ce sera comme un phare éternellement subsistant, et qui (je demande grace pour cette expression métaphorique) placé sur les bords de l'océan des conceptions humaines, servira à montrer à tous ces hardis navigateurs qui volent à la découverte d'idées neuves et de vérités nouvelles dans le monde intellectuel, les nombreux écueils où leurs prédécesseurs ont échoué, et contre lesquels ils courent risque de se briser eux-mêmes, s'ils ne prennent pas constamment pour boussole l'expérience, l'observation et l'analyse.

11°. Il suit encore de ce qui précède, que les peuples qui ont des langues mal faites, doivent les refaire ou les corriger, s'ils veulent jouer un rôle distingué parmi les nations pensantes : l'étendue de leurs vraies connoissances dépendra, 1°. de celle de leur diction-

---

beaucoup d'idées différentes, et la multiplicité de ses acceptions est un assez grand obstacle à la précision du langage.

Une langue bien faite ne devroit employer qu'autant de signes qu'elle a d'idées à rendre; elle ne devroit donc pas avoir de ces expressions multiples d'une même idée, ou point de synonymes, car il est toujours à craindre qu'ils ne nuisent à la justesse de l'esprit; et si par fois l'on s'en sert pour éviter la répétition trop grande des mêmes mots, prévenir la dureté et la monotonie, et rendre les langues plus douces, plus variées, plus sonores, il faut le faire avec beaucoup de discrétion, et avoir soin de former la liste exacte des synonymes en usage. Il faut pareillement assigner le nombre d'idées distinctes dont un même mot peut être représentatif, car c'est là un autre défaut qui n'est pas moins commun que le premier.

naire analytique, ou de la quantité de leurs idées élémentaires; car à mesure qu'une nouvelle idée naît chez un peuple, il en résulte un grand accroissement dans ses connoissances, puisque c'est un nouvel élément qui peut entrer dans la plupart des combinaisons déjà existantes, une nouvelle quantité à comparer à toutes les autres : 2°. de la précision avec laquelle ils sauront analyser, combiner leurs notions primitives, et partant de l'art avec lequel ils auront formé le système des signes consacrés à cet objet (ou leur langue).

Ainsi donc les gouvernemens qui voudront opérer le perfectionnement des sciences, et produire le *maximum* de l'intelligence humaine, devront exiger la révision et la reconstruction du dictionnaire national, d'après les principes que je viens d'exposer. Je donne ici la marche pour procéder à ce bel et difficile ouvrage auquel ma vie entière seroit consacrée, si je n'en étois pas empêché par les occupations malheureusement trop assujétissantes de mon état : mais ce que je n'aurai pu faire moi-même faute de tems, etc. le sera sans doute par des hommes qui auront plus de loisir et de talent que moi; une pareille entreprise est d'ailleurs infiniment au-dessus des forces et de la durée de la vie d'un seul homme : tous les hommes profonds doivent l'exécuter en commun; je dois donc me borner à en tracer le plan, et à inviter les savans et les gouvernans de mon pays à en ordonner et en diriger l'exécution.

Ce travail est d'autant plus important, que les législateurs ne sauroient apporter trop de précision et clarté dans la rédaction des lois, parce qu'étant ou devant être l'expression de la volonté générale (au moins de celles des hommes les plus honnêtes et les plus éclairés), et devant former cette suprême puissance à laquelle tous sont censés s'être soumis, et qui doit régner également sur tous, en rendant chaque citoyen aussi heureux qu'il puisse l'être ; cette expression ne sauroit être trop claire, puisqu'elle doit décider de la vie, de l'honneur et de la fortune de chacun. Il faut donc analyser scrupuleusement et assigner avec rigueur les élémens qui la composent, et qui tous doivent être calculés d'après une profonde connoissance de l'esprit et du cœur humain, du climat, du sol, de sa position géographique, de ses productions, etc., enfin du caractère primitif et des habitudes du peuple auquel on veut donner des lois. L'obscurité des lois (qui souvent provient de celle du langage) est un de leurs plus grands défauts, puisqu'elle tend à les rendre inutiles, en empêchant de connoître la volonté du législateur, et par conséquent de l'exécuter ou de s'y conformer.

12°. On peut voir maintenant combien est simple l'art de raisonner, et combien il y a été défiguré par la plupart des philosophes (ou soi-disant tels).

Soit représentée par A, B, C, D, E, etc. une suite d'idées composées : soit S leur somme ou la quantité de choses que l'on peut distinguer dans un objet, dans une notion, etc. ; on a d'après notre convention $S = A + B + C + D + E +$, etc. Je suppose actuellement que l'idée A renferme plusieurs idées partielles a, a', a'', a''', a^{IV}, etc., que de même B se décompose en b, b', b'', b''', b^{IV}, etc. ; C en c, c', c'', c''', c^{IV}, etc. ; et D en d, d', d'', d''', d^{IV}, etc., on aura $S = a + a' + a'' + a''' +$, etc. $+ b + b' + b'' + b''' +$, etc. $+ c + c' + c'' +$

$c'''+$, etc. $+ d + d' + d'' + d''' +$, etc., série analytique dans laquelle on lit tous les élémens d'une notion, les parties d'un objet et ses propriétés naissantes, soit par la simple et première analyse des sens, ou par celle des machines et de la réflexion. Si les quantités a, a', a'', etc., b, b', b'', etc., étoient encore susceptibles de décomposition ou d'analyse, on chercherait quelles sont les idées α, α', α'', etc. contenues dans a ; celles β, β', β'', etc. comprises dans b, et ainsi de suite; en un mot, on répéterait cette opération jusqu'à ce qu'on fût arrivé à l'impossibilité de faire une nouvelle décomposition, ou jusqu'aux idées les plus simples et les plus élémentaires. Je suppose que tous ces élémens déterminés, dans chaque branche de nos connoissances, par une analyse rigoureuse, soient ensuite comparés et combinés avec précision, $2\,a\,2$, $3\,a\,3$, $4\,a\,4$, etc., enfin de toutes les manières possibles, on en formera la somme des bons raisonnemens, celle des vérités, celle des bons ouvrages philosophiques, en un mot, le corps entier de la science, de la raison et de la vérité.

On pensera juste toutes les fois que les idées a, a', a'', etc., dans lesquels on a décomposé la notion ou l'objet A, seront celles que tous les hommes bien organisés et suffisamment instruits y apperçoivent ou peuvent y appercevoir: on raisonnera juste, lorsqu'après les avoir désignées par les signes en usage (bien vérifiés), ou par des signes de sa façon, on continuera de combiner ces idées et ces signes avec exactitude; car l'art de penser qui renferme les idées, le jugement et le raisonnement, consiste presque tout entier dans cette double opération, bien analyser ses idées, et combiner avec justesse des idées bien analysées.

Au contraire, on raisonnera faux toutes les fois que les idées seront mal décomposées et mal combinées : ainsi si les idées a, a', a'', etc., naissantes de l'analyse de l'objet ou notion complexe A, ne sont pas celles que tous les hommes bien organisés et assez instruits peuvent y appercevoir, ou qu'on y en introduise plus ou moins qu'il ne doit y en avoir, alors les raisonnemens ou produits que l'on obtiendra en les combinant, seront faux, parce que dans le premier cas ils rouleront sur des élémens différens, quoique pouvant être en même nombre, dans le second ils en renfermeront trop, et dans le troisième trop peu (1).

(1) Les passions elles-mêmes ne sont regardées comme une source de préjugés et d'erreurs, que parce qu'elles permettent rarement à l'homme qui en est agité, de voir les choses telles qu'elles sont, de les examiner attentivement, et d'en appercevoir toutes les parties, toutes les faces, ou de les bien analyser ; alors l'imagination qui nous trouble la vue, nous montre dans les objets ce qui n'y est point, ou nous fait retrancher ce qui leur appartient : c'est une sorte de verre coloré qui leur communique ses teintes ; tantôt c'est un microscope qui grossit les objets ; tantôt c'est une lunette renversée qui les éloigne et les obscurcit : alors on voit mal, on raisonne mal, et l'on se conduit mal. Mais il s'en faut bien que l'on puisse regarder en général les passions comme les ennemies de la raison ; souvent au contraire elles contribuent à son développement. C'est la passion de l'étude, c'est l'attention et la longue application, fruit de cette passion-là, qui fait les savans, les grands artistes, etc. Ce sont les passions fortes qui, mettant en action tous les ressorts de l'intelligence et de la volonté, nous font trouver les moyens d'exécuter les plus belles et les plus grandes entreprises : leur énergie fait les héros, et il est assez vrai de dire, qu'un homme sans passions, est à coup sûr un homme sans talens, ou du moins un sujet très-médiocre ; et s'il est sans vices, il est plus souvent encore sans vertus.

Quant aux erreurs que l'on a reprochées aux sens, comme de voir

Voilà donc une triple source d'erreurs bien évidente, et d'où découle cette vérité générale :

Tous les faux raisonnemens proviennent de ce que dans les idées que nous combinons, il y a trop ou trop peu d'élémens, ou de ce que ces élémens sont

---

brisé au passage de l'air dans l'eau un bâton bien droit ; de juger ronde de loin une tour que de près l'on voit carrée, etc. elles sont une suite des lois de la nature et de notre organisation. Mais que conclure de là ?... que dans plusieurs cas le témoignage d'un sens ne suffit pas seul pour bien juger ; qu'il a besoin de la vérification des autres, et sur-tout du tact, (sens vraiment géomètre) ; que pour bien juger des formes et des couleurs, il faut être à une distance convenable des objets, etc. ; ainsi passez la main sur le bâton précité, ou placez l'œil au-dessus bien perpendiculairement, et vous le trouverez droit : approchez de la tour, et vous la trouverez carrée. (*Voy.* pag. 19, etc.)

L'on se trompe encore en contredisant ses propres suppositions : ainsi, par exemple, celui qui dans un calcul numérique dit *deux et deux font quatre*, dit une vérité, car il a supposé d'abord que $2 = 1 + 1$, et que $4 = 1 + 1 + 1 + 1$; or, cette dernière expression développée, contient évidemment deux fois la quantité $1 + 1$, c'est-à-dire, deux fois deux ; car, par hypothèse, $1 + 1 = 2$. Mais celui qui diroit *deux fois deux font cinq*, diroit une fausseté ou se contrediroit ; car il a supposé d'abord que $5 = 1 + 1 + 1 + 1 + 1$, quantité évidemment composée de deux fois deux plus un, ou qui contient une unité de plus qu'il ne doit s'y en trouver, en vertu de la première convention $4 = 1 + 1 + 1 + 1$.

L'on voit donc que cette proposition ou équation *deux fois deux font quatre*, (vieil axiome si clair pour beaucoup de gens qui ne savent pas remonter jusqu'à sa génération) suppose, à la rigueur, ces deux conventions-ci : $2 = 1 + 1$, et $4 = 1 + 1 + 1 + 1$, dont elle n'est qu'une conséquence, et par conséquent peut encore se démontrer : je me flatte que cette démonstration-ci vaut bien celle de Descartes, qui prétendoit que *deux et deux font quatre, parce que Dieu l'a voulu ainsi.* C'étoit pourtant un grand homme qui raisonnoit de la sorte : concluons de là que rien n'est plus important que de savoir décomposer ses idées jusque dans leurs derniers élémens ; ce n'est point là, comme on l'a dit, une *minutie*, c'est le triomphe du bon esprit, poursuivant la vérité jusques dans ses derniers retranchemens.

différens de ce qu'ils devroient être. De là cette vérité contraire : *Donc pour raisonner toujours juste, il faut décomposer rigoureusement ses idées en parties élémentaires, les mêmes et en même nombre que celles qui ont été ou peuvent être apperçues en tout tems, et par tous les hommes en état de bien voir ; en un mot, ne voir dans les choses que ce qu'il y a, tout ce qu'il y a, et combiner ses idées avec une exactitude constante.*

Ce que je dis de l'art de penser doit s'appliquer à l'art d'écrire, puisque nos sensations primitives étant une fois identifiées avec les sensations factices et de conventions destinées à les représenter, ou, en moins de mots, la liaison des signes avec les idées étant bien faite, en combinant des signes nous combinons des idées, et réciproquement.

Les deux vérités précédentes, s'appliqueront donc également à toute espèce de langage, et l'on pourra dire:

On écrira, on parlera, en général on s'exprimera avec justesse toutes les fois que l'on saura employer et combiner avec précision le même nombre de signes, et les mêmes signes que les créateurs des langues ont attachés aux idées, ou que nous y avons attachés nous-mêmes en nous créant une langue ou en vérifiant celle des autres.

On écrira, on parlera, on s'exprimera mal dans le cas contraire.

On voit donc que l'art de penser et de raisonner est soumis à des lois rigoureuses, comme l'arithmétique, la géométrie et l'algèbre, qui ne sont que des branches de la métaphysique générale, ou du calcul général des idées, appliqué à celles qui sont homogènes et mesurables, et qu'il se réduit définitivement, dans tous les cas, à l'emploi rigoureux d'une langue exacte.

La plus parfaite sera celle qui approchera le plus de la simplicité et du laconisme algébrique, qui présentant dans un très-petit espace l'expression d'un grand nombre de quantités, leurs divers rapports, et tous les résultats de leur combinaison par la voie des opérations analytiques, met l'œil et l'esprit à portée de voir dans ces formules simples et abrégées, une foule de choses à la fois, et le conduit à des résultats satisfaisans par une marche aussi sûre qu'élégante et rapide.

La langue la plus exacte, et peut-être la seule exacte, seroit, sans contredit, celle que l'on se feroit à soi-même : l'inventeur d'une telle langue ayant fait lui-même la liaison des signes avec les idées, combineroit toujours des élémens bien connus, et ne pourroit pas plus se tromper qu'en algèbre, en musique, etc. (langues qui ne doivent leur précision qu'à l'avantage qu'on a de les créer, en créant de nouveaux signes à mesure qu'on en a besoin) : ou s'il se trompoit, ce ne pourroit être qu'en détruisant ses premières suppositions par quelque supposition contraire, ou en se contredisant.

Ce n'est qu'en géométrie, ou dans l'application de la géométrie à la physique, que nous avons la faculté de nous former une langue toujours exacte, parce que nous en avons fait nous-mêmes toutes les parties, et avec laquelle nous marchons sûrement de découvertes en découvertes, parce que nous ne combinons que des signes exacts liés à des idées nettes et bien déterminées : mais vivant dans une société, dont chaque individu ne forme qu'un très-petit élément, loin de pouvoir assujétir les autres à nos conventions, c'est d'eux que nous les recevons toutes, en recevant de nos parens la vie, la nourriture et l'éducation. Ne pouvant donc faire adopter aux autres une langue de notre façon, le seul parti qui nous reste est de recevoir et d'apprendre la leur, mais tout en la recevant il faut l'analyser, et par-là la refaire en quelque sorte (du moins autant que la chose est possible). Or le meilleur moyen pour refaire ses idées, sa langue et sa tête, c'est d'apprendre les choses à mesure que l'on apprend les mots, et de ne point en adopter un seul sans qu'il soit analysé, ou que l'on ait vu quelles idées et combien d'idées il exprime : pour cela il faut à mesure que l'on étudie sa langue, voir, toucher, etc., en un mot, soumettre à l'analyse de ses sens l'objet dénommé; du moins en connoître la forme par de bons dessins ou gravures, ou ce qui vaut mieux encore, dessiner soi-même un grand nombre d'objets, et les plus importans, dans chaque partie que l'on veut étudier.

Cette manière de s'instruire est, je l'avoue, lente et gênante dans les commencemens; elle contrarie notre impatience, ou cette pente de l'esprit à s'élancer en avant, à juger de tout avec précipitation, comme à fuir l'embarras et les difficultés de l'examen : elle peut devenir coûteuse; elle exige de bons maîtres, souvent des voyages; mais il faut là-dessus prendre son parti, car il n'y en a point d'autre, du moins c'est la seule bonne.

Nota. On peut remarquer en passant l'avantage des grandes villes (Paris, Londres, etc.) pour l'éducation; ce sont comme des petits mondes, qui présentent dans un espace fort étroit, des échantillons de toutes les productions de la nature et de l'art, et où l'on peut les étudier facilement et à peu de frais, puisque cette étude n'exige qu'un très-petit déplacement, et que l'on trouve là d'excellens maîtres en tout genre, dont la plupart payés par l'État, donnent au public des leçons gratuites.

CHAPITRE V.

Recherche d'une formule analytique exprimant et mesurant par approximation les quatre élémens constitutifs de la force pensante. De l'esprit et de ses variétés, etc.

Après avoir passé en revue les divers élémens de la pensée, je vais maintenant essayer de soumettre à une formule analytique la force ou faculté pensante, et l'esprit humain, eux-mêmes.

Ce projet peut au premier coup-d'œil paroître un peu hardi, et je crois être le premier qui s'en soit avisé: je sais qu'à la rigueur les quantités morales ne sont pas susceptibles d'une mesure exacte; mais que faire lorsqu'après de grands efforts l'on n'a pu trouver ou assigner la loi rigoureuse d'une force très-compliquée et très-variable? ce que l'on fait en mécanique; alors on suppose qu'au lieu d'agir d'une façon variable et discontinue, durant la période qui mesure sa durée, elle agit continuellement et uniformément durant un tems déterminé, correspondant à la somme totale des effets réels de cette force; alors il est facile d'obtenir une formule qui mesure par approximation son activité supposée uniforme; car l'action de toutes les causes ou puissances agissantes uniformément, est proportionnelle à leur durée : et en supposant que la formule en question n'exprime pas exactement l'énergie réelle de cette force, elle peut du moins mettre à même de comparer dans des corps ou machines de même espèce, des forces semblables, semblablement exprimées.

C'est là ce que je me propose de faire ici pour la force pensante : ainsi quoique nos sens ne nous transmettent pas régulièrement chaque jour, chaque semaine, chaque mois, etc., la même quantité d'idées ; quoique la force du cerveau qui les retrace ou les combine, ne soit pas toujours la même ; quoique l'attention dont nous sommes capables, et l'acquisition, la combinaison d'idées qui en sont la suite, varient suivant les dispositions du corps sensible, suivant l'âge, la force du tempérament, etc. ; quoique les productions d'un écrivain, d'un compositeur quelconque, ne soient pas les mêmes tous les jours, tous les mois, tous les ans, etc., et dépendent de l'état de sa santé, du calme de son ame, enfin varient suivant l'aptitude et la facilité qu'il a pour le travail ; néanmoins dans le dessein où je suis de me procurer un moyen d'exprimer laconiquement, et de comparer entre elles les facultés intellectuelles des individus, je supposerai que chacune d'elle agit uniformément : esssayons.

Nous avons vu (*pag.* 168) que toutes les opérations de la force ou faculté pensante se réduisent aux quatre suivantes : 1°. recevoir ou acquérir des idées : 2°. les conserver ou les retracer : 3°. les combiner : 4°. les exprimer par des signes. Soit donc pour abréger la force pensante = (F P) ; soit la capacité de recevoir des sensations et des idées = (C S) ; celle de les conserver (ou la capacité de réminiscence qui fait la mémoire) = (C R) ; celle de les combiner = (C B) ; enfin celle de les exprimer et manifester par des signes, ou en moins de mots, l'art des signes = (A S). On aura pour représenter la force pensante, résultat de ces quatre élémens fondamentaux, la formule (F P) = (SC) + (CR) + (CB) + (AS).

A présent pour évaluer chacun de ces élémens (C S), (C R), etc., soit = N, le nombre de sensations et d'idées qu'un individu peut recevoir ou acquérir dans un tems que je prends pour unité de mesure, on aura au bout d'un tems quelconque T (en supposant l'action de cette faculté à-peu-près uniforme), la capacité de sensation d'idées, mesurée sensiblement par le produit $N \times T$, ou $(CS) = NT$.

De même nommant N' le nombre d'idées que la mémoire peut retracer durant l'unité de tems, on aura pour exprimer son énergie au bout d'un tems T', l'équation $(CR) = N'T'$.

De même encore et par la même raison, N'' désignant le nombre des combinaisons qui peuvent avoir lieu durant l'unité de tems, le produit de la force ou faculté (C B), sera après un tems T'' égal à $N'' \times T''$, ou l'on aura $(CB) = N''T''$.

Enfin N''' désignant le nombre d'idées exprimées durant l'unité de tems, on aura pour exprimer et mesurer le produit de ce talent, de cette nouvelle faculté (l'art des signes), au bout d'un tems T''', l'équation $(AS) = N'''T'''$. Ce qui change la formule précédente $(FP) = CS + CR + CB + AS$ en celle-ci, $FP = NT + N''T' + N''T'' + N''' T'''$.

Si l'on désigne par les mêmes lettres en petit caractère les mêmes quantités relatives à un autre individu, on aura pour exprimer sa force pensante, la formule $(fp) = (cs) + (cr) + (cb) + (as) = nt + n't' + n''t'' + n'''t'''$.

L'esprit étant constamment proportionnel à la force pensante, ou n'étant que la force pensante considérée comme exerçant et manifestant son activité à l'aide des signes, ces formules peuvent également servir à exprimer l'esprit ; ainsi l'on a, en le désignant en abrégé par (SP) et (sp) SP = FP = (CS) + (CR) + (CB) + (AS) et $(sp) = (fp) = (cs) + (cr) + (cb) + (as)$.

Nota. Si l'on ne vouloit considérer dans la force pensante que ces trois élémens primitifs, *recevoir des idées*, *les retracer*, et *les combiner*, qui, existant dans toutes les têtes, semblent indépendans de toutes les formes particulières du langage, quoique grandement soumis à l'influence d'une langue quelconque ; alors on auroit simplement FP = (CS) + (CR) + (CB), tandis que (SP) = (CS) + (CR) + (CB) + (AS) : c'est-à-dire que l'*esprit* renfermeroit, outre la force pensante, l'élément (AS), ou l'art des signes : mais la formation et l'expression des idées sont des choses si étroitement unies, qu'il est bien difficile de les séparer : un des plus brillans travaux de la force créatrice (FP), est l'invention même de ces signes, dont elle a su se faire un si puissant levier pour analyser l'univers et s'analyser elle-même. La nuance entre ces deux facultés FP et SP est donc si légère, que l'on peut, sans inconvénient, la supposer nulle.

Ces formules abrégées ont l'avantage précieux de retracer avec beaucoup de simplicité tous les élémens générateurs de la faculté pensante et de l'esprit humain, de mesurer en quelque sorte son énergie radicale ou sa force productrice, et ses habitudes fondamentales : elles donnent jusqu'à un certain point le moyen de les comparer dans tous les hommes, et d'assigner, pour ainsi dire, l'étendue ou le degré de sensibilité de mémoire, d'imagination et d'intelligence que possède chaque individu, au moyen des équations $\frac{(CS)}{(cs)} = \frac{NT}{nt}$; $\frac{(CR)}{(cr)} = \frac{N'T'}{n't'}$; $\frac{(CB)}{(cb)} = \frac{N''T''}{n''t''}$; $\frac{(FP)}{(fp)} =$ etc. (1). Et si ces expressions comparatives $\frac{(FP)}{(fp)}$; $\frac{(SP)}{(sp)}$, etc. n'offrent pas une évaluation rigoureuse ou une exactitude de calcul numérique, ce qui est impossible, surtout quand les idées comparées sont de différente nature ; elles montrent du moins plus nettement qu'on ne l'a fait jusqu'ici, la base sur laquelle repose le système

(1) En effet, l'équation $(CS) = NT$ nous fait voir que la faculté de recevoir ou d'acquérir des idées, est en raison composée de la quantité d'idées reçues ou acquises dans l'unité de tems, (une heure, un jour, un mois, etc.) et du tems que pourra durer l'exercice de cette faculté résultante du produit des quantités T et N. L'équation $(CR) = N'T'$ mesurant la mémoire, nous montre que sa force dépend du produit des deux élémens N', T'; ainsi l'on aura d'autant plus de mémoire que l'on possédera l'un et l'autre dans un degré plus distingué. L'eq. $(CB) = N''T''$ exprime une force variable en raison de la quantité d'idées combinées durant l'unité de tems et de la durée de ces combinaisons. De même la formule $(AS) = N'''T'''$ mesurant le talent d'exprimer ses idées par des signes, annonce qu'il dépend à la fois du nombre d'idées exprimées dans l'unité de tems, et de la longueur du tems que pourra durer ce travail. Enfin, la force pensante FP ou la faculté SP mesurée par l'équation $(FP) = (SP) = (CS) + (CR) + (CB) + (AS)$ est variable tout à la fois, suivant le nombre d'idées reçues, conservées, combinées, et exprimées durant l'unité précitée, et le tems que peut durer l'exercice ou l'activité des quatre forces élémentaires (CS), (CR), (CB), (AS). Et si $T = T' = T'' = T'''$, c'est-à-dire, si la durée de leur activité est supposée la même, alors la formule devient $FP = (N + N' + N'' + N''')\ T$ offrant les cinq élémens qui entrent dans la formation de (FP) et de (SP), et dont dépendent les diverses valeurs ou les variations dont on les conçoit susceptibles.

de nos facultés intellectuelles, et la source première de leur différence : c'est déjà beaucoup d'avoir trouvé une formule représentant la force pensante et l'esprit, et désignant par approximation l'énergie des facultés qui les composent; et je crois être le premier qui ait songé à soumettre au calcul une faculté aussi peu connue et aussi mal analysée que l'a été jusqu'ici cette intéressante portion du moral de l'homme.

Si Helvétius, ce philosophe si estimable, si connu par son génie, la clarté et la noblesse de son style, par son amour pour l'accroissement des lumières, de la liberté et du bonheur de l'homme, par sa haine contre les antiques artisans de la sottise et des préjugés (ces ennemis éternels des sciences, de la vérité et de toute bonne organisation sociale); si Helvétius eût examiné de plus près la tête humaine, il n'eût pas avancé dans ses ouvrages sur l'*Esprit* et sur l'*Homme*, des paradoxes qui ternissent un peu l'éclat des vérités dont ils sont remplis : il n'eût pas dit *que ce n'est point de la perfection plus ou moins grande et des organes des sens et de l'organe de la mémoire que dépend la grande inégalité des esprits : que tous les hommes bien organisés ont une égale aptitude à l'esprit*, etc. Assurément les sens et le cerveau de Voltaire étoient organisés pour produire l'ame d'un grand homme, comme le corps et le cerveau d'un grand nombre de ces animaux, si mal nommés *raisonnables*, le sont pour enfanter l'ame d'un imbécile ou d'un homme très-médiocre. Il faut en dire autant des Newton, des Descartes.

Descartes, ce mortel dont on eût fait un dieu
Chez les païens, et qui tient le milieu
Entre l'homme et l'esprit, comme entre l'huître et l'homme,
Le tient tel de nos gens, franche bête de somme. (LAFONT.)

Un

Un tel éloge, sans doute, est un peu outré, ainsi que la satyre; mais il prouve que le bon et naïf Lafontaine n'étoit pas celui de nos philosophes qui connoissoit le moins bien les hommes. Au reste, Helvétius, tout en méconnoissant les étonnans effets de l'organisation primitive, en accordant trop peu à la Nature et un peu trop à l'éducation, avoit un but très-louable, celui de faire sentir à l'homme sa dignité, de lui montrer qu'il étoit le maître d'agrandir indéfiniment son être, et qu'un habile instituteur peut créer les individus, comme il est au pouvoir d'un grand législateur de créer un peuple : on voit qu'Helvétius aimoit profondément les hommes, et sa belle ame se montroit jusques dans ses erreurs. Au surplus, les formules précitées peuvent en partie servir à rectifier les exagérations de son livre de l'*Esprit;* je pourrois en tirer un grand nombre de conséquences, mais elles allongeroient trop cet ouvrage. Je me borne donc à poser le principe général; c'est au lecteur à y ramener les cas particuliers ou à les en déduire, et il peut s'en servir avec succès pour résoudre un grand nombre de problèmes relatifs à l'esprit, dont je me borne à parcourir ici rapidement les principales formes.

L'esprit n'étant en général que la faculté de penser, plus celle d'exprimer sa pensée, les esprits se trouvent composés d'idées, de la faculté de les recevoir, de les conserver, de les combiner et de les exprimer, et la quantité, ainsi que la qualité de l'esprit doivent varier dans chaque individu, en raison des variations de ces quatre élémens qui concourent à produire, par leur divers mélanges, les différences générales de toutes les têtes pensantes : d'où l'on voit que connoissant le nombre et l'espèce d'idées contenues dans une tête, et la faculté de les combiner, etc. on pourra toujours déterminer à peu près ce dont elle est capable, et fixer en quelque sorte la nature et l'étendue des productions auxquelles elle peut donner naissance, de même que l'on juge par l'inspection des matériaux et des outils qui sont au pouvoir d'un ouvrier, et à sa manière de s'en servir, de la qualité des ouvrages qui peuvent sortir de ses mains.

Il y a donc autant de sortes d'esprits qu'il y a d'espèces différentes d'idées; (de là l'esprit du cultivateur, de l'artisan, de l'artiste, du poëte, de l'orateur, de l'érudit, du philosophe, de l'administrateur, du guerrier, du ministre, du législateur, etc.) et la différence qui règne entre eux, provient, 1°. de la qualité et de l'étendue du magasin d'idées qui leur sert de base; 2°. de la faculté de mettre en œuvre ces matériaux primitifs par la réflexion et le raisonnement, d'en former toutes sortes de combinaisons et d'exprimer les résultats de son travail, en les rendant sensibles aux autres par l'écriture et le discours.

Les meilleurs esprits sont donc ceux qui s'étant donné la peine de remonter à la génération de leurs connoissances, d'analyser avec la plus grande précision leurs notions complexes et générales, ont le plus grand nombre d'idées nettes et bien déterminées en tout genre, et savent le mieux les combiner : si la mémoire n'est pas pour le génie un meuble inutile à beaucoup près, puisque c'est elle qui lui fournit ses matériaux, on sent du moins qu'elle ne joue qu'un rôle subalterne, vu l'extrême avantage que nous avons de recourir quand nous voulons, à ces dépôts de signes, où nous avons, pour ainsi dire, enregistré nos idées avec les mots, tandis que la puissance de recevoir, d'embrasser à la fois, et de combiner de toutes les manières une grande masse d'idées, forme la vraie substance du génie.

Les *grands esprits* sont composés de grandes idées, d'un grand nombre d'idées, et d'une grande facilité pour les combiner, etc. La tète qui les renferme loge pour ainsi dire le globe entier et l'univers connu; ils ont des idées (au moins sommaires) extrêmement nettes sur toutes les parties des sciences; ils voient rapidement les rapports les plus éloignés des choses; ils remuent avec promptitude, avec force toutes les parties de ce monde d'idées, et saisissent avec un œil d'aigle, parmi cette multitude de combinaisons créées par les autres, ou qu'ils créent eux-mêmes, celles qui méritent la préférence en produisant un *maximum* d'effet ou d'avantages. Dans cette classe sont les grands législateurs, les grands ministres, les grands administrateurs en tout genre, les grands ingénieurs, les grands guerriers, les grands poëtes, les grands peintres, etc. qui tous concourent par les productions de leur génie, à la création, à la conservation et à l'embellissement des sociétés humaines.

Si à la faculté de faire de grandes choses, on joint la volonté constante d'être utile aux hommes, on aura *les grandes ames*, composées, comme l'on voit, d'un haut degré d'intelligence et de bienveillance, du talent de voir ce qui est le plus avantageux à nos semblables, et du désir continuel de le leur procurer : voilà les seuls, les vrais grands hommes; on n'est grand qu'à demi quand on ne l'est que par la tête et non par le cœur : les peuples ne doivent donner que la seconde place dans leur estime, à ceux qui ne savent que les éclairer; la première appartient à ceux qui veulent et savent en même tems les rendre heureux; mais qu'ils n'oublient pas dans le choix de leurs législateurs, de leurs chefs, que l'un ne peut avoir lieu sans l'autre, et qu'avant de pouvoir faire le bien, il faut le voir.

Les *petits esprits* sont ceux qui n'ont que peu d'idées, de petites idées; or, il suit de ce qui précède que la petitesse d'une idée se mesure par le peu d'étendue, par le peu d'importance de l'objet dont on s'occupe, et le peu d'utilité qui en résulte pour les autres et pour soi-même : la lecture réfléchie des bons livres, la conversation des gens instruits, et sur-tout les voyages, voilà un triple et sûr moyen de remédier à ce défaut et d'agrandir indéfiniment le système de ses connoissances : la tête de l'homme se compose de tout ce qu'il a vu, entendu, etc. une vue étroite, l'habitude des détails obscurs ou trop minutieux, jointes à des passions foibles ou viles, à des sentimens peu élevés ou blâmables, à des procédés mesquins, etc. forment les petites ames.

Les *esprits-forts* sont ceux qui n'admettent que des choses évidentes qui leur sont transmises par les sens, ou sont le produit de la réflexion, et qui nient et rejettent tout ce qui n'a point un caractère de vérité ou de vraisemblance, ce qui n'est point susceptible de démonstration : or, puisque ce sont là évidemment les seuls moyens d'acquérir de vraies connoissances, et qu'en bonne logique on n'est tenu de regarder comme vrai, que ce qu'on apperçoit être tel avec les yeux et la tête que l'on a reçus de la nature, on sent que les esprits-forts sont les bons esprits, sur-tout lorsque contens de cultiver et de développer en paix leur raison, ils ne cherchent point à troubler l'ordre social, qui par malheur dans presque tous les pays repose plutôt sur les erreurs et les préjugés naissans de l'autorité du plus fort, que sur la philosophie (ou la pratique de la raison) naissante du droit du plus éclairé.

Le mot *fort* annonce d'ailleurs qu'ils sont audacieux et cherchent, comme Newton et Buffon, à soulever le rideau qui couvre la nature, en ramenant l'explication de tous les faits, des mouvemens et phénomènes du globe et des autres corps célestes, à une force unique, ou du moins à un petit nombre de forces ou causes bien connues, bien déterminées. On sent que pour être un esprit fort comme je l'entends ici, il faut avoir dans la tête une grande masse d'idées nettes sur tous les sujets possibles, parce que les grands problèmes relatifs à l'origine et à la nature de l'homme, à la naissance, à l'organisation, enfin aux changemens et aux lois générales du globe et des autres planètes composant le système du monde, sont les plus difficiles de tous et les derniers qu'on doive chercher à résoudre : ce n'est qu'armé de la connoissance de tous les faits physiques, chimiques, etc. de tous ceux qui sont relatifs à l'histoire de l'homme et du globe, et de toute la puissance du raisonnement, que l'on doit en tenter, en *attaquer* la solution : il faut donc pour cela être naturaliste, physicien, chimiste, géomètre, etc.

Les *esprits foibles* n'osent entreprendre la solution des grands problèmes dont je viens de parler; ils ne savent ce qu'ils doivent penser sur tout cela; ils n'ont point à eux de caractère propre; ils suivent les sentiers battus et frayés par les prêtres et les gouvernans; fidèles échos, ils se contentent de répéter les expressions, les idées et les opinions d'autrui, sans en avoir à eux, sans oser rien tirer de leur propre fonds; ils ressemblent assez à la glace qui réfléchit les objets sans les sentir : ce sont ordinairement des gens peu instruits (de bonnes gens et de robuste foi) qui aimant mieux croire que se donner la peine de voir, adoptent comme vrai ce qu'on leur assure être tel, et n'ont dans la tête aucune démonstration de cette foule de propositions qu'ils reçoivent aveuglément, sans vouloir ou sans pouvoir s'en rendre compte.

Esprits lumineux. Tous les yeux ne voient pas les objets extérieurs avec la même clarté : il en est de même de l'esprit ou plutôt du cerveau; cet œil interne ne retrace pas chez tous les individus, les images avec la même vivacité, la même netteté : souvent les idées sont confuses et mêlées de nuages et d'ombres, comme les objets reculés dans un trop grand lointain; de là les esprits lumineux et les esprits confus.

Les premiers voient nettement chaque objet; ils en distinguent toutes les parties; ils impriment à toutes leurs pensées, comme à leurs expressions, cette vive et pure clarté des images empreintes dans leur tête; soit qu'ils parlent, soit qu'ils écrivent, le fil de leurs idées se développe sans peine et sans effort aux yeux des autres, parce qu'ils ont l'habitude d'établir entre elles l'ordre le plus naturel, qui est aussi celui de la plus grande lumière : de pareils esprits portent un nouveau jour sur tous les sujets qu'ils traitent; ils les perfectionnent, les rendent accessibles aux vues foibles, et ce précieux avantage suffit par fois pour suppléer au génie qui ne les accompagne pas toujours, quoiqu'il se concilie parfaitement avec eux. Le génie créateur ressemble au soleil, qui par lui-même lance le feu et la lumière en tous sens, et l'esprit lumineux est comme le globe de la lune qui les réfléchit vers nous. Cet esprit, en rassemblant une foule de vérités éparses en mille endroits, en compose un faisceau de lumière, un flambeau qui nous sert à mieux voir les divers objets de nos connoissances et tout leur ensemble.

Les grands génies possèdent d'ordinaire ce genre d'esprit dans un degré éminent, mais la rapidité et l'étendue de leurs vues leur font souvent franchir un grand nombre d'idées intermédiaires; alors ils deviennent obscurs pour les esprits médiocres qui ne peuvent plus les suivre et les entendre : ce seroit donc aux hommes supérieurs (comme Newton, Dalembert, Euler, Lagrange, etc.) qu'il appartiendroit de nous donner les élémens de la philosophie et des sciences, parce qu'eux seuls sont capables de le bien faire; mais ils dédaignent, pour la plûpart, une gloire qui pourtant ne seroit rien moins qu'obscure, puisqu'elle réunit le double mérite de la difficulté vaincue et d'une grande utilité, et préfèrent la solution d'un certain nombre de problèmes curieux qui fait leur réputation; ils aiment mieux avancer par leurs découvertes l'édifice des sciences, que d'en bien poser les fondemens. Voilà pourquoi nous avons eu si long-tems tant de mauvais élémens en tout genre, et pourquoi les bons nous manquent encore dans plusieurs parties : ce travail, qui ne peut être bien fait que par un homme supérieur qui veut s'en donner la peine, étoit l'occupation et le partage d'un grand nombre d'hommes médiocres et de compilateurs.

Les *esprits confus* ont tous les défauts opposés aux qualités des esprits lumineux : ils ne voient pas distinctement les objets et les parties détaillées qui les composent; ils n'ont pas mis d'ordre dans leurs idées, et leurs expressions sont obscures comme leurs conceptions : la plupart des mots sont pour eux sans valeur fixe, ou n'expriment que des idées mal déterminées : la mappemonde de leurs notions primitives est mal construite; les lignes de démarcation qui séparent les idées générales et les diverses branches de nos connoissances, ou n'existent point ou sont mal tracées; enfin, l'horizon de leurs idées, au lieu d'être constamment éclairé par une lumière vive et soutenue, ne l'est que par une lueur foible, inégale et vacillante, qui laisse dans l'obscurité une grande partie de leur entendement, dont elle n'éclaire pour ainsi dire que quelques places : on sent que de pareils esprits sont totalement incapables de bien faire les élémens des sciences.

Les *esprits justes* sont ceux qui n'ont que des idées nettes, qu'ils savent exprimer et combiner avec précision, voient les idées découler les unes des autres, savent bien former ou analyser rigoureusement leurs notions complexes, montrer la dépendance et la subordination des idées et des faits, en tirer d'exactes conséquences, etc. et partant pensent, écrivent et parlent toujours avec exactitude : avant d'aspirer à être un esprit supérieur, il faut commencer par être un esprit juste.

Les *esprits faux* sont un composé d'idées fausses et mal déterminées, de notions absurdes ou contradictoires; ils associent les idées les plus disparates, et désunissent celles qui sont le plus analogues; ils voient dans les choses ce qui n'y est pas, et ne savent point y voir ce qu'elles renferment; ils n'ont pas le talent d'appercevoir la liaison des idées secondaires avec les idées-mères, et de les en faire découler par une bonne analyse ou saine logique (car on raisonne toujours bien, dès qu'on a de bons yeux ou qu'on sait analyser) : enfin, l'esprit faux, diamétralement opposé à l'esprit juste et au bon esprit, fait sur ce dernier l'effet d'une dissonance ou de la discordance des voix et des instrumens sur une oreille musicale. La Nature toute seule fait peu d'esprits faux; c'est le produit lent des mauvaises habitudes, des mauvaises méthodes ou de l'art de rendre les gens stupides, car malheureusement cet art existe, comme celui de les éclairer.

Les *esprits légers et agréables* sont ceux qui s'occupent de choses agréables et légères; car n'oublions pas que nos idées sont toujours pour nous de même nature que les objets qui les produisent; que nous ne connoissons ceux-ci que par elles, et que la nature entière n'est pour nous que la somme totale des sensations qu'ils font ou peuvent faire naître en nous.

Les esprits dont je parle ont ordinairement le talent d'exprimer avec grace une foule de petits rapports apperçus avec finesse; ils font avec facilité de jolis complimens en vers et en prose; ils sont d'ordinaire agréables conteurs; ils parlent abondamment des femmes, des boudoirs, des modes, de la toilette, des ameublemens, des jardins, des équipages; ils savent merveilleusement préparer, arranger et exécuter des parties de plaisir; connoissent exactement la chronique du jour, et médisent à ravir. Il faut comprendre dans cette classe ce qu'on nomme les gens de bonne compagnie, qui, par la fréquentation continuelle du grand monde, et l'habitude où ils sont de s'occuper de leurs plaisirs, acquièrent une grande finesse de jugement sur tous les petits objets de société et d'amusement; les romanciers, les poëtes, etc. et en général tous les compositeurs qui s'exercent sur des sujets rians, et dont l'imagination et le fond de l'esprit participent toujours des idées qui les occupent habituellement.

On voit donc que sous quelque forme qu'il se présente, cet esprit dont on a tant parlé, sur lequel on a tant et si vaguement disputé, doit toujours être composé d'idées, autrement ce ne seroit rien; qu'il varie et prend autant de formes et de qualités particulières qu'il y a d'objets ou de classes d'objets naturels, artificiels ou imaginaires, dont on est réduit à s'occuper de quelque manière qu'on se retourne.

Quand on ne s'occupe que d'idées relatives à nos premiers besoins, c'est le bon sens ou le sens commun, cette masse d'idées communes à tous les hommes dans tous les pays, et provenante d'une série de sensations à peu près les mêmes par tout le globe, parce que les organes de l'homme et ses premiers besoins sont partout sensiblement les mêmes. A mesure que le bon sens s'étend, se perfectionne par son énergie naturelle ou par l'éducation, il devient l'esprit, ou plutôt on lui donne ce nom; car, à la rigueur, le bon sens est le premier degré de l'esprit, il est même la base du véritable et bon esprit en tout genre.

L'esprit de chaque individu ne consistant que dans un certain nombre de tableaux d'idées et de signes représentatifs de celles-ci, la différence qui régnera entre les esprits sera d'autant plus grande, que ces tableaux respectifs différeront plus entre eux, et plus aussi les possesseurs de ces divers genres d'esprit auront de peine à s'entendre; il est même possible que parmi leurs idées il n'y ait presque rien de commun; alors ils ne s'entendront pas du tout : ils seront dans le même cas que deux hommes qui parlent une langue différente; car, chaque partie des sciences et des arts a son langage particulier, que l'on ne connoît qu'autant qu'on l'a étudié; c'est pour ainsi dire une langue nouvelle à apprendre.

Donc, 1°. il n'y a que les hommes occupés du même art, de la même science, qui puissent s'apprécier réciproquement; ainsi un grand ministre n'est bien jugé que par un ministre, un ingénieur par un ingénieur, un peintre par un peintre, un géomètre par un géomètre, etc. 2°. Les grands hommes en tout genre ne peuvent être appréciés que par leurs égaux, ou par des hommes dont la tête, les idées et les passions sont au niveau des leurs. 3°. On n'a une admiration et une estime bien *senties* que pour les hommes qui excellent dans l'art qu'on professe, ou que l'on connoît à fond, et l'on ne parle d'ordinaire que par ouï-dire du mérite des autres états ou professions : on ne le juge point, parce qu'on ne le connoît pas; on ne fait que répéter les jugemens des connoisseurs, souvent sans les sentir et les entendre. 4°. Il existe donc deux sortes d'éloges et deux sortes de réputations : les premiers sentis par celui qui les donne et qui sait les proportionner au degré de mérite, composent ce genre de réputation peu étendue (parce que les vrais appréciateurs du mérite devant en avoir beaucoup, sont par cette raison fort rares), mais le seul vraiment flatteur, parce qu'il est fondé sur une estime *sentie* : les autres donnés par des gens qui ne font que la fonction d'écho, forment ce genre de réputation, qui est plutôt la preuve d'une grande célébrité, qu'elle n'est celle d'un grand mérite, genre qui forme souvent une portion de la gloire de l'homme d'un vrai génie, mais à laquelle il est bien moins sensible qu'à la première, que l'on n'obtient jamais sans la mériter, parce qu'elle nous est accordée par l'homme qui sait nous juger, tandis que l'autre est souvent prodiguée par le vulgaire, au charlatanisme, à l'ignorance, à l'intrigue, et même à la scélératesse. Que sont pour la plupart ces conquérans dont on a tant parlé, sinon d'illustres scélérats, qui, avec plus ou moins de génie, ont fait tuer beaucoup d'hommes? Combien Newton me montrant les lois du monde, et Buffon décrivant le globe terrestre et peignant la majesté de la Nature, sont plus grands à mes yeux qu'un fougueux Alexandre, qui ravage et désole la terre en égorgeant l'espèce humaine, par ennui, par caprice ou par plaisir! 5°. Nous ne parlons jamais bien que sur des sujets dont les idées nous sont familières; il faudroit, pour parler également bien sur toutes sortes de matières, les avoir étudié à fond, et les posséder toutes également bien, ce qui exigeroit l'universalité des connoissances à laquelle l'homme le plus heureusement organisé, le mieux élevé, doué de la santé la plus robuste, et jouissant de la plus longue vie, ne peut se flatter de parvenir à beaucoup près: on s'expose donc à déraisonner fréquemment, quand on veut raisonner sur trop d'objets à la fois, ou l'on parle sans s'entendre et sentir ce que l'on dit, comme font les gens bornés au sens commun, les femmes et les enfans, lorsqu'ils veulent sortir du léger système d'idées qui leur est habituel, pour se lancer dans une sphère étrangère d'objets inconnus, dont ils prononcent les mots, sans avoir les idées (1).

(1) La conversation ne peut guère rouler dans les trois quarts des sociétés, que sur le fonds d'idées commun à tous les hommes, et dont l'ennuyeuse répétition rend extrêmement insipide pour l'homme qui

6°. La sagesse en ce genre consiste donc à ne parler que sur des objets bien connus, ou sur lesquels nous avons un système d'idées nettes, à savoir saisir l'instant où les idées nous manquent pour bien parler sur tel ou tel sujet, et à se taire ; savoir, se taire à propos, n'est pas comme on voit, un médiocre mérite ; ce talent est même assez rare : on suppose généralement dans les cercles que l'homme qui profère des mots, y joint des idées, ou a de l'esprit ; l'on doit donc beaucoup parler pour paroître avoir beaucoup d'esprit ; mais il arrive aussi souvent que si l'on en a, c'est sans le savoir : et comme on ne raisonne bien qu'autant que la suite et la liaison des idées précèdent dans la tête celle des mots, celui qui ne fait point cette liaison d'idées *senties*, est hors d'état de savoir s'il raisonne bien ou mal. Que de gens fort contens d'eux-mêmes seroient étonnés, si après une longue conversation on leur montroit combien ils ont eu peu de ces idées senties au milieu de cet échafaudage de grands mots, de jugemens hasardés, vrais ou faux, qu'ils ont proférés par réminiscence, et souvent sans les comprendre. Répétons donc qu'il faut, avant de parler ou décrire, avoir des idées, et ne parler (quand on veut bien s'entendre et être entendu) que sur des sujets sur lesquels on a les mêmes idées que les per-

---

pense et qui est avide d'idées neuves, le commerce du vulgaire, des hommes médiocres, des gens à préjugés et à petites idées, qui de leur côté se trouvent fort mal à l'aise avec l'homme de mérite, qu'ils ne sauroient entendre, dont ils sentent et craignent la supériorité, et que, pour se venger, ils traitent d'original, de pédant, d'ennuyeux personnage, etc. parce qu'occupé d'idées grandes, il ne sauroit prendre beaucoup d'intérêt à ce système de lieux communs qui ne s'étend qu'à un cercle très-borné d'acteurs obscurs et de petites intrigues.

sonnes avec qui l'on disserte : autrement l'on ne raisonne plus, on dispute, on s'échauffe, on s'injurie, on se querelle, et souvent l'on s'égorge pour n'avoir pas voulu s'entendre.

Combien de gens dans une révolution sont victimes de ces dénominations, d'*aristocrates*, de *royalistes*, de *démagogues*, de *wighs*, de *torys*, d'*anarchistes*, d'*hérétiques*, etc. et de tant d'autres que les partis, les factions et les sectes emploient comme autant d'armes meurtrières pour s'entredétruire? Que d'horreurs les disputes théologiques et métaphysiques n'ont-elles pas fait naître en transformant les hommes en bêtes féroces, acharnés à s'entredétruire pour des choses qu'ils n'entendoient pas ! Cependant tout se réduisoit à l'analyse exacte de quelques mots, exprimant des collections d'idées que chacun créoit à sa manière, vrais fantômes qu'il vouloit ensuite transformer en réalités, et dont (qui pis est) il prétendoit démontrer l'existence exclusive. Quel important service ne rendroit-on donc pas aux sciences, à la raison et à l'humanité, en fixant une bonne fois pour toutes, le nombre et la qualité des idées que l'on doit attacher à chaque mot, et en notant et séparant scrupuleusement dans le dictionnaire général de nos idées, tous les mots exprimant des êtres réels, d'avec les noms donnés à des choses inconnues, et les termes qui n'expriment que ces bizarres collections d'idées enfantées par l'imagination (vraies chimères qu'on a bien mal nommées *êtres de raison*, et qui sont bien plutôt des productions de la plus grossière folie ou de la plus monstrueuse extravagance); en un mot, en traçant une ligne de démarcation entre *la somme et la théorie des vérités*, et *la somme et la théorie des choses absurdes*.

Les trois principaux élémens de l'esprit étant, comme nous l'avons vu, les idées, (élément fondamental) le talent de l'écriture et celui de la parole, l'esprit dans tous les pays devra donc se mesurer, 1°. par les idées et le talent de les combiner, ou l'art de penser; 2°. par le talent de les exprimer par des caractères ou figures de convention (tracés d'une façon constante chez chaque peuple, mais différente chez les différens peuples), ou l'art d'écrire; 3°. par celui de les rendre exactement au moyen des sons, ou l'art de parler. L'on pourroit joindre à cela l'art de les exprimer par les mouvemens du corps ou par un système de mouvemens artificiels et de convention, ce qui feroit une quatrième langue en partie naturelle et en partie factice, mais dont je ne m'occuperai pas dans ce moment-ci, me contentant d'observer que l'homme qui a le plus d'idées justes, et le plus de moyens pour les rendre d'une manière quelconque, a le plus d'esprit.

Quand nous exprimons nos idées de vive voix ou quand nous parlons, nous accompagnons ordinairement la voix des mouvemens de l'œil, des mains et des différentes parties du corps, et cela avec d'autant plus d'énergie que nous sentons plus vivement, plus fortement; c'est là l'éloquence naturelle et le premier langage de l'homme, puisqu'il est involontaire, et une suite de la manière plus ou moins vive, dont nos organes intérieurs ou extérieurs sont affectés : cette première langue seule seroit suffisante pour exprimer toutes nos idées, en y joignant quelques mouvemens de convention; ainsi on peut exprimer ses idées avec le mouvement des doigts de la main, avec lesquels on peut former un nombre de figures plus que suffisant pour rendre toutes les idées que nous exprimons ordinairement avec un certain nombre de caractères et de sons; c'est ce que font les sourds-muets, qui n'emploient pour converser entre eux d'autre moyen que celui-là.

Le discours est donc composé de deux choses, les sons et le geste; et l'art d'exprimer ses idées, le premier après l'art de penser, en renferme trois, l'écriture, les sons et le geste qui composent l'expression complète de la pensée ou les langues actuellement en usage sur le globe.

Nota. Pour ne pas faire un mot nouveau, j'appelle *langue* ou *langage* en général, l'art d'exprimer les idées, soit par des sons, soit par des figures, soit par des mouvemens, quoique l'origine de ce mot dérive du mot latin *lingua*, annonce évidemment qu'il a dû être d'abord restreint à la première partie.

Voilà donc trois espèces de langages ou langues bien distinctes : donc en général les langues varient par la variation de chacun de ces trois élémens, et la somme totale de leurs différences actuelles ou possibles, n'est que le résultat de ces variations primitives. 1°. L'écriture dépend de la forme et du nombre des caractères ou figures élémentaires que l'on emploie; de là les caractères anciens et modernes, les caractères français, allemands, grecs, hébreux, arabes, persans, égyptiens, chinois, etc. 2°. Le discours dépend de la qualité et du nombre des sons élémentaires correspondans ou respectivement liés avec ces figures, comme ces figures simples ou combinées, sont elles-mêmes liées avec les idées qu'elles représentent, car chaque peuple a sa manière de lier les sons à un alphabet écrit; et ces sons élémentaires sont eux-mêmes variables chez les divers peuples qui diffèrent par le nombre de ceux qu'ils qu'ils emploient et la manière dont ils les prononcent; ainsi les Anglais qui ont le même alphabet écrit que les Français, ont une prononciation toute différente, parce que les sons élémentaires qu'ils joignent aux lettres, et sur-tout aux voyelles, ne sont plus les mêmes. 3o. Le geste (ou l'art de rendre nos idées par les mouvemens du corps) dépend de même de la qualité et du nombre des mouvemens élémentaires (naturels ou artificiels) de la réunion et de la combinaison desquels il résulte.

On pourroit encore inventer une mécanique propre à exprimer les idées, et s'en servir à peu près comme d'un clavecin, d'un forte-piano, et d'un registre ou d'une plume; mais comme les mouvemens des doigts et de la langue (machines que nous portons partout avec nous), sont déjà plus que suffisans pour rendre nos idées, on s'est peu occupé de ce dernier moyen, sur-tout dans le commerce ordinaire de la vie; mais on en a fait une grande et belle application à l'art militaire et à la politique.

En effet, le mouvement n'exprime pas seulement les idées, il sert encore à les transmettre à de grandes distances, à l'aide de figures et machines de convention : c'est ainsi que par un certain nombre de pavillons de diverses couleurs, vus en même tems ou alternativement, on peut s'entendre, se parler, donner et recevoir des ordres, et imprimer le mouvement à de grandes distances. Durant la nuit, on obtient le même avantage à l'aide de la lumière et du son, par la disposition et la combinaison d'un certain nombre de flambeaux ou feux, ou par des coups de fusil, de canon tirés à de certains intervalles déterminés : de cette combinaison de moyens, résultent les signaux de terre et de mer, si importans pour la tactique navale, la sûreté des côtes et le mouvement des armées.

Parmi ces moyens il en est un connu depuis long-tems, et nouvellement employé et perfectionné en France et en Angleterre : c'est le *télégraphe*, qui, par les divers mouvemens et positions de deux poutres ou planches mobiles sur charnières, aux deux extrémités d'une troisième poutre mobile elle-même sur son centre, observés de distance en distance, à l'aide des lunettes placées sur une suite d'observatoires disposés pour cela, peut former un nombre de caractères bien supérieur à ceux de l'alphabet, et exprimer ainsi toutes sortes d'idées et de phrases. Cette invention, qui a rendu de si grands services au gouvernement français durant la révolution, peut lui en rendre de très-grands encore, sur-tout en tems de guerre; et malgré la dépense qu'elle entraîne, elle mérite son attention, puisqu'étant jusqu'à un certain point généralisée, elle peut lui transmettre tel jour à volonté, en quelques heures ou plutôt quelques minutes, les faits ou les événemens politiques les plus importans, le tableau de la situation des armées, celui de la république (au moins des principales communes), qu'il ne reçoit que lentement par la voie de la poste et des courriers. C'est une découverte qui peut et doit singulièrement contribuer au perfectionnement de l'art pénible et compliqué de gouverner les hommes, en simplifiant, concentrant et accélérant la marche des affaires et l'action du gouvernement.

Le *dessin*, la première et la plus simple expression des objets, puisque les signes qu'il emploie les rendent tels qu'ils sont ou tels que nous les voyons; le dessin, qui chez tous les peuples a dû être la première langue écrite, est (avec l'algèbre) de toutes les langues ou méthodes analytiques la plus belle, la plus sûre et un des plus puissans leviers de l'esprit humain.

En effet, le dessin d'un objet, d'une machine, nous en montre d'un coup-d'œil toutes les parties avec les dimensions relatives de chacune, et la place qu'elle occupe dans le système, tandis que le discours le plus précis ne les fait apercevoir que foiblement, lentement, et l'une après l'autre. On apprend la géographie en dessinant à plusieurs reprises un globe et des cartes géographiques : on apprend l'astronomie sensible ou la disposition et la nomenclature des astres, en dessinant un globe céleste, un atlas : on a l'idée nette et développée d'une ville, d'un port, d'une forteresse, en en d ssinant le plan : on acquiert toutes les idées fondamentales relatives à l'architecture navale et à la navigation, en dessinant séparément et ensemble toutes les parties qui composent un vaisseau, en en formant toutes les projections ou dessins principaux qui les représentent sous les points de vue les plus essentiels; en un mot, on acquiert l'idée complète de tous les corps naturels et de toutes les productions des arts, en plaçant sous ses yeux une galerie de dessins que l'on a faits ou copiés soi-même (ou que l'on a fait faire et copier), et qui représentent au naturel chacun des objets précités.

Un bon dessinateur est (dans son genre) un excellent analyste, et il n'est pas de plus sûr moyen que le dessin pour accroître rapidement le système de ses idées, en fortifier la liaison, se faire sur-tout des notions exactes et détaillées, ranger dans sa tête les objets dans l'ordre simultané dans lequel ils existent, entretenir long-tems la clarté et la vivacité de ses idées; en un mot, acquérir la plus grande facilité pour se les rappeler, les combiner, et donner par-là à ses facultés intellectuelles toute la force, la justesse, la promptitude et l'étendue dont elles sont susceptibles.

L'importance du dessin est telle à mes yeux, qu'il me semble que l'on pourroit borner l'éducation de la première jeunesse à l'acquisition de ce talent, que je regarde comme une introduction nécessaire à tous les états et à tous les talens, outre qu'il est pour tous les âges une source fort étendue d'agrément et de plaisir, un objet de délassement, une occupation charmante, et un des articles fondamentaux de toute bonne éducation publique ou particulière. Les gouvernemens, jaloux de multiplier et d'étendre les forces de l'esprit humain, ainsi que les élémens du bon goût, ne sauroient donc trop multiplier les écoles publiques de dessin, afin de procurer à tous les citoyens d'un état les moyens de s'instruire d'un art qui est évidemment un des plus beaux et des plus sûrs instrumens de nos connoissances.

On peut encore, à l'aide d'une machine, d'un simple clavier, etc. former une suite de mouvemens dont chacun tiendra lieu d'une lettre de l'alphabet, et dont les combinaisons équivaudront aux mots et aux phrases: si l'on veut employer un instrument de musique, l'on aura une sorte de langue musicale et chantante, qui pourra être à la fois la double expression du sentiment et de la pensée; car la musique n'étant qu'une combinaison des tons, formant la gamme, comme les langues ordinaires sont une combinaison des caractères alphabétiques, il y a entre elles une relation assez grande; et puisque l'on peut employer les lettres de l'alphabet pour noter la musique, ne peut-on pas aussi employer les notes de la musique en place de l'alphabet? —Si au lieu de sons, l'on se servoit de couleurs, alors on auroit une espèce de *clavecin oculaire* à l'usage des sourds-muets.

En un mot, il y a autant de moyens différens d'exprimer ses idées, qu'il y en a d'inventer et de combiner un nombre plus ou moins limité de signes naturels ou arbitraires : or, ce nombre varie à l'infini ; de là la possibilité d'une variété infinie dans le langage ; mais toutes les variations possibles en ce genre sont comprises dans ces trois grandes limites : 1°. expression des idées par des figures naturelles ou artificielles ; 2°. expression par des sons ; 4°. expression par des mouvemens. — Les figures, les sons et les mouvemens imitatifs composent le langage pittoresque des beaux-arts ; les figures, les sons et les mouvemens artificiels forment toutes les langues de convention ; et presque toutes les langues existantes résultent plus ou moins du mélange de ces deux espèces d'élémens (1).

Parmi les divers moyens d'exprimer ses pensées, il n'y a que l'écriture et le dessin qui les fixent d'une manière durable : le discours et le geste, malgré l'extrême utilité dont ils sont pour la communication rapide des idées et des passions, et le commerce journalier de la société, n'ont qu'une action fugitive et passagère, applicable à un seul homme, ou à une petite société, tandis que la pensée déposée par écrit

(1) Ce seroit peut-être ici le lieu de parler de la pasigraphie, de la tachigraphie, etc. et de traiter plus à fond les différens systèmes de signes, par lesquels les hommes ont pu de tout tems se transmettre leurs idées ; mais l'on sent qu'un pareil travail exigeroit un détail qui ne peut trouver place ici : plusieurs traités ont d'ailleurs été récemment publiés sur cette matière.

dans des regîtres qu'on nomme *livres*, peut s'y conserver sans altération, se transmettre d'âge en âge, et circuler avec une rapidité étonnante dans toutes les parties d'un état, et même dans la sphère totale des états civilisés. Mais comme un seul regître ne peut appartenir à la fois qu'à un individu ou à un petit nombre d'individus, il a fallu imaginer un moyen de transmettre le même ouvrage à tous les citoyens d'une ville, d'un même état, ou à tous les hommes jaloux de s'instruire dans les diverses sociétés humaines. — On l'a trouvé d'abord dans l'écriture et ensuite dans l'imprimerie, cet art précieux qui, en reproduisant et multipliant à volonté les grandes idées et les vérités utiles, en fait la possession de tout l'univers civilisé, en même-tems qu'il donne naissance à une branche de commerce fort étendue.

C'est donc à l'imprimerie (secondée par la navigation et l'établissement des postes et voitures publiques), que l'on doit un des plus prompts et des plus sûrs moyens d'accroître la masse des connoissances humaines, de propager les lumières, de populariser la science, et d'étendre sur tout le globe le règne de la raison, en mettant tous les savans d'un pays, et même ceux de tous les pays, à même de se transmettre régulièrement leurs idées, leurs doutes, leurs difficultés, et de travailler ensemble au perfectionnement de l'intelligence, des lois, de l'industrie, du commerce et du bonheur de l'espèce humaine.

Ce pouvoir de transmettre rapidement ses idées est en même-tems un droit sacré, qui doit appartenir à tous les hommes vivant en société, comme la faculté de parler et d'agir : une grande idée est une belle propriété qui appartient à son auteur comme le génie qui l'a produite, et à la société qui a le droit de la réclamer et d'en jouir ; l'empêcher de la publier seroit un acte du plus odieux despotisme, un crime de lèze-utilité publique. Ce n'est que sous un gouvernement oppresseur et tyrannique, qu'une pareille défense pourroit avoir lieu : l'homme en place qui tiendroit ainsi captifs la pensée et le génie, seroit aussi coupable, aussi barbare que s'il retenoit un innocent prisonnier et le chargeoit de fers pour lui ravir l'usage de ses membres, dont le mouvement ne lui appartient pas plus que ses idées.

La faculté illimitée de la presse, jointe à celle de penser, de parler et d'écrire, est dans tout pays (où règne un gouvernement fixe et consolidé) la marque la plus sûre, le thermomètre le plus infaillible de la bonté du gouvernement et de la liberté publique : c'en est aussi la sauve-garde et le boulevart le plus ferme; c'est la seule digue à opposer à cette tendance continuelle des gouvernemens vers le despotisme : ôtez-la, la liberté n'est plus, parce que la marche du gouvernement n'étant plus surveillée, il s'accoutume bientôt à faire tout ce qu'il veut, et devient despote, faute d'être contenu et gouverné lui-même par la suprême puissance de l'opinion, dont les bons écrivains sont les créateurs et les conservateurs : ajoutons en faveur des journalistes, que s'ils n'avilissoient pas souvent leur plume en la prostituant aux partis, et n'étoient soumis qu'à la belle puissance de la raison et de la vérité, ce seroit une classe d'hommes fort précieuse dans la société, parce que (quand ils sont vraiment instruits) nul ne contribue plus qu'eux à faire circuler les lumières : ils devroient se regarder comme des sentinelles placées dans la société pour crier *au despotisme*, comme un factionnaire crie *au voleur*.

CHAPITRE VI.

Moyens de perfectionner et d'accroître le premier élément de la force pensante, que j'appelle capacité de sensation.

Après avoir démêlé et réduit au plus petit nombre (celui de quatre) les élémens fondamentaux de la faculté pensante, il ne me reste plus, pour en compléter l'analyse, qu'à examiner dans autant de chapitre séparés, le développement et le perfectionnement de chacun d'eux : mais je dois observer ici qu'en exposant dans quatre chapitres distincts les divers moyens de perfectionner et d'accroître les quatre forces ou facultés élémentaires (CS), (CR), (CB), (AS), je ne le fais que pour suivre une division qui m'a paru naturellement donnée par la formule (FP) = (SP) = (CS) + (CR) + (CB) + (AS); car l'on sent bien que ces quatre élémens sont liés ensemble et varient l'un avec l'autre et l'un par l'autre. A force de recevoir des sensations, la mémoire se forme, et en se formant elle nous rend plus propres à acquérir de nouvelles idées : en nous fournissant des matériaux pour la comparaison et la réflexion, elle nous met à même d'en créer de nouvelles par la force de combinaison; et de plus, j'ai fait assez voir combien l'art des signes influe sur les idées; de là il arrive nécessairement qu'une partie des choses renfermées dans chacun des chapitres en question, s'applique naturellement aux trois autres, à cause de la relation évidente que tous les quatre ont entre eux.

Cette expression abrégée (CS) = NT mesurant *la*

capacité de sensation, nous dit que l'on aura d'autant plus d'idées primitives que l'on sera organisé pour recevoir plus de sensations dans l'unité de tems, et que l'on pourra soutenir plus long-tems son attention, ou la direction préméditée de ses sens sur les objets qu'on veut connoître : je dis *préméditée*, car encore bien qu'un animal éveillé reçoive malgré lui un grand nombre de sensations, et d'autant d'espèces différentes qu'il a d'organes propres à les transmettre, cependant l'expérience nous prouve que ce fleuve de sensations confuses et légères, qui indépendantes de la volonté ne servent qu'à mesurer en quelque sorte l'action des objets extérieurs sur nous et l'écoulement de la vie, ne produit en nous qu'une impression si foible, qu'elle mérite à peine le nom d'idée, parce qu'elle naît et s'évanouit presqu'en même tems. Au contraire, les sensations ou les idées naissantes de l'attention donnée à l'étude d'un objet, sont vives, fortes, bien distinctes, et laissent après elles des traces plus ou moins profondes; car on ne voit bien que quand on veut voir ou qu'on *regarde*; on n'entend bien que quand on veut entendre ou qu'on *écoute*, etc.; en un mot, on ne sent bien que quand on s'y est pour ainsi dire préparé par une direction particulière des organes; sentir de la sorte, c'est sur-tout ce que j'appelle recevoir ou acquérir des idées.

Cela posé, il est évident que la capacité de sensation dépend en partie de la construction primitive ou de l'organisation du corps sensible, disposé par la nature à recevoir plus ou moins de sensations, suivant le nombre et l'énergie des sens, et en partie de la faculté d'appliquer ses sens à l'étude des objets, ou de la capacité d'attention. Sensibilité jointe à la capacité d'attention, voilà donc ce qui compose la faculté ou la force (CS).

Donc, 1°. Tous les hommes ne sont pas susceptibles d'acquérir le même nombre d'idées ou le même degré de connoissances, parce que la nature qui affecte particulièrement de ne rien faire d'égal, donnant à tous des organes différens (quoique très-ressemblans), leur donne aussi *a priori* une capacité différente de sensation, d'attention et d'idées : il en est de si heureusement organisés, qu'ils sentent ou apperçoivent, et distinguent à la fois une foule de choses sans peine et sans efforts : il est des hommes dont les yeux lèvent en quelque sorte le plan de tout ce qu'ils voient, et dont la tête ne laisse échapper presqu'aucune idée, aucune partie de ces tableaux aussi multipliés qu'étendus, qu'ils savent y placer si rapidement et y rappeler si vite. Il en est d'autres qui ne reçoivent que peu d'idées, ne les obtiennent que lentement, péniblement, et ne les conservent qu'avec peine : les premiers forment la pépinière des hommes de génie dans tous les genres; les autres celle des hommes médiocres, encore existe-t-il dans ces deux classes des variations et des nuances à l'infini. Mais s'il n'est pas donné à tout le monde d'acquérir cette grande facilité, compagne du génie, il est plus d'un moyen de suppléer jusqu'à un certain point, à l'organisation : pour cela, il faut exercer beaucoup ses organes, voir et revoir souvent, afin d'apprendre à bien voir : l'on finira, quoique difficilement, par en acquérir l'habitude, et l'on se trouvera, après beaucoup de travail, au même point et peut-être à un point plus élevé que l'homme le plus favorisé de la nature, et qui a mal employé son tems; car, c'est sur-tout de cet emploi que naissent les grandes différences existantes entre les idées, les talens, la force pensante et l'esprit des hommes.

Il ne faut donc pas se livrer au découragement, lorsqu'on est malheureusement doué d'organes rétifs et paresseux, il faut les vaincre par l'étude, appeler à son secours les ressources d'une excellente méthode et la toute puissance d'une bonne éducation : il faut se souvenir qu'un travail opiniâtre vient à bout de tout, que pour qui veut fortement il n'est rien d'impossible; qu'il n'est point de terre, quelqu'ingrate et stérile qu'elle soit, qu'un habile cultivateur ne parvienne à rendre fertile; qu'enfin, la puissance de l'habitude est peut-être au moins égale à celle de la nature.

Pour développer et accroître la force ou faculté (CS), il faut beaucoup voyager et voyager avec fruit, en regardant tout avec une active et curieuse attention, il faut s'accoutumer à analyser avec méthode tout ce qu'on voit, en portant ses regards d'abord sur les objets les plus intéressans ou les parties principales de chaque objet, et de suite sur celles qui le sont moins, etc. La liaison exacte des idées avec leurs signes représentatifs, (l'un des premiers pas à faire pour se créer une bonne tête) ne sauroit avoir lieu sans voir beaucoup d'objets, et revoir souvent les mêmes objets pour s'assurer de l'exactitude des liaisons, c'est-à-dire, sans voyager; car il est bien difficile, pour ne pas dire impossible, de se faire des idées nettes et précises de ce que l'on n'a pas vu, de ce que l'on ne connoît que d'après des dessins ou gravures, souvent peu corrects, et qui, quelqu'exacts qu'ils puissent être, n'approcheront jamais de l'inappréciable avantage de voir par ses propres yeux, ou de dessiner soi-même les objets, sans parler du plaisir qui naît d'un système constamment varié de sensations neuves.

Il est évident que nos idées se multiplient à mesure que l'horizon des objets producteurs de nos sensations s'étend et s'agrandit lui-même ; or, ce n'est qu'en changeant de place et en parcourant successivement toutes, ou au moins les principales parties de la surface du globe (ce vaste *muséum* où reposent à des distances plus ou moins éloignées, toutes les productions de la nature et des arts créés par l'homme), que l'on peut se procurer les notions exactes et primitives de tous les corps et de leurs propriétés, et former ainsi ce magasin d'idées élémentaires où nous trouvons par la suite les matériaux de toutes les productions de l'esprit, lesquels conservés par la mémoire, mis en œuvre par la force de combinaison ou l'intelligence et l'imagination, donnent naissance aux sciences, aux beaux-arts, aux arts mécaniques, et généralement à toutes les inventions humaines.

Il est évident que l'enfant qui n'a encore vu que la maison de campagne de son père, ne connoît qu'elle; il connoît ensuite le village dont elle fait partie, ensuite les campagnes, villages, bourgs et villes du voisinage, puis le département ou la province entière, puis le royaume ou l'état où il est né, puis les états, républiques ou empires circonvoisins, puis toute l'Europe, puis l'ancien et le nouveau monde. Il est peu d'hommes sans doute assez favorisés par la nature, la fortune et les circonstances, pour arriver par eux-mêmes à cette étendue, à cette généralité de connoissances locales auxquelles on est forcé de suppléer par la lecture des voyages d'autrui et la connoissance exacte de la géographie; mais encore est-il vrai de dire que c'est là le plus naturel, le plus sûr et le meilleur moyen d'y parvenir, et qu'en général, l'homme qui a le plus vu et le mieux observé, est, toutes choses égales d'ailleurs, le mieux et le plus réellement instruit. Pourquoi tous les jours voit-on avec une sorte d'étonnement des gens sachant à peine lire et écrire, faire preuve d'un jugement sain, d'une forte dose de bon sens, et même de beaucoup de connoissances? c'est qu'ils ont vu et bien vu, c'est qu'ils ont voyagé, pratiqué : on croit qu'ils n'ont point eu de maître, ils le croient eux-mêmes, mais dans le fond ils ont eu le meilleur, (la nature ou une grande quantité de sensations transmises par des organes sains et exercés). La plupart des grands hommes qui ont le plus brillé sur le globe, n'ont point eu dans l'origine d'autre maître que celui-là : ce fut celui de Cook, de Franklin, de Jean Bart, et de tant d'autres personnages illustres qui ont su déduire eux-mêmes des règles générales de tous les cas particuliers où ils se sont trouvés; en un mot, conclure bien plus sûrement qu'ils n'eussent pu le faire par le secours des livres, la théorie de la pratique (1). Les connoissances, l'esprit et le génie

(1) Qu'on n'aille point conclure de là qu'il faut négliger la théorie et l'étude du cabinet; au contraire, elle est d'autant plus précieuse, qu'elle peut suppléer à un grand nombre d'années de pratique, en donnant à l'esprit cette étendue, cette généralité de vues, à laquelle sans elle il ne parvient que très-lentement après beaucoup de tems et de peine : elle peut mettre les jeunes gens en état de faire ce que les vieillards les plus expérimentés ne feroient pas ou feroient souvent moins bien qu'eux. Si Bonaparte n'avoit pas eu une excellente théorie, s'il n'eût pas préparé de loin, par une étude approfondie de son art, le développement de ces moyens qui en ont fait tout à coup un des hommes les plus extraordinaires de son siècle, Bonaparte ne seroit pas à 28 ans le vainqueur et le législateur de l'Italie. Il seroit donc aussi ridicule de mépriser la théorie que la pratique : ces deux choses doi-

dépendent donc beaucoup des pays que l'on a parcourus, des lieux que l'on habite, que l'on fréquente, où l'on est né et où l'on vit. En même tems que le corps se forme des alimens que nous offre la terre

---

vent toujours aller ensemble et se fortifier, se rectifier l'une par l'autre.

Celui qui n'a que la pratique a d'ordinaire peu d'étendue dans l'esprit; il ne connoît souvent qu'une méthode qu'il suit aveuglément, sans être en état d'en discuter les avantages et les inconvéniens; il est ce qu'on appelle routinier : parmi les diverses manières de faire une même chose, il ne sait point appercevoir la meilleure; c'est là un avantage réservé au théoricien éclairé, qui connoissant tous les chemins qui peuvent conduire à un but, peut aussi choisir, pour y arriver, le plus sûr et le plus court.

D'un autre côté, celui qui n'a que la théorie s'accoutume à généraliser trop; il ne sait point faire entrer dans ses calculs, dans ses plans une foule de petits obstacles naissans, tant de la part des hommes que des choses : il ne tient point assez compte des frottemens; il projette bien en grand, mais il néglige trop les détails de l'exécution, et par-là ses projets, ses entreprises sont sujets à échouer, car il ne faut souvent que très-peu de chose pour faire avorter le plan le mieux concerté. Il faut donc que l'homme qui dirige en chef une partie quelconque, en connoisse à fond tous, ou du moins les principaux détails; et voilà ce que j'appelle pour lui, joindre la pratique à la théorie. Cela ne veut pas dire que l'architecte doive être maçon, mais il doit savoir tout ce qu'un maçon peut et doit faire pour bien opérer; qu'un ingénieur de vaisseaux doive être charpentier, mais il ne doit rien ignorer de ce qui est relatif au charpentage; qu'un général d'armée doive être bon artilleur, bon soldat ou bon officier subalterne, il suffit qu'il connoisse à fond ce qui fait le bon ingénieur, le bon artilleur, le bon officier et le bon soldat, et soit par conséquent en état de faire de bons choix et de bien conduire tous ceux à qui il commande. En un mot, tous les chefs ou les directeurs de l'administration publique, les législateurs, les directeurs, les ministres, etc. les hommes chargés de former et de diriger les forces protectrices d'un état par terre et par mer, ou de faire exécuter les lois et de rendre la justice dans l'intérieur, doivent non pas savoir faire ce que font leurs divers subordonnés, mais bien connoître les détails de leurs fonctions et de leurs devoirs, afin de bien combiner leurs plans et de donner toujours des ordres à propos : la pratique des chefs n'est pas dans leurs mains, mais dans leur tête.

natale, la tête se compose peu à peu de l'image de tous les objets qui nous entourent, de l'idée, de la maison paternelle, des meubles et objets qu'elle renferme, des jouets de notre enfance, des instrumens de nos plaisirs, de nos occupations, de notre éducation, des instrumens et des produits des arts que l'on exerce autour de nous; de celle des animaux et végétaux qui nous nourrissent et que nourrit le sol habité par eux et par nous; de celle des campagnes et des moissons, des rivières, des étangs, des lacs, des bois, des forêts, des montagnes qui nous environnent, et de toutes les productions brutes ou organisées qu'elles renferment; de cette multitude de machines et d'outils pour la guerre, le commerce et les arts, inventés pour satisfaire les premiers besoins donnés par la nature à l'homme, et les besoins bien plus nombreux créés par son imagination; enfin, de ce spectacle mouvant de voitures et de bâtimens de toute espèces et de toute grandeur, servant à nous faire franchir rapidement, ainsi qu'à toutes sortes de fardeaux, de grandes distances par terre et par eau, et formant sur les routes les rivières, les canaux, les fleuves et l'océan, cette chaîne de ponts mobiles destinés à former, à entretenir la communication entre toutes les parties d'un état, comme entre tous les points habités ou habitables du globe, et à ne faire ainsi de tous les peuples qu'une grande nation, et du genre humain qu'une famille.

L'ensemble de tous ces objets formant un tableau aussi varié qu'étendu, compose en quelque sorte les premiers et les principaux feuillets du registre des idées sensibles qui sont la base et la source des combinaisons qu'on en peut faire, ou de idées réfléchies qu'on en peut tirer : plus ce tableau nous est familier, plus aussi nous avons de disposition à l'esprit, au génie, par la même raison qu'un architecte peut d'autant plus aisément élever toutes sortes d'édifices, qu'il a un plus grand nombre de matériaux en tout genre à sa discrétion et à son choix.

C'est là, c'est dans ce vaste magasin des idées sensibles, que le peintre, le poëte, le sculpteur, le musicien, le physicien, le chimiste, l'astronome, le naturaliste, le botaniste, l'ingénieur et le mécanicien, le manufacturier et le commerçant, le ministre et le législateur, en un mot, tous les hommes de talent, d'esprit et de génie, sous quelque dénomination que ce soit, vont puiser leurs matériaux. Le premier y trouve le sujet de ses portraits, de ses paysages, de ses tableaux; le second celui de ses descriptions, de ses comparaisons, de ces scènes tantôt riantes et légères, tantôt sublimes ou terribles, sous lesquelles il peint l'univers, la nature et l'homme; le troisième ces modèles de la beauté, ces formes délicieuses et enchanteresses que son ciseau fait sortir vivantes du marbre inanimé; le quatrième cet assemblage de sons, qui tantôt doux et léger exprime la mollesse des zéphirs, le murmure d'un ruisseau, le bourdonnement des abeilles sur les fleurs, le chant des oiseaux, des bergers, les langueurs de l'amour, les soupirs, le silence, le bonheur des amans; tantôt impétueux et bruyant, nous peint le siflement des vents, le mugissement des mers, les approches de l'orage et les éclats du tonnerre.

Enfin, c'est dans ce grand dépôt des corps naturels que les uns vont chercher les objets de leurs observations, de leurs descriptions, etc. d'autres les bases de leurs édifices, de leurs constructions; d'autres les objets

objets de leurs échanges, de leur commerce, de leur industrie; d'autres les élémens de ces vastes combinaisons, l'art militaire, la tactique navale, la législation et la politique qui décident du sort des états, et tous depuis le premier échelon de la société jusqu'au dernier, les fondemens de leurs connoissances, de quelque nature qu'elles puissent être.

L'on voit quelle immense variété d'idées existe dans la tête de tous les hommes, depuis l'artisan le plus grossier jusqu'au ministre qui gouverne un empire ; depuis le pâtre jusqu'au monarque; comment chacun y loge une portion de la vaste mappemonde ou carte générale des idées humaines, portion variable selon la place que l'on occupe sur le globe et dans la société dont on est membre, selon sa profession, son état, son éducation, sa fortune, l'occasion et les moyens que l'on a de se transporter partout pour s'y procurer en quelque sorte des échantillons de tous les objets naturels ou artificiels épars sur les divers points de la terre, et des notions existantes chez les différens peuples qui l'habitent.

Ce tableau partiel, cet extrait variable du tableau général des connoissances humaines, dépend aussi du climat ou du degré de latitude; il diffère chez l'Espagnol, le Français, l'Anglais, l'Italien, l'Allemand, le Chinois, l'Indien, l'Américain, l'insulaire et l'homme du continent; enfin, suivant la partie du globe exposée à nos regards et vivifiée par les feux du grand astre créateur de ses productions.

Assurément les idées de l'homme placé sur la zone torride, celles du bon et paisible habitant de la riante Otahiti et de plusieurs îles de la mer du sud, diffèrent prodigieusement de celles du Norvégien, du

Lapon, du Hottentot, du Russe et des autres habitans des climats glacés des deux pôles de la terre : les idées du montagnard ne sont pas celles de l'homme vivant au milieu des plaines ; les idées du voyageur parcourant les mers, les îles et les continens, diffèrent beaucoup de celles de l'homme vivant retiré dans un petit coin de terre, où il a circonscrit son existence et borné le système de ses sensations. Le tableau des idées est moins étendu chez l'habitant des campagnes que chez le citadin, parce que les villes, centre des arts, des sciences, du commerce et des plaisirs, présentent à leurs habitans le spectacle étendu, mouvant et sans cesse varié, d'une foule d'objets en tout genre; tandis que l'aspect d'une campagne, quelque riche qu'elle soit, n'offre au spectateur qu'une scène uniforme et tranquille : elle l'est du moins beaucoup en comparaison de la première : voilà pourquoi, toutes choses égales d'ailleurs, le citadin a plus d'esprit et l'esprit plus vif que le campagnard; le premier connoît mieux les arts et les lois ; l'autre connoît souvent mieux la nature, parce qu'avec un esprit droit et un peu cultivé, il a pu l'étudier de près, ayant long-tems vécu au milieu des animaux, des végétaux et des minéraux qu'elle produit. C'est sur-tout le séjour habituel dans les villes capitales qui a sur l'esprit une influence marquée : les habitans de Paris, de Londres, d'Amsterdam, de Rome, de Venise, de Vienne, de Constantinople, de Pekin, de Pétersbourg, etc. ont habituellement sous les yeux de grands tableaux fort diversifiés, qui placent nécessairement dans leur tête différens systèmes d'idées et de connoissances primitives, que ne soupçonnent pas même les individus qui passent leur vie à la campagne ou dans de petites villes de Province.

Ce sont là les différences intellectuelles naissantes

des localités; d'autres, comme nous l'avons vu, proviennent des occupations auxquelles se livre chaque membre d'une même société, qui, suivant son métier, son art ou sa place, a dans la tête un tableau ou système d'idées variables, suivant les fonctions qu'il exerce, suivant la manière dont il emploie son tems et remplit les momens de loisir formant l'intervalle de ses occupations journalières, enfin suivant ses amusemens, ses relations et ses habitudes sociales : car il existe une différence notable entre la tête de l'homme studieux, casanier et solitaire, et celle de l'homme répandu dans le monde, occupé d'affaires, de voyages et de parties de plaisir.

Outre cette source de différences et d'inégalités entre les idées, l'esprit, et par suite entre les passions, le caractère et le cœur des hommes, il en est encore d'autres dans le même pays, relativement au siècle où l'on y vit, à la forme de gouvernement, à la position plus ou moins florissante où il se trouve, suivant le degré de culture des arts et des sciences, suivant l'état de la législation, de l'industrie et du commerce, suivant les variations de cette espèce de thermomètre politique, l'*opinion*; enfin suivant l'état de paix ou de guerre, de calme ou de révolution : car c'est ordinairement dans les révolutions et les dissensions intestines que les faits de tout genre se multiplient rapidement; les passions exaltées, cessant momentanément d'être comprimées par les lois, n'ont plus de bornes; la tête et le cœur de l'homme paroissent alors à nu, et chacun fait en bien et en mal tout ce qu'il est possible de faire : le tems des troubles civils est donc, toutes choses égales d'ailleurs, le plus instructif, mais il est triste de payer si cher cette utile et douloureuse instruction.

Outre le grand et sûr moyen d'acquérir des idées qu'offrent en tout tems les voyages à celui qui veut et peut en faire usage, il en est un autre moins coûteux, mais plus lent et moins sûr; c'est celui des livres, qui, sans avoir à bien des égards le mérite de l'autre, en a un bien précieux, et qui n'est point à dédaigner, sur-tout pour l'homme qui a déjà beaucoup vu par lui-même; car, pour bien faire, il faut commencer par là : on n'entend bien les livres écrits que quand on a déjà lu attentivement un assez grand nombre de pages dans le grand livre de la nature, dont tous les autres ne sont souvent que des copies bien imparfaites.

Nos sens ne nous montrent le globe (et tout ce qu'il renferme) que comme il est présentement ou durant ce court espace de tems qui mesure notre vie : les livres ont l'avantage de nous les montrer tel qu'il a été depuis une époque plus reculée, mais malheureusement encore bien peu éloignée, et durant un laps de tems qui mesure la durée de la mémoire des hommes, mémoire qui ne s'étend (d'une manière imparfaite) qu'à quelques milliers d'années, lesquels dans l'espace infini des siècles, ne sont vraiment qu'un instant. Cet instant d'observations ne laisse pas de renfermer une foule de choses intéressantes et curieuses sur l'histoire de l'homme, des nations, du globe terrestre et du ciel. S'il ne peut encore nous montrer les lois générales des changemens de notre petite planète et de ses productions, s'il nous laisse ignorer son origine et sa destinée future, ainsi que celle de l'homme et des autres familles d'animaux et végétaux attachés à sa surface, il commence à nous laisser entrevoir quelques données sur ces importantes et délicates questions, qui peut-être ne seront pas insolubles pour nos derniers neveux : il nous laisse au moins l'espérance de parvenir un jour à leur solution, par une suite d'observations bien faites, continuées long-tems et sans interruption. Ne cessons donc de tenir un journal ou registre exact de ce qui se passe sur le globe et dans l'espace céleste, et ne désespérons de rien : les faits, à force de s'accumuler sur les faits, nous conduiront insensiblement à la découverte de grandes vérités, qui ne nous échappent présentement que parce que nous avons trop peu vécu et trop peu observé. L'éternité évidente d'existence et de mouvement dans les corps célestes, nous montre pour leurs habitans un accroissement éternel de connoissances, ou qui du moins n'aura pas d'autres bornes que celles de leur propre durée et du pouvoir qu'ils auront de former et de se transmettre une chaîne non interrompue d'observations exactes. O, art divin de l'imprimerie, c'est ici que l'amateur des sciences et des progrès de l'esprit humain sent tout le prix de tes inestimables bienfaits !

Les livres, en nous offrant le grand magasin des idées, des passions, des actions, des vices et des vertus, etc. de l'espèce humaine, nous servent non-seulement à expliquer ce qui se passe sous nos yeux, mais encore à confirmer tout ce qu'a pu nous faire découvrir l'analyse directe de l'homme : s'ils sont bien faits, ils peuvent nous présenter pour chaque point du globe, les habitudes, les usages, les mœurs et le caractère de chaque peuple; la naissance et les progrès des arts, des sciences, du commerce, de la législation et de l'économie politique; la naissance, l'accroissement et la destruction des sociétés humaines, les causes de la formation, de la décadence et de la chûte des empires; les principes de leur force et de leur foiblesse, de leur gloire et de leur honte, de leur bonheur et de leur malheur.

Nous y voyons les bienfaits des lumières et les suites funestes de l'ignorance, des erreurs et des préjugés; l'histoire brillante de nos découvertes à côté de l'humiliant tableau de nos honteuses folies et des écarts de notre imagination; ce long amas de crimes et d'horreurs enfantés par la superstition, le machiavélisme politique, et le fanatisme, dont les épaisses ténèbres forment encore autour du globe une nuit que la raison, avec le secours des arts, du commerce et de la philosophie, a tant de peine à dissiper. Nous y voyons à nu l'ame des grands hommes, des héros, des bienfaiteurs de l'humanité; nous apprenons à les admirer, à les aimer, à les imiter, comme à détester les scélérats dont les forfaits et la tyrannie ont causé la misère et la ruine des peuples gouvernés par eux. Nous voyons tout ce qui pendant une longue suite de siècles s'est fait de bon et de mauvais, de sublime et de détestable; les générations passées semblent pour ainsi dire se ranimer et revivre sous nos yeux; nous redevenons contemporains de tous les hommes de mérite et de génie, nous conversons avec eux, nous entendons la voix de ces illustres morts, nous montrant les routes de la sagesse et du bonheur; et en réunissant ainsi le grand tableau de tout ce qui s'est fait, de tout ce qui a été connu dans les anciens âges, avec ce qui se fait, ou ce qui existe de nos jours; en un mot, le tableau du globe ancien et de l'ancien genre humain, avec celui du globe et du genre humain actuels, il en résulte un immense accroissement dans nos idées et dans le nombre presqu'infini des rapprochemens et des combinaisons que nous en pouvons faire.

Quel dommage que l'on ait commencé si tard à enregistrer tous les faits historiques, physiques, géographiques, astronomiques, etc. et que la chaîne s'en soit trouvée si souvent, si long-tems interrompue, quelquefois par des accidens inévitables, provenant d'une force supérieure et des grandes révolutions du globe, et plus souvent par les suites de la guerre, et la volonté ou le caprice de quelques êtres puissans et stupides (1) ! Quel dommage que ce petit nombre de pages qui nous restent de l'histoire du genre humain, du globe, et des corps célestes, ait été composé par des hommes souvent mauvais observateurs ou gagnés par l'or des souverains, dont les faveurs et le caprice conduisoient leur plume! Quel dommage que la vérité y soit si souvent défigurée, au point que l'Histoire des empires n'offrent la plupart du tems qu'une sorte de roman, une fable convenue.

Aux deux grands moyens que je viens de développer pour acquérir des idées, et former ce magasin de faits exacts qui doivent ensuite servir de base et de régulateur aux travaux de la réflexion et de l'imagination, il faut ajouter la conversation avec des hommes instruits et pensans, et l'avantage de recevoir les leçons particulières ou publiques des bons maîtres. La démonstration de vive voix a quelque chose d'a-

(1) On sait pourquoi et comment a péri la fameuse bibliothèque d'Alexandrie : un des califs (je ne sais lequel) trouvant que le Koran étoit le seul livre digne d'être lu et conservé, faisoit ce beau dilemme : Ou elle ne contient que ce qui est renfermé dans l'Alcoran, et alors elle est inutile ; ou elle contient le contraire, et alors elle est dangereuse : brûlons donc. Ainsi dit, ainsi fait.

nimé que n'a point la démonstration écrite; elle économise le tems et fait une impression plus forte et plus durable : en même tems qu'un habile instituteur fait passer dans notre tête les premières idées des sciences, d'une manière nette, précise, et toujours plus prompte que ne pourroit le faire le meilleur traité, il peut adroitement, en nous parlant avec chaleur de leurs avantages, nous inspirer pour elles ce goût vif et passionné qui détermine en grande partie l'étendue des progrès que nous pouvons faire dans leur étude.

C'est en se rapprochant et s'électrisant mutuellement que les hommes s'inspirent la noble émulation de s'égaler et de se surpasser : en se communiquant à la fois leurs idées, leurs talens et leurs passions, ils en agrandissent la sphère : la discussion, quand elle est sage, méthodique et raisonnée, fait naître les idées, développe, approfondit et mûrit les questions dont elle prépare la solution; elle ne devient inutile ou dangereuse que quand elle s'échauffe au point de dégénérer en dispute; alors la raison se tait, la vérité fuit, ce n'est plus que la passion qui parle; et l'on sait que la passion toute seule raisonne rarement bien. — Les sociétés savantes et législatrices, en traitant ces grandes questions, qui intéressent le bonheur de leur pays et les progrès de l'esprit humain, ne sauroient donc mettre dans leurs discussions trop de sang froid, de dignité et de noblesse, si elles veulent imprimer à leurs travaux ce caractère de profondeur, de sagesse et de vérité qu'ils doivent avoir, et par conséquent aussi le respect et la durée qui en sont la suite et la récompense.

Rien donc de plus propre à contribuer à la multiplication des idées, au perfectionnement de nos connoissances et de l'esprit humain, que ces réunions d'hommes ayant pour but de s'éclairer mutuellement, et de travailler toutes ensemble à l'accroissement des sciences et aux progrès de l'instruction (1) : elles sont aussi utiles, aussi précieuses que sont inutiles et dangereuses ces sociétés populaires ou clubs, qui au lieu d'être un foyer de lumières, de passions nobles et de liberté décente, ne sont la plupart du tems qu'un bureau central d'ignorance, de déclamations, de licence, de révolte et d'anarchie ; et autant les gouvernemens sages doivent s'empresser de protéger les premières, en multipliant les institutions qui ont pour but d'éclairer les hommes, de les rendre meilleurs citoyens, et partant plus heureux ; autant ils doivent être attentifs à surveiller et même à empêcher les autres, en faisant fermer ces antres dangereux où se fabriquent les armes destinées à les détruire eux-mêmes en bouleversant la société.

Des écoles primaires où l'on apprend les élémens de sa langue, de l'écriture et du calcul ; des gymnases pour les exercices du corps (les armes, la course, la natation, etc.); des écoles de dessin et de mathématiques ; des écoles d'histoire naturelle, de physique

---

(1) On me pardonnera de n'être point ici de l'avis du trop célèbre J. J. Rousseau, qui s'exprime ainsi dans son *Emile* (tom. 2, liv. 3, pag. 99, édit. de Bâle). « *Il est de la dernière évidence que les compagnies savantes de l'Europe, ne sont que des écoles publiques de mensonge ; et très-sûrement il y a plus d'erreurs dans l'Académie des Sciences, que dans tout un peuple de Hurons.* »

Le même J. J. dit, livre 4, pag. 198 : « *C'est l'esprit des sociétés qui développe une tête pensante, et qui porte la vue aussi loin qu'elle peut aller* ». Quelle dialectique ! et quelle décence dans les expressions !

et de chimie ; des écoles théori ques et pratiques d'architecture civile et navale (ces deux grands arts qui embrassent presque tous les arts mécaniques) ; des écoles pour l'enseignement des langues anciennes et modernes ; des écoles de morale et de législation ; des théâtres publics, où règne avec décence la peinture des mœurs, offrant l'éloge des vertus, la censure des vices, l'horreur des forfaits, et sur-tout l'enthousiasme et le développement des passions nobles et utiles à l'homme ; des fêtes publiques consacrées à la nature, à la patrie, à l'amitié, à la reconnoissance, aux grands hommes, etc. telles sont les institutions que les gouvernemens doivent former et encourager de tout leur pouvoir, en en confiant la direction à des hommes du mérite le plus distingué : telles sont les grandes sources d'idées, de sentimens nobles et de penchans vertueux, et les puissans instrumens de civilisation et de bonheur que le génie a placés sous la main des gouvernans en faveur des gouvernés.

CHAPITRE VII.

Moyens de former et d'accroître le second élément de la force pensante, nommé capacité de réminiscence *ou* mémoire

Tout le monde sait que d'ordinaire et quelque bien organisé que l'on soit, un premier coup-d'œil ne suffit pas pour se rappeler ce qu'on a vu; il faut donc voir plusieurs fois les mêmes choses, afin de rendre forte et durable l'impression qu'elles font sur nous, et graver en quelque sorte leur image dans le cerveau. En un mot, il faut contracter peu à peu par l'exercice modéré et continuel des sens, l'habitude de voir, de toucher, et plus généralement celle de sentir et d'analyser. Il faut, pour se retracer la série des objets, celle des sensations et des idées, attacher à chaque objet, ainsi qu'à chaque sensation ou idée, un signe simple et distinct qu'on lie, qu'on identifie si bien avec eux, que l'une quelconque de ces trois suites (celle des objets, celle des idées, celle des signes) étant donnée ou connue, les deux autres le soient en même tems.

Du moment où l'on a une fois acquis le pouvoir ou contracté l'habitude de se rappeler les objets, à l'aide des signes de convention, inventés par nous ou par nos prédécesseurs, la faculté (CR) ou la mémoire, est déjà formée : on peut la conserver et l'accroître tous les jours, en vérifiant de tems en tems les liaisons faites, en en formant de nouvelles, et se procurant ainsi une masse d'idées toujours croissante, et qui n'a d'autres bornes que celles de l'univers, et des sens que nous a donnés la nature pour le connoître ou l'étudier. Au moyen de ces signes qui sont en notre puissance, déposés dans nos registres, dans nos livres, et auxquels nous pouvons recourir à volonté, les objets absens redeviennent présens quand nous voulons, et nous logeons dans l'espace étroit d'un porte-feuille, d'un mémoire, d'un livre, d'une bibliothèque, une machine compliquée, une ville, une campagne, une province, un royaume, les terres, les mers (ou le globe avec tout ce qu'il renferme) et le vaste espace des cieux lui-même. — Ce prodige est dû, comme l'on voit, à la puissance magique de la liaison des signes avec les idées : sans elle, les sensations les plus fortes, les impressions les plus vives sont peu durables ; elles naissent, se succèdent, disparoissent comme des ombres légères, et sont irrévocablement perdues pour nous. . . . . .

Pour nous rendre maîtres de nos idées et les soumettre ensuite aux calculs du génie, nous n'avons que deux moyens ; c'est de revoir fréquemment les objets eux-mêmes, ou les signes qu'on y a attachés et les descriptions qu'on en a faites : or, qui ne sent que l'un est infiniment plus facile que l'autre : qui peut se flatter de tout voir par soi-même? quelle homme pourroit se transporter même une seule fois sur les divers points du globe, ou seulement visiter les villes capitales des deux mondes? la vie est trop courte pour cela. Heureusement il n'est pas nécessaire de faire de très-longs voyages pour opérer la liaison primitive des signes avec les idées et les objets : graces à la navigation et au commerce, graces à la communication rapide existante par eux et pour eux, entre tous les états policés du globe, les productions naturelles et industrielles,

les découvertes dans les arts et les sciences, les usages, les modes, les langues, en un mot, les idées et les richesses des nations, sont devenues la propriété commune de tous les pays et de tous les hommes.

Chaque ville considérable de la France, de l'Angleterre, etc. renferme une assez grande quantité de monumens des arts, des produits du sol et de l'industrie, des objets d'histoire naturelle, de physique, de chimie, de mécanique et de manufactures. Outre ces dépôts précieux, ces bibliothèques publiques, ces muséum formés par la sage prévoyance des gouvernemens, et qu'ils ne sauroient trop multiplier pour l'avantage de l'éducation publique, l'instruction de la jeunesse, les plaisirs et le bonheur de tous les âges, il existe en une infinité d'endroits et chez beaucoup de riches particuliers, des cabinets contenant les échantillons étiquetés d'un grand nombre de productions naturelles ou d'ouvrages manufacturés, que le noble désir d'obliger et de propager les connoissances, engagera toujours un homme raisonnable à communiquer à celui qui veut s'instruire. D'ailleurs, souvent une partie de ces objets se trouve à peu de distance du séjour que l'on habite, il ne s'agit plus que de se transporter à peu de frais sur les lieux pour les y étudier, se rendre familière leur nomenclature, les dessiner, etc. or, il est peu de curieux, amateurs des sciences et faits pour les cultiver (car tout le monde, dans un état, ne peut pas, ne doit pas être savant, il suffit que chacun, selon son état et sa profession, sache bien faire ce qu'il fait), qui ne soient en état de faire face aux frais modiques de ce déplacement.

La difficulté la plus grande qui se présente ici, c'est d'avoir dans les commencemens pour guide un homme qui nous fasse bien connoître les noms écrits et parlés que porte chaque objet dans chaque pays, ou qui nous apprenne à faire l'exacte liaison des signes avec les choses qu'ils représentent, et l'analyse rigoureuse de celles-ci : il seroit sans doute fort avantageux de pouvoir se créer une langue à soi-même, parce qu'en qualité d'inventeur on sauroit toujours s'en servir avec une précision mathématique, et l'on raisonneroit toujours nécessairement bien; mais outre l'extrême difficulté de l'exécution, elle auroit le très-grand inconvénient de ne pouvoir servir qu'à un individu : or, étant membre d'une société à laquelle on doit tout, et partant à laquelle on se doit tout entier, bien loin de vouloir donner à ses concitoyens un langage de sa façon, on est bien forcé d'adopter le leur, si l'on veut vivre parmi eux, s'en faire entendre, leur rendre des services et en recevoir. Comment d'ailleurs les choses seroient-elles autrement, il nous est presqu'aussi naturel que l'air que nous respirons, il nous est donné avec la vie : l'enfant l'apprend en suçant le lait de sa nourrice ou de sa mère ; ce sont les premiers sons qui frappent son oreille, les premiers qu'il sait articuler, les premiers dont après les signes naturels (les cris, les pleurs, le sourire, etc.), il se sert pour exprimer ses désirs, ses besoins, ses passions naissantes.

Par malheur il n'arrive que trop souvent, que dans cet âge tendre où la tête commence à se former et reçoit les premières notions des choses, on ne lui fait pas toujours faire d'une manière suffisamment exacte la liaison des mots avec les idées; il apprend à nommer avec assez d'exactitude les objets sensibles qu'il a sous les yeux, qu'il peut voir ou toucher, et dont on prononce le nom en les lui montrant, mais les noms donnés aux choses absentes, souvent aux choses absurdes, à toutes les notions morales hors de sa portée et qui ne sont point de son âge, aux objets dits surnaturels (1), à tous ces êtres mythologiques et théologiques, émanés de l'imagination des poëtes et des prêtres, et que tant de vieux hommes ne connoissent pas mieux que les enfans, restent pour lui indéterminés, ou ne le sont que par les images plus ou moins bizarres qu'il s'en forme lui-même, et ce n'est qu'à mesure qu'il avance dans la carrière de la vie qu'il peut, avec le secours d'une forte organisation et de l'éducation qu'il se donne à lui-même, venir à bout de dissiper les inintelligibles fantômes qu'on avoit si maladroitement fait entrer dans son esprit, distinguer les mots donnés à des êtres réels d'avec ceux qui ne signifient rien, développer les idées complexes dans leurs vrais élémens, ceux dont on a dû les former, et dont on est souvent obligé de les composer soi-même, quand on veut raisonner juste, vu l'indétermination, l'arbitraire, l'incertitude et les contradictions qui règnent en tout pays dans leur formation actuelle.

Concluons qu'il ne faut jamais prononcer devant un enfant le nom d'une chose dont on ne peut ou dont on ne doit pas lui donner l'idée, qu'on ne peut lui montrer ou lui expliquer, en la rapprochant par voie de comparaison avec des objets sensibles qui lui sont déjà parfaitement connus ; et règle générale, on ne doit jamais faire entrer dans sa tête un mot sans idée, ni une

---

(1) Que signifie ce mot *surnaturel ?* La Nature n'est-elle pas le GRAND TOUT, au-delà duquel il n'est rien, et dont tout ce qui existe est un élément nécessaire ?

idée sans le mot propre : seulement il faut avoir soin de proportionner la qualité des idées qu'on y place à l'âge et au degré d'intelligence : sans cette sage attention, son esprit se fausse, se remplit d'illusions, de chimères, de notions confuses, etc., qui lui troublant le cerveau, ne lui permettent plus de voir par la suite les choses telles qu'elles sont : tous ces dangereux élémens, en fermentant dans sa tête et s'y combinant de mille manières, y forment une foule d'idées monstrueuses, et deviennent la source des erreurs, de préjugés, des faux raisonnemens, des écarts et des passions désordonnées qui font le malheur de sa vie, reculent pour lui l'époque de la raison et des sciences, et souvent prolongent l'enfance de l'homme jusqu'à la mort. — Rien de plus important, de plus indispensable, pour la construction d'une bonne tête, de n'y faire entrer d'abord que des élémens purs, des idées nettes, simples, bien choisies et parfaitement déterminées ; il est presqu'impossible que l'homme, pour l'instruction duquel on a suivi cette marche-là, n'ait de très-bon heure dans l'esprit une rectitude géométrique ; un tel homme raisonne nécessairement bien, comme beaucoup d'autres, par les suites d'un mauvais plan d'instruction, raisonnent nécessairement mal, (car il est par malheur un art d'abrutir l'homme et de le rendre méthodiquement absurde) ; les faux raisonnemens ne peuvent trouver chez lui d'accès, ou du moins il s'en apperçoit tout de suite, comme en arithmétique et en algèbre on s'apperçoit des fautes de calcul ; comme il n'a dans la tête que des notions claires, des élémens bien connus, les combinaisons qu'il en fait ou ses raisonnemens, ne peuvent manquer d'avoir la clarté et l'évidence du calcul mathématique.

matique. Il n'en est pas ainsi du jeune homme dans l'éducation duquel on a suivi, comme on le fait ordinairement, la méthode toute contraire; il a souvent la démangeaison de parler sans avoir pensé, sans avoir le nombre d'idées nécessaires pour le bien faire : il répète en désordre et comme un pur exercice de mémoire, des mots entassés confusément dans sa tête ; il n'examine pas si chacun de ces mots exprime une idée, et quelle idée il exprime; il ne sent pas qu'avant que la langue forme cette combinaison de mots, qu'on nomme *phrase*, il doit se passer dans la tête une combinaison d'idées distinctes bien senties, c'est-à-dire, un jugement exact, et que semblable à l'œil du musicien, qui devance toujours un peu le mouvement des doigts de la main, du bras et de l'archet, le cerveau de l'homme qui écrit ou parle, doit précéder dans l'arrangement de ses idées le mouvement de la langue qui les exprime par les sons qu'elle forme, ou de la main qui les représente avec les caractères qu'elle trace. Ce sujet ayant été développé précédemment avec une étendue suffisante, je n'insisterai pas davantage sur une vérité qui, pour mon lecteur, doit maintenant être bien évidente.

Le moyen de conserver ou de retracer ses idées, en leur attachant des signes de convention, (sons, figures ou mouvemens), est bien un des plus simples et des plus expéditifs; mais, quoique d'une utilité bien générale, puisqu'il s'étend à toutes sortes d'objets et d'idées, même aux notions complexes et aux idées abstraites, il est à bien des égards moins précieux que le suivant, qui consiste à décrire les objets tels qu'ils sont par des figures égales ou semblables.

L'on sent que je veux parler du dessin, (sorte d'écriture naturelle qui a dû précéder toutes les autres), art précieux au moyen duquel nous pouvons, comme avec un cachet, faire passer sur le papier ou toute autre surface polie, l'empreinte de nos idées et l'image des objets qu'elles représentent; qui d'un coup-d'œil nous montre tous les détails de l'objet le plus compliqué, toutes les parties d'un tableau dans le même ordre que celui où elles existent hors de nous, et avec leurs dimensions relatives et perspectives : ce qui produit la ressemblance parfaite de ce genre d'écriture avec l'objet dont il est la copie.

Le dessin peut tracer non-seulement l'image de tout ce qui existe, mais encore de tout ce qui peut exister; c'est à-la-fois la langue de la nature, de l'intelligence et de l'imagination; en offrant à l'esprit, sans confusion, tout ce qu'un corps ou son idée renferme, il montre les choses telles qu'elles sont avec une perfection et une supériorité d'avantages, à laquelle une description verbale et l'usage des signes de convention seront toujours loin de pouvoir atteindre, toutes les fois sur-tout qu'il sera question de la partie descriptive des sciences et des arts, quoiqu'ils aient celui d'être d'une application générale; enfin, le dessin est tout à-la-fois un des plus sûrs et des plus puissans moyens pour acquérir et conserver ses idées, et donner à toutes les facultés de l'esprit un *maximum* de netteté, de développement et de force : de plus, il perfectionne l'usage des signes arbitraires, en nous donnant le moyen de faire ou de renouveller à volonté la liaison de ceux-ci avec les idées.

Cette manière de représenter les corps paroît avoir été un des premiers moyens dont les hommes se sont avisés pour exprimer et conserver leurs idées; très-grossier dans son enfance, comme presque tout ce qui commence, il a peu-à-peu acquis de la perfection, et est enfin parvenu au point où l'ont porté les Grecs, les Romains, et les divers peuples policés de l'Europe. Les anciens l'avoient même employé, ainsi que la peinture et la sculpture, pour rendre sensibles les idées abstraites; pour eux Vénus exprima la beauté; Hercule la force; Apollon le génie et la grace; Jupiter la majesté et la toute-puissance; Bacchus les vendanges; Cybèle la terre, et Cérès sa fille les moissons qui couvrent son sein : pour eux enfin les neuf Muses ont peint à l'imagination les beaux-arts et les sciences avec tous leurs attributs. C'est encore ainsi que de nos jours et dans la mythologie moderne,* le pinceau du peintre et le ciseau du sculpteur ont rempli nos temples de tableaux et de statues représentant le triple dieu des chrétiens, la vierge sa mère, les saints, les anges, les démons; enfin, toute l'histoire théologico-mythologique, et cette foule de productions (quelquefois sublimes, plus souvent extravagantes ou ridicules) émanées du cerveau des Prêtres, nées de l'imagination sombre et mélancolique des Moines, des Fakirs, des Dervis, des Bonzes, des Talapoins, des Brachmanes, etc. En un mot, des mauvaises têtes de tous les tems et de tous les pays.

Je n'ajouterai presque rien à ce que j'ai dit ici et à la fin du chapitre V, sur l'immense utilité du dessin pour l'acquisition, la conservation, le renouvellement et la rectification des idées; c'est une vérité dont chacun peut aisément se convaincre par sa propre expérience : on verra, par exemple, qu'en dessinant de bonnes cartes géographiques une ou deux fois, on saura plus de géographie, et on la saura mieux qu'en apprenant par cœur le plus volumineux traité; on verra qu'en dessinant une seule fois avec beaucoup de soin le modèle d'un vaisseau de ligne, d'une machine, le plan d'un fort, d'une ville, d'une campagne, etc., on aura dans la tête plus d'idées sur tous ces objets que si on en eût lu vingt fois la description verbale dans un livre fort étendu: en un mot, l'on conviendra que le dessin dans tous ces cas, et dans une infinité d'autres, est non-seulement d'une utilité majeure, mais même d'une nécessité indispensable, pour faire entrer nettement et promptement, ainsi que pour conserver long-tems dans sa tête une grande quantité d'idées, qu'il eût été fort difficile, pour ne pas dire impossible d'y placer par toute autre voie, et toujours d'une manière infiniment plus pénible et plus lente. Le dictionnaire encyclopédique des différens peuples seroit inintelligible, s'ils n'avoient pas accompagné la description de chaque objet d'une figure ou plan montrant d'un coup-d'œil tous ses détails: au surplus, il est bon et même nécessaire d'employer à la fois ces deux moyens, ces deux langues, qui ne sont que des traductions l'une de l'autre: le discours explique en français, en anglais, en italien, etc. ce que représente le dessin, le plan, la gravure, et le dessin éclaircit ce que le discours ne montre qu'imparfaitement. Au reste, le discours, quoiqu'imparfait, est une méthode analytique et descriptive d'un usage général et continuel pour la communication des idées et le commerce ordinaire de la vie, mais il convient pour le rectifier d'employer autant que possible le secours du dessin et de l'œil, (le plus étendu, le plus prompt et le meilleur analyste de tous nos sens), lorsqu'une fois il a été bien formé par les leçons du tact.

La réflexion fréquente sur soi-même est un nouveau moyen de conserver ses idées, d'accroître leur liaison et de fortifier la mémoire : pour cela il faut chaque jour s'efforcer de se rappeller le soir toutes les sensations de la journée, ses actions, ses paroles, ses passions, ses plaisirs et ses peines, ainsi que les causes qui les ont produites ; il faut s'assujétir à en tenir registre, et faire sur soi-même une suite d'observations destinées à nous retracer au bout d'un mois, d'une année, etc. en mot, quand nous voulons, les changemens successifs de l'ame et de la vie, comme les mouvemens bien observés du baromètre, du thermomètre, de l'hygromètre servent à nous représenter les variations de l'atmosphère, les divers degrés de température, etc.

Ce procedé mis en pratique par chaque individu depuis le moment où il seroit en état de s'observer lui-même, auroit non-seulement l'avantage d'entretenir et d'accroître prodigieusement la mémoire, mais en nous mettant à même de nous retracer presque toute la chaîne de notre vie, et d'en comparer les diverses portions, il seroit pour nous un fonds inépuisable de réflexions justes, et contribueroit singulièrement à nous faire connoître à nous-mêmes : on pourroit, de l'ensemble des observations ainsi faites sur un grand nombre d'individus, conclure les lois générales de la sensibilité, et par suite celles de la morale, ou de l''histoire des individus, déduire l'histoire de l'esprit et du cœur humain. — Les observations en question devroient porter spécialement sur des hommes de génie, sur les ames supérieures, qui présentant à la fois toutes les passions, les grands talens, les grandes vertus, et souvent aussi les grands vices, et qui organisées pour sentir elles seules tout ce que sentent les autres hommes ensemble, offrent plutôt le tableau abrégé de l'humanité que le système des idées et des sentimens d'un seul individu.

Nous aurions la plus grande obligation aux grands hommes, s'ils avoient voulu nous laisser eux-mêmes l'histoire de leurs sensations, sans y rien déguiser, y rien changer; mais il est peu d'hommes assez courageux pour exposer aux yeux des autres, avec fidélité et impartialité, ce qui peut leur être nuisible ou défavorable, comme ce qui leur est avantageux. Quoi qu'il en soit, il sera toujours fort utile de faire pour soi-même, pour son instruction, ce que l'on ne voudroit pas faire pour celle des autres; par-là on se connoîtra mieux, et l'on se conduira mieux : je regrette de n'avoir pas suivi moi-même les conseils que je donne ici, et dont je suis convaincu que l'on peut retirer beaucoup de profit; mais d'ordinaire l'on n'aime point à se captiver jusqu'à ce point : en général on aime mieux jouir que s'examiner; les occupations, les affaires ne permettent pas toujours de suivre et d'exécuter un plan régulier, et l'on ne peut disconvenir que le petit exercice que je propose ici, tout intéressant qu'il est, et au fond plus important qu'on ne pourroit penser, ne soit aussi un peu assujétissant (1).

---

(1) Il est encore une précaution bien simple que l'on peut employer pour conserver ses idées et même en acquérir de nouvelles; c'est de

Quand on a accumulé dans sa tête une assez grande quantité d'idées qu'on s'est rendues familières par les moyens précités, quand on possède bien le système de leurs signes représentatifs, et qu'on a établi entre elles et ceux-ci une liaison forte et durable, il reste encore à faire une chose bien importante pour les conserver et les retracer avec facilité ; c'est de les classer et de les ranger dans sa tête dans l'ordre de leur plus grande analogie, et par conséquent aussi celui de leur plus grande liaison. Pour cela il faut en faire le triage, et réunir pour ainsi dire dans un même faisceau toutes celles qui sont relatives à un même sujet, et former

porter toujours avec soi un petit registre et un crayon, afin de pouvoir, dans le besoin, coucher par écrit les choses intéressantes qui nous passent par la tête, ou ce qui peut se présenter à nous de remarquable dans toutes les circonstances de la vie, ainsi que les réflexions que chaque événement peut faire naître. Cette petite précaution a cela d'avantageux, que par son moyen l'on peut, 1°. faire chaque jour une liste des termes nouveaux, de ceux dont la signification est inconnue ou douteuse, et la déterminer quand on est rentré chez soi, à l'aide d'un bon dictionnaire ou d'une personne instruite ; 2°. apprendre les noms oubliés ou ignorés des choses déjà connues, comme on avoit appris la signification des termes inconnus : elle est sur-tout utile aux penseurs, aux hommes qui ont beaucoup d'affaires, à ceux qui apprennent une langue (et tout le monde est plus ou moins dans ce cas-là, puisqu'il n'est personne qui connoisse tout dans sa propre langue) : il m'est arrivé à moi-même, que pour l'avoir négligée, nombre d'idées que j'avois laissé échapper, ne se sont plus retracées à mon esprit, quelqu'effort que j'aie fait pour les y rappeler.

Ce sont là, pourroit-on me dire, d'assez petits moyens ; mais je pourrois répondre aussi que les méthodes d'instruction et d'éducation par lesquelles on forme et l'on dirige toutes les facultés intellectuelles et morales, ne résultent que de l'ensemble de tous ces petits moyens-là

ensuite de chacun de ces faisceaux d'idées une série développée et analytique, dans laquelle chaque terme semble naître de celui qui le précède. C'est ainsi qu'ayant rassemblé la somme des idées et des vérités relatives à l'étendue mathématique, leur développement analytique offrira à l'œil la chaîne méthodique et raisonnée des vérités géométriques, ou un traité complet des lois de l'étendue. De même, la somme des idées relatives aux lois du mouvement des corps rangées dans leur *maximum* de rapprochement, et développées analytiquement, présentera un traité complet de dynamique : si l'on en fait ensuite des applications particulières à des corps déterminés (solides, liquides ou fluides) comme les bois, l'eau, l'air, la lumière, etc. on en verra naître la mécanique, l'hydraulique, l'optique, etc. En l'appliquant à ces grandes masses (étoiles, planètes, comètes, etc.) errantes dans l'espace infini des cieux, et que l'on a nommées *corps célestes*, on donnera naissance à l'astronomie physique ou mécanique céleste, la plus heureuse comme la plus brillante des applications que l'homme ait pu faire des lois de l'étendue et du mouvement, ou de la géométrie et de la dynamique.

Ce procédé par lequel on classe ses idées n'a, comme on voit, rien de mystérieux ni de difficile; c'est celui du libraire, du pharmacien, du marchand, etc. qui dans leur boutique ou leur magasin arrangent divers assortimens de marchandises, et placent de suite celles qui ont le plus de rapport ou sont de même espèce, afin de ne rien confondre et de pouvoir aisément retrouver tout au besoin; c'est celui du physicien, qui dans son cabinet dispose ses instrumens, et met ensemble ceux qui sont relatifs à la démonstration de chaque branche de la physique expérimentale; c'est celui du naturaliste, qui après avoir recueilli et trié toutes les substances naturelles que le globe nous présente, entassées pêle-mèle, place dans des compartimens séparés les bois, les fruits, les graines, les métaux, les coquillages, les insectes, les oiseaux, les poissons, les quadrupèdes, et dans des cases partielles provenantes de la subdivision de ces premiers compartimens, les différentes classes ou espèces d'oiseaux, de poissons, etc. nées de la subdivision analogue de ces grandes collections primitives d'*animaux*, de *végétaux* et de *minéraux*.

Le procédé de l'homme qui met de l'ordre dans sa tête, n'est au fond que celui-là; il la partage pour ainsi dire dans un certain nombre de cases, dans chacune desquelles il place la chaîne des idées relatives à chaque science, à chaque branche de science, ou (pour parler sans figure et plus exactement) à force de diriger son attention sur ces diverses chaînes d'idées exprimées d'abord et rangées comme il faut, il imprime à l'organe central (le cerveau) plusieurs séries correspondantes de mouvemens, qui une fois bien contractés et devenus habituels par le fréquent exercice des sens et la longue répétition des mêmes sensations, nous donnent le moyen de retracer ou de faire renaître la chaîne générale de nos idées, d'une manière vive, prompte et précise, comme si les objets étoient présens, et que l'œil et la main pussent eux-mêmes les parcourir et les analyser.

Rien n'est moins indifférent que cette classification; un bon système d'idées bien coordonné ressemble assez (qu'on me permette cette comparaison) à un peloton de fil bien dévidé. Si l'on sait prendre le bout du fil, le peloton se déroule de lui-même jusqu'au bout; mais si on veut le développer en prenant toute autre portion de fil composant l'écheveau, alors la chaîne se trouve coupée, tous les fils s'embarrassent et s'entremêlent les uns dans les autres, et il en résulte une confusion telle que leur développement devient impossible: voilà une image simple et naïve de la facilité ou de la difficulté d'analyser nos idées suivant l'ordre ou le défaut de méthode qui a régné dans leur classification; quand elles sont disposées et rangées dans l'ordre le plus naturel, l'esprit, guidé par l'analogie et la plus grande clarté, les parcourt sans peine, quelque longue qu'en soit la chaîne; dans le cas contraire, il est sujet à tout brouiller et à tout confondre; c'est un vrai chaos qu'une tête ainsi formée d'idées disparates et décousues, il n'y a que le flambleau de l'analyse qui puisse remettre tout à sa place et dissiper l'obscurité.

C'est de l'arrangement plus ou moins heureux des idées dans notre tête que dépend l'art ou le pouvoir de remonter toujours à leur génération, art qui est la source la plus féconde des découvertes: en effet, il y a entre toutes les idées semblables une sorte d'affinité ou de force attractive qui les rapproche et les lie naturellement, et c'est cet enchaînement, cette adhésion naturelle qu'il faut appercevoir d'abord, pour pouvoir ensuite les découvrir aux autres: une première idée, une première vérité connue, nous montre celle à laquelle elle tient le plus immédiatement; celle-ci apperçue nous en fait appercevoir une troisième; et c'est ainsi qu'en allant de proche en proche, de chaînon en chaînon, l'on vient à bout de parcourir rapidement et sans effort une chaîne d'idées et de vérités naissantes les unes des autres, et susceptible de s'accroître continuellement et indéfiniment par le talent de bien observer, de bien calculer ; enfin, par le secours de cette puissante faculté qui sait appercevoir toutes les idées partielles renfermées dans une idée principale, ou saisir et reculer jusque dans ses dernières limites l'ensemble des conséquences que l'on peut faire dériver d'un même principe, d'un fait fondamental, tel que celui de la pesanteur universelle démontrée par Newton, qui en a su déduire tant et de si beaux résultats, et lègue aux générations futures un fonds inépuisable de méditations, d'observations, de calculs et de vérités neuves.

Ainsi donc, la meilleure mémoire n'est pas celle qui contient le plus d'élémens, mais celle où ces élémens se trouvent rangés dans l'ordre précité.

C'est l'ignorance de cette vérité qui, dans presque tous les pays, a fait naître tant de mauvais livres, tant de mauvais ouvrages élémentaires, aussi mal enseignés et aussi peu entendus qu'ils étoient mal composés ; car l'art de penser, de composer, d'enseigner, de lire, de parler et d'écrire est toujours le même : il se réduit à savoir bien analyser ses idées en les classant ou les rangeant chacune à leur place, laquelle se trouve déterminée par leur plus grande liaison avec celles qui précèdent et celles qui suivent. Dans un ouvrage bien fait, chaque idée a donc sa place marquée par la nature du sujet et la chaîne du raisonnement ; si on lui en fait occuper une autre, elle est déplacée, et l'ouvrage est mal fait.

CHAPITRE VIII.

Moyens de développer et de perfectionner le troisième élément de la force pensante, nommé capacité de combinaison.

Quand on a une fois analysé rigoureusement, ou formé avec précision le dictionnaire de sa langue, et dressé sur chaque objet, 1°. le tableau de ses idées élémentaires; 2°. celui des idées complexes les plus simples formées par la réunion de celles-ci, ou les notions du premier degré; 3°. celui des idées plus compliquées, naissantes de la combinaison des premières idées complexes, ou les notions du second degré; 4°. enfin, celui des notions abstraites et générales de tous les ordres: quand on les a réunies par groupes homogènes, et formé dans sa tête, en quelque sorte, autant de magasins séparés, qu'on a reconnu de branches distinctes dans la masse de nos connoissances existantes ou possibles, on a déjà fait un grand pas vers le génie, et l'on est en état de s'élever jusqu'aux plus grandes hauteurs de l'esprit humain, non-seulement en résolvant les problèmes déjà résolus par ses prédécesseurs, mais encore en tentant la solution des questions non résolues, ou même regardées comme insolubles.

Si l'on veut par exemple résoudre un problème de géométrie, il faut recourir au magasin des idées et des vérités géométriques rangées dans sa tête ou sur un tableau bien fait, et s'en retracer vivement toute la chaîne; alors il arrivera très-souvent que l'attention forte qu'on donnera à celles qui ont le plus de rapport avec l'état de la question, nous conduira sans effort à la solution cherchée : on pourra résoudre de même un problème d'astronomie, de morale ou d'économie politique, en se remettant sous les yeux le tableau des idées astronomiques, morales, etc., analogues à la question que l'on traite. Il faut se dire, la somme des problèmes que l'on peut se proposer sur chaque sujet, n'est que la somme des comparaisons et combinaisons que l'on peut faire des idées qui y sont relatives, prises 2 à 2, 3 à 3, 4 à 4, etc., en un mot, de toutes les manières possibles. Occupons-nous donc à épuiser, pour ainsi dire, le nombre de ces rapprochemens, de ces combinaisons (au moins les principaux cas), et nous aurons dressé la liste des questions que l'on peut se proposer sur chaque partie, et parmi lesquelles doit se trouver celle dont il s'agit. Mais comme avec un très-petit nombre de quantités ou d'idées élémentaires on peut former un nombre presqu'infini de combinaisons (car, 1°. les 24 lettres de l'alphabet ont suffi pour former presque toutes les langues de l'Europe, et le nombre des mots qu'elles peuvent composer sera peut-être toujours supérieur à celui des idées de tous les peuples ; 2°. c'est avec 22 ou 23 sons élémentaires, ou environ trois octaves consécutives que l'on a donné, ou que l'on peut donner naissance à toutes les compositions musicales, qui sont loin encore d'être épuisées par les brillantes productions et le génie fécond des Grétri, des Gluck, des Piccini, des Cimarosa et des Paesiello ; 3°. c'est avec un nombre moindre encore de couleurs primitives, que les Raphael, les Michel-Ange, les Rubens, les Lebrun, etc. ont imprimé sur la toile tant de tableaux sublimes), l'on sent bien qu'il n'est guère facile, pour ne pas dire impossible, d'épuiser jamais totalement son sujet : avec quelque soin que l'on récolte le champ du génie, ce *champ* (dit Lafontaine) *ne se peut tellement moissonner, que les derniers venus n'y trouvent à glaner.* Or, le moyen de *glaner*, de faire de nouvelles découvertes, c'est de former de nouvelles combinaisons de ces premiers matériaux de nos connoissances qui sont au pouvoir de tous, mais dont très-peu savent tirer tout le parti convenable : il n'appartient qu'à un très-habile architecte de pouvoir dire, avec tel nombre de matériaux, de telle ou telle qualité, l'on ne peut élever que tel ou tel édifice. Quoi qu'il en soit de même que dans l'architecture civile ou navale, l'on ne peut construire comme il faut, ou former un édifice élevé, solide et durable, sans avoir préalablement réuni la quantité de morceaux de pierre, de bois, de fer, etc. nécessaires à la construction ou bâtisse projetée ; de même aussi, l'on ne peut, sur quelque sujet que ce soit, composer un bon ouvrage, sans s'être auparavant rendu bien présent, bien familier le système des idées primitives de la combinaison desquelles il doit résulter.

Le premier pas qu'il faut donc faire en pareil cas, c'est de s'entourer de toutes les données relatives au sujet que l'on veut traiter : il faut alors placer sous ses yeux et dans sa tête, ou au moins avoir par écrit, afin de pouvoir y recourir au besoin, l'état exact des vérités déjà découvertes sur l'objet en question : il faut le lire, le parcourir souvent et attentivement ; l'on ne tardera pas à y appercevoir de nouvelles choses, et l'on se sentira, pour la composition de son ouvrage, une facilité que sans cela l'on n'auroit point eue. C'est par suite de l'oubli de cette précaution préliminaire et indispensable que l'on a vu paroître tant d'ouvrages foibles, médiocres et souvent détestables, qui ont jeté sur leurs trop présomptueux auteurs un ridicule auquel ils ne se seroient pas exposés, si avant de se mettre en besogne, ils s'étoient demandé à eux-mêmes : Ai-je assez d'idées sur la partie que je veux traiter, pour le faire avec succès? C'est encore par la même raison que tous les jours l'homme instruit se voit condamné au supplice d'entendre déraisonner sur toutes sortes de sujets beaucoup de gens qui ont la démangeaison d'en parler, sans avoir les idées qui y sont relatives.

Si je n'ai pas donné moi-même à cet ouvrage le degré de perfection qu'il pourra recevoir un jour, c'est qu'ayant été forcé de le composer à la hâte, en voyageant, je n'ai pu réunir autour de moi les écrits des hommes de génie, qui ayant déjà traité, sinon le même sujet, au moins des sujets analogues, auroient pu me former un grand nombre de matériaux précieux pour la construction de l'édifice que j'ai projeté. Les livres sont des magasins d'idées et de faits auxquels l'esprit le plus vaste et la meilleure tête ne peuvent s'empêcher de recourir pour nourrir leur activité, s'assurer de l'exactitude des citations, des époques, etc. De même qu'un administrateur ne peut bien faire son service sans avoir près de lui ses registres de correspondance et de comptabilité, cet ensemble d'états de situation et de pièces originales relatives à chaque affaire, à chaque partie de son administration; de même aussi un compositeur, un écrivain ne peut se dispenser d'avoir à sa disposition un magasin d'idées et de faits auxquels il puisse recourir au besoin : il doit s'entourer d'un certain nombre de livres originaux, fortement pensés, bien écrits, offrant le recueil des principaux faits, et capables d'entretenir le feu de son génie en facilitant ses opérations : les idées sont l'aliment naturel des idées et de l'esprit, comme les mets solides et liquides sont la nourriture nécessaire du corps sensible.

Ce n'est pas pour copier les livres faits avant nous qu'il faut y avoir recours, et je plains celui qui, ne sachant point penser par lui-même, est réduit à la triste occupation de répéter les pensées d'autrui : il n'est pas, selon moi, de plus pauvre état que celui de compilateur, ni de plus vil métier que celui de plagiaire. Nous ne devons regarder les idées des grands hommes qui nous ont précédés, que comme des échelons, des degrés qui peuvent servir à nous élever au-dessus d'eux, en ajoutant à leurs découvertes quelques vérités nouvelles, et à continuer ainsi la chaîne de nos connoissances à l'accroissement et au prolongement de laquelle tous les êtres pensans sont naturellement appelés. L'on peut sans doute, en traitant les mêmes sujets ou des matières analogues, avoir beaucoup d'idées communes avec ceux qui les ont traités auparavant ; cela doit même arriver souvent, parce que la solution des mêmes problèmes ne peut guère s'obtenir que par les mêmes données et par des méthodes semblables ; parce qu'en regardant les mêmes choses avec les mêmes yeux, en les analysant avec la même tête, on y distingue les mêmes parties (quoique en nombre différent) ; parce que deux hommes placés au même point de l'horizon sensible ou idéal, doivent appercevoir à peu près les mêmes objets, les mêmes idées ; parce qu'enfin toutes les découvertes pouvant se réduire à la combinaison exacte

exacte d'un certain nombre d'idées élémentaires, ou a la décomposition rigoureuse d'une certaine quantité d'idées complexes, la marche de l'esprit humain dans cette double opération est toujours sensiblement la même.

Les hommes qui voyagent dans le monde intellectuel, et qui en parcourent les mêmes régions, doivent donc naturellement se rencontrer, comme font ceux qui, sur le globle matériel, parcourent le même pays, la même province, ou habitent la même ville, la même campagne. A la vérité, ceux dont les yeux sont meilleurs et plus exercés, voient plus de choses; mais cela n'empêche pas ceux qui viennent après eux, qui ont de bons yeux, et qui savent regarder avec attention, de voir d'eux-mêmes ce qu'ont vu les premiers, et souvent d'appercevoir des choses échappées à la pénétration de leur vue, (car qui peut se flatter de tout voir?)

L'on peut donc tirer de son propre fonds et ne devoir qu'à soi-même une foule d'idées qui sont bien neuves pour l'auteur, mais qui ne le sont pas pour le public, parce que d'autres plus heureux ont vu, pensé, dit ou écrit auparavant les mêmes choses. Au reste, cet inconvénient d'être exposé quelquefois à répéter, sans le savoir, ce qui a été trouvé avant lui, ne doit point empêcher un écrivain de s'abandonner de bonne heure à l'essor de son propre génie, et d'essayer les forces de son esprit sur toutes sortes de sujets, en se livrant sans réserve à l'audace et à la multiplicité de ses conceptions : s'il est bon de lire et de converser avec des hommes d'esprit pour entretenir l'habitude de communiquer et d'exprimer ses idées, il vaut mieux encore méditer et composer. C'est cette double habitude qui, contractée de bonne heure, devient la principale cause productrice de l'esprit; c'est elle qui donne à ses productions ce caractère de grandeur, de profondeur et d'originalité qui distingue toujours les ouvrages des hommes hardis et créateurs, et les rend si supérieurs à ces écrivains timides qui ne font que répéter, délayer et souvent obscurcir ou affoiblir les pensées d'autrui, en voulant les commenter ou les interpréter; car il en est d'un bel ouvrage philosophique comme d'un beau tableau, d'une belle statue, une main étrangère ne peut guère y retoucher sans s'exposer à en détruire la beauté. Ce n'est donc point dans les ouvrages des compilateurs qu'il faut chercher à s'instruire; il faut aller puiser la lumière et le génie à leur source, en lisant et méditant avec une infatigable attention le petit nombre d'ouvrages originaux qui nous restent sur chaque partie : ce sont des foyers qui, brillans de leur propre éclat, ont de plus, comme un verre ardent, le pouvoir de réunir et de concentrer dans quelques pages, dans quelques lignes, tous les traits de lumière, de chaleur et de vérité épars dans une immense quantité de volumes diffus, mal digérés, mal rédigés, et qui trop souvent ensevelis sous un amas de paradoxes, de préjugés et d'erreurs, y resteroient inconnus et stériles, si le génie ne prenoit soin de les y recueillir et de les réunir en un seul faisceau, qu'il compose à la fois de toutes pensées grandes et fortes des auteurs qui l'ont précédé (exprimées à sa manière), et de celles qu'il sait y ajouter lui-même.

Rien n'est plus propre à faciliter la combinaison, la comparaison des idées, et généralement toutes les opérations de la faculté pensante, que de placer autant qu'on le peut sous ses yeux, sous sa main, les objets que l'on veut analyser ou soumettre à ses méditations : ainsi un bon globe est extrêmement utile à l'homme occupé de géographie, d'histoire et d'astronomie : en géométrie, il est très-avantageux et commode de s'aider (dans la recherche des propriétés des corps, tels que la sphère, le cône, le cilindre, l'ellipsoïde, le paraboloïde, etc. ainsi que dans l'analyse des surfaces et des lignes résultant, soit de leur section par des plans, soit de leur pénétration mutuelle) de modèles en métal, en bois, en carton, représentant les choses au naturel, et pouvant rendre sensibles les signes et les surfaces dont on s'occupe, ainsi que cet échafaudage de lignes accessoires au moyen desquelles on prépare la recherche ou la démonstration des vérités géométriques. Au défaut de ces modèles, on est forcé, pour secourir et diriger l'imagination, de recourir au dessin, ou du moins au tracé graphique. Ce secours est sur-tout nécessaire dans les commencemens de l'étude, et je pense qu'il est peu d'esprits assez vifs et de têtes assez fortes pour s'en passer : on n'a qu'à essayer de résoudre sans l'un des moyens précités les divers problèmes de stéréotomie, de trigonométrie sphérique et d'astronomie, on verra bientôt que la chose est souvent impossible, et dans tous les cas la difficulté très-grande, sur-tout pour les commençans.

Comment, sans le secours des modèles et du dessin, former et exécuter le plan d'une machine un peu compliquée; comment sans cela représenter nettement et en détail la position et les dimensions relatives de chaque partie, tous les rouages, leur mutuel engrenage, etc.; comment y faire les changemens convenables, les perfectionner; quel avantage, par exemple, n'est-ce pas de pouvoir se représenter sans confusion dans le cadre étroit d'un plan bien fait, l'ensemble de toutes ces parties si variées, si nombreuses, formant par leur réunion la plus étonnante production de l'esprit humain, (*un vaisseau de ligne?*) N'est-ce pas au moyen de deux ou trois projections principales sur un plan que l'on vient à bout de construire toute espèce de corps et de les soumettre au calcul? Comment le sculpteur qui, d'un bloc de marbre, fait sortir les traits d'un Jupiter, d'un Apollon, d'une Vénus, pourroit-il conduire si sûrement sa main et son ciseau, s'il n'avoit pas sous les yeux le modèle ou dessin qui lui sert de guide; et les premières copies, les premiers dessins eux-mêmes, n'ont-ils pas eu lieu d'après les plus beaux modèles qu'offroit la nature? N'est-ce pas au milieu des plus riches campagnes et parmi les plus beaux sites que le peintre et le poëte sentent leur verve s'échauffer par le brillant aspect de la nature? Que d'idées la représentation d'un opéra, d'un ballet, ne retrace-t-elle pas au poëte, au peintre, au musicien, à tous les artistes et les grands connoisseurs? N'est-ce pas en partie par la pompe et l'éclat des cérémonies religieuses et royales, que l'on a subjugué les peuples? Enfin, n'est-ce pas à force de voir que l'esprit s'agrandit et que le goût se perfectionne et s'épure?

Si l'on y fait bien attention, on verra clairement que sur quelque sujet que ce soit, on ne pense, on ne parle aisément et bien, que parce qu'on a contracté par l'habitude le pouvoir de se retracer promptement et vivement les objets que l'on a eu souvent et longtems sous les yeux: l'on ne raisonnera, l'on ne pensera, l'on ne s'exprimera donc jamais mieux et avec plus de facilité que lorsqu'ils y seront encore; puisque les idées ne peuvent jamais être plus nettes et plus vives que dans ce cas-là, où l'on est à portée de les considérer successivement sous toutes les faces, sous tous les rapports. Il faut donc en tout genre d'étude commencer par se retracer bien nettement, être sûr de bien voir les objets dont on va s'occuper : c'est là le premier pas à faire.

Le meilleur et le plus sûr moyen de se former au grand art de combiner les idées (ou à celui de penser et de raisonner), c'est de ne s'exercer d'abord que sur des sujets très-simples et très-clairs; or, comme la simplicité et la clarté sont les caractères distinctifs de l'arithmétique, de l'algèbre, de la géométrie et de toutes les mathématiques pures ou mixtes; j'en conclus qu'il faut d'abord se livrer à l'étude du dessin, qui nous montre les choses, et des mathématiques, qui nous apprennent à en mesurer les rapports; il faut commencer par bien s'approprier l'esprit de cette précieuse méthode qui conduit toujours si sûrement à la vérité, et quand on se l'est rendue bien familière, l'appliquer à toutes sortes de sujets : car je ne puis assez le répéter, il n'y a qu'une méthode pour raisonner juste; et l'esprit géométrique qui en fait la base est une sorte de flambeau qui éclaire successivement les diverses parties du globe des sciences, comme le soleil éclaire tour-à-tour les diverses régions du globe terrestre : si la lumière qu'il répand n'est pas partout la même, cela vient de ce que les idées dont on s'occupe n'ont pas toujours, comme les idées ou quantités mathématiques, l'avantage d'être mesurables, et d'offrir comme elles à l'esprit le moyen précieux de remonter jusqu'à leur génération : voilà pourquoi l'éducation, la morale, la médecine, la législation et l'économie politique, sont encore dans l'enfance chez la plûpart des peuples, même chez les plus civilisés, tandis que les mathématiques, les beaux-arts et les arts mécaniques y ont été portés à un si haut degré de perfection. L'on n'a pas encore dans chacune des sciences précitées fixé le vrai sens des mots, et bien posé l'état de la question, (ce que j'appelerois volontiers mettre les problèmes en équation, en les traduisant dans leur expression la plus simple), l'on n'a point déterminé avec précision l'état des données existantes, celui des données manquantes, ou le nombre des connues et des inconnues, ce qui est un prélude nécessaire à la solution de toute espèce de problème, et sur-tout de ces grandes et importantes questions morales et politiques, qui par leur étendue, leur complication, l'immense quantité d'élémens souvent indéterminés ou mal déterminés qu'elles embrassent, nécessitent même de la part de l'homme qui a le plus de génie, les plus grands efforts pour parvenir à leur solution, qui souvent finit par échapper à ses poursuites, à toutes ses tentatives.

Encore est-il vrai de dire, que le seul moyen de la tenter avec succès est de se servir de celui qui a toujours conduit, d'une manière si prompte, si heureuse, à la solution des questions mathématiques : ce n'est qu'en s'efforçant d'introduire dans toutes les branches de nos connoissances la simplicité, le laconisme et l'élégance des méthodes algébriques, qu'on pourra se flatter de les traiter toutes avec succès, et de porter dans toutes ses discussions, cette brillante lumière (l'évidence) qui sert constamment de guide au géomètre. Alors si l'on rencontre encore des obstacles, ils ne proviendront plus que de la qualité des idées et de la nature du sujet que l'on aura à traiter, et ce ne sera pas peu de chose que d'avoir pu vaincre tous ceux qui naissent d'une mauvaise méthode, de l'indétermination des idées et de l'inexactitude de leurs signes représentatifs, défauts qui sont les sources les plus communes des difficultés qu'on éprouve en voulant traiter un sujet épineux, et de l'obscurité qui règne presque toujours dans les livres ou mémoires faits sur ces sortes de matières.

Si parmi nos connoissances il en est, comme je l'ai fait remarquer, une portion formée d'idées immesurables, et où par conséquent l'on ne puisse introduire entièrement les méthodes de calcul, on peut toujours, au défaut de celles-ci, employer avec succès la ressource des tableaux synoptiques qui présentent rangées sur une suite de lignes verticales et horizontales, les quantités variables dépendantes les unes des autres, et liées entre elles et dans leurs changemens par des lois encore inconnues, ou qui ne sont point exprimables par des équations. Cette disposition nous montrant de la manière la plus nette, la plus abrégée, tout ce qu'il nous importe de connoître sur chaque objet, et nous offrant rapprochées dans un cadre étroit toutes les idées qui ont le plus d'analogie dans chaque portion de nos connoissances, nous met à même de voir d'un coup-d'œil une infinité de choses, de saisir promptement toutes les données dont nous avons besoin pour résoudre le problème qui nous occupe, et en nous procurant l'avantage de combiner sans peine des idées ainsi présentées, nous met à même d'obtenir une foule de résultats nouveaux.

Ce moyen, infiniment utile, employé dans toutes

branches de l'administration publique (1), ainsi que dans les manufactures et le commerce, pour connoître promptement et bien la situation exacte des moyens, du travail et des dépenses; la quantité et la qualité des matériaux, les ressources en hommes, en chevaux, en armes, en munitions, en vivres, en argent, etc., sur lesquelles on peut compter; le nombre d'agens matériels ou sensibles que l'on peut employer, celui des journées d'activité, le jour et l'heure à laquelle chaque opération doit se répéter, etc., peut et doit l'être avec un égal succès dans toutes les branches de nos connoissances. Rien de plus propre que cet artifice très-simple pour faciliter toutes les opérations de la force pensante; il fait naître, entretient, et accroît la liaison des idées, il fortifie la mémoire, l'imagination et l'intelligence; il nous retrace avec précision la génération des notions complexes; il peut nous offrir la chaîne analytique de telle portion qu'il nous plaît de nos connoissances dans le plus petit espace possible; il peut nous servir à former une suite de tableaux contenant, le premier, les faits géographiques; le deuxième, les faits historiques; le troisième, les faits astronomiques; le quatrième, les faits chimiques, etc.; en un mot, présenter dans un cadre bien fait l'état actuel de chaque science, celui des connoissances de chaque peuple, à chaque époque de la civilisation, et de l'ensemble de tous ces états, former le système des idées et des faits; en un

(1) Voyez les diverses formes d'états en usage dans les ministères de la marine, de la guerre, des finances, de la police et des relations extérieures, etc.

mot, l'histoire complète de la nature et de l'homme.

Cette forme abrégée et commode, sous laquelle nous pouvons nous retracer une suite d'idées et de vérités, offre sans cesse à chacun les matériaux que doit combiner le génie pour s'élever à toutes sortes de découvertes : le géomètre, l'administrateur, le savant, en quelque genre que ce soit, en voyant toujours autour de lui cette chaîne de tableaux ou états bien faits, dont il peut former des registres, remplir ses porte-feuilles, ou tapisser les murs de ses bureaux, de ses appartemens, et qui lui offrent constamment les faits et les vérités qu'il doit sans cesse avoir présens à l'esprit, n'oublie rien de ce qui lui est utile de connoître ; il peut d'un coup-d'œil se rappeller ce qu'il auroit oublié, et employer à la formation de projets utiles et nouveaux, le tems qu'il perdroit à feuilleter beaucoup de livres pour y trouver ces idées fondamentales, qu'à l'aide de la méthode précitée, il peut se retracer à toute heure d'une manière nette, facile et prompte.

L'algébriste retrouve dans ces tableaux abrégés, les formules qu'il veut combiner; le ministre, le directeur, etc., y voient les données dont ils ont besoin pour agir sûrement et promptement, et bien gouverner ; le législateur y trouve les fondemens de ses lois ; l'instituteur et le moraliste, ceux de l'instruction, de l'éducation et de la morale; en un mot, tous ceux qui combinent des idées, dans quelque genre que ce soit, les matériaux nécessaires pour le bien faire.

Je ne saurois assez faire sentir ici la nécessité de réduire le système entier de nos vraies connoissances sous le plus petit volume possible (1), autrement le bon sens, le bon esprit et la raison finiront par être étouffés sous des monceaux d'écrits de toute espèce; la plupart détestables, au milieu desquels les bons se trouvent confondus et perdus pour un grand nombre de personnes qui n'ont ni le tems, ni les moyens de les distinguer, et qui passent à lire les premiers des momens qu'ils consacreroient à la lecture des derniers, s'ils leur étoient mieux connus. Pour cela il faut : 1°. au moyen d'une sévère analyse, (faite par un homme d'un grand génie, ou par une société d'hommes supérieurs), extraire de chacun de nos livres philosophiques ce qu'il renferme de vrai, d'utile, en un mot, de bon : alors cet extrait analytique très-simple, très-court, pourra tenir lieu de l'ouvrage lui-même : 2°. réduire autant que possible toutes les sciences en tableaux; alors on aura sous la forme la plus simple et dans le plus petit espace, l'ensemble de nos connoissances réelles, ou le degré actuel de la science, de la raison et de la vérité; et ce travail une fois bien exécuté, on pourroit, sans grand inconvénient, brûler au moins les trois quarts de nos livres philosophiques et scientifiques (2).

---

(1) On pourroit faire un excellent livre ayant pour titre, *des Moyens de diminuer le nombre des livres* (sans altérer la masse des idées utiles et des vérités) : et l'on peut dire en général, qu'*un bon livre doit avoir pour but de rendre inutiles, et de faire oublier un grand nombre de livres.*

(2) On sent qu'il n'est ici question que de ceux-là ; on ne peut toucher à la poésie sans l'altérer ou la détruire ; il faut pour cet objet se borner à noter les bons et les mauvais poëtes, les morceaux bons et mauvais, les vers foibles ou sublimes de chacun d'eux ; il en est des ouvrages des poëtes comme de ceux des peintres et des sculpteurs ; ils sont placés dans nos bibliothèques au milieu des productions de tous

Faisons donc dans nos bibliothèques, et pour le grand dépôt des pensées humaines, ce que fait dans son magasin le propriétaire d'un grand nombre de marchandises bonnes et mauvaises : il en dresse un inventaire exact, il démêle tous les objets précieux, et les range méthodiquement ou les classe suivant leurs degrés de valeur : alors il connoît sa richesse réelle, et compte pour rien ou pour peu de chose tout le reste de son magasin, composé d'objets qui n'ont que fort peu de prix, et qu'il a soin de remplacer par d'autres qui en ont davantage.

Formons donc une liste générale, un catalogue analytique de tous nos livres scientifiques; mettons en tête les meilleurs, ceux qui ne renferment que du bon, ou ceux qui en contiennent le plus, (car il en est bien peu qui soient totalement exempts de défauts) : assurons-nous de nos véritables richesses, et pour cela ne tenons compte dans un livre que de la portion de vérité et de raison qu'il contient, ou n'en jugeons que par l'extrait dont je viens de parler, tout le reste doit être compté pour rien. Une partie de nos ouvrages sont en contradiction les uns avec les autres, d'autres ne sont que de mauvaises copies d'ex-

---

les grands génies (tels que Newton, Buffon, etc.), qui ont jetté les fondemens des sciences, ou en ont reculé les bornes, comme le sont dans nos jardins les statues des Coustou, des Slodtz, des Girardon, et dans nos salons les tableaux des Vernet, des Lebrun, des Michel-Ange; ils les embellissent; ils sont là pour le plaisir des yeux et de l'imagination; tandis que le système entier des vérités, délices des ames fortes et des intelligences vastes, ressemble à ces édifices majestueux, à ces palais dont la régularité et la force fait la beauté, et qui subsistent par leur propre masse, indépendamment de tous les ornemens ou agrémens que la main de l'artiste a répandus sur eux à l'extérieur et dans l'intérieur.

cellens originaux; souvent les idées utiles, les vérités, les faits exacts, sont noyés dans de volumineux fatras, pleins d'inexactitudes, de paradoxes, de préjugés et de faussetés, (et par malheur nos meilleurs livres contiennent presque toujours un peu de tout cela); ce sont des perles ou des pierres précieuses ensevelies sous des monceaux de fumier : il faut donc les en extraire, pour éviter aux amateurs des sciences et aux hommes capables d'en reculer les bornes par leur génie, l'inutile peine et la perte de tems qu'occasionneroit leur recherche; il faut pouvoir leur dire : *Voilà tous nos trésors; ce petit nombre de volumes, placés sous vos yeux, renferme tout ce qu'il y a dans chaque partie de vrai, de bien connu; vous pouvez en peu de tems voir à quel point en est l'édifice de nos connoissances, et puiser dans ce recueil, qui n'a plus rien d'effrayant pour un homme courageux, les lumières et la force nécessaire pour le continuer, en ajoutant vos propres découvertes à celles de vos prédécesseurs.*

Alors l'homme de génie, dans chaque partie, trouvant sous sa main tous les matériaux ou données dont il a besoin, réduits à un *maximum* de simplicité, n'emploiera pour se les approprier qu'un *minimum* de tems, et tout le reste sera consacré à l'accroissement du système de nos connoissances par de nouvelles combinaisons et de nouvelles découvertes.

Rien de plus important (sur-tout dans les commencemens) que le choix des matériaux, objets, livres, etc., que l'on a sous les yeux; et c'est de lui en grande partie que dépend la vitesse des progrès que l'on fait dans les sciences. Que de tems perdu à lire, à apprendre par cœur tant de mauvais livres, qui ne laissent dans la tête que des mots, des chimères et des absurdités, dangereux élémens qui deviennent l'*éteignoir* du bon sens, de l'esprit, et du génie, qui ne peuvent s'alimenter et croître que par une nourriture saine et puisée dans une source pure. Combien de jeunes gens ont été dégoûtés de l'étude par la mal-adresse de leurs instituteurs, et rebutés par le mauvais choix des livres placés d'abord entre leurs mains; combien d'entre eux ont été abrutis par un régime destructeur de leurs facultés, et accusés d'une stupidité dont le reproche n'appartenoit qu'à leurs stupides maîtres? Combien sont restés au-dessous du médiocre, qui, mieux conduits, seroient devenus des hommes supérieurs.

Il est sorti, me dira-t-on, de grands hommes des colléges où l'on suivoit la méthode que vous blâmez si fort. — Oui, comme l'on voit par fois des hommes d'un tempérament robuste et d'une très-forte constitution, survivre aux attaques du charlatanisme et aux pernicieux effets des remèdes administrés par d'ignorans médecins; mais quoique ces dangereux assassins ne tuent pas tout le monde, parce que la nature est souvent plus forte que leurs poisons, en sera-t-il moins vrai de dire que ces poisons colportés et distribués par l'ignorance à la crédulité, ne sont pas funestes à la presque totalité des individus qui les emploient. Concluons de là, que les hommes en questions n'étoient que des hommes supérieurement organisés, et chez qui une excellente nature a triomphé de tous les obstacles apportés par des méthodes vicieuses au développement de leurs facultés, qui chez les autres sont restées totalement étouffées.

Pour obvier à cet inconvénient majeur, il faut donc

déterminer d'abord, avec un soin scrupuleux, le nombre et la qualité des livres élémentaires qui, dans chaque partie, doivent servir de base à l'enseignement; il faut leur donner tout le degré de laconisme et de perfection possible; alors il faut empêcher les jeunes gens, les commençans, d'en lire d'autres, cela ne pourroit que ralentir leur marche; et quand une fois ils les ont bien dans la tête, on peut leur indiquer le petit nombre de sources originales, de modèles précieux, en un mot, des bons livres dont ils pourront se composer une bibliothèque choisie, (car la vie est trop courte pour tout lire, il faut nécessairement faire un choix), et qui en servant d'aliment à leur génie, les aideront à développer leurs idées dans la carrière que chacun d'eux aura embrassée. Ainsi celui qui se destine au métier des armes, doit lire les mémoires originaux et l'histoire des grands guerriers, des grands capitaines et des fameux politiques; il doit donc savoir où et comment il pourra trouver tout ce que l'on a écrit de bon sur cette partie : de même l'ingénieur de fortification, l'ingénieur de vaisseaux et de batteries flottantes, doivent connoître et lire tout ce qui s'est fait de bon sur leur art, afin de se mettre en état de le perfectionner en partant du point où sont parvenus les autres: celui qui veut devenir géomètre doit lire et méditer Newton, Euler, Dalembert, Lagrange, etc.: le poëte doit sans cesse avoir entre les mains le petit nombre d'ouvrages originaux en poésie, créés par quelques génies supérieurs, (Homère, Virgile, le Tasse, Voltaire, Racine, etc.) : le sculpteur doit vivre dans le pays des belles statues et des belles femmes, au milieu des nombreux chefs-d'œuvres des Pujet, des Coustou, etc. : le peintre doit habiter celui des beaux tableaux, et passer sa vie parmi les immortelles productions des Raphaël, des Michel-Ange, des Rubens, des Lebrun, etc. : le musicien doit se fixer dans le pays de la bonne musique, dans la patrie des Cimarosa, des Piccini, des Paesïello, etc.; et tous ceux qui aspirent à la gloire et à la supériorité du talent, dans quelque genre que ce soit, doivent habiter (au moins de tems en tems) le pays des arts, des sciences, des plaisirs, de l'élégance et de l'urbanité, et pour cela visiter les capitales de l'Europe, Paris, Londres, Venise, Rome, Amsterdam : etc. Ce n'est que là que l'homme peut devenir tout ce qu'il peut être; c'est là, c'est sur-tout à Paris, que tous les sens frappés constamment par les modèles du beau en tout genre, forment ou développent rapidement son goût : vivant au milieu de toutes les productions des arts et des sciences, il reçoit la lumière et les élémens du génie par tous les organes qui peuvent les lui transmettre.

Des académies des sciences et des belles-lettres; des académies de dessin, de peinture, de sculpture et d'architecture; des cours publics et particuliers de mathématiques, de chimie, de physique, d'astronomie, etc.; d'excellens maîtres pour l'enseignement des langues, du dessin, etc.; des muséum de tableaux, des muséum de statues, des muséum d'histoire-naturelle, des muséum de machines, d'immenses bibliothèques, etc.; enfin, cette masse imposante de beaux édifices, cette chaîne non interrompue et toujours variée des productions des beaux-arts, et de l'industrie mécanique, qui se répétant sous mille formes, retracent sans cesse à l'œil enchanté de l'observateur, le pouvoir de l'homme civilisé; le tableau mouvant des objets de toute espèce; la foule des grands événemens dont les capitales sont le théâtre; les spectacles, les fètes publiques, les livres nouveaux, les feuilles périodiques, etc.; telles sont les sources presqu'inépuisables de sensations neuves, de méditation, etc., pour l'habitant des grandes villes qui sait en même-tems être un observateur attentif.

L'activité de sa tète est nécessairement formée, entretenue et accrue par l'action constante de tout ce qui l'environne: ce système très-varié et long-tems continué de sensations de toute espèce, lui fournit rapidement un vaste magasin d'idées élémentaires en tout genre; les vues de son esprit s'agrandissent, ses passions fermentent et s'exaltent, et son ame acquiert bientôt la vigueur et l'élévation, qui seules peuvent donner cette émulation, cette constance d'attention, cette puissance des grands efforts d'où naissent les grands talens. Il n'est personne qui ne sente l'influence étonnante qu'ont sur nous les objets environnans; la tête, le cœur, les habitudes en dépendent souvent, et l'ame semble se composer de tout ce qui nous entoure. Il est tel homme resté toute sa vie obscur et médiocre, à qui il ne manquoit, pour devenir un homme supérieur, que de voyager et de trouver une occasion convenable pour développer en lui le germe des passions et du génie: celui qui veut savoir s'il en a, et de quelle espèce il est, ne peut mieux s'en assurer qu'en voyageant et vivant dans les grandes villes; il doit se placer, durant quelque tems, dans le tourbillon central des sensations, des idées, de l'industrie, des arts, des sciences, des intérêts, des affaires et des plaisirs; et s'il ne se sent point électrisé au milieu de cette sphère d'activité continuelle; s'il

ne

ne sent point ses passions naître, son esprit s'éclairer, son goût s'épurer et son ame s'agrandir, la Nature, à-coup-sûr, l'a condamné à la nullité ou à la médiocrité.

Mais pour tirer tout le parti possible des circonstances avantageuses où l'on se trouve placé, il faut déjà avoir le talent et l'habitude de l'observation; il faut du moins avoir le caractère observateur, et savoir saisir dans ce grand tableau ou système de tableaux mouvans, toutes les parties qui les composent; il faut, avant de songer à parcourir les pays lointains, commencer par se regarder comme étranger dans son propre pays, et y examiner tout avec l'œil de la curiosité et de l'attention; il faut, bien persuadé qu'un premier coup-d'œil ne suffit pas pour tout voir et démêler dans les objets tout ce qu'ils renferment, les voir à plusieurs reprises et toujours comme s'ils étoient nouveaux, ou qu'on les vît pour la première fois; par-là on y remarque toujours quelque face nouvelle, quelque recoin caché ou non apperçu; souvent on y puise le germe de comparaisons heureuses et de réflexions auxquelles on ne s'attendoit pas. Cette suite de regards méthodiques, dirigés habituellement sur l'ensemble des objets environnans, forme une chaîne d'analyses partielles, dont chacune nous en montre toujours quelque partie ou propriété jusqu'alors inconnues, et dont la réunion finit par nous en procurer la notion complète et detaillée.

Ce n'est point une chose facile que de se rompre à cette fatigue d'attention, nécessaire pour ne rien voir avec indifférence; d'ordinaire on se livre volontiers à la pente naturelle, douce et commode, qui nous porte à ne rien examiner à fond; l'habitude de voir les mêmes objets nous endort; elle nous ôte le pouvoir de creuser dans leur intérieur, et fait que nous nous contentons d'en connoître légèrement la surface : voilà pourquoi les gens attentifs et accoutumés à bien voir, apperçoivent chaque jour une foule de choses neuves, dans des objets où le commun des hommes ne voit jamais que ce qu'il y a vu, c'est-à-dire, presque rien ou peu de chose. C'est encore par la même raison que les habitans d'un pays, d'une grande ville, les connoissent souvent moins bien que le voyageur ou l'étranger, qui ne les voit qu'en passant ; parce que celui-ci, en les parcourant avec la prévention avantageuse qu'ils doivent lui offrir nombre de choses instructives et curieuses, a un désir vif de les connoître et de les étudier ; il est tout yeux et tout oreilles ; tandis que les autres, livrés à cette insouciance d'une curiosité satisfaite ou qu'ils sont toujours à même de satisfaire, voient indifféremment, légèrement, et souvent même ne voient pas ce qui fixe l'attention et fait l'admiration des étrangers. Il semble que ce qu'on possède, ce que l'on a depuis longtems sous les yeux, ait perdu tout son prix en perdant le charme de la nouveauté, et que les choses éloignées en aient d'autant plus qu'elles le sont davantage, ce qui provient aussi de ce que l'imagination est naturellement portée à embellir ce qu'on ne connoît pas; d'où il arrive que ce que l'on désire est plus souvent son ouvrage qu'il n'est la réalité : de là cette surprise, ce mécontentement que presque toujours l'on éprouve, quand on vient à comparer l'être réel avec la chimère qu'on s'étoit faite.

L'on a souvent reproché au Parisien son peu d'instruction, sa frivolité et cette avide curiosité pour les nouveautés les plus insignifiantes, qui lui a valu le surnom injurieux de *badaud*; cependant nul peuple n'est, comme je viens de le faire voir, placé plus avantageusement que lui pour recevoir en tout genre l'instruction des hommes et des choses. La ville qu'il habite (rendez-vous de tous les étrangers), est aussi le dépôt principal de tous les chef-d'œuvres du génie : on y trouve en raccourci le globe et tout ce qu'il renferme; c'est une sorte de petit monde destiné à offrir des échantillons et des modèles de toute espèce, au moyen desquels on peut se faire sur tout des idées nettes : outre cette source précieuse et primitive de connoissances élémentaires servant de base à toutes les autres, Paris offre la réunion des premiers talens, des premiers maîtres, des premiers fonctionnaires publics et des savans les plus distingués. Comment donc le Parisien, plongé constamment dans cet océan de lumières, pourroit-il n'en pas éprouver l'influence? comment l'étendue de sa tête ne seroit-elle pas proportionnée à celle des objets qui l'environnent et à la quantité d'idées qu'il en reçoit? Si le contraire a lieu, comme on l'a souvent dit; si le Parisien mérite le reproche qu'on lui a fait de manquer de cette étendue de connoissances, de cette profondeur d'esprit et de ce caractère penseur qui sembleroient devoir résulter naturellement de l'avantage de sa position (ce que je ne peux ni ne dois décider, parce que je ne le connois pas assez), cela ne peut guère provenir que du défaut d'attention, de cette insouciance dont je viens de parler, de l'amour excessif et presqu'exclusif des

des plaisirs et des amusemens, de cette passion pour les petites choses qui empêche de voir les grandes, de cette tendance qui porte tous les hommes vers le genre de bonheur et de jouissances qui est le plus facile à obtenir; de la difficulté de saisir et d'analyser toutes les parties d'une ville colossale, de décomposer ce vaste tableau mouvant, résultant de la fermentation de tous les principes d'action qu'elle renferme; tableau qui, sur beaucoup de gens, ne produit guère d'autre impression que celle d'une lanterne magique; et alors rien ne prouve mieux ce que j'ai déjà plus d'une fois avancé, que pour bien voir et retenir ce qu'on a vu, il faut savoir regarder et conduire méthodiquement ses sens dans l'étude des objets.

CHAPITRE IX.

*Du quatrième élément de la force pensante, nommé l'*art des signes.

Cette section ayant été presqu'entièrement consacrée au développement de cette importante question, j'ajouterai peu de chose à ce que j'ai dit là-dessus dans les chapitres précédens.

Il n'y auroit guère qu'un bon moyen de traiter ce sujet avec tout le détail et la netteté qu'il comporte, ce seroit, en reprenant toutes nos idées à leur origine, de construire *à priori* une langue exacte dont on créeroit les mots à mesure que l'on en auroit besoin, en faisant constamment marcher la génération des termes avec celle des idées : le système des signes représentatifs de celles-ci naîtroit, s'accroîtroit dans la même proportion que s'éleveroit l'édifice de nos connoissances; on n'en imagineroit de nouveaux qu'à mesure que l'on auroit de nouvelles idées à exprimer, et cette double série de signes et d'idées, formée d'élémens qui se correspondroient constamment, pourroit se prolonger indéfiniment et régulièrement, en suivant dans ses accroissemens successifs le progrès marqué des lumières. La génération d'un pareil langage seroit évidente, et les lois de sa formation extrêmement faciles à saisir : les règles de l'analogie s'y présenteroient d'elles-mêmes; on verroit dans chaque signe composé les signes élémentaires, correspondans aux idées partielles formant la notion complexe qu'il représente. On sent qu'une langue ainsi construite auroit toute la régularité, la clarté et la précision des langues de calcul, et que les opérations de notre esprit seroient aussi sûres avec celle-là, qu'elles le sont avec celles-ci : les propositions fausses, les contradictions, les mauvais raisonnemens s'y découvriroient sans peine; on les appercevroit dans la construction même des phrases, comme en algèbre on découvre les fautes de calcul, et en musique les défauts de mesure produits par l'omission ou l'altération de quelque note, ou l'oubli de quelque convention primitive. Une telle langue seroit sans contredit le plus beau monument, la plus belle production de l'esprit humain, et le plus puissant levier de la force pensante; elle donneroit à toutes nos facultés intellectuelles une précision, une promptitude, une étendue et une sûreté dont on peut à peine se faire une idée. L'homme qui la posséderoit bien trouveroit peu de problèmes insolubles, et s'il en rencontroit, il verroit au moins sur-le-champ à quoi tient leur solution, et si son impossibilité est absolue ou n'est que relative; connoissant très-bien le nombre des données existantes et celui des données manquantes, ou l'état précis de la question, il seroit aussi dans la disposition d'esprit la plus favorable pour la solution de toute espèce de problème, et nécessaire sur-tout pour la discussion des plus hautes et des plus importantes questions d'éducation, de morale, de législation et d'économie politique.

Mais en attendant l'époque encore incertaine, et malheureusement peut-être fort éloignée de la formation et de l'emploi d'une langue rigoureuse, commune à tous les savans de l'Europe, approuvée de tous, ou au moins des principaux gouvernemens, si utile aux progrès de l'intelligence dont elle centupleroit les forces, et des vraies connoissances dont elle reculeroit singulièrement les limites; si convenable à un grand peuple éclairé, puissant et libre; si propre à l'affermissement et au maintien d'un gouvernement basé sur les lumières, la justice et la raison, ainsi qu'à empêcher l'existence ou le retour de ceux qui sont fondés sur l'injustice, l'ignorance et les préjugés : c'est toujours une chose fort utile de s'occuper de l'analyse de langues populaires et scientifiques actuellement en usage; c'est l'unique moyen d'en connoître à fond les avantages, les défauts, le parti réel que l'on en peut tirer, ainsi que les changemens en mieux dont elles sont susceptibles : on y découvre, avec une évidence vraiment satisfaisante, les premiers ressorts de l'esprit humain, les fondemens et les lois de l'art de penser, d'enseigner, etc.; enfin, la source de la plupart de nos erreurs et leur remède, ainsi que l'origine de la vérité et les moyens de la démontrer et de la propager : de plus, on peut jusqu'à un certain point juger par le rapport des langues, de celui des divers peuples qui s'en servent, de l'état actuel de leur civilisation, de leurs idées, de leur gouvernement, de leurs lois et de leurs usages. Cette étude ingrate en apparence est une large source de connoissances, et j'ose répondre à ceux qui voudront tourner leurs méditations de ce côté-là, qu'ils n'auront pas lieu de regretter le tems consacré à cette étude; car de l'instant où il est reconnu que chaque mot tient ou doit tenir lieu d'une idée, il est évident que faire l'analyse des mots, c'est faire aussi celle des idées; et s'il est ridicule de vouloir remédier aux dérangemens du corps humain, d'une pendule, d'un vaisseau ou de toute autre machine, sans connoître bien toutes les parties qui les composent, ainsi que leur liaison et leur action réciproques, on sent qu'il ne le seroit pas moins de prétendre remédier aux vices et aux maladies de l'esprit, sans préalablement en connoître la construction et en avoir pour ainsi dire fait l'anatomie, qui dépend, comme je l'ai démontré, de celle de nos facultés, de nos idées et de leurs signes représentatifs.

Je suis si convaincu de l'utilité d'un pareil travail, que j'ai formé le projet de donner quelque jour au public (si mes occupations, ma santé et la durée de ma vie me le permettent), un ouvrage ayant pour titre, l'*Esprit des Langues*, dans lequel je me propose d'offrir l'analyse comparée des quatre suivantes, le

Latin, le *Français*, l'*Italien* et l'*Anglais*, qui sont aussi les seules dont j'aie une connoissance un peu approfondie : il fera suite au *Traité analytique des Langues mathématiques* annoncé dans mon *Discours Préliminaire*; ce rapprochement des langues vulgaires et des langues exactes, m'a paru très-propre à donner un nouveau développement et une clarté nouvelle à l'ensemble des vérités qu'offre, ce me semble, cette première Partie de mon ouvrage.

Je compte envisager dans celui dont il est question, la théorie des signes sous un point de vue encore plus vaste et plus détaillé que je ne l'ai fait dans celui-ci où j'ai eu sur-tout en vue de développer la langue de la pure intelligence, comme la plus-propre à montrer les premiers ressorts de l'esprit humain, celle dont la formation et les lois sont plus faciles à saisir, et parce qu'il me semble qu'en toutes choses il faut commencer par ce qu'il y a de plus simple et de plus évident, pour s'élever ensuite à ce qu'il y a de plus obscur et de plus compliqué. Dans l'un j'ai examiné les choses telles qu'elles devroient être; dans l'autre je les envisagerai telles qu'elles sont.

J'examinerai l'emploi que l'on a fait des langues actuelles, en les appliquant à toutes sortes de sujets en prose et en poésie : j'analyserai les différentes sortes de styles, depuis celui de la discussion géométrique et de la simple narration, jusqu'à celui de l'ode et du poëme épique. Je distinguerai soigneusement les langues parlées des langues écrites : j'approfondirai cet art de traduire le langage des sons par celui des figures, et réciproquement; je chercherai ce qu'il y a de naturel et d'arbitraire dans cette double manière d'exprimer ses idées (ce qui devra me conduire au meilleur système d'orthographe et de prononciation, en faisant voir leur relation la plus naturelle.)

J'examinerai l'ordre dans lequel chaque langue présente les idées, jusqu'à quel point l'arrangement des mots est arbitraire, l'effet avantageux que les inversions peuvent produire dans la langue des images, (*la poésie*), et quelle est en général la construction la plus naturelle des phrases ou la place que chaque mot doit y occuper.

J'examinerai ce qui constitue le langage pittoresque, et comment après avoir été la première expression de nos sensations, il a insensiblement fait place à un langage purement de convention, et qui n'a plus été pour chaque peuple que la solution de ce problème: *Exprimer avec un nombre fort limité de sons et de caractères, nos idées et toutes leurs combinaisons.* J'en distinguerai de deux espèces: l'un (le dessin, la peinture, les hiérogliphes,) parlant aux yeux et se proposant d'exprimer la figure, la couleur, l'attitude et l'action des corps vivans, ou de rendre nos idées par des figures symboliques, qui ont insensiblement dégénéré en caractères de pure convention; l'autre parlant à l'oreille et ayant pour but de rendre par des sons similaires et imitatifs, les sons produits par les objets naturels, comme le chant des oiseaux, le mugissement des troupeaux, le sifflement des vents, l'écho des montagnes, le bruit des vagues, les éclats du tonnerre, etc.

Je chercherai, 1°. de quels élémens doit être formée une langue musicale; 2°. si la supériorité de la musique italienne ne proviendroit pas de ce que la construction de la langue de l'Italien, approche plus qu'une autre de celle de la langue en question; 3°. si la musique étant spécialement consacrée à l'expression des sentimens et des passions, le peu d'effet ou le mauvais effet quel produit souvent, ne proviendroit pas de ce que les paroles adaptées à telle ou telle composition musicale expriment toute autre chose que ce qui est exprimé par la musique elle-même, ce qui forme un contre-sens qui révolte à-la-fois l'oreille et l'esprit d'un connoisseur attentif; car chaque phrase d'une langue vulgaire doit toujours avoir une signification correspondante à celle de chaque phrase musicale, puisque ces deux langues ne sont que des traductions l'une de l'autre et la double expression des mêmes sentimens; 4°. si la musique, étant le produit des combinaisons d'un certain nombre de sons primitifs formant la gamme, comme les langues écrites sont le résultat de celles d'une quantité limitée de caractères composant l'alphabet, la musique ne pourroit pas être employée comme une langue générale et chantante, qui outre la propriété d'exprimer et d'exciter les passions, auroit de plus l'avantage de rendre toutes sortes d'idées comme un langage alphabétique et de pure convention.

Je n'oublierai pas l'art d'exprimer ou de figurer par des signes, les mouvemens mesurés de toutes les parties du corps, ou l'art de la danse pris dans son sens le plus étendu; j'examinerai en même-tems le rapport d'ensemble qui doit exister entre la danse, la musique et le poëme, et comment dans un bon opéra ces trois choses doivent se marier agréablement, et n'être en quelque sorte que la triple expression des mêmes passions; comment la perfection de ce genre de composition dépend de cet heureux accord; comment, quand la musique est grave, molle, vive et légère, lente ou précipitée, la danse doit le devenir elle-même, pour conserver ce caractère d'unité et d'ensemble qui fait la beauté; comment l'habitude d'adapter indistinctement (comme le font souvent les artistes de l'opéra français, en prodiguant à tout moment et sans raison les pirouettes et les tours de force (1)) toutes sortes de mouvemens à un même morceau de musique, forme par fois un contre-sens aussi désagréable, que celui de faire sur les mêmes vers toute sorte de musique, ou sur la même musique toute sorte de vers.

J'essayerai d'analyser à fond la langue de l'imagination et de la poésie, cette langue des peuples encore enfans, qui, répandant par-tout le sentiment et la vie, a d'abord transformé en divinités tous les corps naturels, et employé une foule de dieux et de génies de toute espèce, pour expliquer la cause alors inconnue des premiers mouvemens et des plus simples phénomènes de la nature; je tâcherai de faire voir comment l'observation, l'expérience, enfin, l'étude plus approfondie de la matière et de ses forces, ont insensiblement diminué le nombre prodigieux de ces êtres mythologiques, qui ont fini par disparoître entière-

(1) Il y a une exception à faire en faveur de Mme. Gardel, qui m'a paru posséder son art à fond, et savoir mettre à propos dans ses pas et ses attitudes, l'expression, l'élégance et la variété que le sujet exige : c'est en cela que consiste véritablement le génie de la danse, celui qui ne l'a pas n'est qu'un sauteur habile.

ment devant la loi générale du monde, la simple loi de la pesanteur universelle, à laquelle se lient comme d'eux-mêmes tous les faits principaux, et presque tous les mouvemens connus, ce qui fait que la langue de l'imagination et de la mythologie, à peu-à-peu fait place à celle des sciences et du calcul.

Je montrerai comment l'habitude de se servir d'un langage figuré, allégorique et mythologique, quoique propre à exprimer et à communiquer les passions, ainsi qu'à rendre les conceptions d'une imagination forte et brillamment irrégulière, nuit aux progrès de l'intelligence pure et méthodique, ainsi qu'à la justesse, à la profondeur de l'esprit et au perfectionnement des langues scientifiques, par le mélange et la confusion que l'on fait de l'un avec l'autre : comment avec l'un on peut éblouir, échauffer, séduire et entraîner la multitude par la force magique de l'éloquence, former des partis, organiser des séditions, enfin, tromper et manier à son gré les hommes, en les conduisant aux combats, aux dangers, à la mort; tandis que l'autre se borne à éclairer l'esprit par une lumière douce, uniforme et tranquille; à lui montrer la génération et les rapports des choses, ou les lois du monde physique et moral; à le conduire par un chemin sûr à toutes sortes de découvertes; à lui faire voir dans les discussions les plus épineuses et les cas les plus embarrassans, le meilleur parti qu'il y ait à prendre; en un mot, à être le démonstrateur de la vérité, l'organe de la raison, et l'interprète de la justice, de la modération et de la prudence.

Une pareille analyse, en m'obligeant de passer en

revue un grand nombre d'ouvrages, et d'avoir sous les yeux des échantillons de toutes les productions de l'esprit humain, devra aussi me le montrer sous toutes ses formes, et me mettre à même de comparer tous les genres d'esprit et de styles; et je concluerai sans doute de l'étude approfondie de cette mappemonde, ou carte générale des idées et des langues humaines, 1°. qu'elle se réduit toujours à exprimer l'une de ces quatre choses : *des actions*, *des sentimens*, *des images* et *des rapports*, et que tout ce qu'elle renferme, tout ce qu'elle pourra jamais renfermer, n'est que la somme des combinaisons que les hommes ont faite ou feront par la suite, de ces quatre élémens fondamentaux : 2°. que quelles que soient les opérations et les productions de l'esprit humain, l'expression des idées ou le style doit toujours être de même nature que les idées dont on s'occupe, et dont il prend en quelque sorte la couleur et la qualité, sans en avoir par lui-même d'autre que celle qui résulte du choix et de la combinaison des élémens qui entrent dans sa composition matérielle; qu'il n'est par lui-même ni bas, ni trivial, ni rampant, ni profond, ni sublime, etc., (toutes ces expressions ne conviennent à la rigueur qu'aux idées, aux pensées, et non à des sons et à des figures), mais qu'il doit toujours être le plus possible exact, simple, clair, laconique, puisqu'il est destiné à rendre nettement et avec le plus petit nombre possible d'élémens, toutes les conceptions et les opérations de l'esprit, et qu'il ne peut trop se rapprocher, par la briéveté des mots écrits ou parlés, et la concision des phrases, de la rapidité de la force pensante; comme on peut dire qu'il est rude, dur, doux, coulant, diffus, entortillé, obscur, inexact, etc., parce que ce sont là des défauts qui résultent, ainsi que ses qualités avantageuses, de sa construction primitive : 3°. que la valeur réelle des esprits et la forme des têtes pensantes sont, comme les différentes sortes de langues et de styles, dépendantes de la qualité des idées qui entrent dans leur formation, laquelle est avec l'organisation la cause première de leur prodigieuse diversité, mais que c'est sur-tout à l'art des signes à mettre ce premier fond en valeur, puisque c'est en grande partie à lui que tient l'art de la combinaison d'idées, dont la précision, la promptitude et l'étendue, sont en tout genre la mesure de ce qu'on nomme bon sens, esprit, talent ou génie.

Je crois avoir suffisamment démontré l'influence des signes sur la formation de nos idées; je n'ajouterai donc pas aux preuves de raisonnement, les seules que renferme ce livre, toutes celles qui pourroient résulter des faits historiques; n'ayant point de livres avec moi, je ne puis citer, parce que je citerois mal; j'ai d'ailleurs voulu, en dégageant cet ouvrage de l'échafaudage des citations, lui donner une forme et une rigueur géométriques, et élever, en quelque sorte, la métaphysique à la dignité de science exacte: j'invite au surplus ceux qui, après m'avoir lu, douteroient encore de la puissance du langage, à se mettre en état de lire comme il faut tous les bons livres écrits en géométrie, en mécanique, en astronomie, en chimie, etc.; je les engage à parcourir le vaste champ des découvertes qui ont eu lieu depuis un siècle dans les sciences mathématiques, à suivre Newton et ses disciples (ou ses rivaux), (Euler, Dalembert, Lagrange, Laplace, etc.), dans la solution de tous les les grands problèmes relatifs au système du monde, ils verront jusqu'à quelle hauteur on peut s'élever à l'aide du calcul et des méthodes analytique, (qui ne sont que des langues exactes ou bien faites, employées avec exactitude); je les engage à passer ensuite, si le dégoût le leur permet, du domaine de la raison et de la vérité, à celui des absurdités et de la folie; en pénétrant dans cet immense recueil de mauvais livres, qui sont la honte de l'esprit humain, comme les autres en sont l'ornement et la gloire; et j'espère qu'alors, pleinement convaincus, ils avoueront avec moi, que *le plus puissant levier de l'esprit réside dans les signes représentatifs de nos idées, et dans l'art de les employer.*

CHAPITRE X.

Conclusion de la première Partie.

CONCLUONS de tout ce qui précède, que l'on peut employer avec succès un grand nombre de moyens naturels et artificiels; sinon pour se donner du génie, au moins pour développer sûrement le germe de celui qu'on a; et que si l'art de former le système de nos facultés ne peut pas toujours remédier tout-à-fait aux vices de l'organisation, et suppléer entièrement au manque de dispositions naturelles, il est du moins très-propre à les corriger, ainsi qu'à prévenir tous les défauts naissans d'habitudes vicieuses, contractées par l'ignorance de cet art: il ne peut pas faire, d'un homme très-borné, un homme supérieur, mais il peut donner un certain degré d'esprit et des lumières très-précieuses à des gens qui, sans lui, n'en auroient pas; il peut mettre tous les hommes bien organisés, auxquels on voudra l'appliquer, (c'est-à-dire, la presque totalité des hommes, car la stupidité et la folie sont des maladies naturellement peu communes, et plus souvent l'ouvrage de l'éducation que de la nature), en état de s'élever au-dessus du médiocre; il peut donner à tous les esprits de la clarté, de la justesse, et même à la longue, un assez haut degré d'étendue et de profondeur, puisqu'en leur procurant une méthode sûre pour se conduire dans l'étude des sciences, elle leur fournit un sûr moyen d'acquérir un nombre toujours croissant d'idées et de connoissances.

A

A la vérité, il ne fera seul, ni des poëtes, ni des musiciens, ni des peintres, etc., parce que ces talens tiennent plus encore à la disposition primitive des organes, qu'à l'art de les diriger; car il faut, pour faire un grand peintre, un haut degré de sensibilité, une lucidité d'idées, une vivacité et une force d'imagination, qu'on ne trouve que dans peu d'individus, et qui dépend beaucoup de la construction du cerveau; il faut, pour un bon musicien, pour un excellent poëte, une délicatesse et une sensibilité particulières dans l'organe de l'ouïe, qui, comme l'étendue de l'imagination dont ils ont besoin, sont encore subordonnées à la forme et à la qualité de l'organe central; de plus, ils doivent être susceptibles de ces passions fortes qui font les grands écrivains et les grands artistes; or, ce sont là de ces avantages que l'on tient de la nature, et sur lesquels l'artifice de l'éducation n'a que fort peu de prise : quoi que l'on fasse en pareil cas, si l'on est maltraité ou peu favorisé de la nature, l'on ne s'élevera jamais, quelque méthode que l'on emploie, au-dessus du médiocre, et souvent même, on n'ira pas jusqu'au médiocre. Comme pourtant dans les beaux-arts, il y a des parties dont le perfectionnement est une affaire de patience, et dépend d'une certaine continuité d'attention et d'habitudes de la main et de l'œil, que l'on peut contracter; comme l'art de dessiner ou de peindre renferme, ou suppose celui d'analyser avec précision, l'on voit que sous ce point de vue, ils sont encore soumis à l'empire de la méthode, qui ne brille nulle part avec plus d'éclat que dans l'analyse des sciences; c'est là qu'elle est d'une utilité frappante et d'une nécessité indispensable : elle détermine, en grande partie, la vitesse des progrès qu'on y peut faire, et promet à tous ceux qui voudront l'employer, des succès rapides et sûrs ; elle peut faire, en assez peu de temps, de bons mathématiciens, de bons astronomes, de bons physiciens, de bons administrateurs, et en général, de bons penseurs. Si elle ne donne pas le génie des Newton, des Euler et des Montesquieu, etc., elle donne le pouvoir de les lire, de les entendre, de les analyser et même de les juger, et c'est beaucoup; enfin, elle met sur la voie des découvertes, dans toutes les parties où le talent d'en faire peut, en quelque sorte, être soumis à des règles ; en nous montrant la source des faux jugemens, des mauvais raisonnemens, des sophismes, des erreurs et des préjugés, elle nous dit aussi comment nous pourrons les éviter ou les détruire : c'est elle encore qui nous éclaire et nous conduit, à notre insu, dans les jugemens que nous portons sur les productions des beaux-arts ; seule, elle ne nous apprend pas à faire un bon poëme, un beau tableau, une belle statue, mais elle nous en fait remarquer les beautés et les défauts ; elle fixe les principes du bon goût, et si elle ne produit pas de grands artistes, elle produit au moins d'excellens connoisseurs : nous lui devons ce coup-d'œil infaillible et prompt, qui nous fait discerner le vrai d'avec le faux, et nous apprend à les reconnoître l'un et l'autre, quelle que soit l'enveloppe étrangère dont les couvre un langage inexact ou brillant ; enfin, elle nous procure l'inappréciable avantage de ne jamais quitter, dans la théorie, comme dans la pratique, l'étroit sentier de la raison, de la vérité et de la justice.

Les avantages de la méthode analytique dévelop-pée dans cet ouvrage, sont tels à mes yeux, ses effets me paroissent si étendus, et son influence si grande, que l'on pourroit, ce me semble, l'intituler : *L'art de construire régulièrement les têtes humaines*; et ce titre, propre à rendre l'idée que je me fais de la toute puissance d'une bonne éducation, quoique pouvant paroître au premier coup-d'œil un paradoxe original et singulier, n'est au fond que l'expression énergique d'une importante vérité, nous montrant toute l'étendue de la puissance de l'homme sur lui-même. En effet, l'esprit humain étant composé d'idées, plus de la faculté de les exprimer, de les retracer et de les combiner, et d'ailleurs, chacun étant à-peu-près le maître de faire entrer dans sa tête et dans celle des autres, tels élémens qui lui plaît, de les ranger dans l'ordre qu'il veut, et d'en faire toutes sortes d'associations, de combinaisons et d'analyses, au moyen d'une bonne théorie de signes ou d'une langue exacte; il est clair qu'il existe un art de composer, ou ce qui revient au même, de *construire* comme il faut les têtes humaines, à l'aide de matériaux choisis et mis régulièrement en œuvre.

Il est bien évident qu'il ne s'agit ici que d'une construction morale, la seule qui soit au pouvoir de l'homme, (car il ignore encore comment et jusqu'à quel point il peut changer et améliorer son organisation), et que l'on obtient par un excellent plan d'instruction et d'éducation, dont je me flatte que ce livre renferme les fondemens : mais n'est-ce rien que d'être le maître de ne faire entrer dans sa tête que des élémens purs, des idées nettes, des notions précises, etc.; d'en fermer l'entrée aux sophismes, aux erreurs, aux préjugés, et de donner à son esprit une sorte d'infaillibité dans toutes ses opérations? N'est-ce rien que de sentir constamment dans tout ce que l'on fait la cause qui produit l'évidence, comme en arithmétique et en algèbre on sent toujours celle de l'exactitude du calcul, quand on est bien au fait des principes de la numération et des premières conventions et règles algébriques? N'est-ce rien que de pouvoir à-coup-sûr mettre tout homme bien organisé en état d'entendre les meilleurs écrivains, les démonstrations des vérités les plus importantes et les plus relevées, de suivre les pas du génie dans les productions qui font le plus d'honneur à l'homme, de jouir de toutes les idées grandes et belles, et de profiter des découvertes utiles dans les sciences et les arts? N'est-ce rien enfin, que de rendre ainsi la raison et la vérité, propriétés communes de l'espèce humaine (1)?

Sans doute tous les individus, pour l'éducation desquels on aura suivi cette précieuse méthode, n'en tireront pas le même parti, parce qu'ils sont inégalement partagés du côté de l'organisation; mais tous

(1) L'institution précieuse des sourds-muets est une preuve bien frappante de la puissance d'une bonne méthode; elle sait, pour ainsi dire, donner une intelligence, une ame à des êtres qui sans elle n'en auroient point; elle sait rendre la métaphysique la plus délicate et la plus profonde, accessible à des hommes qui ne sont en quelque sorte organisés qu'à demi; et il seroit à souhaiter que tous ceux qui se livrent à l'éducation des enfans ou à l'enseignement public, eussent suivi le cours d'éducation d'un sourd-muet, par le célèbre instituteur Sicard.

en tireront un parti fort avantageux : il s'en trouvera dont les progrès seront très-rapides; d'autres, dont ils le seront moins; d'autres, dont ils seront très-lents; (car il y a chez nous des tortues et des lièvres, et c'est sur-tout dans le plus ou le moins de vivacité des facultés intellectuelles que consiste la principale différence des esprits); mais tous pourront, dans un tems plus ou moins long, et par un travail plus ou moins opiniâtre, acquérir sûrement une grande étendue de connoissances, et se rendre capables de bien remplir un poste distingué dans la société. Enfin, voici quelques vérités, dont il importe que l'on reste bien convaincu.

1°. Les hommes valent mieux en général et diffèrent originellement moins qu'on ne le pense; 2°. l'on attribue souvent à l'organisation une différence qui n'est que le produit de l'éducation, (en donnant à ce mot toute l'étendue dont il est susceptible, en supposant qu'elle commence à la naissance et ne finisse qu'à la mort des individus, et qu'elle résulte de l'ensemble de toutes les causes naturelles et artificielles, qui durant tout le cours de la vie modifient si puissamment le premier ouvrage de la nature) : 3°. en général, les hommes trop et faussement persuadés que l'on doit tout à la nature, et presque rien à l'éducation, sont aussi trop défians de leurs propres forces : 4°. cette défiance et l'indolence qui s'ensuit chez la plupart d'entre eux, s'oppose souvent en eux à l'acquisition des grands talens, au développement des grands moyens : 5°. pour l'homme qui veut fortement, qui, doué d'une santé robuste, est susceptible d'une application forte et d'une longue attention, il n'est presque rien d'impossible : 6°. dans chaque pays, l'organisation et l'éducation (envisagées comme je viens de le dire) sont évidemment la double cause productrice des différences existantes ou possibles entre l'esprit, les talens, les passions, les habitudes et le caractère des individus; mais il est impossible de tracer la ligne de démarcation qui sépare les produits de ces deux forces, et d'assigner rigoureusement ce qui est dû à l'action de chacune d'elles, parce que si nous connoissons assez bien les lois de l'éducation, (qui est en grande partie notre ouvrage), nous ignorons presque totalement celles de l'organisation; nous ne pouvons agir sur l'enfant, l'observer, etc., qu'au sortir du sein de sa mère; nous ignorons les moyens employés par la nature pour le conduire à ce foible degré de vie et de sensibilité, à cet état enfin dans lequel elle nous le présente et le livre à nos soins; par conséquent aussi nous ignorons ce qu'il y a de mieux à faire pour continuer avec succès cette ébauche de la nature : 7°. mais il est naturel de penser que l'une de ces forces n'agissant que durant huit à neuf mois, tandis que l'autre agit pendant toute la vie, celle-ci doit avoir par la longue durée de son action une influence aussi forte et même beaucoup plus forte que la première; car ce n'est pas sans raison qu'on a dit, que l'*habitude étoit une seconde nature*, ou *que la nature n'étoit souvent que notre première habitude.* 8°. L'éducation pouvant créer les habitudes du corps, de l'esprit et du cœur, dont l'ensemble détermine le moral de l'homme, elle peut atténuer considérablement et souvent même détruire entièrement les vices de l'organisation, la changer, la modifier, améliorer les naturels les plus ingrats, féconder les plus stériles; en un mot, produire des effets et des résultats fort au-dessus de ceux que l'on a cru jusqu'ici pouvoir en attendre. Il en est des esprits comme des terreins; le sol le plus fécond produira peu de choses et souvent beaucoup de mauvaises choses, s'il reste inculte ou s'il est mal cultivé, tandis qu'entre les mains d'un habile cultivateur il ne produira que de très-bonnes choses et en produira abondamment, comme le sol le plus ingrat sera par ses soins rendu fertile à la longue. L'éducation est en morale l'image de l'agriculture, il n'est pas d'élève, à moins qu'il ne soit atteint de la maladie naturellement assez rare de la stupidité ou de la folie, dont un sage et habile instituteur ne puisse tirer un très-grand parti, et auquel il ne puisse donner une excellente tête.

En effet, l'homme ne naît ni stupide, ni savant, ni vertueux, ni vicieux; seulement en naissant il apporte avec lui les instrumens de ses connoissances, de ses talens, de ses vertus et de ses vices, c'est-à-dire, *des sens.* Mais quelqu'heureusement disposés qu'ils soient, si l'on ne prend soin de diriger et de développer chacun d'eux par un exercice journalier et méthodique, au moins durant quelques années, ils acquereront peu d'habitudes, et l'individu le mieux organisé ne sortira point de la sphère assez étroite d'une sorte d'esprit naturel ou de bon sens, qui est à la vérité le premier germe des talens et du génie, mais qui reste infécond, faute d'une culture et d'une application convenables.

Parmi cette foule d'hommes simples et grossiers qui habitent les campagnes, combien il en est qui eussent été des Raphaël, des Puget, des Racine, des Voltaire, des Newton, des Turenne, etc., s'ils avoient reçu une éducation convenable; et qui peut douter que les grands hommes que je viens de nommer n'eussent été d'obscurs villageois, si, comme eux, ils fussent nés et eussent passé leur vie à la campagne. C'est donc en grande partie aux circonstances heureuses où le hasard de la naissance et de la fortune les a placés, à l'excellente éducation qu'ils ont reçue de la part des hommes et des choses, à la force de tête, à l'énergie des passions, et à la vigueur de caractère qui en a été la suite, qu'ils ont dû leur supériorité. Que d'hommes sont restés médiocres ou nuls faute d'occasion et d'un théâtre assez étendu pour le développement de leurs talens ! Qu'eût été notre illustre Bonaparte avant la révolution? On lui eût permis tout au plus d'être un excellent officier d'artillerie. Qui sait jusqu'à quel hauteur peut s'élever celui que sa position, de grands obstacles à vaincre, de grandes choses à faire, l'ambition de ne pas paroître au-dessous de sa place, l'amour de la gloire, etc., force de recourir aux plus grands efforts, à un développement total de ses forces? Que de gens long-tems regardés comme obscurs, se montrent tout-à-coup dans une révolution des hommes extraordinaires !

Tout s'apprend, c'est l'exercice et l'habitude qui font le maçon, le charpentier, le tisserand, l'horloger, etc., et toute cette classe précieuse d'individus, qui, livrés aux arts mécaniques et chargés de satisfaire à nos premiers besoins, sont les premiers fondemens des sociétés : ce sont des habitudes plus suivies, plus étendues, qui forment le musicien, le dessinateur, le peintre, le sculpteur, l'architecte, l'ingénieur, etc.; enfin, ce sont des habitudes encore plus compliquées, qui font l'habile marin, le grand guerrier, le grand administrateur, le ministre ou l'homme d'état, et le profond législateur.

Si donc l'on ne peut se flatter de détruire entièrement la différence naturelle ou l'inégalité primitive des esprits, (car il paroît que dans le moral comme dans le physique la nature à la rigueur ne fait rien d'égal), l'on peut certainement beaucoup la diminuer : il ne dépend guère plus de nous que les esprits ne soient, à certains égards, aussi semblables, et sous beaucoup de rapports, aussi différens que le sont les visages et les corps; mais il dépend de nous d'empêcher qu'il y ait tant d'ignorans, de mauvais raisonneurs, d'esprit faux, de mauvaises têtes, de mauvais cœurs et de petites ames; comme nous serions les maîtres d'empêcher, par un bon régime physique, qu'il y ait tant de corps foibles, rachitiques, languissans et contrefaits, parce que les défauts du corps, comme ceux de l'esprit, sont presque toujours le résultat des mauvaises habitudes, d'une mauvaise nourriture et d'une éducation vicieuse.

Un habile gouvernement peut certainement faire naître en tout genre des hommes de talent et de génie, pour cela il n'a qu'à le vouloir : qu'après avoir fixé les moyens les plus propres à former le corps, l'esprit et le cœur, il charge de les mettre en pratique des hommes distingués par leur sagesse et leurs lumières; qu'il veille en même-tems à ce que l'éducation domestique ou celle des parens soit, autant que possible, conforme à l'éducation publique, et l'une et l'autre à la raison, (car ce sont-là trois puissances qui doivent agir ensemble et se favoriser, au lieu de se nuire et de s'entredétruire par une action contraire, comme cela n'arrive que trop souvent); qu'il sache (ce qui lui est toujours très-facile, puisqu'il tient en ses mains tous les ressorts, tous les moyens d'action sur les ames) faire naître et entretenir parmi tous les citoyens une grande et noble émulation par l'attrait des récompenses, des prix, des honneurs, de la gloire et des plaisirs, comme par la crainte des châtimens, de la honte et du mépris; en un mot, par les jugemens d'une excellente opinion publique qui peut être elle-même son ouvrage : alors la principale tâche du législateur et du gouvernement sera remplie, et toutes les lois s'appliqueront d'elles-mêmes à des hommes déjà préparés par un régime et des institutions convenables, à les recevoir, à les aimer, à les exécuter et à les défendre.

Je n'insisterai pas ici sur un objet qui doit être traité plus à fond dans la seconde Partie de cet ouvrage, où j'espère achever de mettre dans tout son jour cette grande vérité : *Des sens et des habitudes, voilà tout l'homme;* vérité qui devroit rester gravée dans la tête des législateurs, des instituteurs et des pères de famille, et être écrite en lettres d'or sur le frontispice de toutes les écoles publiques.

FIN DE LA PREMIÈRE PARTIE.

ERRATA.

Discours préliminaire, *pag.* xxj, *ligne* 14, *au lieu de* gens censés, *lisez* gens sensés.

Pag. 22 de l'ouvrage, *lig.* 12, *au lieu de* et se transportant, *lisez* et qu'en se transportant.

Pag. 23, *lig.* 3, *au lieu de* la conformation, *lisez* sa conformation.

Pag. 26, *lig.* 4, *au lieu de* les sensations, *lisez* ses sensations.

Pag. 30, *lig.* 6, *au lieu de* et des, *lisez* et de.

Pag. 31, *lig.* 29, *au lieu de* ne peut être guérie, *lisez* ne peut, dit-on, être guérie.

Pag. 33, *lig.* 9 et 10, *au lieu de* les odeurs, dont, etc. *lisez* les odeurs, les saveurs, dont, etc.

Pag. 41, *lig.* 28, *au lieu de* s'accroîtra, *lisez* s'accroîtront.

Pag. 75, *lig.* 8 et 9, *au lieu de* un corps sensible, *lisez* le corps humain.

Pag. 95, *lig.* 13, *au lieu de* infinie, *lisez* infini.

Pag. 106, *lig.* 24 et 25, *au lieu de* à la IVe. Section offrant l'analyse des langues, etc. *lisez* à l'analyse des langues, etc.

Pag. 120, 1re. *ligne*, *au lieu de* F = sa force, *lisez* F = sa force, ou Q = sa quantité de mouvement.

Même page, *lig.* 16, *au lieu de* cette quantité, *lisez* toute quantité.

Pag. 189, dernier alinea, *au lieu de* generatum, *lisez* generatim.

Pag. 208, *lig.* 16 et 18, *au lieu de* l'homme, placé sur un globe, errant dans l'espace, *lisez* l'homme placé sur un globe errant dans l'espace.

Pag. 229, *lig.* 30, *au lieu de* sous les traits, etc. *lisez* tous les traits, etc.

Pag. 286, *lig.* 6, *au lieu de* deux et quatre, *lisez* douze et quatre.

Pag. 295, *lig.* 14, *au lieu de* rapport toutes, *lisez* rapport de toutes.

Pag. 300, *lig.* 25, *au lieu de* l'analyse rigoureux, *lisez* l'analyse rigoureuse.

Pag. 309, dernier alinea, *au lieu de* 4°. enfin la théorie, *lisez* 4°. enfin l'histoire et la théorie, etc.

Pag. 318, *lig.* 5, *au lieu de* la gloire, *lisez* sa gloire.

Pag. 395, *lig.* 12, *au lieu de* lègue, *lisez* légué.

Pag. 426, *ligne première*, de l'Italien, *lisez* des Italiens.

www.ingramcontent.com/pod-product-compliance
Ingram Content Group UK Ltd.
Pitfield, Milton Keynes, MK11 3LW, UK
UKHW012144240726
13966UKWH00001B/140